U0269193

高等院校程序设计系列教材

SQL Server

教程（第4版）

郑阿奇 主编

刘启芬 顾韵华 编著

清华大学出版社

北 京

内 容 简 介

本书以 SQL Server 2016 中文版为平台,系统地介绍数据库基础、SQL Server 2016 及其应用。全书以图书管理系统数据库贯穿,以其他数据库辅助。教程部分共 10 章,系统地讲解 SQL Server 2016 的基本功能。实验部分主要针对 SQL Server 2016 基本操作和基本语句,分为基本训练和扩展训练。综合应用部分创建实习数据库,并介绍在 PHP 7、JavaEE 7、Python 3.7、Android Studio 3.5、Visual C♯ 2015 和 ASP.NET 4 开发平台操作 SQL Server 数据库的方法。

本书可作为大学本科、高职高专数据库课程教材和社会培训教材,也可供广大数据库应用开发人员参考。

图书在版编目(CIP)数据

SQL Server 教程/郑阿奇主编. —4 版. —北京:清华大学出版社,2021.10(2024.7重印)
高等院校程序设计系列教材
ISBN 978-7-302-59220-4

Ⅰ.①S… Ⅱ.①郑… Ⅲ.①关系数据库系统—高等学校—教材 Ⅳ.①TP311.138

中国版本图书馆 CIP 数据核字(2021)第 188100 号

责任编辑:张瑞庆 战晓雷
封面设计:何凤霞
责任校对:徐俊伟
责任印制:曹婉颖

出版发行:清华大学出版社
    网 址:https://www.tup.com.cn,https://www.wqxuetang.com
    地 址:北京清华大学学研大厦 A 座   邮 编:100084
    社 总 机:010-83470000   邮 购:010-62786544
    投稿与读者服务:010-62776969,c-service@tup.tsinghua.edu.cn
    质量反馈:010-62772015,zhiliang@tup.tsinghua.edu.cn
    课件下载:https://www tup com cn,010-83470236
印 订 者:三河市龙大印装有限公司
经 销:全国新华书店
开 本:185mm×260mm   印 张:27.75   字 数:690 千字
版 次:2005 年 8 月第 1 版 2021 年 11 月第 4 版   印 次:2024 年 7 月第 3 次印刷
定 价:79.80 元

产品编号:090386-01

高等院校程序设计系列教材

前 言

　　Microsoft 公司的 SQL Server 是使用极为广泛的关系数据库管理系统,我国高校的许多专业开设了 SQL Server 数据库课程。2005 年,我们结合教学和应用开发实践,推出了《SQL Server 教程》,把软件知识和实际应用有机地结合起来,得到了高校师生和广大读者的广泛好评。之后我们根据教学实践、SQL Server 版本升级和应用开发平台的变化,先后推出基于 SQL Server 2008 的《SQL Server 教程》(第 2 版)和基于 SQL Server 2012 的《SQL Server 教程》(第 3 版)。

　　本书共分 4 部分。

　　第 1 部分是教程,以 SQL Server 2016 为平台,结合近年来教学与应用开发的实践,在简单介绍数据库基础后,系统介绍 SQL Server 的基本功能。本部分以图书管理系统数据库贯穿,以其他数据库辅助,内容包括环境的构建、数据库和表、数据库的查询和视图、游标、T-SQL、索引和数据完整性、存储过程和触发器、系统安全管理、备份与恢复、其他概念等。

　　第 2 部分是实验,主要目标是练习 SQL Server 基本操作和基本语句,分为基本训练和扩展训练。基本训练主要操作教程实例;扩展训练提出要求,由学生自己设计命令,其数据库自成系统。

　　第 3 部分是综合应用,以当前流行的 6 种开发平台操作 SQL Server 数据库实例,开发平台包括 PHP 7、JavaEE 7、Python 3.7、Android Studio 3.5、Visual C♯ 2015 和 ASP.NET 4。

　　扫描本书封底的二维码,可获得本书习题参考答案。

　　本书配有教学课件、6 种开发平台和配套的客户端/SQL Server 数据库综合应用系统实例的所有源程序。需要这些资源的读者请到清华大学出版社网站(http://www.tup.com)免费注册下载。

　　本书由南京师范大学郑阿奇主编,南京师范大学刘启芬和南京信息工程大学顾韵华编著,参加本书编写的还有郑进等。有许多人对本书提供了帮助,编者在此一并表示感谢!

　　限于编者水平,书中不妥之处在所难免,敬请广大读者批评指正。

编　者

2021 年 7 月

目 录

第1部分 教 程

第 2 部分　实　验

第 3 部分　综 合 应 用

第 1 部分　教　　程

第1部分 基础

CHAPTER 第 **1** 章

数据库基础

SQL Server 是美国微软公司关系数据库管理系统（Relational DataBase Management System，RDBMS）。本章介绍数据库的基本概念，以便更好地学习和理解 SQL Server 2016。

1.1 数据库的基本概念

1.1.1 数据库系统

1. 数据库

数据库（DataBase，DB）是存放数据的仓库，这些数据存在一定的关联，并按一定的格式存放在计算机内。例如，把一个学校的学生、课程、成绩等数据有序地组织起来并存放在计算机内，就可以构成一个数据库。

2. 数据库管理系统

数据库管理系统（DataBase Management System，DBMS）按一定的数据模型（data model）组织数据，形成数据库，并对数据库进行管理。简单地说，数据库管理系统就是管理数据库的系统（软件）。数据库管理员（DataBase Administrator，DBA）通过数据库管理系统对数据库进行管理。

3. 数据库系统

数据、数据库、数据库管理系统与操作数据库的应用程序，加上支撑它们的硬件平台、软件平台和与数据库有关的人员，构成了一个完整的数据库系统。图 1.1.1 描述了数据库系统的构成。

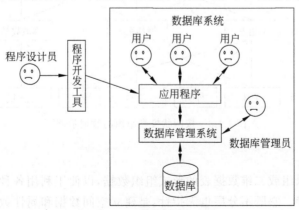

图 1.1.1　数据库系统的构成

1.1.2 数据模型

数据库管理系统根据数据模型对数据进行存储和管理,数据库管理系统采用的数据模型主要有层次模型、网状模型和关系模型。随着信息管理内容的不断扩展和新技术的不断出现,数据库技术面临着前所未有的挑战。面对新的数据形式,人们提出了丰富多样的数据模型,例如面向对象数据模型、半结构化数据模型等。

1. 层次模型

层次模型将数据组织成一对多关系的结构,采用关键字来访问其中每一层次的每一部分。它有以下优点:存取方便且速度快;结构清晰,容易理解;数据修改和数据库扩展容易实现;检索关键属性十分方便。但它有以下缺点:结构不够灵活;同一属性数据要存储多次,数据冗余量大;不适合拓扑空间数据的组织。

图 1.1.2 为按层次模型组织的数据示例。

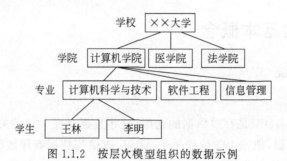

图 1.1.2　按层次模型组织的数据示例

2. 网状模型

网状模型采用多对多类型的数据组织方式。它能明确而方便地表示数据间的复杂关系,数据冗余量小。但它有以下缺点:网状结构的复杂性增大了用户查询和定位的困难;需要存储数据间联系的指针,使得数据量增大;数据的修改不方便。

图 1.1.3 为按网状模型组织的数据示例。

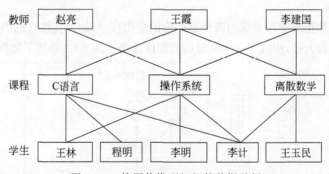

图 1.1.3　按网状模型组织的数据示例

3. 关系模型

关系模型以记录组或二维数据表的形式组织数据,以便于利用各种实体与属性之间的关系进行存储和变换。它既不分层也无指针,是建立空间数据和属性数据之间关系的一种非常有效的数据组织方式。它有以下优点：结构特别灵活，概念单一，能满足所有逻辑运算和数学运算规则形成的查询要求；能搜索、组合和比较不同类型的数据；增加和删除数据非常方便；具有更高的数据独立性和更好的安全保密性。但它有以下缺点：当数据库很大时，查找满足特定关系的数据比较费时；无法表达空间关系。

例如，在学生成绩管理系统所涉及的"学生""课程"和"成绩"3个表中，"学生"表涉及的主要信息有学号、姓名、性别、出生时间、专业、总学分和备注，"课程"表涉及的主要信息有课程号、课程名、开课学期、学时和学分，"成绩"表涉及的主要信息有学号、课程号和成绩。表1.1.1、表1.1.2和表1.1.3分别描述了学生成绩管理系统中"学生""课程"和"成绩"3个表的结构和部分数据。

表 1.1.1 "学生"表的结构和部分数据

学号	姓名	性别	出 生 时 间	专业	总学分	备　　注
191301	王林	男	2000-02-10	计算机	50	
191303	王燕	女	1999-10-06	计算机	50	
191308	林一帆	男	1999-08-05	计算机	52	班长
221302	王林	男	1999-01-29	通信工程	40	C++语言不及格,待补考
221304	马琳琳	女	2000-02-10	通信工程	42	

表 1.1.2 "课程"表的结构和部分数据

课程号	课 程 名 称	开 课 学 期	学时	学分
101	计算机基础	1	80	5
102	程序设计与语言	2	68	4
206	离散数学	4	68	4

表 1.1.3 "成绩"表的结构和部分数据

学号	课程号	成绩	学号	课程号	成绩
191301	101	80	191308	101	85
191301	102	78	191308	102	64
191301	206	76	191308	206	87
191303	101	62	221302	101	65
191303	102	70	221304	101	91

表中的一行称为一个记录，一列称为一个字段，列的标题称为字段名。如果给每个表取一个名字，则有 n 个字段的表的结构可表示为

表名(字段名 1,字段名 2,…,字段名 n)

通常把表的结构称为关系模式。

　　在表中,如果一个字段或几个字段组合的值可唯一标识其对应记录,则称该字段或字段组合为码(key,也称键)。

　　例如,表 1.1.1 中的"学号"可唯一标识每一个学生,表 1.1.2 中的"课程号"可唯一标识每一门课。表 1.1.3 中的"学号"和"课程号"组合起来可唯一标识每一个学生每一门课程的成绩。

　　有时,一个表可能有多个码。例如,在表 1.1.1 中,姓名不允许重名,则"学号""姓名"均是"学生"表的码。对于每一个表,通常可指定一个码为主码也称主键。在关系模式中,一般用下画线标出主码。

　　设"学生"表的名称为 xsb,其关系模式可表示为

> xsb(学号,姓名,性别,出生时间,专业,总学分,备注)

　　设"课程"表的名称为 kcb,其关系模式可表示为

> kcb(课程号,课程名,开课学期,学时,学分)

　　设"成绩"表的名称为 cjb,其关系模式可表示为

> cjb(学号,课程号,成绩,学分)

　　通过上面的分析可以看出,关系模型更适合组织数据,所以使用最广泛。

4. 关系数据库

　　关系数据库就是按照关系模型组织数据的数据库。目前市场上的关系数据库管理系统可分为商业数据库和开源数据库两类。商业数据库有 Oracle、SQL Server、DB2、Informix 和 Sybase 等。开源数据库主要有 MySQL、PostgreSQL 和 Ingres 等。非关系型数据库管理系统包括 MongoDB、Redis、HBase 和 memcached 等。

　　本书介绍的是 SQL Server 2016 关系数据库管理系统。

1.2　数据库设计

　　数据模型按不同的应用层次分成 3 种类型: 概念数据模型、逻辑数据模型和物理数据模型。

1.2.1　概念数据模型

　　概念数据模型(conceptual data model)是面向数据库用户的现实世界的模型,主要用来描述世界的概念化结构,它使数据库的设计人员在设计的初始阶段,摆脱计算机系统及 DBMS 的具体技术问题,集中精力分析数据以及数据之间的联系等。概念数据模型必须转换成逻辑数据模型,才能在 DBMS 中实现。

　　概念数据模型用于信息世界的建模:一方面,它应该具有较强的语义表达能力,能够直接表达应用中的各种语义知识;另一方面,它还应该简单、清晰、易于用户理解。在概念数据模型中最常用的是 E-R 模型、扩充的 E-R 模型、面向对象模型及谓词模型。

通常,E-R 模型(Entry-Relationship Model,实体-联系模型)把每一类数据对象的个体称为实体,而每一类对象个体的集合称为实体集,例如,在学生成绩管理系统中主要涉及"学生"和"课程"两个实体集。其他非主要的实体可以有很多,如班级、班长、任课教师、辅导员等。

每个实体集涉及的信息项称为属性。就"学生"实体集而言,它的属性有学号、姓名、性别、出生时间、专业、总学分和备注。"课程"实体集的属性有课程号、课程名、开课学期、学时和学分。

实体集中的实体彼此是可区别的。如果实体集中的属性或最小属性组合的值能唯一标识其对应的实体,则将该属性或属性组合称为码(或键)。码可能有多个,对于每一个实体集,可指定一个码为主码(或主键)。

如果用矩形框表示实体集,用圆角矩形框表示属性,用直线连接实体集与属性,当一个属性或属性组合被指定为主码时,在实体集与属性的连接线上画一条短斜线,则可以用如图 1.1.4 所示的形式描述学生成绩管理系统中"学生"和"课程"实体集的属性。

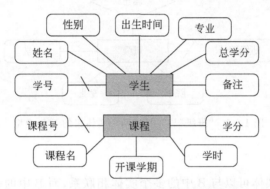

图 1.1.4　"学生"和"课程"实体集属性的描述

实体集之间存在各种关系,这些关系称为联系。通常将实体集及实体集联系的图形表示称为 E-R 模型。

E-R 图就是 E-R 模型的描述方法。通常,关系数据库的设计者使用 E-R 图来对信息世界建模。在 E-R 图中,使用矩形框表示实体集,使用圆角矩形框表示属性,使用菱形框表示联系。从分析用户项目涉及的数据对象及数据对象之间的联系出发,到获取 E-R 图的这一过程称为概念结构设计。

两个实体集 A 和 B 之间的联系可能是以下 3 种情况之一。

1. 一对一的联系

如果实体集 A 中的一个实体至多与实体集 B 中的一个实体相联系,B 中的一个实体也至多与 A 中的一个实体相联系,则称 A 和 B 存在一对一(1:1)的联系。例如,"班级"与"班长"这两个实体集之间的联系是一对一的联系,因为一个班级只有一个班长,反过来,一个班长只属于一个班级。"班级"与"班长"两个实体集的 E-R 模型如图 1.1.5 所示。

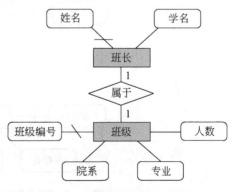

图 1.1.5　"班级"与"班长"两个
实体集的 E-R 模型

2. 一对多的联系

如果实体集 A 中的一个实体可以与实体集 B 中的多个实体相联系，而 B 中的一个实体至多与 A 中的一个实体相联系，则称 A 和 B 存在一对多（$1:n$）的联系。例如，"班级"与"学生"这两个实体集之间的联系是一对多的联系，因为一个班级可有若干学生，反过来，一个学生只能属于一个班级。"班级"与"学生"两个实体集的 E-R 模型如图 1.1.6 所示。

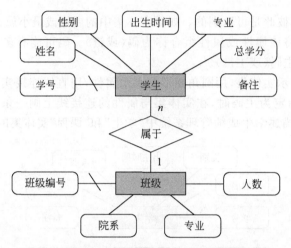

图 1.1.6 "班级"与"学生"两个实体集的 E-R 模型

3. 多对多的联系

如果 A 中的一个实体可以与 B 中的多个实体相联系，而 B 中的一个实体也可与 A 中的多个实体相联系，则称 A 和 B 存在多对多（$m:n$）的联系。例如，"学生"与"课程"这两个实体集之间的联系是多对多的联系，因为一个学生可选修多门课程，反过来，一门课程可被多个学生选修。"学生"与"课程"两个实体集的 E-R 模型如图 1.1.7 所示。

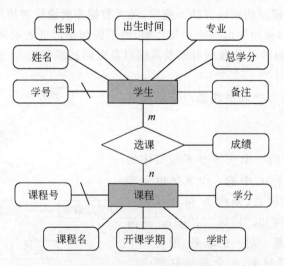

图 1.1.7 "学生"与"课程"两个实体集的 E-R 模型

1.2.2　逻辑数据模型

逻辑数据模型(logical data model)是用户从数据库中看到的模型,是具体的数据库管理系统所支持的数据模型。此模型既要面向用户,又要面向系统,主要用于数据库管理系统的实现。

前面用 E-R 图描述学生成绩管理系统中实体集与实体集之间的联系。为了设计关系型的学生成绩管理数据库,需要确定包含哪些表,每个表的结构是怎样的。

前面已介绍了实体集之间的联系,下面将根据 3 种联系从 E-R 图获得关系模式的方法。

1. 一对一联系的 E-R 图到关系模式的转换

一对一的联系既可以单独对应一个关系模式,也可以不单独对应一个关系模式。

(1)联系单独对应一个关系模式,则由联系属性、参与联系的各实体集的主码属性构成关系模式,其主码可选择参与联系的实体集的任一方的主码。

例如,考虑图 1.1.5 描述的"班级"(bjb)与"班长"(bzb)实体集通过属于(syb)联系 E-R 模型,可设计如下关系模式:

> bjb(班级编号,院系,专业,人数)
> bzb(学号,姓名)
> syb(学号,班级编号)

(2)联系不单独对应一个关系模式,联系的属性及一方的主码加入另一方实体集对应的关系模式中。

例如,考虑图 1.1.5 描述的"班级"(bjb)与"班长"(bzb)实体集通过属于(syb)联系 E-R 模型,可设计如下关系模式:

> bjb(班级编号,院系,专业,人数)
> bzb(学号,姓名,班级编号)

或者

> bjb(班级编号,院系,专业,人数,学号)
> bzb(学号,姓名)

2. 一对多联系的 E-R 图到关系模式的转换

一对多的联系既可以单独对应一个关系模式,也可以不单独对应一个关系模式。

(1)联系单独对应一个关系模式,则由联系的属性、参与联系的各实体集的主码属性构成关系模式,n 端的主码作为该关系模式的主码。

例如,考虑图 1.1.6 描述的"班级"(bjb)与"学生"(xsb)实体集的 E-R 模型,可设计如下关系模式:

> bjb(班级编号,院系,专业,人数)
> xsb(学号,姓名,性别,出生时间,专业,总学分,备注)
> syb(学号,班级编号)

（2）联系不单独对应一个关系模式，则将联系的属性及 1 端的主码加入 n 端实体集对应的关系模式中，主码仍为 n 端的主码。

例如，考虑图 1.1.6 描述的"班级"（bjb）与"学生"（xsb）实体集 E-R 模型，可设计如下关系模式：

bjb(班级编号,院系,专业,人数)
xsb(学号,姓名,性别,出生时间,专业,总学分,备注,班级编号)

3. 多对多联系的 E-R 图到关系模式的转换

多对多的联系单独对应一个关系模式，该关系模式包括联系的属性、参与联系的各实体集的主码属性，该关系模式的主码由各实体集的主码属性共同组成。

例如，考虑图 1.1.7 描述的"学生"（xsb）与"课程"（kcb）实体集之间的联系，可设计如下关系模式：

xsb(学号,姓名,性别,出生时间,专业,总学分,备注)
kcb(课程号,课程名称,开课学期,学时,学分)
cjb(学号,课程号,成绩)

关系模式 cjb 的主码是由"学号"和"课程号"两个属性组合起来构成的。一个关系模式只能有一个主码。

上面介绍了根据 E-R 图设计关系模式的方法。通常，这一设计过程称为逻辑结构设计。

在设计好一个项目的关系模式后，就可以在数据库管理系统环境下创建数据库、关系表及其他数据库对象，输入相应的数据，并根据需要对数据库中的数据进行各种操作。

1.2.3 物理数据模型

物理数据模型（physical data model）是面向计算机物理表示的模型，描述了数据在存储介质上的组织结构，它不但与具体的数据库管理系统有关，而且与操作系统和硬件有关。每一种逻辑数据模型在实现时都有其对应的物理数据模型。数据库管理系统为了保证其独立性与可移植性，大部分物理数据模型的实现工作由系统自动完成，而数据库设计者只设计索引、聚集等特殊结构。

1.3 T-SQL

1.3.1 SQL

结构化查询语言（Structured Query Language，SQL）是一种数据库查询和程序设计语言，用于存取数据以及查询、更新和管理关系数据库系统。

结构化查询语言是高级的非过程化编程语言，允许用户在高层数据结构上工作。它不要求用户指定数据存放方法，也不需要用户了解具体的数据存放方法，所以底层结构完全不同的数据库系统可以使用相同的结构化查询语言作为数据输入与管理的接口。结构化查询语言的语句可以嵌套,这使它具有极大的灵活性和强大的功能。

1.3.2　T-SQL 的组成

Transact-SQL 简称 T-SQL,是微软公司在 SQL Server 数据库管理系统中对 ANSI SQL-99 的实现。在 SQL Server 数据库中,T-SQL 由以下 4 部分组成。

1. 数据定义语言

数据定义语言(Data Definition Language,DDL)用于执行数据库的任务,对数据库以及数据库中的各种对象进行创建、删除、修改等操作。数据库对象主要包括表、默认约束、规则、视图、触发器和存储过程。DDL 的主要语句及其功能如表 1.1.4 所示。

表 1.1.4　DDL 的主要语句及其功能

语　句	功　能	说　明
CREATE	创建数据库或数据库对象	不同数据库对象,其 CREATE 语句的语法形式不同
ALTER	对数据库或数据库对象进行修改	不同数据库对象,其 ALTER 语句的语法形式不同
DROP	删除数据库或数据库对象	不同数据库对象,其 DROP 语句的语法形式不同

2. 数据操纵语言

数据操纵语言(Data Manipulation Language,DML)用于操纵数据库中的各种对象,检索和修改数据。DML 的主要语句及其功能如表 1.1.5 所示。

表 1.1.5　DML 的主要语句及其功能

语　句	功　能	说　明
SELECT	从表或视图中检索数据	是使用最频繁的语句之一
INSERT	将数据插入表或视图中	可以插入一行到多行数据
UPDATE	修改表或视图中的数据	既可修改表或视图的一行数据,也可修改一组或全部数据
DELETE	从表或视图中删除数据	可根据条件删除指定的数据

3. 数据控制语言

数据控制语言(Data Control Language,DCL)用于安全管理,确定哪些用户可以查看或修改数据库中的数据。DCL 的主要语句及其功能如表 1.1.6 所示。

表 1.1.6　DCL 的主要语句及其功能

语　句	功　能	说　明
GRANT	授予权限	可把语句许可或对象许可的权限授予其他用户和角色
REVOKE	收回权限	与 GRANT 的功能相反,但不影响该用户或角色从其他角色中作为成员继承许可权限
DENY	收回权限,并禁止从其他角色继承许可权限	功能与 REVOKE 相似。不同之处是除收回权限外,还禁止从其他角色继承许可权限

4. T-SQL 增加的语言元素

T-SQL 增加的语言元素不是 ANSI SQL-99 所包含的内容,而是微软公司为了用户编程的方便增加的语言元素。这些语言元素包括变量、运算符、函数、流程控制语句等。这些语句都可以在查询分析器中交互执行。本章将介绍 T-SQL 增加的语言元素。

1.4　应用系统及其数据库

1.4.1　数据库应用系统

数据库管理系统一般通过命令和适合专业人员的界面操作数据库。

1. 客户/服务器架构的数据库应用系统

客户/服务器(Client/Server,C/S)架构的数据库应用系统主要适用于大型的、多用户的数据库管理系统。C/S 架构的数据库应用系统包括两部分:一部分驻留在客户机上,用于向用户显示信息及实现与用户的交互;另一部分驻留在服务器中,主要用来实现对数据库的操作和对数据的计算处理。在开发数据库应用系统时,也可以将它们放在一台计算机上进行调试;调试完成后,再把数据库应用系统放到服务器上。

对于 C/S 架构的数据库应用系统,需要设计适合普通人员操作数据库的界面。目前,开发数据库应用系统界面的工具有 Visual C++、Visual C♯、Visual Basic、Qt 等,在 Android 开发平台中也可直接操作数据库,使用 Python 操作数据库也很方便。应用系统、数据库和数据库管理系统之间的关系如图 1.1.8 所示。

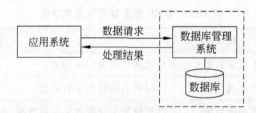

图 1.1.8　应用系统、数据库和数据库管理系统之间的关系

从图 1.1.8 中可看出,当应用系统需要处理数据库中的数据时,首先向数据库管理系统发送一个数据请求。数据库管理系统接收到这一请求后,对其进行分析,然后执行数据库操作,并把处理结果返回给应用系统。由于应用系统直接与用户交互,而数据库管理系统不直接与用户打交道,所以应用系统被称为前台,而数据库管理系统被称为后台。应用系统向数据库管理系统提出服务请求,通常称为客户程序;而数据库管理系统为应用程序提供服务,通常称为服务器程序。

例如,用 Visual C♯开发的 C/S 架构的学生成绩管理系统界面如图 1.1.9 所示。

应用系统和数据库管理系统一般运行在网络环境下,数据库管理系统在网络中的一台主机(一般是服务器)上运行,应用系统可以在网络上的多台主机上运行,即一对多的方式。

应用系统和数据库管理系统可以运行在同一台计算机上,称为单机方式。在单机方式下,常常使用简单的桌面数据库,这时数据库管理和客户界面在一个软件中,例如 Access、Excel 和 Visual FoxPro 等。

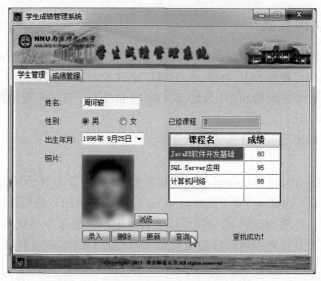

图 1.1.9　C/S 架构的学生成绩管理系统界面

2. 浏览器/服务器架构的数据库应用系统

浏览器/服务器(Browser/Server,B/S)架构的数据库应用系统基于 Web 的数据库应用,采用浏览器/Web 服务器/数据库服务器 3 层模式,如图 1.1.10 所示。其中,浏览器是用户输入数据和显示结果的交互界面,用户在浏览器 HTML 页面的表单中输入数据,然后将表单中的数据提交并发送到 Web 服务器,Web 服务器接收并处理用户的数据,通过数据库服务器从数据库中查询需要的数据(或把数据录入数据库),再将这些数据返回到 Web 服务器,Web 服务器把返回的结果插入 HTML 页面,传送给客户端,在浏览器中显示出来。

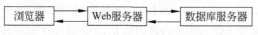

图 1.1.10　B/S 架构的 3 层模式

目前流行的开发数据库 Web 界面的工具主要有 PHP、Java EE、ASP.NET(C♯)等。例如,用 Java EE 开发的 B/S 架构的学生成绩管理系统的学生信息录入界面如图 1.1.11 所示。

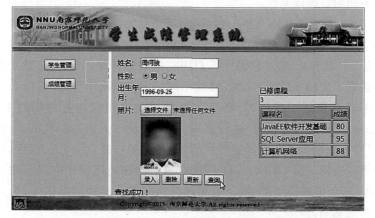

图 1.1.11　B/S 架构的学生成绩管理系统的学生信息录入界面

1.4.2　数据库访问方式

数据库应用系统向数据库服务器请求服务时，首先必须和数据库建立连接。虽然现有数据库管理系统几乎都遵循 SQL 标准，但不同厂家开发的数据库管理系统仍然有差异，存在适应性和可移植性等方面的问题，为此，人们研究和开发了连接不同数据库管理系统的通用方法、技术和软件接口。

数据库应用系统通过下列方式访问数据库。

1. ODBC

ODBC（Open DataBase Connectivity，开放数据库连接）是微软公司倡导的数据库访问的应用程序编程接口（Application Programming Interface，API），使用结构化查询语言作为其数据库访问语言。使用 ODBC 的应用系统能够通过单一的命令操纵不同的数据库，而开发人员需要做的仅只是针对不同的应用系统加入相应的 ODBC 驱动程序。

ODBC 包括下列 4 个组件：

（1）应用程序。执行处理并调用 ODBC API 函数，以提交 SQL 语句并获得检索结果。

（2）驱动程序管理器（driver manager）。根据应用系统的需要加载和卸载驱动程序，处理 ODBC API 函数调用，或把它们传送到驱动程序。

（3）驱动程序。处理 ODBC API 函数调用，提交 SQL 请求到指定的数据源，并把结果返回给应用系统。如果有必要，驱动程序修改应用程序的请求，以使请求与相关的数据库管理系统支持的语法一致。

（4）数据源。包括用户要访问的数据及其相关的操作系统、数据库系统及用于访问数据库系统的网络平台。

2. JDBC

JDBC（Java DataBase Connectivity，Java 数据库连接）是 Java 与数据库的接口规范。JDBC 定义了一个支持标准 SQL 功能的通用底层的应用程序编程接口，它由 Java 语言编写的类和接口组成，旨在让各数据库开发商为 Java 程序员提供标准的数据库 API。JDBC API 定义了若干 Java 中的类，表示数据库连接、SQL 指令、结果集、数据库元数据等。它允许 Java 程序员发送 SQL 指令并处理结果。通过驱动程序管理器，JDBC API 可利用不同的驱动程序连接不同的数据库系统。

JDBC 与 ODBC 都是基于 X/Open 的 SQL 调用级接口。JDBC 的设计在思想上延续了 ODBC，同时在其主要抽象和 SQL CLI 实现上也延续了 ODBC，这使得 JDBC 容易被接受。JDBC 的总体结构类似于 ODBC，它保持了 ODBC 的基本特性，也独立于特定数据库。使用相同源代码的数据库应用系统通过动态加载不同的 JDBC 驱动程序，可以访问不同的数据库系统。连接不同的数据库系统时，各个数据库系统之间仅通过不同的 URL（Uniform Resource Locater，统一资源定位符）进行标识。JDBC 的 DatabaseMetaData 接口提供了一系列方法，可以检查数据库系统对特定特性的支持，并相应确定有什么特性，从而能对特定数据库的特性予以支持。与 ODBC 一样，JDBC 也支持在应用程序中同时建立多个数据库连接，采用 JDBC 可以很容易地用 SQL 语句同时访问多个异构的数据库，为异构的数据库之间的互操作奠定基础。

同时，JDBC 还具有对硬件平台、操作系统异构性的支持。这主要是因为 ODBC 使用的是 C 语言,而使用 Java 语言的 JDBC 确保了"纯 Java"的解决方案。利用 Java 的平台无关性,JDBC 应用程序可以自然地实现跨平台特性,因而更适合网络异构环境的数据库应用。

此外,JDBC 驱动程序管理器是内置的,驱动程序本身也可通过 Web 浏览器自动下载,无须安装、配置;而 ODBC 驱动程序管理器和 ODBC 驱动程序必须在每台客户机上分别安装、配置。

3. 微软公司数据访问方式

微软公司开发和定义了一套数据库访问标准,除了 ODBC 访问数据库方式外,还包括下列 5 个方式。

(1) DAO(Data Access Object,数据访问对象):ODBC 是面向 C/C++ 程序员的;而 DAD 是微软公司提供给 Visual Basic 开发人员的一种简单的数据访问方式,但它不提供远程访问功能。

(2) RDO(Remote Data Object,远程数据对象)。在使用 DAO 访问不同的关系型数据库的时候,Jet 引擎不得不在 DAO 和 ODBC 之间进行命令的转接,导致了性能的下降,而 RDO 的出现就顺理成章了。

(3) OLE DB(Object Linking and Embedding DataBase,对象链接和嵌入数据库)。随着越来越多的数据以非关系型格式存储,需要一种新的架构来提供这种应用系统和数据源之间的无缝连接,基于 COM(Component Object Model,组件对象模型)的 OLE DB 应运而生了。

(4) ADO(ActiveX Data Object,ActiveX 数据对象)。基于 OLE DB 的 ADO 更简单、更高级,也更适合 Visual Basic 程序员,同时消除了 OLE DB 的多种特点,取而代之。ADO 是微软技术发展的趋势。

(5) ADO.NET。它是一种基于标准的程序设计模型,可以用来创建分布式应用以实现数据共享。在 ADO.NET 中,DataSet(数据集)占据重要地位,它是数据库中的部分数据在内存中的副本。与 ADO 中的 RecordSet(记录集)不同,DataSet 可以包括任意个数据表,每个数据表都可以用于表示来自某个数据库表或视图的数据。DataSet 驻留在内存中,且不与原数据库相连,即无须与原数据库保持连接。完成工作的底层技术是 XML,它是 DataSet 采用的存储和传输格式。在运行期间,组件(如某个业务逻辑对象或 ASP.NET Web 表单)之间需要交换 DataSet 中的数据。数据以 XML 文件的形式从一个组件传输给另一个组件,由接收组件将文件还原为 DataSet 形式。

因为各个数据源的协议各不相同,需要通过正确的协议来访问数据源。有些比较老的数据源用 ODBC 协议,其后的一些数据源用 OLE DB 协议。现在,新的数据源不断出现,ADO.NET 提供了访问数据源的公共方法,对于不同的数据源,它采用不同的类库。这些类库称为 ADO.NET 数据提供者(Data Provider),通常是以数据源的类型以及协议来命名的。

数据库连接方式 ODBC、DAO、RDO、OLE DB、ADO、ADO.NET 都基于 Oracle 客户端——OCI,中间通过 SQL * Net 与数据库通信。为了追求性能,用户也可以开发最适合自己的数据库连接方式。

4. Java 程序连接数据库的方式

Java 程序连接数据库的方式有 3 种:OCI 方式、Thin 方式和 JDBC-ODBC 桥方式。

(1) OCI 方式。它是直接使用数据库厂商提供的、以专用的网络协议创建的驱动程序,通过它可以直接将 JDBC API 调用转换为直接网络调用。这种调用方式一般性能比较好，而且也是最简单的方法。因为它不需要安装其他的库或中间件。几乎所有数据库厂商都为其数据库提供了这种 JDBC 驱动程序，也可以从第三方厂商获得这些驱动程序。

（2）Thin 方式。OCI 方式是用 Java 与 C 两种语言编写的，把 JDBC 调用转换成 C 语言调用，通过 SQL * Net 与数据库通信。而 Thin 方式采用 Java 编写，使用 JVM 统一管理内存，也通过 SQL * Net 与数据库通信。

（3）JDBC-ODBC 桥方式（用于 Windows 平台）。它是用 JdbcOdbc.Class 和一个用于访问 ODBC 驱动程序的本地库实现的。由于 JDBC 在设计上与 ODBC 很接近，在内部把 JDBC 的方法映射到 ODBC 调用上，这样，JDBC 就可以和任何可用的 ODBC 驱动程序进行交互了。这种方式的优点是使 JDBC 能够访问几乎所有的数据库。

需要注意的是，不同平台操作同一数据库管理系统时需要不同的驱动程序。例如，在用 PHP 7、JavaEE 7、Python 3.7、Android Studio 3.5 和 Visual C♯ 2015 操作 SQL Server 数据库时，需要分别安装对应版本的驱动程序。驱动程序可以从 DBMS 的官方网站下载。另外，有些平台（例如 ASP.NET 4）已经包含了对应版本的驱动程序，这时就不需要另外安装驱动程序。本书第 3 部分将详细介绍在 PHP 7、JavaEE 7、Python 3.7、Android Studio 3.5、Visual C♯ 2015 和 ASP.NET 4 平台操作 SQL Server 2016 的驱动程序的安装和使用。

1.4.3 Web Service

传统上，把计算机后台程序(daemon)提供的功能称为服务(service)。服务根据来源的不同又可以分成两种：一种是本地服务，提供的服务程序运行在同一台计算机上；另一种是网络服务，使用网络上的另一台计算机提供的服务。

Web Service 意为网络服务，即通过网络调用其他网站的资源。例如，要设计的网站包含天气预报、地图、图像识别等服务。如果这些都自己完成，有的工作量很大，有的不能完成。而这些功能在网络上有现成的资源，并且提供了访问的方式，只需要应用标准接口调用它就可以了。例如，在自己设计的界面上选择需要查询的城市名称、时间段等，调用天气预报的服务程序，该服务程序运行后返回结果，在自己设计的界面上显示出来。所谓云计算(cloud computing)实际上就是 Web Service，也就是把事情交给云去做。

1. Web Service 特点

Web Service 有以下特点：

（1）与平台无关。不管使用什么平台，都可以使用 Web Service。

（2）与编程语言无关。只要遵守相关协议，就可以使用任意编程语言，向其他网站要求 Web Service。这大大增加了 Web Service 的适用性，降低了对程序员的要求。

（3）对于 Web Service 提供者来说，部署、升级和维护 Web Service 都非常简单，不需要考虑客户端兼容问题，而且一次就能完成。

（4）对于 Web Service 使用者来说，可以轻松实现多种数据、多种服务的聚合和各种丰富多彩的功能。

2. Web Service 技术

Web Service 平台需要一套协议来实现分布式应用程序的创建。Web Service 平台必须提供一套标准的类型系统，用于沟通不同平台、编程语言和组件模型中的不同类型的系统。Web Service 平台必须提供一种标准来描述 Web Service,让客户端可以包含足够的信息来调用 Web Service,必须有一种方法对 Web Service 采用 RPC(Remote Process Call,远程过程调用)协议进行远程调用。为了达到互操作性,RPC 协议必须与平台和编程语言无关。下面简要介绍组成 Web Service 平台的几个技术。

1) XML 和 XSD

XML(eXtensible Markup Language,可扩展的标记语言)是标准通用标记语言下的一个子集,是 Web Service 平台中表示数据的基本格式。除了易于建立和易于分析外,XML 主要的优点在于它既是与平台无关的,又是与厂商无关的。

XML 解决了数据表示的问题,但它没有定义一套标准的数据类型,更没有规定怎么扩展这套数据类型。W3C 制定的 XSD(XML Schema Definition,XML Schema 定义)定义了一套标准的数据类型,并给出了一种语言来扩展这套数据类型。当使用某种语言(如 VB. NET 或 C♯)来构造一个 Web Service 时,为了符合 Web Service 标准,所有使用的数据类型都必须被转换为 XSD 类型。

2) SOAP

简单对象访问协议(Simple Object Access Protocol,SOAP)提供了标准的 RPC 方法来调用 Web Service。SOAP 规范定义了 SOAP 消息的格式,以及怎样通过 HTTP 使用 SOAP。SOAP 也是基于 XML 和 XSD 的,XML 是 SOAP 的数据编码方式。

3) WSDL

Web Service 描述语言(Web Service Description Language,WSDL)就是基于 XML 的语言,用于描述 Web Service 及其函数、参数和返回值。WSDL 既是机器可阅读的,又是人可阅读的,这样,一些最新的开发工具既能根据 Web Service 生成 WSDL 文档,又能导入 WSDL 文档,生成调用相应 Web Service 的代码。

4) UDDI

UDDI(Universal Description,Discovery,and Integration,统一描述、发现和集成)是为加速 Web Service 的推广、加强 Web Service 的互操作能力而推出的一个计划,它基于标准的服务描述和发现的规范。

UDDI 计划的核心组件是 UDDI 商业注册,它使用 XML 文档来描述企业及其提供的 Web Service。

UDDI 商业注册提供 3 种信息:

- 白页(White Page),包含地址、联系方法、已知的企业标识。
- 黄页(Yellow Page),包含基于标准分类法的行业类别。
- 绿页(Green Page),包含关于该企业所提供的 Web Service 的技术信息,其形式可能是指向文件或 URL 的指针,而这些文件或 URL 是为服务发现机制服务的。

3. Web Service 发展趋势

Web Service 有以下发展趋势:

(1) 在使用方式上,RPC 和 SOAP 的使用在减少,Restful 架构占主导地位。

(2) 在数据格式上,XML 格式的使用在减少,JSON 等轻量级格式的使用在增多。

(3) 在设计架构上,越来越多的第三方软件让用户在客户端(即浏览器)直接与云端对话,不再使用第三方的服务器进行中转或处理数据。

CHAPTER 第 **2** 章

SQL Server 2016 环境的构建

SQL Server 是微软公司推出的关系型数据库管理系统。它是一个功能全面的数据库平台，使用集成的商业智能（Business Intelligence，BI）工具提供企业级的数据管理功能。其数据库引擎为关系型数据和结构化数据提供了更安全可靠的存储功能，使用户可以构建和管理用于业务的高可用和高性能的数据应用程序。

2.1 SQL Server 2016 及其服务器组件和管理工具

SQL Server 2016 根据不同需要提供不同版本。SQL Server 2016 除了基本功能外，还配置了许多服务器组件和管理工具。另外，微软公司通过联机丛书提供 SQL Server 2016 的核心文档。

1. SQL Server 2016 简介

在性能上，SQL Server 2016 利用实时内存业务分析计算技术让联机事务处理速度提升了 30 倍，可升级的内存列存储（column store）技术让分析速度提升了 100 倍，查询时间从几分钟降低到几秒。

在安全性上，SQL Server 2016 中增加了一系列新安全特性，数据全程加密（always encrypted）能够保护传输中和存储后的数据安全；透明数据加密（transparent data encryption）只需消耗极少的系统资源即可实现所有用户数据加密；行级安全性控管（row level security）可以基于用户特征控制数据访问。

SQL Server 2016 提供动态数据屏蔽（dynamic data masking）和原生 JSON 支持功能，通过 PolyBase 技术简单、高效地管理 T-SQL 数据，支持 R 语言、多 TempDB 数据库文件、延伸数据库（stretch database）、历史表（temporal table）和增强的 Azure 混合备份功能。

2. SQL Server 2016 版本

SQL Server 2016 分为以下 4 个版本：

（1）企业版（Enterprise）。它提供全面的高端数据中心功能，性能极高，虚拟化不受限制，还具有端到端的商业智能，可为关键任务提供较高服务级别，支持最终用户访问深层数据。

（2）标准版（Standard）。它提供基本数据管理和商业智能数据库，使部门和小型组织能够顺利运行其应用程序，并支持将常用开发工具用于内部部署和云部署，有助于以最少的 IT 资源获得高效的数据库管理。

（3）开发人员版（Developer）。它包含企业版的完整功能,但仅能用于开发、测试和演示,不允许部署到生产环境中。它是免费的。

（4）速成版（Express）。它是完全免费的入门级版本,适用于学习、开发或部署较小规模的 Web 服务器和应用程序服务器。

3. 服务器组件

SQL Server 2016 服务器组件及其功能如表 1.2.1 所示。

表 1.2.1　SQL Server 2016 服务器组件及其功能

服务器组件	说　　明
数据库引擎 	用于存储、处理和保护数据的核心服务。数据库引擎提供了受控访问和快速事务处理功能,以满足企业内最严格的数据消费应用程序的要求。数据库引擎还提供了大量的支持以保持高可用性
机器学习服务 	将 R 和 Python 与 SQL Server 集成,以方便用户通过调用存储过程轻松生成、重新定型模型并对模型评分。微软公司机器学习服务器对 R 和 Python 提供企业级支持,用户无须使用 SQL Server
整合服务 	生成高性能数据集成解决方案的平台,其中包括对数据仓库提供提取、转换和加载处理的包
分析服务 	针对个人、团队和公司商业智能的分析数据平台和工具集。服务器和客户端设计器通过使用 Power Pivot、Excel 和 SharePoint Server 环境,支持传统的 OLAP 解决方案、新的表格建模解决方案以及自助式分析和协作。Analysis Services 还包括数据挖掘,以发现隐藏在大量数据中的模式和关系
报告服务 	提供企业级报告功能。从而使用户可以创建从多个数据源提取数据的表,发布各种格式的表,以及集中管理安全性和订阅
复制 	是一组技术,用于在数据库间复制和分发数据和数据库对象,然后在数据库间进行同步操作,使其保持一致。使用该组件时,可以通过局域网、广域网、拨号连接、无线连接和 Internet 将数据分发到不同位置以及分发给远程用户或移动用户
数据质量服务 	提供知识驱动型数据清理解决方案。DQS 使用户以生成知识库,然后使用此知识库,同时采用计算机辅助方法和交互方法执行数据更正和消除重复的数据。用户可以使用基于云的引用数据服务,并可以生成一个数据管理解决方案,将该组件与整合服务组件、主数据服务组件相集成

服务器组件	说　　明
主数据服务	是用于主数据管理的解决方案。基于该组件生成的解决方案可确保报表和分析均基于适当的信息。使用该组件可以为主数据创建中央存储库,并维护一个可审核的安全对象记录

SQL Server Data Tools 是一款可免费下载的现代开发工具,用于生成 SQL Server 关系数据库、Azure SQL 数据库、Integration Services 包、Analysis Services 数据模型和 Reporting Services 报表。使用该工具,可以设计和部署任何 SQL Server 内容类型,就像在 Visual Studio 中开发应用程序一样轻松。

4. 管理工具

SQL Server 2016 管理工具及其功能如表 1.2.2 所示。

表 1.2.2　SQL Server 2016 管理工具及其功能

管 理 工 具	操作系统	功　　能
SQL Operations Studio	Windows Mac OS Linux	免费的轻量的工具,用于管理正在运行的数据库
SQL Server Management Studio (SSMS)	Windows	查询、设计和管理 SQL Server 数据库、Azure SQL 数据库和 Azure SQL 数据仓库
SQL Server Data Tools	Windows	将 Visual Studio 的 SQL Server 数据库、Azure SQL 数据库和 Azure SQL 数据仓库转换到功能强大的开发环境中
mssql cli	Windows Mac OS Linux	是交互式命令行工具,用于查询 SQL Server 数据库
Visual Studio Code	Windows Mac OS Linux	在安装 Visual Studio Code 之后,安装 mssql 扩展模型,用于开发 Microsoft SQL Server、Azure SQL 数据库和 SQL 数据仓库
SQL Server Configuration Manager	Windows	配置 SQL Server 服务和网络连接
mssql-conf	Linux	配置 SQL Server
SQL Server Migration Assistant	Windows	自动执行将数据库从 Microsoft Access、DB2、MySQL、Oracle 和 Sybase 迁移到 SQL Server 的任务
Distributed Replay	Windows	帮助用户评估 SQL Server 升级和优化的影响,还可以帮助用户评估硬件和操作系统升级的影响
ssbdiagnose	Windows	报告 Service Broker 会话或 Service Broker 服务的配置问题

5. 命令行实用工具

命令行实用工具使用户能够利用脚本执行 SQL Server 2016 操作。SQL Server 2016 提供了 21 个命令行实用工具,对应的文件存放在不同子目录中。表 1.2.3 列出了部分命令行实用工具。

表 1.2.3　部分命令行实用工具

实用工具	功　　能	命令文件目录
sqlcmd	输入 T-SQL 语句、系统过程和脚本文件	＜drive＞:\\Program Files\ Microsoft SQL Server\ Client SDK\ODBC\110\Tools\Binn
Ssms	启动 SQL Server Management Studio	＜drive＞:\Program Files\Microsoft SQL Server\ nnn\Tools\Binn\VSShell\Common7\IDE
sqlservr	启动和停止数据库引擎实例,以进行故障排除	＜drive＞:\Program Files\Microsoft SQL Server\ MSSQL13.MSSQLSERVER\MSSQL\Binn
SqlLocalDB	针对程序开发人员的 SQL Server 执行模式	＜drive＞:\Program Files\Microsoft SQL Server\ nnn\Tools\Binn\
Profiler	启动 SQL Server 事件探查器	＜drive＞:\Program Files\Microsoft SQL Server\ nnn\Tools\Binn

6. SQL Server 服务器实例

在一台计算机上可以安装一个或者多个 SQL Server(不同版本或者同一版本),其中的每一个称为 SQL Server 服务器实例。一般安装的第一个 SQL Server 采用默认实例,实例名称在安装时指定。默认实例名为 MSSQLSERVER。

在一台计算机(服务器)上安装多个 SQL Server 时,可通过不同的实例名称区分不同的 SQL Server。

2.2　SQL Server 2016 的安装

2.2.1　SQL Server 2016 安装准备

1. 软硬件要求

SQL Server 2016 软硬件要求如下:

(1) 处理器:x64 处理器,建议主频为 2.0GHz 或更快。

(2) 内存:Express 版本,至少 1GB;所有其他版本,至少 4GB,并且应该随着数据库大小的增加而增加,以便确保最佳的性能。

(3) SQL Server 要求最少 6GB 的可用硬盘空间。磁盘空间要求根据安装的 SQL Server 组件的不同而不同。

(4) WOW64 是 Windows 64 位版本中的一项功能,使用该功能可以在 32 位模式下在本机运行 32 位应用程序。SQL Server 安装不支持 WOW64。

(5) SQL Server 2016 必须安装在 Windows 8 及以上版本的操作系统或 Windows Server 系列的服务器系统平台上,而不支持 Windows 7 及更早版本。

（6）若要执行远程安装，则安装介质必须处于网络共享状态，或者必须是物理计算机或虚拟机的本地介质。即，SQL Server 安装介质要么处于网络共享状态，要么是映射的驱动器、本地驱动器或者虚拟机的 ISO。

（7）安装 SQL Server Management Studio 时，必须先安装.NET 4.6.1 必备组件。SQL Server Management Studio 处于选中状态时，安装程序将自动安装.NET 4.6.1。还可以从.NET Framework 适用于 Windows 的 Microsoft .NET Framework 4.6（Web 安装程序）中手动安装.NET 4.6.1。

（8）SQL Server 支持的操作系统具有内置网络软件。独立安装的命名实例和默认实例支持以下网络协议：共享内存、命名管道、TCP/IP 和 VIA。注意，故障转移群集不支持共享内存和 VIA（Virtual Interface Architecture，虚拟接口架构）。

（9）安全性。安装 SQL Server 的计算机应放在安全位置，有权限的人才能接触；定期备份所有数据；使用防火墙；在不同的 Windows 账户下运行各自的 SQL Server 服务；使用 NTFS 文件系统，但是支持在使用 FAT32 文件系统的计算机上安装 SQL Server，对关键数据文件使用独立磁盘冗余阵列；Web 服务器和域名系统服务器不需要 NetBIOS 或 SMB 协议，在这些服务器上禁用这两个协议可以减轻由用户枚举带来的威胁；不要将 SQL Server 安装在域控制器上。

2. 安装项目

（1）从 SQL Server 2016（13.x）开始，SQL Server 管理工具不再从主功能树安装。例如，SQL Server Management Studio 需要单独下载和安装。

（2）可以单独安装每个组件，也可以选择 2.1 节列出的组件的组合。

（3）将 SQL Server 用于 Internet 服务器时，在 Internet 服务器上通常都会安装 SQL Server 客户端工具，包括连接到 SQL Server 实例的应用程序使用的客户端连接组件。

（4）将 SQL Server 用于客户/服务器应用程序时，在运行直接连接到 SQL Server 实例的客户/服务器应用程序的计算机上只能安装 SQL Server 客户端组件。如果要在数据库服务器上管理 SQL Server 实例，或者要开发 SQL Server 应用程序，那么客户端组件安装也是一个不错的选择。

客户端组件包括以下 SQL Server 功能：向后兼容性组件、SQL Server Data Tools、连接组件、管理工具、软件开发包和 SQL Server 联机丛书。

2.2.2 下载并安装 JDK

Java 程序必须安装在 Java 运行环境中，这个环境最基础的部分是 JDK，它是 Java Development Kit（Java 开发工具包）的简称。一个完整的 JDK 包括 JRE（Java Runtime Environment，Java 运行环境），它是辅助开发 Java 软件的所有相关文档、范例和工具的集成。

Oracle 公司定期在其官网发布最新版的 JDK，并提供免费下载。JDK 下载、安装及配置的过程如下。

1. 访问 Oracle 公司官网 Java 页面

Oracle 公司官网的 Java 页面网址为 http://www.oracle.com/technetwork/java/javase/downloads/index.html。单击 图标，即可进入 JDK 下载页面。

2. 选择合适的 JDK 版本下载

JDK 下载页面列出了适用于各种操作系统平台的 JDK 下载超链接,选中 Accept License Agreement 单选按钮,即可根据需要下载合适的 JDK 版本。本书所用计算机的操作系统是 64 位 Windows 10,单击适用于 Windows x64 体系的 JDK 文件链接下载 JDK。

注意:JDK 版本更新很快,如果用户使用本书使用的 JDK 版本,可以在清华大学出版社网站下载。

3. 安装 JDK 和 JRE

双击下载得到的可执行文件,启动安装向导,如图 1.2.1 所示。

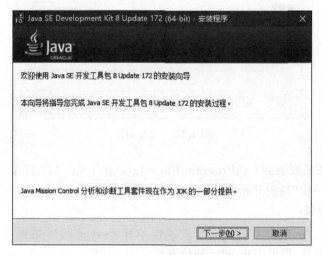

图 1.2.1　JDK 安装向导

单击"下一步"按钮,按照向导的指示操作,选择要安装的功能,如图 1.2.2 所示。

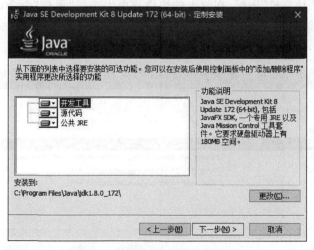

图 1.2.2　选择要安装的功能

将 JDK 安装在默认目录 C:\Program Files\Java\jdk1.8.0_172 下。用户可以修改安装内容和安装目录。

安装完 JDK 后，安装向导会自动弹出"Java 安装"对话框，继续安装配套的 JRE，如图 1.2.3 所示。

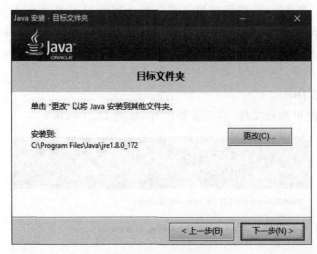

图 1.2.3　安装 JRE

系统默认将 JRE 安装到 C:\Program Files\Java\jre1.8.0_172 目录。用户可以修改安装目录。单击"下一步"按钮开始安装，直到 JRE 安装完成。

4. 设置环境变量

为了在后面综合应用中采用 Java 开发操作 SQL Server 2016 数据库的应用系统，需要设置 JDK 的环境变量，指定 JDK 的安装位置。

下面介绍具体设置方法。

(1) 打开"环境变量"对话框。

右击桌面上的"计算机"图标，在弹出的快捷菜单中选择"属性"命令，在弹出的"控制面板"主页中单击"高级系统设置"链接，在弹出的"系统属性"对话框中选择"高级"选项卡，单击"环境变量"按钮，打开"环境变量"对话框，如图 1.2.4 所示。

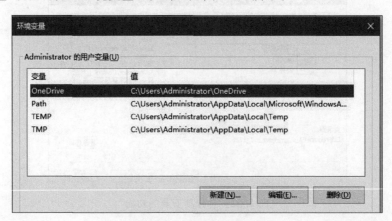

图 1.2.4　"环境变量"对话框

（2）新建系统变量 JAVA_HOME。

单击"新建"按钮，弹出"新建系统变量"对话框。在"变量名"文本框中输入 JAVA_HOME，在"变量值"文本框中输入 JDK 安装路径 C:\Program Files\Java\jdk1.8.0_172，如图 1.2.5 所示，单击"确定"按钮。

图 1.2.5　新建 JAVA_HOME 变量

（3）设置系统变量 Path。

在系统变量列表中找到名为 Path 的变量，单击"编辑"按钮，弹出"编辑环境变量"对话框。加入路径%JAVA_HOME%\bin，如图 1.2.6 所示，单击"确定"按钮。

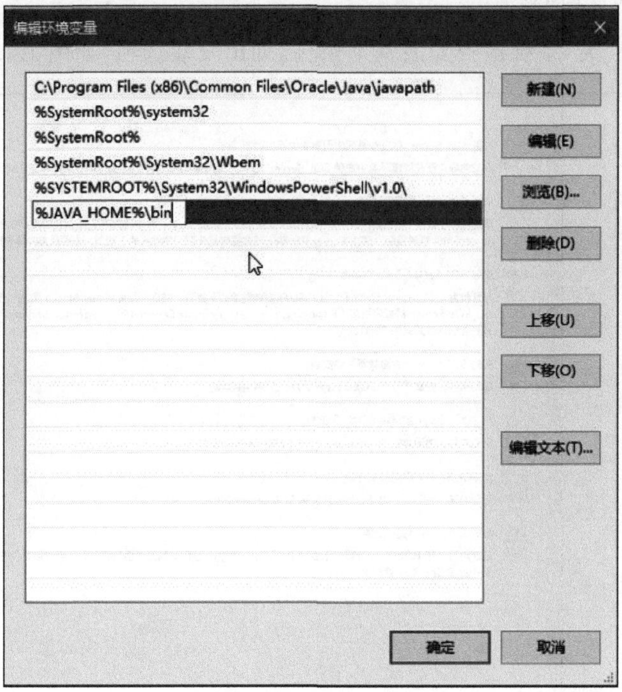

图 1.2.6　编辑 Path 变量

单击"环境变量"对话框的"确定"按钮，回到"系统属性"对话框，再次单击"确定"按钮，完成 JDK 环境变量的设置。

5. 测试安装

读者可以自己测试 JDK 安装是否成功。选择任务栏"开始"→"运行"命令，在"运行"对话框中，输入 cmd 并按回车键，进入命令行界面，输入 java -version 命令，如果 JDK 安装成功,就会出现 Java 的版本信息,如图 1.2.7 所示。

图 1.2.7　JDK 安装成功

2.2.3　SQL Server 2016 及其组件安装

SQL Server 2016 的安装步骤如下：

（1）运行安装文件,系统显示"SQL Server 安装中心",左边是类,右边是选中的类的内容。系统首先显示"计划"类。

（2）选择"安装"类,系统检查安装基本条件,列出安装选项,如图 1.2.8 所示。

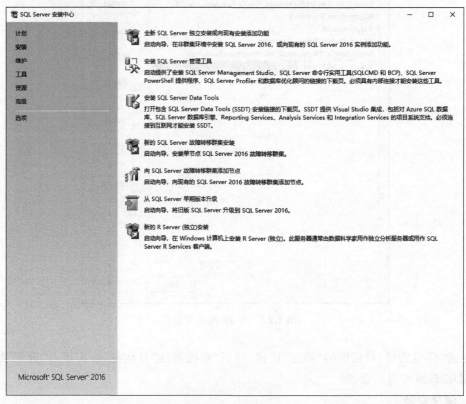

图 1.2.8　安装项目

（3）选择安装选项，安装程序进入"产品密钥"界面，输入 SQL Server 2016 的产品密钥。

（4）选择安装选项，安装程序进入"许可条款"界面，阅读并接受许可条款，单击"下一步"按钮，依次进入"全局规则"界面和"Microsoft 更新"界面，通过网络对安装内容进行更新。

（5）选择安装选项，安装程序进入"安装安装程序文件"界面，选择"安装 SQL Server 2016"选项。

（6）选择安装选项，安装程序进入"功能选择"界面，在"功能"区域中选择要安装的功能组件，如图 1.2.9 所示。用户如果仅需要基本功能，则选择"数据库引擎服务"。然后安装程序进入"功能规则"界面。

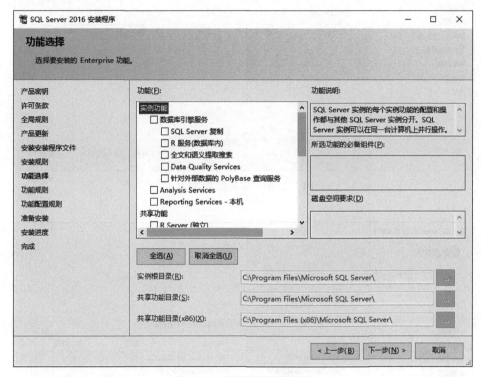

图 1.2.9　"功能选择"界面

（7）安装程序进入"实例配置"界面，如图 1.2.10 所示。如果是第一次安装，则既可以使用默认实例，也可以自行指定实例名称。如果当前服务器上已经安装了一个默认实例，则第二次安装时必须指定实例名称。系统允许在一台计算机上安装 SQL Server 的不同版本，或者多次安装同一版本，采用实例名称区分不同的 SQL Server。

如果选择"默认实例"单选按钮，则实例名称默认为 MSSQLSERVER；如果选择"命名实例"，要在后面的文本框中输入用户自定义的实例名称。

（8）安装程序进入"服务器配置"界面。在"服务账户"选项卡中为每个 SQL Server 服务单独配置账户名、密码及启动类型。账户名可以在下拉列表框中选择。也可以为所有的服务分配相同的登录账户。配置完成后的界面如图 1.2.11 所示。

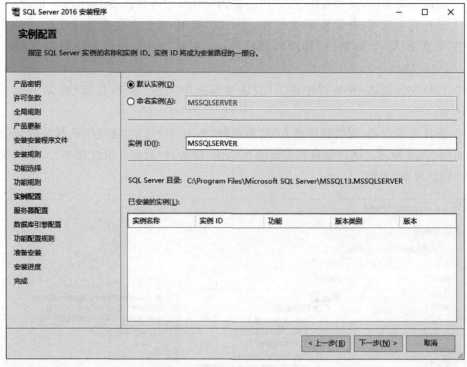

图 1.2.10 "实例配置"窗口

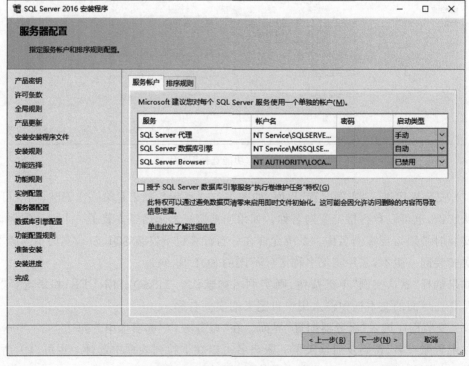

图 1.2.11 "服务器配置"界面

在"排序规则"选项卡中,指定数据库引擎代码页和数据排序规则,如图 1.2.12 所示。

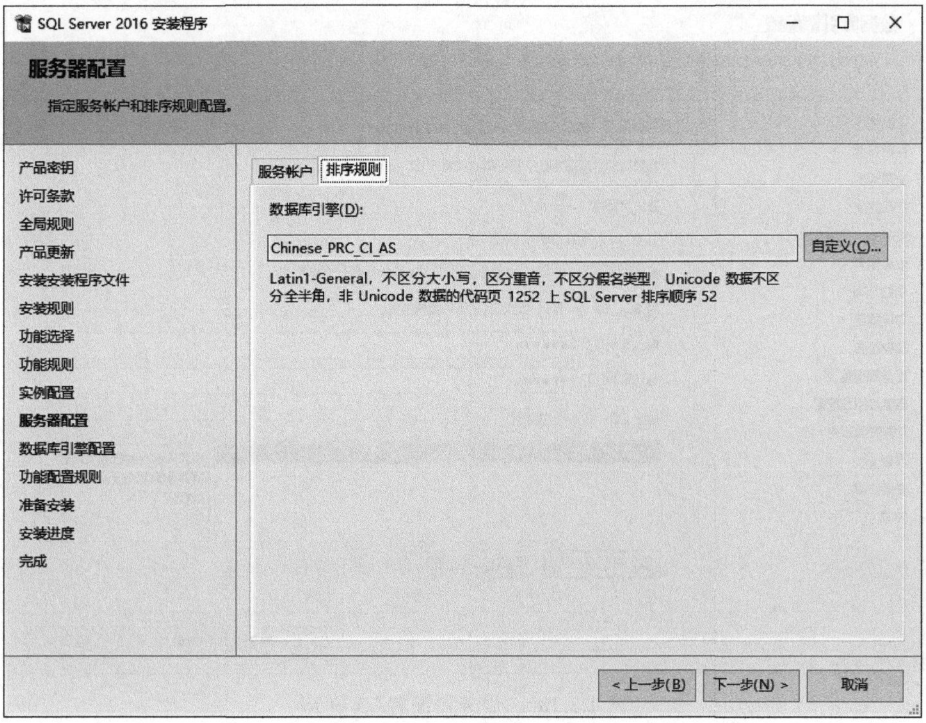

图 1.2.12　"排序规则"选项卡

(9) 安装程序进入"数据库引擎配置"界面,它包含 4 个选项卡。

① "服务器配置"选项卡。

在"服务器配置"选项卡中选择身份验证模式。身份验证模式是一种安全模式,用于验证客户端与服务器的连接,它有两个选项:Windows 身份验证模式和混合模式。在Windows 身份验证模式中,用户通过 Windows 账户连接时,使用 Windows 操作系统用户账户名和密码;混合模式是指同时采用 SQL Server 身份验证和 Windows 身份验证。在建立连接后,系统的安全机制对于这两种模式是一样的。

这里选择"混合模式"作为身份验证模式,并为内置的系统管理员账户 sa 设置密码,为了便于介绍,这里将密码设为 123456,如图 1.2.13 所示。在实际操作过程中,密码要尽量复杂以提高安全性。

单击"添加当前用户"按钮,使当前用户(这里为 Administrator,即管理员)具有操作该SQL Server 实例的所有权限。

② "数据目录"选项卡。

在"数据目录"选项卡中指定数据库的文件存放的位置。系统的默认数据根目录为 C:\Program Files\Microsoft SQL Server\,系统把不同类型的数据文件安装在该目录对应的子目录下,用户可以根据自己的情况重新选择,如图 1.2.14 所示。

③ TempDB 选项卡。

在 TempDB 选项卡中指定系统使用的临时数据库 TempDB 的参数,如图 1.2.15 所示。

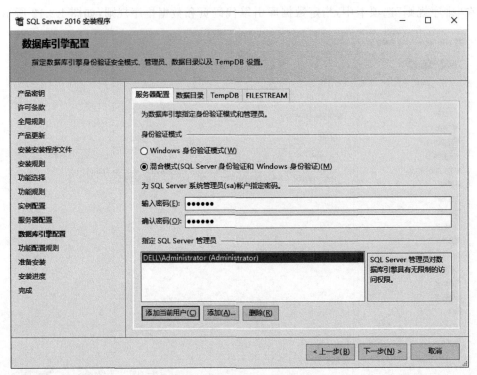

图 1.2.13　"服务器配置"选项卡

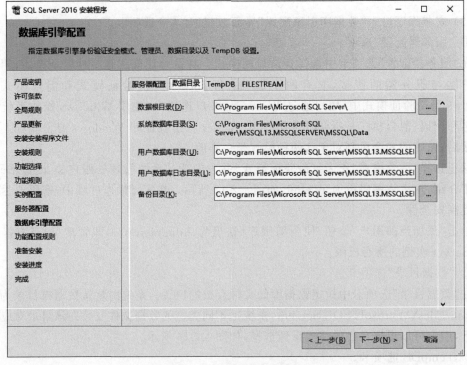

图 1.2.14　"数据目录"选项卡

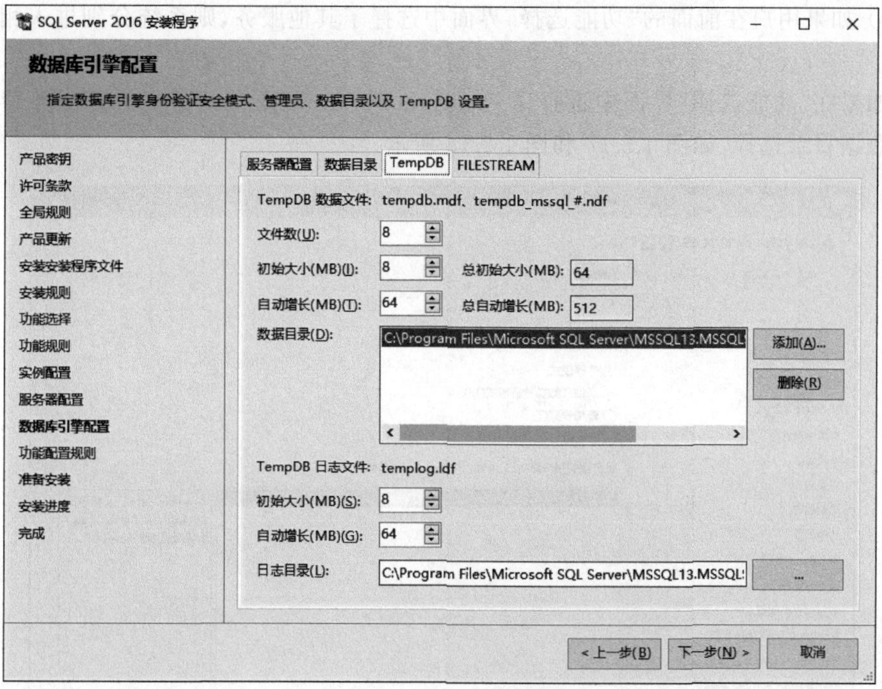

图 1.2.15　TempDB 选项卡

④ FILESTREAM 选项卡。

在 FILESTREAM 选项卡中指定是否针对数据库中的 T-SQL 和文件 I/O 访问启用 FILESTREAM 以及是否允许远程客户端访问 FILESTREAM 数据，如图 1.2.16 所示。

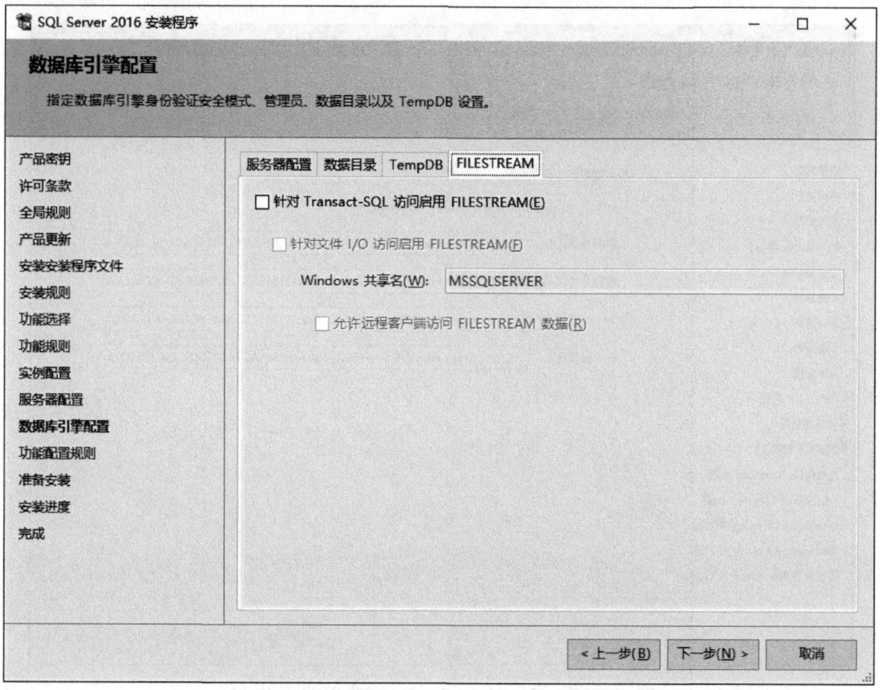

图 1.2.16　FILESTREAM 选项卡

（10）如果用户在前面的"功能选择"界面中选择了其他服务,则系统分别进入相应的配置界面。

- 如果在"功能选择"界面中选择了 Analysis Services,则在此需要进行服务器配置和数据目录选择,如图 1.2.17 和图 1.2.18 所示。

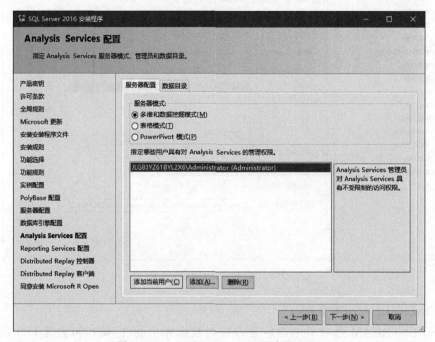

图 1.2.17　Analysis Services 服务器配置

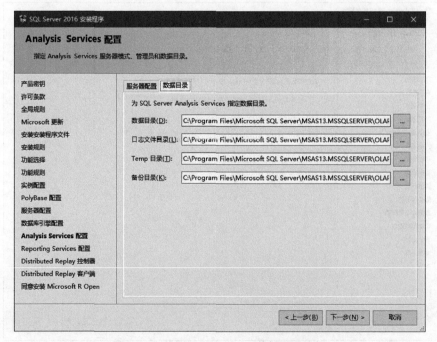

图 1.2.18　Analysis Services 数据目录选择

- 如果在"功能选择"界面中选择了 Reporting Services，则在此需要指定报表服务的本机模式和 SharePoint 集成模式，如图 1.2.19 所示。

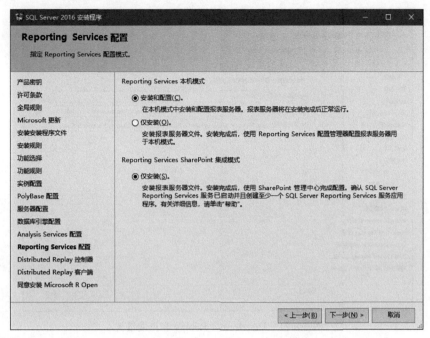

图 1.2.19　Reporting Services 配置

- 如果在"功能选择"界面中选择了"Distributed Replay 控制器"，则在此需要指定 Distributed Replay 控制器服务的权限，如图 1.2.20 所示。

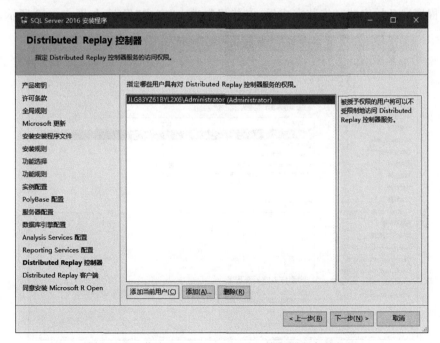

图 1.2.20　指定 Distributed Replay 控制器服务的权限

- 如果在"功能选择"界面中选择了"Distributed Replay 客户端"，则在此需要为 Distributed Replay 客户端指定控制器计算机的名称和目录位置。如图 1.2.21 所示。

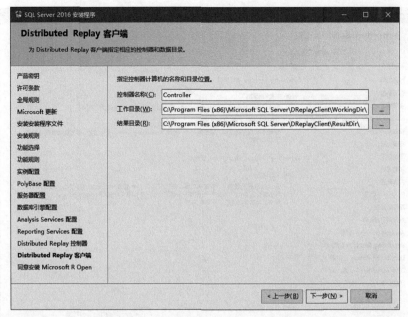

图 1.2.21　Distributed Replay 客户端设置

（11）安装程序进入"功能配置规则"界面，用户可从中了解安装支持文件时是否发现问题。如有问题，解决问题后方可继续。

（12）安装程序进入"准备安装"界面，以树状结构显示准备安装的内容。单击"安装"按钮，安装程序即开始安装。安装完成后，安装程序进入"完成"界面，如图 1.2.22 所示。

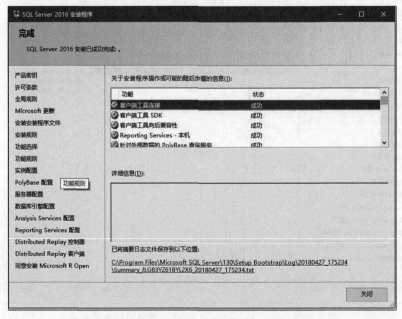

图 1.2.22　"完成"界面

单击"关闭"按钮,安装结束,系统重新启动计算机。

2.2.4　以命令行方式操作 SQL Server 2016

进入命令行窗口,系统提示 C:\Users\Administrator,表示当前位于 Windows 登录用户 Administrator 的目录下。在>后输入 SQL Server 2016 命令行管理工具可执行程序名,即 sqlcmd,然后按回车键。窗口显示如图 1.2.23 所示。

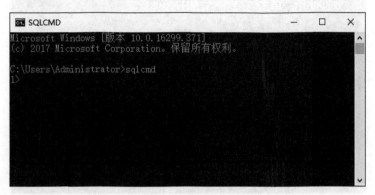

图 1.2.23　在命令行窗口执行 sqlcmd 命令

>是该工具的提示符,在其后可以输入 SQL Server 的 T-SQL 命令。

2.3　SQL Server 2016 操作界面工具 SSMS

2.3.1　安装 SSMS

从 SQL Server 2016 开始,SQL Server Management Studio（SSMS）与 SQL Server 主体部分的安装是分离的,所以,在安装 SQL Server 2016 后,如果需要通过图形化界面方式管理 SQL Server 2016,通常情况下还需要安装 SSMS。

SSMS 是一种集成环境,用于管理从 SQL Server 到 SQL 数据库的任何 SQL 基础结构。SSMS 提供用于配置、监视和管理 SQL 实例的工具。SSMS 可以部署、监视和升级应用程序使用的数据层组件以及生成查询和脚本。SSMS 还可以在本地计算机或云端查询、设计和管理数据库和数据仓库,无论它们位于何处。另外,SSMS 是免费的。

在"SQL Server 安装中心"界面选择"安装",右边列出了可安装的项目,其中第一项就是在 2.2 节安装的 SQL Server 的主体部分,第二项就是"安装 SQL Server 管理工具"。单击该项,系统进入下载 SSMS 安装包页面。也可以直接下载安装包后进行安装。

SSMS 安装界面如图 1.2.24 所示。

单击"安装"按钮,系统根据用户选择的项目逐个安装,直到所有项目安装完成,如图 1.2.25 所示。

图 1.2.24　SSMS 安装界面

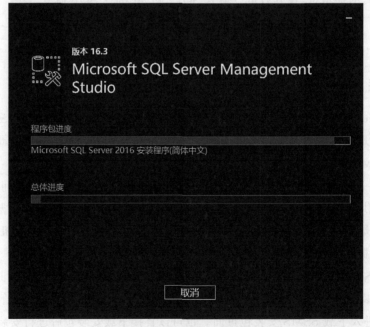

图 1.2.25　SSMS 安装过程

2.3.2　连接 SQL Server 2016 服务器

运行 SQL Server Management Studio（SSMS），系统显示"连接到服务器"对话框，如图 1.2.26 所示。

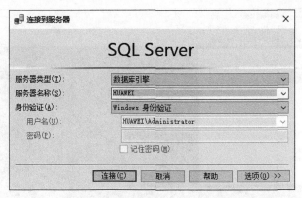

图 1.2.26　"连接到服务器"对话框

选项说明如下。

- "服务器类型"：可以选择"数据库引擎"、Analysis Services、Reporting Services 和 Integration Services。其中，数据库引擎是 SQL Server 基本功能，一般用户仅仅需要使用该功能，默认的服务器类型为数据库引擎。
- "服务器名称"：格式为"计算机名/实例名"。因为在安装时使用的是默认实例，则使用计算机名作为服务器名称。当然，使用计算机的 IP 地址也可以。
- "身份验证"：因为在安装 SQL Server 2016 时选择了"混合模式（SQL Server 身份验证和 Windows 身份验证）"，所以可选择 Windows 身份验证或者 SQL Server 身份验证。若选择"Windows 身份验证"，以进入 Windows 时的用户登录 SQL Server；若选择"SQL Server 身份验证"，以 SQL Server 系统管理员登录名（sa）和安装时指定的密码登录 SQL Server，如图 1.2.27 所示。另外，还有 3 种活动目录（Active Directory）验证方式。

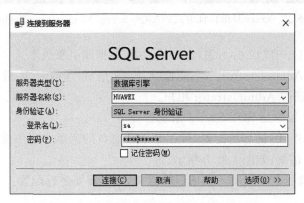

图 1.2.27　选择"SQL Server 身份验证"

单击"连接"按钮，打开"SQL Server Management Studio（管理员）"窗口，并且默认打开"对象资源管理器"窗口。上述两种身份验证方式如图 1.2.28 和图 1.2.29 所示。

在图 1.2.28 和图 1.2.29 中，HUAWEI（SQL Server 13.0.1742.0 …）表示当前连接的 SQL Server 服务器，各项具体含义如下。

- HUAWEI：服务器名称，也就是当前安装 SQL Server 2016 的计算机的名称。

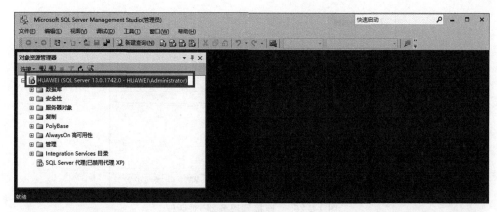

图 1.2.28　采用 Windows 身份认证方式的"SQL Server Management Studio（管理员）"窗口

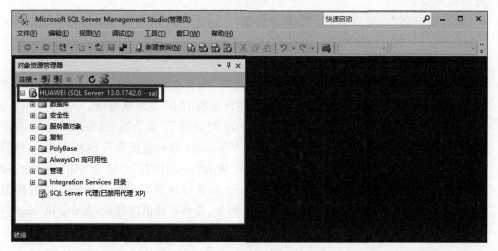

图 1.2.29　采用 SQL Server 身份认证方式的"SQL Server Management Studio（管理员）"窗口

- SQL Server 13.0.1742.0：SQL Server 2016 数据库引擎版本。
- HUAWEI \ Administrator：登录服务器的是在当前计算机（HUAWEI）登录 Windows 系统的 Administrator 用户。
- sa：登录服务器的是 SQL Server 系统管理员（sa）。

如果需要了解 SSMS 的环境配置，可在 SSMS 窗口的菜单中栏中选择"工具"→"选项"命令，打开"选项"对话框，如图 1.2.30 所示。

一般用户不需要特别了解每一项内容的意义，也不需要进行配置。

2.3.3　SQL Server 2016 服务器对象

完成 SQL Server 2016 安装后，在 SSMS 窗口中对应的一个连接下，左边以树状结构列出 SQL Server 2016 服务器包含的对象类型。但要注意，除了基本对象外，其他对象需要在 SQL Server 2016 安装时进行勾选，在 SSMS 窗口中这些对象才能使用。

1. 数据库

数据库是 SQL Server 2016 服务器的基本对象。数据库又包含若干对象，是存放数据

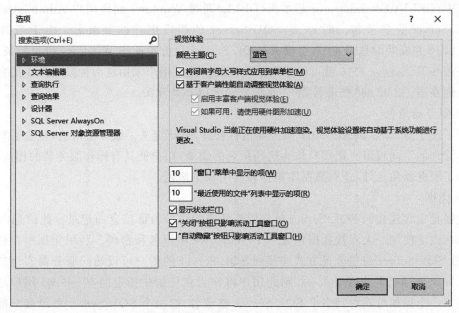

图 1.2.30　查看 SSMS 的环境配置

和对数据进行处理的最基础的部分。

　　数据库包含系统数据库、数据库快照和用户数据库，如图 1.2.31 所示。在 SQL Server 2016 安装完成后，就包含了 master、model、msdb 和 tempdb 数据库，它们主要为 SQL Server 2016 使用。数据库快照用于组织用户创建的所有数据库快照。由于安装 SQL Server 2016 后，用户尚没有创建数据库，所以没有显示用户数据库。

　　在图 1.2.31 中，HUAWEI(SQL Server 13.0.1742.0-HUAWEI\Administrator)表示当前连接了 SQL Server 服务器，登录服务器的用户是当前计算机(即名为 HUAWEI 的主机) Windows 下的 Administrator。

2. 安全性

安全性包含登录名、服务器角色、凭据、密钥存储提供程序、审核和服务器审核规范。

1）登录名

在安装 SQL Server 2016 后的初始状态就包含部分登录名，如图 1.2.32 所示。

图 1.2.31　数据库对象

图 1.2.32　登录名

其中,DELL\Administrator 是本机(DELL)通过 Windows 超级用户 Administrator 登录 SQL Server 的登录名。而 sa 是 SQL Server 的超级用户的登录名。由于当前 SQL Server 2016 在安装时选择了"混合模式(SQL Server 身份验证和 Windows 身份验证)",所以在登录 SQL Server 2016 就可以采用两种模式。此后用户采用这两种模式创建的登录名均会出现在图 1.2.32 的"登录名"下。系统登录名以♯♯开头。

2) 服务器角色

为了便于对 SQL Server 2016 服务器进行管理,系统定义了服务器角色,包含了对服务器操作管理的不同权限。把用户作为这些角色的成员,用户就具有操作服务器的相应权限。

除了服务器角色外,还有数据库角色和应用程序角色。

3) 凭据

凭据是包含连接到 SQL Server 外部资源所需的身份验证信息的记录。此信息由 SQL Server 在内部使用。大多数凭据包含一个 Windows 用户名和密码。利用凭据中存储的信息,通过 SQL Server 身份验证方式连接到 SQL Server 的用户可以访问服务器实例的外部资源。如果外部资源为 Windows,则此用户将作为在凭据中指定的 Windows 用户通过身份验证。一个凭据可映射到多个 SQL Server 登录名,而一个 SQL Server 登录名只能映射到一个凭据。系统凭据是自动创建的,并与特定端点关联,系统凭据名以♯♯开头。

4) 密钥存储提供程序

SQL Server 2016 的列加密功能要求客户端检索存储在服务器上的加密列加密密钥(Encrypted Column Encryption Key,ECEK),然后解密为列加密密钥(Column Encryption Key,CEK),以便访问存储在加密列中的数据。ECEK 通过列主密钥(Column Master Key,CMK)加密,并且 CMK 的安全性对于列加密的安全性至关重要。因此,CMK 应存储在安全位置。密钥存储提供程序的目的是提供一个接口,以允许 ODBC 驱动程序访问这些安全存储的 CMK。对于具有自己的安全存储的用户,自定义密钥存储提供程序接口提供了一个框架,以实现 ODBC 驱动程序对 CMK 安全存储的访问,然后就可以将其用于执行 CEK 的加密和解密。

每个密钥存储提供程序都包含并管理一个或多个 CMK,这些 CMK 通过密钥路径(提供程序定义的格式的字符串)标识。此 CMK 与加密算法(也是提供程序定义的字符串)一同可用于执行 CEK 加密和 ECEK 解密。此算法与密钥存储提供程序的 ECEK 和名称一同存储在数据库的加密元数据中。有关详细信息请参阅联机文档中的 CREATE COLUMN MASTER KEY 和 CREATE COLUMN ENCRYPTION KEY。因此,密钥管理的两个基本操作如下:

```
CEK = DecryptViaCEKeystoreProvider (CEKeystoreProvider_name, Key_path, Key_
algorithm, ECEK)
ECEK= EncryptViaCEKeystoreProvider (CEKeyStoreProvider_name, Key_path, Key_
algorithm, CEK)
```

其中,CEKeystoreProvider_name 用于标识特定的列加密密钥存储提供程序。前两个参数由 CMK 元数据提供,而后两个参数则由 CEK 元数据提供。多个密钥存储提供程序可能与默认的内置提供程序一起显示。执行需要 CEK 的操作时,驱动程序就会使用 CMK 元

数据按名称查找相应的密钥存储提供程序,并执行它的解密操作,此操作可表示为

```
CEK=CEKeyStoreProvider_specific_decrypt(Key_path, Key_algorithm, ECEK)
```

尽管驱动程序不需要加密 CEK,但为了实现诸如 CMK 创建和轮换之类的操作,密钥管理工具可能需要这样做。这些操作需要执行反运算:

```
ECEK= CEKeyStoreProvider_specific_encrypt(Key_path, Key_algorithm, CEK)
```

5) 审核和服务器审核规范

审核 SQL Server 的实例或 SQL Server 数据库涉及跟踪和记录系统中发生的事件。SQL Server 的审核对象收集单个服务器级实例或数据库级操作和操作组以进行监视。这种审核处于 SQL Server 实例级。每个 SQL Server 实例可以具有多个审核对象。服务器审核规范对象属于审核对象。可以为每个审核对象创建一个服务器审核对象规范,因为它们都是在 SQL Server 实例中创建的。另外,还有数据库级服务器审核规范对象。

3. 服务器对象

服务器对象包含备份设备、端点、链接服务器和触发器等。

1) 备份设备

备份设备是用户为了数据库备份而创建的设备。例如,某个文件目录下的文件可以作为备份设备。

2) 端点

端点包括系统端点和用户创建的端点,主要有以下 4 种。

(1) 数据库镜像。

若要参与 Always On 可用性组或数据库镜像,服务器实例需要有自己专用的数据库镜像端点。此端点专门用于来自其他服务器实例的 Always On 可用性组或数据库镜像连接。在某一给定服务器实例上,与任何其他服务器实例的每个连接都使用一个数据库镜像端点。

数据库镜像端点使用传输控制协议(Transmission Control Protocol,TCP)在参与数据库镜像会话或承载可用性副本的服务器实例之间发送和接收消息。数据库镜像端点在唯一的 TCP 端口号上进行监听。

(2) Service Broker。

Service Broker 为 SQL Server 提供从数据库中发送异步事务性消息队列的方法。Service Broker 可以保证以适当的顺序或原始的发送顺序不重复地一次性接收消息。并且因为 Service Broker 内建在 SQL Server 中,这些消息在数据库发生故障时是可以恢复的,也可以随数据库一起备份。在 SQL Server 2016 中,还可以使用 CREATE BROKER PRIORITY 命令对会话设定优先级,以保证消息合理地被处理。

创建 Service Broker 应用程序的大体步骤如下:

① 定义希望应用程序执行的异步任务。

② 确定 Service Broker 的发起方服务和目标服务是否创建在同一个 SQL Server 实例中。如果是两个实例,实例间的通信还需要经过证书认证或 NT 安全的身份认证,并且要创

建端点、路由以及对话安全模式。

③ 如果没有启用 Service Broker，则在多方参与的数据库中使用 ALTER DATABASE 命令设置 Enable_broker 以及 Truseworthy 数据库选项。

④ 为所有多方参与的数据库创建数据库主密钥。

⑤ 创建希望在服务之间发送的消息类型。

⑥ 创建约定（contract）来定义可以由发起方发送的各种消息以及由目标发送的消息类型的种类。

⑦ 同时在两方参与的数据库中创建用于保存消息的队列。

⑧ 同时在绑定特定约定到特定队列的多方参与的数据库中创建服务。

（3）SOAP。

SOAP 的作用是规定发送消息的格式和使用 HTTP 进行消息交换。因为它规定使用 HTTP 进行应用间的通信，而所有浏览器和服务器都支持 HTTP，所以 SOAP 就成为一种应用广泛的通信方法。

HTTP 在 TCP/IP 上进行通信，格式为 HTTP 头、空行和 HTTP。HTTP 头必须有的元素有 Content-Type、Content-Length、HTTP 方法（get/post）和 HTTP 版本。SOAP 消息就放在 HTTP 体中。SOAP 消息用 XML 编码，必须有的元素是 SOAP envelope 和 encoding。

（4）TSQL。

TSQL 用于组织自定义报表等。

3）链接服务器

查询数据时，如果既需要用到 A 机数据库里的表又需要 B 机数据库里的表，就可以在 A 机数据库上建立链接服务器。然后就可以在 A 机数据库的查询窗口查询链接服务器上的表，命令格式如下：

```
SELECT * FROM［链接服务器名］.［远程数据库名］.［所有者］.［表名］
```

链接服务器包含当前 SQL Server 访问接口。该访问接口用于访问当前 SQL Server 与远端 SQL Server 或者其他非 SQL Server 数据源。

链接服务器访问接口如图 1.2.33 所示。

4）触发器

触发器是 SQL Server 提供给程序员和数据分析员用来保证数据完整性的一种方法，它是与表事件相关的特殊的存储过程，它的执行不是由程序调用的，也不是手工启动的，而

图 1.2.33　链接服务器访问接口

是由事件触发的，当对一个表进行操作（INSERT、DELETE、UPDATE）时就会使它执行。触发器经常用于加强数据的完整性约束和业务规则等。用户创建的触发器可以在对象资源管理器中看到或者对其进行增删改，也可以从 DBA_TRIGGERS、USER_TRIGGERS 数据字典中查到。

4. 复制

SQL Server 中的复制是 SQL Server 高可用性的核心功能之一。复制指的并不是一项

技术,而是一些列技术的集合,包括从存储转发数据到同步数据再到维护数据的一致性。复制的核心功能是存储转发,意味着在一个位置对数据进行了增删改以后,再对其他的数据源重复这个动作。

复制的概念可以用发行杂志来类比:发行商通过报刊亭将杂志分发到订阅者手里,杂志发行商、报刊亭和订阅者分别对应 SQL Server 复制的发布服务器、分发服务器和订阅服务器。

5. PolyBase

大数据与云计算的关系就像一枚硬币的正反面,大数据是云计算非常重要的应用场景,而云计算则为大数据的处理和数据挖掘提供了最佳的技术解决方案。云计算的快速供给、弹性扩展以及按用量付费的优势已经给 IT 行业带来了巨大变化,已经日益成为企业 IT 应用方式的首选。

HDFS 意为 Hadoop 分布式文件系统(Hadoop Distributed File System),它将文件分割为数据块(block),其默认大小为 64MB,存储于数据节点(DataNode)中。为了降低机架失效所带来的数据丢失风险,HDFS 会保存 3 份副本,通过冗余来保证数据的可靠访问和安全性,但其成本很高。从 2015 年开始,微软公司的 Azure 向 Apache Hadoop 社区提供了云存储连接器 hadoop-azure 模块,Hadoop 可以通过它集成 Azure Blob 存储(Azure Blob Storage),使其像 HDFS 一样能够存储和管理海量大数据,同时成本比较低廉。

PolyBase 是 SQL Server 2016 的新功能。它用于查询关系数据库和非关系数据库(NoSQL)。可以使用 PolyBase 查询 Hadoop 或 Azure Blob 存储中的表和文件,还可以向 Hadoop 导入数据或从 Hadoop 导出数据。例如,可以在 SQL Server 2016 中使用 PolyBase 查询 Azure Blob 存储中的 CSV 文件。

6. AlwaysOn 高可用性

可用性组(availability group)针对一组离散的用户数据库支持故障转移环境。一个可用性组支持一组主数据库以及 1~8 组对应的辅助数据库。辅助数据库不是备份,因此仍然要定期备份数据库及其事务日志。

部署 Always On 可用性组需要一个 Windows Server 故障转移群集(Windows Server Failover Cluster,WSFC)。一个可用性组的各个可用性副本必须位于相同 WSFC 的不同节点上。唯一的例外是在迁移到另一个 WSFC 时,此时一个可用性组可能会暂时跨两个 WSFC。

7. 管理

SQL Server 管理包括策略管理、数据收集、资源调控、扩展事件、维护计划、SQL Server 日志、数据库邮件、分布式事务处理协调器、早期等。

8. Integration Services 目录

SSIS(SQL Server Integration Services,SQL Server 服务)是构建企业级数据集成和数据转换解决方案的平台。可以使用 SSIS 来解决复杂的业务问题,例如,通过复制、下载文件或发送电子邮件以响应事件,更新数据仓库,清洗和挖掘数据,管理 SQL Server 对象和数据。集成服务可以从各种各样的来源(如 XML 数据文件、平面文件和关系数据源)提取和转换数据,然后将数据加载到一个或多个目标数据载体中。

SSIS 包括一组丰富的内置任务和转换工具软件包和集成服务的运行管理软件包。用户可以使用图形化的集成服务工具创建解决方案,而无须编写代码;也可以广泛集成服务对象模型,以编程方式创建包和代码的自定义任务和其他软件包对象。

9. SQL Server 代理

SQL Server 代理服务是 SQL Server 的一个标准服务,其作用是代理执行所有 SQL Server 的自动化任务,以及数据库事务性复制等无人值守任务。在默认安装情况下这个服务是停止状态,需要手动启动或改为自动运动,否则 SQL Server 的自动化任务都不会执行。

2.3.4　SQL Server 2016 服务器属性

在 SSMS 窗口中,右击 HUAWEI(SQL Server 13.0.1742.0 - sa)连接,在弹出的快捷菜单中选择"服务器属性"命令,可以查看当前连接的 SQL Server 2016 服务器的属性,如图 1.2.34 所示。

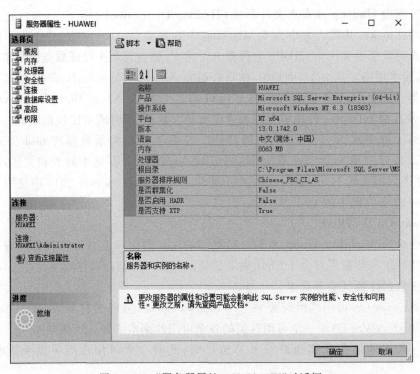

图 1.2.34　"服务器属性 - HUAWEI"对话框

"常规"选项卡显示服务器名称、安装的 SQL Server 版本、数据库引擎版本、根目录等。

"数据库设置"选项卡包含数据库文件默认路径,该路径是安装 SQL Server 2016 时数据库引擎指定的数据库文件路径,用户可以在这里对其进行修改。

单击"查看连接属性"链接,会打开"连接属性"对话框。

2.3.5　操作多个 SQL Server 服务器

SQL Server 2016 的 SSMS 窗口可以同时管理多个 SQL Server 服务器,它们可以是不同版本的 SQL Server。

单击对象资源管理器左上角的"连接",系统就会显示登录 SSMS 对话框,如果连接成功,就会在对象资源管理器中出现一个 SQL Server 服务器,如图 1.2.35 所示。

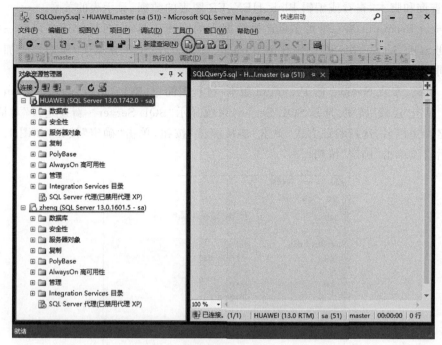

图 1.2.35　连接新的 SQL Server 服务器

其中连接了两个 SQL Server 服务器:

- 主机 HUAWEI 是 SQL Server 2016 服务器,13.0.1742.0 是内部版本号,以超级管理员 sa 身份登录。
- 主机 zheng 是 SQL Server 2016 服务器,13.0.1601.5 是内部版本号,以超级管理员 sa 身份登录。

单击“新建查询”右侧的按钮,系统也会显示登录 SSMS 对话框,如果连接成功,就会在新建的查询分析器中连接该 SQL Server 服务器。在其中输入 T-SQL 命令,就可以操作该 SQL Server 服务器中的数据库对象。

2.4　利用 Navicat 操作 SQL Server 2016

2.2.4 节介绍了以命令行方式操作 SQL Serve 的方法。本节介绍利用 Navicat 操作 SQL Server 2016 的方法。

Navicat 是一套快速、可靠并价格适宜的数据库管理工具,是专为简化数据库的管理及降低系统管理成本而设计的。它的设计符合数据库管理员、开发人员及中小企业的需要。Navicat 提供了直觉化的图形用户界面,用户可以以安全、简单的方式创建、组织、访问并共享信息。它可以让用户连接到本机或远程服务器。它提供了一些实用的数据库工具(如数据模型创建、数据传输、数据同步、结构同步、导入、导出、备份、还原、报表创建工具)及计划,以协助用户管理数据。Navicat 适用于 3 种平台,即 Windows、Mac OS X 及 Linux。

Navicat for SQL Server 是一套专为 SQL Server 设计的全面的图形化数据库管理及开

发工具,可进行创建、编辑和删除全部数据库对象,例如表、视图、函数、索引和触发器,或运行 SQL 查询和脚本,查看或编辑 Blob、HEX、ER 图表的数据,显示表的关系。

Navicat Premium 是一个可多重连接数据库的管理工具,它可以让用户以单一程序同时连接到 SQL Server、MySQL、SQLite、Oracle 及 PostgreSQL 数据库,使用户更加方便地管理不同类型的数据库。

(1)下载、安装 Navicat 的 Premium 版本(过程很简单,略)。运行 Navicat Premium。

(2)单击"连接"按钮,选择 SQL Server,系统显示"SQL Server - 新建连接"对话框,输入连接名和主机名,选择验证方式,单击"连接测试"按钮,单击"确定"按钮,如图 1.2.36 所示。然后直接单击"确定"按钮。

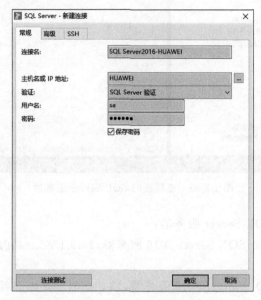

图 1.2.36　Navicat Premium 连接 SQL Server 2016

在 Navicat Premium 界面左边出现 SQL Server 2016-HUAWEI 这个连接名,如图 1.2.37 所示。

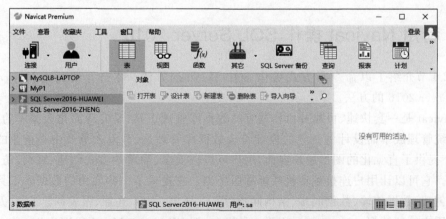

图 1.2.37　连接多个不同类型的数据库服务器

　　Navicat Premium 还可以同时连接其他数据库服务器。例如,在图 1.2.37 中,还有以下两个连接：连接 MySQL8 数据库服务器,连接名为 MySQL8-LAPTOP；连接 PostgreSQL 数据库服务器,连接名为 MyP1。

　　如果要操作某个服务器,可选择相应的连接,然后在右边的窗口中,对该服务器下的数据库及其对象通过图形界面或命令行方式进行操作。

CHAPTER 第 3 章

数据库和表

数据库和表是 SQL Server 用于组织和管理数据的基本对象。用户使用 SQL Server 设计和实现信息系统,首要的任务就是实现数据的表示与存储,即创建数据库和表。本章将介绍 SQL Server 数据库和表的基本概念,着重讲述数据库和表的两种创建方式和对表中的数据进行插入、修改、删除的两种方式。

3.1 数据库和操作方式

关系数据库是按照二维表结构组织的数据集合,数据库中的每个表都称为一个关系。二维表由行和列组成,表的行称为元组(也称记录),列称为属性(也称字段)。SQL Server 就是一个关系数据库管理系统。

3.1.1 数据库

数据库是 SQL Server 存储和管理的对象。对 SQL Server 的数据库,可以从逻辑和物理两个角度来讨论。

1. 逻辑数据库

从逻辑上看,SQL Server 数据库由存放数据的表以及支持这些数据的存储、检索、安全性和完整性的对象组成。组成数据库的逻辑成分称为数据库对象。SQL Server 的数据库对象主要包括表、数据类型、视图、索引和约束等,其对象的简要说明列于表 1.3.1 中。

表 1.3.1 SQL Server 的数据库对象及说明

数据库对象	说　明
表	由行和列构成的集合,用来存储数据。表是最重要的数据库对象
数据类型	列或变量的取值范围定义,允许用户自定义数据类型
视图	由表或其他视图导出的虚拟表
索引	为数据快速检索提供支持且可以保证数据唯一性的辅助数据结构
约束	用于为表中的列定义完整性的规则
默认值	为列提供的预设值
存储过程	存放于服务器中的预先编译好的一组 T-SQL 语句

续表

数据库对象	说　明
触发器	是特殊的存储过程,当表中的数据改变时,该存储过程被自动执行
用户和角色	用户是对数据库有存取权限的使用者,角色是对数据库有相同存取权限的用户集合
规则	用来限制表字段的数据范围
函数	能够实现特定功能的若干语句或者系统函数的组合

　　用户经常需要在 T-SQL 中引用 SQL Server 对象,对其进行操作,如对数据库表进行查询、数据更新等,在 T-SQL 语句中需要给出对象的名称。用户可以给出两种对象名,即完全限定名和部分限定名。

　　完全限定名是对象的全名,在 SQL Server 中创建的每个对象都有唯一的完全限定名。包括 4 部分:服务器名、数据库名、架构名、对象名。

　　例如,NS001.xsbook.dbo.xs 是一个完全限定名。

　　使用 T-SQL 编程时,对象使用全名往往很烦琐且没有必要,所以常省略完全限定名中的某些部分。对象完全限定名中的前 3 部分均可省略,当省略中间的部分时,圆点分隔符不可省略。这种只包含对象完全限定名中的一部分的对象名称为部分限定名。使用对象的部分限定名时,SQL Server 可以根据系统的当前工作环境确定对象名称中省略的部分。

　　在对象部分限定名中,未指出的部分使用以下默认值:

- 服务器名:默认为本地服务器。
- 数据库名:默认为当前数据库。
- 架构名:默认为 dbo。

以下是一些正确的对象部分限定名格式:

```
服务器名.数据库名..对象名
服务器名..架构名.对象名
数据库名.架构名.对象名
服务器名...对象名
架构名.对象名
对象名
```

　　在 SQL Server 中有两类数据库:系统数据库和用户数据库。两类数据库在结构上相同,文件的扩展名也相同。

　　系统数据库存储有关 SQL Server 的系统信息,它们是 SQL Server 管理数据库的依据。如果系统数据库遭到破坏,SQL Server 将不能正常启动。在安装 SQL Server 时,系统将创建 4 个可见的系统数据库:master、model、msdb 和 tempdb。

- master 数据库记录 SQL Server 实例的所有系统级信息。
- model 数据库为新创建的数据库提供模板。
- msdb 数据库用于 SQL Server 代理计划警报和作业。
- tempdb 数据库为临时表和临时存储过程提供存储空间。

　　每个系统数据库都包含主数据文件和日志文件,扩展名分别为 mdf 和 ldf。例如,

master 数据库的两个文件分别为 master.mdf 和 master.ldf。

用户数据库是用户创建的数据库。

2. 物理数据库

从操作系统的角度,数据库是按照某种方式组织数据的文件,这些文件通过文件组进行组织。

1) 数据库文件

SQL Server 使用的文件包括 3 类:

(1) 主数据文件,简称主文件。该文件是数据库的关键文件,包含数据库的启动信息,并且存储数据。个数据库必须有且只能有一个主文件,其扩展名为 mdf。

(2) 辅助数据文件,简称辅助文件。该文件用于存储未包括在主文件内的其他数据,其扩展名为 ndf。当数据库很大时,有可能需要创建一个或多个辅助文件;而当数据库较小时,则只需要创建主文件。

(3) 日志文件。该文件用于保存恢复数据库所需的事务日志信息。每个数据库至少有一个日志文件。日志文件的扩展名为 ldf。

2) 文件组

文件组是为了管理和分配数据而组织在一起的多个文件。通常可以为一个磁盘驱动器创建一个文件组,然后将特定的表、索引等与该文件组相关联,那么对这些表的存储、查询和修改等操作都在该文件组中进行。

使用文件组可以提高表中数据的查询性能。在 SQL Server 中有两类文件组:

(1) 主文件组。包含主要数据文件和任何没有明确指派给其他文件组的文件。管理数据库的系统表的所有页均分配在主文件组中。

(2) 用户定义文件组。在创建或者修改数据库参数时指定。

每个数据库中都有一个文件组作为默认文件组运行。若在 SQL Server 中创建表或索引时没有为其指定文件组,那么选择默认文件组。用户可以指定默认文件组。如果没有指定默认文件组,则主文件组是默认文件组。

注意:若不指定用户定义文件组,则所有数据文件都包含在主文件组中。

设计文件和文件组时,一个文件只能属于一个文件组。只有数据文件才能作为文件组的成员,日志文件不能作为文件组的成员。

3.1.2 操作方式

在 SQL Server 中,创建数据库和表(包括指定表的关键字)以及表数据的插入、修改和删除等操作均有两种方式,即界面方式和命令方式。

1. 界面方式

在 SQL Server 中使用界面方式操作数据库时,主要通过 SSMS 窗口中提供的图形化界面向导进行。在 SSMS 窗口中操作 SQL Server 数据库时,需要先与 SQL Server 服务器连接。假设 SQL Server 服务器已启动,并且用户以 Administrator 身份登录计算机。启动 SSMS 后,系统显示"连接到服务器"对话框,见图 1.2.26。

在 SQL Server 2016 中,SSMS 与 SQL Server 是分离的。在安装 SQL Server 后,需要在运行 SQL Server 服务器的计算机上安装 SSMS,才可使用 SSMS 操作 SQL Server 服务

器数据库。

当然，也可以采用其他界面工具（例如 Navicat 或者 Navicat Premium）对 SQL Server 服务器数据库进行操作。当然也需要先与 SQL Server 服务器进行连接。

2. 命令方式

在 SQL Server 中使用命令方式操作数据库时，可以在 SSMS 窗口中单击"新建查询"按钮，新建一个查询窗口，在其中输入和执行命令，如图 1.3.1 所示。

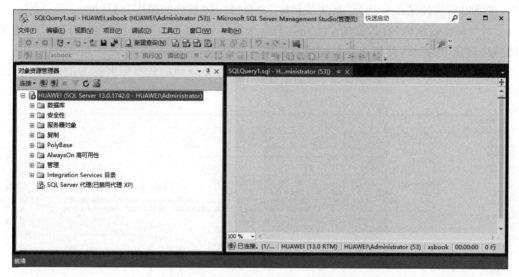

图 1.3.1　SSMS 窗口中的查询窗口

也可以在 Windows 命令行窗口，在系统提示 C：\ Users \ Administrator＞后输入 sqlcmd 命令，启动 SQL Server 2016 命令行管理工具 SQLCMD，见图 1.2.23 所示。

另外，以界面方式创建的数据库及其对象可以通过命令方式修改它的属性，以命令方式创建的数据库及其对象在界面工具中通过刷新操作就可显示出来。

3.2　操作数据库

在 SQL Server 中，能够操作数据库的用户必须是系统管理员或被授权使用 CREATE DATABASE 语句的用户。创建数据库时需要确定数据库名、所有者（即创建数据库的用户）、数据库大小（初始大小、最大文件大小、是否允许增长及增长方式）和存储数据库的文件。

3.2.1　使用界面方式操作数据库

在 SQL Server 中以界面方式创建数据库主要通过 SQL Server Management Studio 窗口中提供的图形化向导进行。

1. 创建数据库

下面举例说明以界面方式创建数据库的过程。

【例 1.3.1】　创建数据库 test1，初始大小为 8MB，最大文件大小 50MB，数据库自动增长,增长方式是按 10%的百分比增长;日志文件初始大小为 2MB,最大文件大小为 10MB,按 1MB 增长。

(1) 以系统管理员(Adminstrator)身份登录 HUAWEI 计算机,启动 SQL Server Management Studio,使用默认方式(HUAWEI\Adminstrator)连接到 SQL Server 2016 数据库服务器。

(2) 进入 SSMS 主界面,选择对象资源管理器中的"服务器"下的"数据库",右击"数据库",在弹出的快捷菜单中选择"新建数据库"命令,打开"新建数据库"对话框。

(3)"新建数据库"对话框的左上角共有 3 个选择页:"常规""选项"和"文件组"。这里只配置"常规"选择页,其他选择页使用系统默认设置。

选择"常规"选择页,在"数据库名称"文本框中填写要创建的数据库名称 test1,如图 1.3.2 所示。

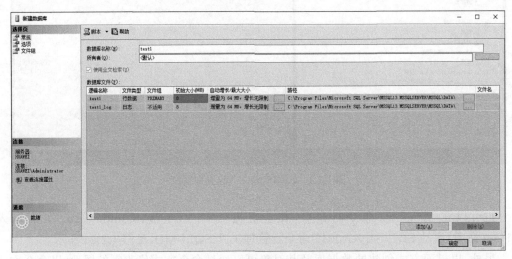

图 1.3.2 "新建数据库"对话框

(4) 修改数据库文件参数。SQL Server 2016 系统默认的行数据文件和日志文件的初始大小均为 8MB,增量为 64MB,增长无限制。

单击"日志"行"初始大小(MB)"列单元格,将值从 8 修改为 2。

在"行数据"行单击"自动增长/最大大小"列单元格右侧的 按钮,按照图 1.3.3(a)所示修改参数。在"日志"行进行同样的操作,按照图 1.3.3(b)所示修改参数。

(5) 配置数据库文件存放路径。可以通过单击"路径"列表框右侧的 按钮自定义路径。本书中 SQL Sever 2016 数据库软件默认安装目录如下:

```
C:\Program Files\Microsoft SQL Server\MSSQL13.MSSQLSERVER\MSSQL\DATA\
```

test1 数据库文件就存放在该路径下,用户在此可以根据自己的需要进行修改。这里保持默认路径。

(6) 指定文件名。"文件名"列的单元格初始时为空,表示采用系统默认的文件名。系统默认的数据库文件名与数据库的逻辑名称相同,行数据文件的扩展名为 mdf,日志文件的扩展名为 ldf。用户在此可以根据自己需要对文件名进行修改。这里保持默认文件名。

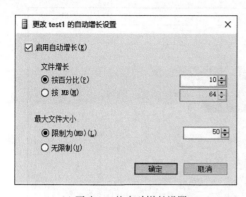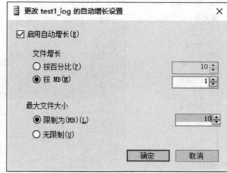

(a) 更改test1的自动增长设置　　　　　　　　(b) 更改test1_log的自动增长设置

图 1.3.3　更改文件的自动增长设置

最后单击"确定"按钮，到这里数据库 test1 已经创建完成了，此时，可以在对象资源管理器的"数据库"下找到该数据库所对应的图标，如图 1.3.4 所示。

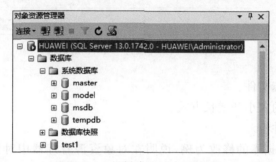

图 1.3.4　新创建的 test1 数据库

同时，在 C：\Program Files\Microsoft SQL Server\MSSQL13.MSSQLSERVER\MSSQL\DATA\目录下就会出现 test1.mdf 和 test1.ldf 文件。

（7）查看数据库的属性。创建 test1 数据库后，可以在 SSMS 窗口中查看 test1 数据库的属性。

选择需要进行属性修改的 test1 数据库，右击 test1，在弹出的快捷菜单中选择"属性"命令，弹出如图 1.3.5 所示的"数据库属性 - test1"对话框。它包括 10 个选择页。

在这些选择页中，可以查看数据库系统的各种属性和状态。

2. 修改数据库

数据库被创建后，在使用中常会由于种种原因需要修改其某些属性。例如，在创建时确定了数据库最大大小，但是由于学生人数的增加，数据库原来的最大大小就可能不满足要求，从而出现数据库物理存储容量不够的问题，此时，就必须改变数据库的最大大小，才能与变化了的现实相适应。

在数据库被创建后，行数据文件和日志文件名就不能改变了。对已存在的数据库可以进行如下的修改：

- 增加或删除行数据文件。
- 改变行数据文件的大小和增长方式。

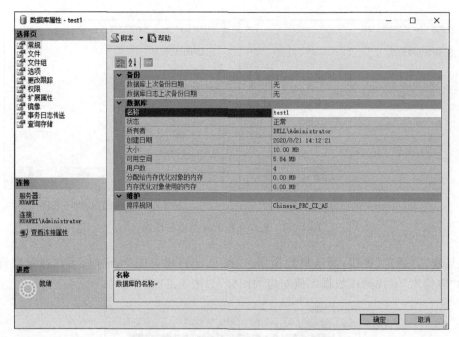

图 1.3.5 "数据库属性－test1"对话框

- 增加或删除日志文件。
- 改变日志文件的大小和增长方式。
- 增加或删除文件组。

下面以对 test1 数据库的修改为例，说明在对象资源管理器中对数据库进行修改的操作方法。

【例 1.3.2】 在 test1 数据库中增加行数据文件，逻辑名称为 test1a 和 test1b，归入 fGroup1 文件组管理，采用默认初始大小和增长方式。

（1）打开 test1 数据库的属性对话框。

（2）增加名为 fGroup1 的文件组。选择"文件组"选择页，单击"添加文件组"按钮，增加"fGroup1"行，如图 1.3.6 所示。

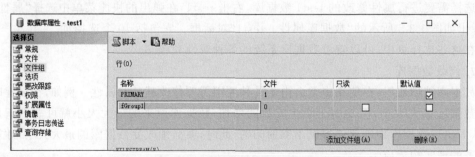

图 1.3.6 添加 fGroup1 文件组

（3）增加行数据文件。选择"文件"选择页，单击"添加"按钮，在增加的行"逻辑名称"列单元格中输入 test1a，在对应的"文件组"列单元格中选择 fGroup1。再用同样的方法增加

test1b 行,如图 1.3.7 所示。

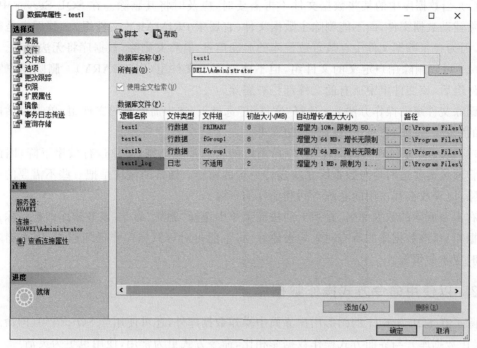

图 1.3.7　数据库文件属性设置

单击"确定"按钮,返回 SSMS 窗口。

这样,在 C:\Program Files\Microsoft SQL Server\MSSQL13.MSSQLSERVER\MSSQL\DATA\目录下就会出现 test1 数据库的 4 个文件,其中包括 test1a.ndf 和 test1b.ndf 两个辅助数据文件,另外两个是 test1 数据库的主数据文件和日志文件,如图 1.3.8 所示。

test1b.ndf	2020/8/21 14:42	SQL Server Database Secondary Data File	8,192 KB
test1a.ndf	2020/8/21 14:42	SQL Server Database Secondary Data File	8,192 KB
test1_log.ldf	2020/8/21 14:12	SQL Server Database Transaction Log File	2,048 KB
test1.mdf	2020/8/21 14:12	SQL Server Database Primary Data File	8,192 KB
templog.ldf	2020/8/21 13:20	SQL Server Database Transaction Log File	8,192 KB
tempdb_mssql_8.ndf	2020/8/21 13:20	SQL Server Database Secondary Data File	8,192 KB
tempdb_mssql_7.ndf	2020/8/21 13:20	SQL Server Database Secondary Data File	8,192 KB
tempdb_mssql_6.ndf	2020/8/21 13:20	SQL Server Database Secondary Data File	8,192 KB
tempdb_mssql_5.ndf	2020/8/21 13:20	SQL Server Database Secondary Data File	8,192 KB
tempdb_mssql_4.ndf	2020/8/21 13:20	SQL Server Database Secondary Data File	8,192 KB
tempdb_mssql_3.ndf	2020/8/21 13:20	SQL Server Database Secondary Data File	8,192 KB
tempdb_mssql_2.ndf	2020/8/21 13:20	SQL Server Database Secondary Data File	8,192 KB
tempdb.mdf	2020/8/21 11:24	SQL Server Database Primary Data File	8,192 KB
MSDBLog.ldf	2020/8/20 8:08	SQL Server Database Transaction Log File	5,184 KB
MSDBData.mdf	2020/8/19 8:52	SQL Server Database Primary Data File	16,704 KB
modellog.ldf	2020/8/21 13:20	SQL Server Database Transaction Log File	8,192 KB
model.mdf	2020/8/21 12:18	SQL Server Database Primary Data File	8,192 KB
mastlog.ldf	2020/8/21 13:20	SQL Server Database Transaction Log File	2,304 KB
master.mdf	2020/8/21 13:20	SQL Server Database Primary Data File	5,504 KB

图 1.3.8　test1 数据库的文件

说明：

（1）当数据库中的某些数据文件不再需要时，应及时将其删除。在 SQL Server 中，只能删除辅助数据文件，而不能删除主数据文件（它属于 PRIMARY 文件组）。其理由是很显然的，因为在主数据文件中存放着数据库的启动信息，若将其删除，数据库将无法启动。

（2）可以删除用户定义的文件组，但不能删除主文件组（PRIMARY）。删除用户定义的文件组后，该文件组中所有的文件都将被删除。

删除文件组的操作方法为：选择"文件组"选择页，选中需删除的文件组，单击对话框右下角的"删除"按钮，再单击"确认"按钮即可。

（3）数据库系统在长时间使用之后，系统的资源消耗加剧，导致运行效率下降，因此数据库管理员需要适时地对数据库系统进行一定的调整。通常的做法是把一些不需要的数据库删除，以释放被其占用的系统空间和消耗的资源。

右击要删除的数据库名，在弹出的快捷菜单中选择"删除"命令，该数据库即被删除。删除数据库后，该数据库的所有对象均被删除，将不能再对该数据库作任何操作，因此删除数据库时应十分慎重。

3.2.2 以使用命令方式操作数据库

除了在 SQL Server 的图形用户界面中操作数据库外，还可使用 T-SQL 语句（即命令方式）操作数据库。与界面方式操作数据库相比，命令方式更为常用，使用也更为灵活。

1. 创建数据库

创建数据库的 T-SQL 语句的基本语法格式如下：

```
CREATE DATABASE 数据库名
    ON                        / * 指定数据库文件和文件组属性 * /
    PRIMARY
    (
        属性名=值
        …
    )
    LOG ON                    / * 指定日志文件属性 * /
    (
        属性名=值
        …
    )
```

【例 1.3.3】 使用 T-SQL 语句创建 test2 数据库，要求如下：

（1）存放在 E:\MyDB 目录下，主数据文件和日志文件名为 test2。

（2）主数据文件初始大小为 5MB，最大大小为 20MB，按照 10％的百分比增长。

（3）日志文件初始大小为 2MB，最大大小为 6MB，按照 1MB 增长。

操作步骤：

（1）在 SSMS 窗口中单击"新建查询"按钮，新建一个查询窗口。

（2）在查询窗口中输入如下 T-SQL 语句：

```
CREATE DATABASE test2
ON
(
    NAME='test2',
    FILENAME='E:\MyDB\test2.mdf',
    SIZE=5MB,
    MAXSIZE=20MB,
    FILEGROWTH=10%
)
LOG ON
(
    NAME='test2_log',
    FILENAME='E:\MyDB\test2.ldf',
    SIZE=2MB,
    MAXSIZE=6MB,
    FILEGROWTH=1MB
);
```

（3）输入完毕后，单击"！执行"按钮。此时可能出现以下情况：

● 如果输入命令不正确，例如：

```
FILENAME='E:\MyDB\test2.mdf',        /*单引号或者逗号误输入中文符号*/
FILENAME=' E:\MyDB\test2.mdf',       /*路径前面多了一个空格*/
FILNAME='E:\MyDB\test2.mdf',         /*属性关键字拼错*/
```

则命令不能成功完成。

● 如果输入命令正确，但 E:\MyDB 目录不存在，命令也不能成功完成。

只要命令不能成功完成，则在"消息"页显示错误信息，用户可以根据该信息查找原因。

如果输入命令正确，命令执行没有问题，则在"消息"页显示"命令已成功完成。"

（4）命令成功完成后，在 SSMS 窗口中右击，在弹出的快捷菜单中选择"刷新"命令，"数据库"下就会显示 test2 数据库名，如图 1.3.9 所示。

（5）如果命令已成功完成，但在 SSMS 窗口中执行刷新操作后，"数据库"下不显示 test2 数据库名，则 SQL Server 中可能存在同名的数据库。可以先在查询窗口中执行下列命令删除原来的 test2 数据库：

```
drop database test2;
```

然后再创建 test2 数据库。

下面再举几个使用 CREATE DATABASE 语句创建数据库的示例。

【例 1.3.4】　创建名为 test3 的数据库，该数据库只包含一个主数据文件和一个日志文件，默认存储路径和文件名为 E:\MyDB\test3.mdf，其他采用默认值。

T-SQL 语句如下：

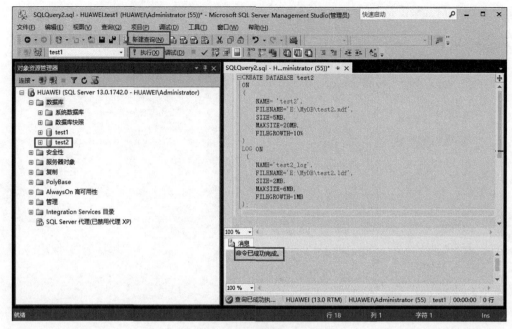

图 1.3.9   创建数据库命令

```
CREATE DATABASE test3
    ON
    (
        NAME='test3',
        FILENAME='E:\MyDB\test3.mdf'
    )
```

说明：因为没有指定文件的大小和增长方式，test3 数据库大小与 model 数据库相同。

【**例 1.3.5**】   创建名为 test4 的数据库。它有两个数据文件：主数据文件初始大小为 20MB，不限制最大大小，按 10%增长；辅助数据文件初始大小为 20MB，不限制最大大小，按 10%增长。日志文件初始大小为 5MB，最大大小为 10MB，按 2MB 增长。

T-SQL 语句如下：

```
CREATE DATABASE test4
    ON
    PRIMARY
    (
        NAME='test4_data1',
        FILENAME='E:\MyDB\test4_data1.mdf',
        SIZE=20MB,
        MAXSIZE=UNLIMITED,
        FILEGROWTH=10%
    ),
```

```
(
    NAME='test4_data2',
    FILENAME='E:\MyDB\test4_data2.ndf',
    SIZE=20MB,
    MAXSIZE=UNLIMITED,
    FILEGROWTH=10%
)
LOG ON
(
    NAME='test4_log1',
    FILENAME='E:\MyDB\test4_log1.ldf',
    SIZE=5MB,
    MAXSIZE=10MB,
    FILEGROWTH=2MB
);
```

说明：本例用 PRIMARY 关键字显式地指出了主数据文件。注意在 FILENAME 中使用的文件扩展名，mdf 用于主数据文件，ndf 用于辅助数据文件，ldf 用于日志文件。

【例 1.3.6】　创建具有两个文件组的数据库 test5。要求如下：

（1）主文件组包括文件 test5_dat1，其初始大小为 20MB，最大大小为 60MB，按 5MB 增长。

（2）另一个文件组名为 myG1，包括文件 test5_dat2，其初始大小为 10MB，最大大小为 30MB，按 10％增长。

```
CREATE DATABASE test5
    ON
    PRIMARY
    (
        NAME='test5_dat1',
        FILENAME='E:\MyDB\ test5_dat1.mdf',
        SIZE=20MB,
        MAXSIZE=60MB,
        FILEGROWTH=5MB
    ),
    FILEGROUP myG1
    (
        NAME='test5_dat2',
        FILENAME='E:\MyDB\ test5_dat2.ndf',
        SIZE=10MB,
        MAXSIZE=30MB,
        FILEGROWTH=10%
    )
```

2. 修改数据库

修改数据库语句 ALTER DATABASE 的基本语法格式如下:

```
ALTER DATABASE 数据库名
(
    ADD FILE 路径和文件名[TO FILEGROUP 文件组]        /* 在文件组中增加数据文件 */
    | ADD LOG FILE 路径和文件名                         /* 增加日志文件 */
    | REMOVE FILE 路径和文件名                          /* 删除数据文件 */
    | ADD FILEGROUP 文件组                              /* 增加文件组 */
    | REMOVE FILEGROUP 文件组                           /* 删除文件组 */
    | MODIFY FILE 路径和文件名                          /* 更改文件属性 */
    | MODIFY NAME=新数据库名                            /* 数据库更名 */
    | MODIFY FILEGROUP 文件组
    READ_ONLY | READ_WRITE | DEFAULT | NAME=新文件组名  /* 更改文件组属性 */
    | SET 属性                                          /* 设置数据库属性 */
)
```

下面通过示例说明 ALTER DATABASE 语句的使用。

【例 1.3.7】 已经创建了数据库 test2,它只有一个主数据文件,其逻辑文件名为 test2。要求修改数据库 test2 的主数据文件 test2 的属性,将其最大大小改为 100MB,将增长方式改为按 5MB 增长。

T-SQL 语句如下:

```
ALTER DATABASE test2
    MODIFY FILE
    (
        NAME=test2,
        MAXSIZE=100MB,
        FILEGROWTH=5MB
    )
```

单击"!执行"按钮执行输入的 T-SQL 语句。

右击对象资源管理器中的"数据库",在弹出的快捷菜单中选择"刷新"命令。然后右击数据库 test2,在弹出的快捷菜单中选择"属性"命令,在"文件"页查看修改后的数据文件属性,如图 1.3.10 所示。

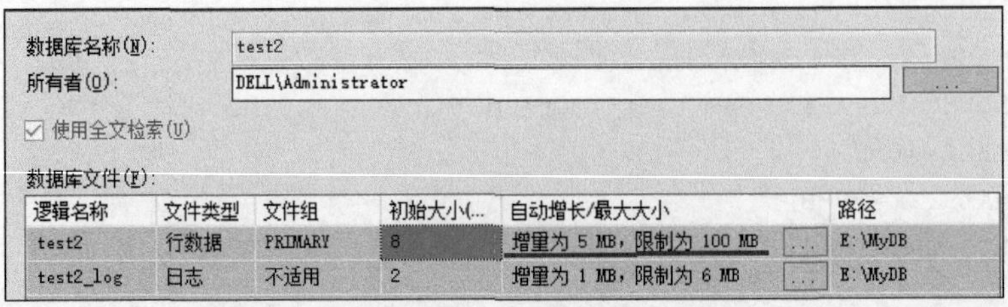

数据库名称(N):	test2				
所有者(O):	DELL\Administrator				...

☑ 使用全文检索(U)

数据库文件(F):

逻辑名称	文件类型	文件组	初始大小(...	自动增长/最大大小	路径
test2	行数据	PRIMARY	8	增量为 5 MB,限制为 100 MB ...	E:\MyDB
test2_log	日志	不适用	2	增量为 1 MB,限制为 6 MB ...	E:\MyDB

图 1.3.10　修改后的数据库文件属性

【例 1.3.8】 先为数据库 test2 增加数据文件 test2bak,然后删除该数据文件。

(1)为数据库 test2 增加数据文件 test2bak。

T-SQL 语句如下:

```
ALTER DATABASE test2
    ADD FILE
    (
        NAME='test2bak',
        FILENAME='E:\MyDB\test2bak.ndf',
        SIZE=10MB,
        MAXSIZE=50MB,
        FILEGROWTH=5%
    )
```

(2)通过查看 test2 数据库属性对话框中的文件属性,观察数据库 test2 中是否增加了数据文件 test2bak,如图 1.3.11 所示。

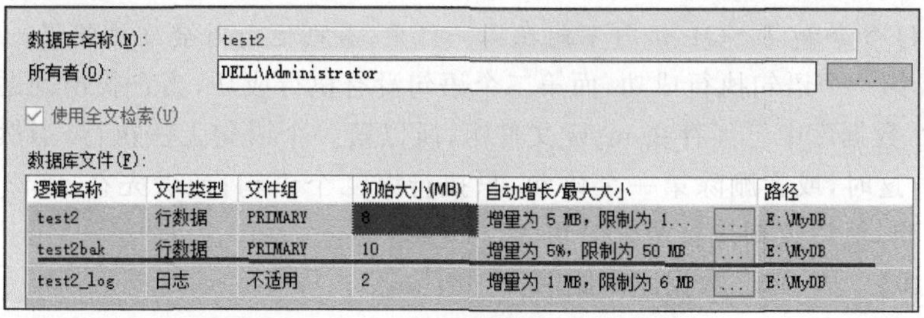

数据库名称(N):	test2					
所有者(O):	DELL\Administrator					...
☑ 使用全文检索(U)						
数据库文件(F):						
逻辑名称	文件类型	文件组	初始大小(MB)	自动增长/最大大小		路径
test2	行数据	PRIMARY	8	增量为 5 MB,限制为 1...	...	E:\MyDB
test2bak	行数据	PRIMARY	10	增量为 5%,限制为 50 MB	...	E:\MyDB
test2_log	日志	不适用	2	增量为 1 MB,限制为 6 MB	...	E:\MyDB

图 1.3.11 增加了数据文件 test2bak

(3)删除 test2 数据库的数据文件 test2bak。

T-SQL 语句如下:

```
ALTER DATABASE test2
    REMOVE FILE test2bak
```

【例 1.3.9】 为数据库 test2 添加文件组 myG,并为此文件组添加两个初始大小均为 10MB 的数据文件。

T-SQL 语句如下:

```
ALTER DATABASE test2
    ADD FILEGROUP myG
GO
ALTER DATABASE test2
    ADD FILE
    (
        NAME='test2a',
        FILENAME='E:\MyDB\test2_dat1.ndf',
        SIZE=10MB
    ),
```

```
    (
        NAME='test2b',
        FILENAME='E:\MyDB\test2_dat2.ndf',
        SIZE=10MB
    )
    TO FILEGROUP myG
GO
```

说明:

(1) 上面有两个 T-SQL 语句。后一个 T-SQL 语句需要在前一个 T-SQL 语句执行的基础上创建 test2 文件组 myG,然后将增加的行数据文件加入 myG 文件组中。

(2) GO 命令不是 T-SQL 语句,但它是 SSMS 代码编辑器识别的命令。SQL Server 将 GO 命令解释为向 SQL Server 实例发送当前批语句的信号。当前批语句由上一个 GO 命令后输入的所有 T-SQL 语句组成。如果是第一个 GO 命令,则当前批语句由会话或脚本开始后输入的所有语句组成。上面的 T-SQL 语句可以不加 GO 命令,这样两个语句作为一批执行。两个语句都加了 GO 命令,则分两批执行。

注意: GO 命令和 T-SQL 语句不能在同一行中,否则运行时会发生错误。

(3) 如果第一个语句执行成功,而第二个语句没有执行成功,当查找出问题后重新执行时,由于 test2 数据库中已经存在 myG 文件组,所以第一个语句无法执行,当然也不会执行第二个语句。这时,或者删除第一个语句,只执行第二个语句;或者先在 test2 数据库中删除 myG 文件组,然后重新执行两个语句。

【例 1.3.10】 从 test2 数据库中删除文件组 myG。

T-SQL 语句如下:

```
ALTER DATABASE test2
    REMOVE FILE test2a
GO
ALTER DATABASE test2
    REMOVE FILE test2b
GO
ALTER DATABASE test2
    REMOVE FILEGROUP myG
GO
```

说明:

(1) 必须先删除 myG 文件组中的全部行数据文件,才能删除 myG 文件组。

(2) 不能删除主文件组(PRIMARY)。

【例 1.3.11】 为数据库 test3 添加日志文件 test3log,再将该文件删除。

(1) 为数据库 test3 添加日志文件 test3log。

T-SQL 语句如下:

```
ALTER DATABASE test3
    ADD LOG FILE
    (
        NAME='test3log',
```

```
        FILENAME='E:\MyDB\test3tmp.ldf',
        SIZE=5MB,
        MAXSIZE=10 MB,
        FILEGROWTH=1MB
    )
```

（2）将日志文件 test3log 删除。

T-SQL 语句如下：

```
ALTER DATABASE test3
    REMOVE FILE test3log
```

注意：不能删除主日志文件。

【例 1.3.12】　将数据库 test3 改名为 mytest。

T-SQL 语句如下：

```
ALTER DATABASE test3
    MODIFY NAME=mytest
```

注意：进行此操作时，必须保证该数据库此时没有被其他任何用户使用。

3. 删除数据库

删除数据库语句 DROP DATABASE 的语法格式如下：

```
DROP DATABASE 数据库名
```

例如，使用以下语句删除数据库 test4：

```
DROP DATABASEtest4
```

注意：DROP DATABASE 语句执行时不会出现确认信息，所以要小心使用。另外，不能删除系统数据库，否则将导致服务器无法使用。

3.2.3　数据库快照

数据库快照提供了源数据库在指定时刻的只读、静态视图。虽然数据库在不断变化，但数据库快照一旦创建就不会改变了。多个数据库快照可以位于一个源数据库中，并且可以作为数据库始终驻留在同一服务器实例上。创建数据库快照时，每个数据库快照在事务上与源数据库一致。数据库快照在被数据库所有者显式删除之前始终存在。

数据库快照可用于报表。另外，如果源数据库出现用户错误，还可将源数据库恢复到创建数据库快照时的状态，丢失的数据仅限于创建数据库快照后数据库更新的数据。

在 SQL Server 中，创建数据库快照也使用 CREATE DATABASE 语句，语法格式如下：

```
CREATE DATABASE 数据库快照名
    ON
```

```
    (
        NAME='逻辑文件名',
        FILENAME='操作系统文件名'
    )
    AS SNAPSHOT OF 源数据库名
```

注意：数据库快照必须与源数据库处于同一服务器实例中。创建了数据库快照之后，源数据库就会受到一些限制：不能对源数据库执行删除、分离或还原操作；源数据库性能会受到影响；不能从源数据库或其他数据库快照中删除文件；源数据库必须处于在线状态。

【例 1.3.13】 先创建 test6 数据库，然后创建数据库快照 test6s。

T-SQL 语句如下：

```
CREATE DATABASE test6
    ON
    (
        NAME='test6',
        FILENAME='E:\MyDB\test6.mdf '
    )
GO
CREATE DATABASE test6s
    ON
    (
        NAME='test6',
        FILENAME='E:\MyDB\test6s.mdf '
    ) AS SNAPSHOT OF test6
GO
```

语句执行成功之后，在对象资源管理器中刷新"数据库"，展开"数据库快照"，就可以看见新创建的数据库快照 test6s 了，如图 1.3.12 所示。

图 1.3.12　新创建的数据库快照 test6s

说明：

（1）创建数据库快照时 NAME（逻辑名）属性值要与源数据库相同，FILENAME（文件名）属性值要与源数据库不同。

（2）包含快照的源数据库需要在删除所有的数据库快照后才能被删除。

（3）删除数据库快照的方法和删除数据库的方法完全相同，可以使用界面方式删除，也可以使用命令方式删除，例如：

```
DROP DATABASEtest6s;
```

3.3 创建表

3.3.1 表

表是 SQL Server 中最主要的数据库对象，它是用来存储和操作数据的一种逻辑结构。表由行和列组成，因此也称之为二维表。

1. 表

表是在日常工作和生活中经常使用的一种表示数据及其关系的形式。例如，表 1.3.2 就是一个图书管理系统中的学生表（xs）。

表 1.3.2　学生表（xs）

借书证号	姓名	性别	出生时间	专业	借书量
131101	王林	男	1996-2-10	计算机	4
131102	程明	男	1997-2-1	计算机	2
131103	王燕	女	1995-10-6	计算机	1
131104	韦严平	男	1996-8-26	计算机	4
131106	李方方	男	1996-11-20	计算机	1
131107	李明	男	1996-5-1	计算机	0
131108	林一帆	男	1995-8-5	计算机	0
131109	张强民	男	1995-8-11	计算机	0
131110	张蔚	女	1997-7-22	计算机	0
131111	赵琳	女	1996-3-18	计算机	0
131113	严红	女	1995-8-11	计算机	0
131201	王敏	男	1995-6-10	通信工程	1
131202	王林	男	1995-1-29	通信工程	1
131203	王玉民	男	1996-3-26	通信工程	1
131204	马琳琳	女	1995-2-10	通信工程	1
131206	李计	男	1995-9-20	通信工程	1
131210	李红庆	男	1995-5-1	通信工程	1

续表

借书证号	姓名	性别	出生时间	专业	借书量
131216	孙祥欣	男	1995-3-19	通信工程	0
131218	孙研	男	1996-10-9	通信工程	1
131220	吴薇华	女	1996-3-18	通信工程	1
131221	刘燕敏	女	1995-11-12	通信工程	1
131241	罗林琳	女	1996-1-30	通信工程	0

1) 表结构

每个数据库包含了若干个表。每个表具有一定的结构,称为表型。所谓表型是指组成表的各列的名称及数据类型。

2) 表名

每个表都有一个名字,以标识该表。例如,表 1.3.2 的学生表的表名是 xs。

3) 记录

每个表可包含若干行数据,表中的一行称为一个记录(record),因此,表是记录的有限集合。表中的记录可以增加、修改和删除。

4) 字段

每个记录由若干个数据项(列)构成,构成记录的一个数据项就称为一个字段。字段有其数据类型,是字段的取值类型。字段概念也有字段名和字段值之分,字段名是数据项的标识,字段值是表中记录所包含的该字段的值。

在上面的学生表中,表结构为(借书证号,姓名,性别,出生时间,专业,借书量),该表的每个记录都包含 6 个字段,字段名分别为借书证号、姓名、性别、出生时间、专业、借书量。该表包含若干个记录,每个记录都由 6 个字段值组成。例如,第一个记录的"借书证号"字段值为 131101,"姓名"字段值为"王林","性别"字段值为"男","出生时间"字段值为 1996-2-10,"专业"字段值为"计算机","借书量"字段值为 4。

5) 空值

空值(NULL)通常表示未知、不可用或将在以后添加的数据。若一个列允许为空值,则向表中输入记录值时可不为该列输入具体值。而一个列若不允许为空值,则在输入时必须给出具体值。例如,学生表中的"专业"字段可以取空值,表示该学生的专业尚未确定;待该学生的专业确定后,即可确定"专业"字段值。

6) 关键字

在学生表中,若不加以限制,可能会有多个记录的"姓名""性别""出生时间""专业"和"借书量"这 5 个字段的值相同,但是"借书证号"字段的值对学生表中的所有记录来说一定各不相同,即通过"借书证号"字段可以将学生表中的不同记录区分开来。

若表中记录的某一字段或字段组合能唯一地标识记录,则称该字段或字段组合为候选键(candidate key)。若一个表有多个候选键,则选定其中一个为主键(primary key)。当一个表有唯一的候选键时,该候选键就是主键。例如,上述学生表的主键为"借书证号"。

注意:表的键不允许为空值。将不能空值与数值数据 0 或字符类型的空字符混淆。任意两个空值都不相等。

2. 表示实体的表和表示联系的表

数据库不仅要反映数据本身的内容,而且要反映数据之间的联系。关系数据库用统一的表示形式——表来表示这两方面内容,所以,在关系数据库中,包含反映实体信息的表和反映实体之间联系的表。

例如,在图书管理数据库中,学生表表示学生这一实体的信息;图书表(book)表示图书馆馆藏图书这一实体的信息,如表 1.3.3 所示;此外,还需要一个表示学生实体与图书实体联系的表——借阅表(jy),如表 1.3.4 所示。

表 1.3.3　图书表(book)

ISBN	书　　名	作者	出　版　社	价格	复本量	库存量
978-7-121-23270-1	MySQL 实用教程(第 2 版)	郑阿奇	电子工业出版社	53	8	1
978-7-81124-476-2	S7-300/400 可编程控制器原理与应用	崔维群 孙启法	北京航空航天大学出版社	59	4	1
978-7-111-21382-6	Java 编程思想	Bruce Eckel	机械工业出版社	108	3	1
978-7-121-23402-6	SQL Server 实用教程(第 4 版)	郑阿奇	电子工业出版社	59	8	5
978-7-302-10853-6	C 程序设计(第 3 版)	谭浩强	清华大学出版社	26	10	7
978-7-121-20907-9	C♯实用教程(第 2 版)	郑阿奇	电子工业出版社	49	6	3

表 1.3.4　借阅表(jy)

索引号	借书证号	ISBN	借书时间
1200001	131101	978-7-121-23270-1	2014-02-18
1300001	131101	978-7-81124-476-2	2014-02-18
1200002	131102	978-7-121-23270-1	2014-02-18
1400030	131104	978-7-121-23402-6	2014-02-18
1600011	131101	978-7-302-10853-6	2014-02-18
1700062	131104	978-7-121-20907-9	2014-02-19
1200004	131103	978-7-121-23270-1	2014-02-20
1200003	131201	978-7-121-23270-1	2014-03-10
1300002	131202	978-7-81124-476-2	2014-03-11
1200005	131204	978-7-121-23270-1	2014-03-11
1400031	131206	978-7-121-23402-6	2014-03-13
1600013	131203	978-7-302-10853-6	2014-03-13
1700064	131210	978-7-121-20907-9	2014-03-13
1300003	131216	978-7-81124-476-2	2014-03-13

索引号	借书证号	ISBN	借书时间
1200007	131218	978-7-121-23270-1	2014-04-08
1800001	131220	978-7-111-21382-6	2014-04-08
1200008	131221	978-7-121-23270-1	2014-04-08
1400032	131101	978-7-121-23402-6	2014-04-08
1700065	131102	978-7-121-20907-9	2014-04-08
1600014	131104	978-7-302-10853-6	2014-07-22
1800002	131104	978-7-111-21382-6	2014-07-22

图书表的主键为 ISBN,借阅表的主键为"索书号"。

此外,还可以有借阅历史表(jyls),包含"索书号"、"借书证号"、ISBN、"借书时间"和"还书时间"字段。这样,图书管理系统就包含学生表(xs)、图书表(book)、借阅表(jy)和借阅历史表(jyls)等。

3.3.2　数据类型

创建表的字段时,必须为其指定数据类型。字段的数据类型决定了数据的取值范围和存储格式。字段的数据类型可以是 SQL Server 提供的系统数据类型,也可以是用户自定义数据类型。SQL Server 提供了丰富的系统数据类型,如表 1.3.5 所示。

表 1.3.5　SQL Server 系统数据类型

数 据 类 型	符 号 标 识
整数型	bigint,int,smallint,tinyint
精确数值型	decimal,numeric
近似数值型	float,real
货币型	money,smallmoney
位型	bit
字符型	char,varchar,varchar(MAX)
Unicode 字符型	nchar,nvarchar,nvarchar(MAX)
文本型	text,ntext
二进制型	binary,varbinary,varbinary(MAX)
日期时间类型	datetime,smalldatetime
时间戳型	timestamp
图像型	image
空间型	geography,geometry
其他	cursor,sql_variant,table,uniqueidentifier,xml,hierarchyid

在讨论数据类型时,使用了精度、小数位数和长度 3 个概念,前两个概念是针对数值型数据的,而长度则是每种数据类型都涉及的。它们的含义如下:

- 精度:数值数据中存储的十进制数字的总位数。
- 小数位数:数值数据中小数点右边数字的位数。例如,数值数据 3890.587 的精度是 7,小数位数是 3。
- 长度:存储数据所需的字节数。

1. 整数型

整数型包括 bigint、int、smallint 和 tinyint 4 种,从标识符的含义就可以看出,它们表示的数值范围逐渐缩小。表 1.3.6 列出了这 4 种整数型的精度、长度和取值范围。

表 1.3.6 4 种整数型的精度、长度和取值范围

整 数 型	精度	长度/B	取值范围
bigint(大整数)	19	8	$-2^{63} \sim 2^{63}-1$
int(整数)	10	4	$-2^{31} \sim 2^{31}-1$
smallint(短整数)	5	2	$-2^{15} \sim 2^{15}-1$
tinyint(微短整数)	3	1	$0 \sim 255$

2. 精确数值型

精确数值型数据由整数部分和小数部分构成,其所有的数字都是有效位,能够按精度存储十进制数。精确数值型包括 decimal 和 numeric 两类。在 SQL Server 中,这两种数据类型在功能上完全等价。

声明精确数值型数据的格式是 decimal | numeric (p[,s])。其中,p 为精度,s 为小数位数,s 的默认值为 0。例如,指定某列为精确数值型,精度为 6,小数位数为 3,即 decimal (6,3),那么若向某记录的该列赋值 56.342 689 时,该列实际存储的是 56.3427。

decimal 和 numeric 可存储 $-10^{38}+1 \sim 10^{38}-1$ 的固定精度和小数位数的数字数据。其长度随精度变化,最少为 5B,最多为 17B。

例如,若声明 decimal(8,3),则存储该类型数据需 5B;而若声明 decimal(22,5),则存储该类型数据需 13B。

注意:声明精确数值型数据时,其小数位数必须小于精度。在给精确数值型数据赋值时,必须使所赋数据的整数部分位数不大于列的整数部分的长度。

3. 近似数值型

近似数值型不能提供精确表示数据的精度。当使用这种类型来存储某些数值时,有可能会损失一些精度,所以它可用于处理取值范围非常大且对精确度要求不是十分高的数值量,如一些统计量。

有两种近似数值数据型:float 和 real,两者通常都使用科学记数法表示数据。科学记数法的格式为

尾数 E 阶数

其中,阶数必须为整数。

例如，9.8431E10、−8.932E8、3.68963E−6 等都是浮点型数据。

近似数值型数据的精度、长度和取值范围列于表 1.3.7 中。

表 1.3.7　近似数值型数据的精度、长度和取值范围

类　型	精度	长度/B	取值范围
real	7	4	−3.40E+38～3.40E+38
float[(n)]（当 n 为 1～24 时）	7	4	−3.40E+38～3.40E+38
float[(n)]（当 n 为 25～53 时）	15	8	−1.79E+308～1.79E+308

注意：float[(n)]类型的 n 为 25～53。

4. 货币型

SQL Server 提供了两个专门用于处理货币的数据类型：money 和 smallmoney，它们用十进制数表示货币值。货币型数据的精度、长度和取值范围列于表 1.3.8 中。

表 1.3.8　货币型数据的精度、长度和取值范围

类型	精度	小数位数	长度/B	取值范围
money	19	4	8	-2^{63}～$2^{63}-1$
smallmoney	10	4	4	-2^{31}～$2^{31}-1$

从表 1.3.8 可以看到，money 的数值范围与 bigint 相同，不同的只是 money 有 4 位小数，实际上，money 就是按照整数运算的，只是将小数部分固定在末 4 位。而 smallmoney 与 int 的关系就如同 money 与 bigint 的关系一样。

当向表中插入 money 或 smallmoney 类型的数据时，必须在数据前面加上货币符（$\$$），并且数据中间不能有逗号（,）。若货币值为负数，需要在符号 $\$$ 的后面加上负号（−）。例如，$\$18000.5$、$\$880$、$\$-28000.806$ 都是正确的货币数据表示形式。

5. 位型

SQL Server 中的位型只存储 0 和 1，长度为 1B。当为位型数据赋 0 时，其值为 0；而为位型数据赋非 0 值（如 100）时，其值为 1。

字符串值 TRUE 和 FALSE 可以转换为以下位值：TRUE 转换为 1，FALSE 转换为 0。

6. 字符型

字符型数据用于存储字符串，字符串中可包括字母、数字和其他特殊符号（如♯、@、&等）。在输入字符串时，需将字符串用单引号或双引号括起来，如'abc'、"Abc<Cde"。

SQL Server 字符型包括两类：定长字符型（char）、变长（varchar）字符型。

char(n)是定长字符型，其中 n 定义字符型数据的字节数，其值为 1～8000，默认值为 1。若实际要存储的字符串字节数不足 n 时，则在字符串的尾部添加空格。例如，某列的数据类型为 char(20)，而输入的字符串为"test2004"，则存储的是字符 test2004 和 12 个空格。若输入的字符字节数超出 n，则超出的部分被截断。要特别注意的是，一个汉字编码为 2B。

varchar(n)是变长字符型，其中 n 的规定与定长字符型 char 中的 n 完全相同，但这里 n 表示的是字符串可达到的最大字节数。varchar(n)存储输入的字符串的实际字符，其实际字节数不一定是 n。例如，表中某列的数据类型为 varchar(100)，而输入的字符串为"测试

test2004"，则占用的存储空间为 12B。

当列中的字符数据长度接近一致时（例如姓名），可使用 char；而当列中的字符数据长度显著不同时，使用 varchar 较为恰当，可以节省存储空间。

7. Unicode 字符型

Unicode 是统一字符编码标准，用于支持国际上非英语语种的字符数据的存储和处理。SQL Server 的 Unicode 字符型可以存储 Unicode 标准字符集定义的各种字符。

Unicode 字符型包括 nchar 和 nvarchar 两类。nchar 是定长 Unicode 字符型，nvarchar 是变长 Unicode 字符型，二者均使用 UNICODE UCS-2 字符集。

nchar(n) 是包含 n 个字符的定长 Unicode 字符型，n 的值为 1～4000，默认值为 1。nchar(n) 的长度为 $2n$ 字节。若输入的字符串长度不足 n，将以空白字符补足。

nvarchar(n) 是最多包含 n 个字符的变长 Unicode 字符型，n 的值为 1～4000，默认值为 1。nvarchar(n) 的长度是输入的字符个数的两倍。

实际上，nchar、nvarchar 与 char、varchar 的使用非常相似，只是字符集不同（前两者使用 Unicode 字符集，后两者使用 ASCII 字符集）。

8. 文本型

当需要存储大量的字符数据，如较长的备注、日志信息等，字符型数据最长 8000 个字符的限制可能不满足这种应用需求，此时可使用文本型数据。

文本型包括 text 和 ntext 两种，分别对应 ASCII 字符和 Unicode 字符。文本型的最大长度（字符数）和存储字节数列于表 1.3.9 中。

表 1.3.9　文本型的最大长度和存储字节数

类型	最 大 长 度	存 储 字 节 数
text	$2^{31}-1$(2 147 483 647) 个 ASCII 字符	与实际字符数相同
ntext	$2^{30}-1$(1 073 741 823) 个 Unicode 字符	是实际字符数的 2 倍

9. 二进制型

二进制型表示的是位数据流，包括 binary 和 varbinary 两种。

binary(n) 是定长 n 字节二进制型。n 的取值范围为 1～8000，默认值为 1。binary(n) 数据的存储长度为 $n+4$ 字节。若输入的数据长度小于 n，则不足部分用 0 填充；若输入的数据长度大于 n，则多余部分被截断。

输入二进制型数据时，在数据前面要加上 0x，可以用的数字符号为 0～9、A～F（字母大小写均可）。因此，二进制型数据实际上是用十六进制输入的。例如，0xFF、0x12A0 分别表示十六进制值 FF 和 12A0。因为每字节的数最大为 FF，故二进制型数据每两位占 1 字节。

varbinary(n) 是 n 字节变长二进制型。n 的取值范围为 1～8000，默认值为 1。varbinary(n) 数据的存储长度为实际输入数据长度＋4 字节。

10. 日期时间型

日期时间型用于存储日期和时间信息，在 SQL Server 以前的版本中，日期时间型只有 datetime 和 smalldatetime 两种。而在 SQL Server 2016 中新增了 4 种日期时间型，分别为 date、time、datetime2 和 datetimeoffset。

1）datetime

datetime 类型可表示的日期范围为 1753 年 1 月 1 日—9999 年 12 月 31 日的日期和时间数据，精确度为 1/300s(3.33ms 或 0.00333s)。例如，1～3ms 的值都表示为 0，4～6ms 的值都表示为 4。

datetime 类型数据长度为 8B，日期和时间分别使用 4B 存储。前 4B 用于存储 datetime 类型数据中距 1900 年 1 月 1 日的天数，为正数表示日期在 1900 年 1 月 1 日之后，为负数则表示日期在 1900 年 1 月 1 日之前。后 4B 用于存储 datetime 类型数据中距 12：00：00(24h 制)的毫秒数。

用户以字符串形式输入 datetime 类型数据，系统也以字符串形式输出 datetime 类型数据。通常将用户输入到系统中以及系统输出的 datetime 类型数据的字符串形式称为 datetime 类型数据的外部形式，而将 datetime 在系统内的存储形式称为内部形式。SQL Server 负责 datetime 类型数据的两种表现形式之间的转换，包括合法性检查。

用户给出 datetime 类型数据值时，要分别给出日期部分和时间部分。

日期部分常用的表示形式如下：

年 月 日	2001 Jan 20、2001 Janary 20
年 日 月	2001 20 Jan
月 日[,]年	Jan 20 2001、Jan 20, 2001、Jan 20, 01
月 年 日	Jan 2001 20
日 月[,]年	20 Jan 2001、20 Jan, 2001
日 年 月	20 2001 Jan
年(4 位数)	2001 表示 2001 年 1 月 1 日
年月日	20010120、010120
月/日/年	01/20/01、1/20/01、01/20/2001、1/20/2001
月-日-年	01-20-01、1-20-01、01-20-2001、1-20-2001
月.日.年	01.20.01、1.20.01、01.20.2001、1.20.2001

说明：年可用 4 位或两位表示，月和日可用一位或两位表示。

时间部分常用的表示形式如下：

时:分	10:20、08:05
时:分:秒	20:15:18、20:15:18.2
时:分:秒:毫秒	20:15:18:200
时:分 AM|PM	10:10AM、10:10PM

2）smalldatetime

smalldatetime 类型数据可表示 1900 年 1 月 1 日—2079 年 6 月 6 日的日期和时间，数据精确到分。即，29.998s 或更低的值向下取为最接近的分，29.999s 或更高的值向上取为最接近的分。

smalldatetime 类型数据的存储长度为 4。前 2B 用来存储 smalldatetime 类型数据中日期部分距 1900 年 1 月 1 日的天数，后 2B 用来存储 smalldatetime 类型数据中时间部分距 12：00 的分钟数。

用户输入 smalldatetime 类型数据的格式与 datetime 类型数据完全相同,只是它们的内部存储可能不相同。

3) date

date 类型数据可以表示公元元年 1 月 1 日—9999 年 12 月 31 日的日期。date 类型只存储日期数据,不存储时间数据,存储长度为 3B,其表示形式与 datetime 类型数据的日期部分相同。

4) time

time 类型只存储时间数据,表示格式为 hh:mm:ss[.nnnnnnn]。hh 表示小时,范围为 0～23;mm 表示分,范围为 0～59;ss 表示秒,范围为 0～59;nnnnnnn 表示最多为 7 位的数字,范围为 0～9 999 999,表示秒的小数部分。所以 time 数据类型的取值范围为 00:00:00.0000000～23:59:59.9999999。time 类型的存储大小为 5B。另外,还可以自定义 time 类型中秒的小数部分的位数,例如 time(1) 表示秒的小数位数为 1,默认为 7。

5) datetime2

datetime2 类型和 datetime 类型一样,也用于存储日期和时间信息。但是 datetime2 类型取值范围更广,日期部分取值范围为公元元年 1 月 1 日—9999 年 12 月 31 日,时间部分的取值范围为 00:00:00.0000000—23:59:59.9999999。另外,用户还可以自定义 datetime2 数据类型中秒的小数部分的位数,例如 datetime(2) 表示小数位数为 2。datetime2 类型的存储大小随秒的小数部分的位数(精度)而改变,精度小于 3 时为 6B,精度为 4 和 5 时为 7B,所有其他精度则需要 8B。

6) datetimeoffset

datetimeoffset 类型也用于存储日期和时间信息,取值范围与 datetime2 类型相同。但 datetimeoffset 类型具有时区偏移量,此偏移量指定时间相对于协调世界时(Universal Time Coordinated,UTC)偏移的小时和分钟数。datetimeoffset 的格式为 YYYY-MM-DD hh:mm:ss[.nnnnnnn] [{+|-}hh:mm]。其中,hh 为时区偏移量中的小时数,范围为 00～14,mm 为时区偏移量中的分钟数,范围为 00～59。时区偏移量中必须包含+(加)或-(减)。这两个符号表示是在 UTC 的基础上加上还是减去时区偏移量以得出本地时间。时区偏移量的有效范围为-14:00～+14:00。

11. 时间戳型

时间戳型的标识符是 timestamp。如果在创建表时定义一个列的数据类型为时间戳型,那么每当对该表加入新行或修改已有行时,都由系统自动将一个计数器值加到该列,即将原来的时间戳值加上一个增量。

一个记录中 timestamp 列的值实际上反映了系统对该记录修改的相对(相对于其他记录)顺序。一个表只能有一个 timestamp 列。timestamp 类型数据的值实际上采用二进制格式,其长度为 8B。

12. 图像型

图像型的标识符是 image,它用于存储图片、照片等。image 类型实际存储的是变长二进制数据,长度为 0～$2^{31}-1$(2 147 483 647B)。在 SQL Server 中,image 是为了向下兼容而保留的数据类型。微软公司推荐用户使用 varbinary(MAX) 类型来替代 image 类型。

13. 空间型

开放地理空间联盟(Open Geospatial Consortium,OGC)是一个由 250 多家公司、机构

和大学组成的国际联盟，参与开发公共可用的概念解决方案，这些方案可以用于管理空间数据的各种应用程序。

OGC 发布了《OpenGIS 地理信息实现标准 简单特性访问 第 2 部分：SQL 选项》，该标准提出了扩展 SQL RDBMS 以支持空间数据的几种概念方法。该标准可从 OGC 网站 http://www.opengeospatial.org/standards/sfs 获得。

空间型包括 geometry 和 geography。其中，geometry 支持平面或平面球数据，geography 可用于存储 GPS 经度和纬度坐标等椭球体数据。

14. 其他数据类型

除了上面介绍的常用数据类型外，SQL Server 还提供了其他几种数据类型：cursor、sql_variant、table、uniqueidentifier、xml 和 hierarchyid。

- cursor：游标数据类型，用于创建游标变量或定义存储过程的输出参数。
- sql_variant：用于存储 SQL Server 支持的各种数据类型（除 text、ntext、image、timestamp 和 sql_variant 外）的值的数据类型。sql_variant 的最大长度可达 8016B。
- table：用于存储结果集的数据类型，结果集可以供后续处理。
- uniqueidentifier：唯一标识符类型。系统为这种类型的数据产生唯一标识符，它是一个 16B 长的二进制数据。
- xml：是用来在数据库中保存 XML 文档和片段的数据类型，但是这种类型的文件大小不能超过 2GB。

varchar、nvarchar、varbinary 这三种数据类型可以使用 MAX 关键字，如 varchar(MAX)、nvarchar(MAX)、varbinary(MAX)，加了 MAX 关键字的这几种数据类型最多可存放 $2^{31}-1$ 个字节的数据，分别可以用来替换 text、ntext 和 image 数据类型。

根据图书管理系统各表中每一字段存放的数据可以确定它们的数据类型和长度。下面以学生表(xs)为例说明。

学生表包含"借书证号""姓名""性别""出生时间""专业""借书量"和"照片"字段。

(1)"借书证号"。存放 8 个符号，用作主键，不能为空。因此，该字段定义为：char(8)，NOT NULL，PRIMARY KEY。

(2)"姓名"。考虑姓名最多可以存储 4 个汉字（超过 4 个汉字需要缩减），一个汉字占用 2B，不能为空。因此，该字段定义为：char(8)，NOT NULL。

(3)"性别"。考虑男和女两种情况，可以确定以位类型存放，1 表示男，0 表示女，默认为 1（因为该学校中男性占多数，这样男性就不需要输入）。实际使用时也可把该字段定义为 char(2)。

(4)"出生时间"。因为可能需要据该字段进行与日期有关的计算，所以应该将其定义为 date 类型。

(5)"专业"。考虑最多存储 6 个汉字，因此，该字段定义为 char(12)。

(6)"借书量"。考虑该字段内容需要进行数值增减运算，可定义为 int 类型。当然也可以定义为 smallint 类型或 tinyint 类型（因为借书量一般不超过 255 本）。

(7)"照片"。为了在借书时核对学生的照片，也可在学生表中增加该字段。因为照片数据量大，而且不同人员可以采取不同的核对方法，为了节省存储空间，将该字段定义为：varbinary(MAX)，NULL（即有人可以没有照片）。

　　图书管理数据库中学生表(xs)、图书表(book)、借阅表(jy)、借阅历史表(jyls)的结构如
表 1.3.10～表 1.3.13 所示。

表 1.3.10　xs 的结构

字段名	类型与长度	是否主码	是否允许空值	说　　明
借书证号	char(8)	是	否	
姓名	char(8)	否	否	
性别	bit	否	否	0：女；1：男
出生时间	date	否	否	
专业	char(12)	否	否	
借书量	int	否	否	默认值为 0
照片	varbinary(MAX)	否	是	

表 1.3.11　book 的结构

字段名	类型与长度	是否主码	是否允许空值	说　　明
ISBN	char(18)	是	否	
书名	char(40)	否	否	
作者	char(16)	否	否	
出版社	char(30)	否	否	
价格	float	否	否	
复本量	int	否	否	复本量＝库存量＋外借量。当借出一本书时,库存量应减 1;当借书人归还一本书时,库存量应加 1
库存量	int	否	否	

表 1.3.12　jy 的结构

字段名	类型与长度	是否主码	是否允许空值	说　　明
索书号	char(10)	是	否	当借出一本书时,book 的库存量应减 1,同时,借书人的借书量应加 1;当借书人归还一本书时,book 的库存量应加 1,同时,借书人的借书量应减 1,同时在 jyls 中插入一个记录
借书证号	char(8)	否	否	
ISBN	char(18)	否	否	
借书时间	date	否	否	

表 1.3.13　jyls 的结构

字段名	类型与长度	是否主码	是否允许空值	说　　明
借书证号	char(8)	是	否	此表用于存放读者的借阅历史信息
ISBN	char(18)	否	否	
索书号	char(10)	是	否	
借书时间	date	是	否	
还书时间	date	否	否	

3.3.3　使用界面方式操作表

在界面方式下可以对表进行的操作包括创建、修改、删除等。

1. 创建表

下面举例说明通过 SQL Server 界面方式(SSMS)创建表的操作过程。

【例 1.3.14】　在图书管理数据库(xsbook)中创建学生表(xs)。

(1) 创建图书管理数据库 xsbook。在用户主机(HUAWEI)上,以 Administrator 账户登录 Windows,启动 SQL Server Management Studio,通过界面方式创建 xsbook 数据库,将数据库文件存放在 E:\MyDB 目录下,其他采用系统默认设置,如图 1.3.13 所示。

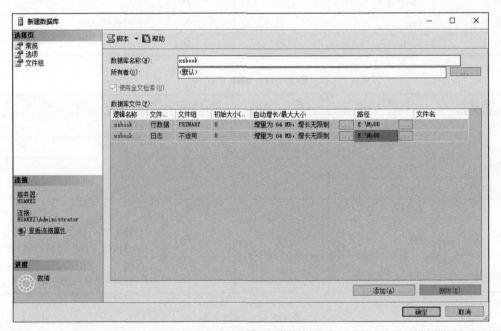

图 1.3.13　创建 xsbook 数据库

(2) 打开表设计器。展开"数据库",右击 xsbook 数据库下的"表"选项,在弹出的快捷菜单中选择"新建表"命令,打开表设计器窗口。

(3) 设计 xs 表结构。在表设计器窗口中,根据已经设计好的 xs 的表结构分别输入或选择各列的名称、数据类型、是否允许 Null 值等属性。

(4) 在"借书证号"列名上右击,在弹出的快捷菜单中选择"设置主键"命令,在"列属性"选项卡中选择"设为主键"选项。在"性别"列的"列属性"选项卡中,将"默认值或绑定"设置为 0,如图 1.3.14 所示。

同样,在"借书量"列的"列属性"选项卡中将"默认值和绑定"设置为 0。在"说明"选项中可分别填写各列的说明内容。

说明: "列属性"选项卡中的"标识规范"属性用于对表创建系统生成的序号值的一个标识列,该序号值唯一地标识表中的一行,可以作为键值。每个表只能有一个列设置为标识列,该列只能是 decimal、int、smallint、bigint 或 tinyint 数据类型,设置为标识列的列称为 identity 列。定义"标识规范"属性时,可指定其种子值(即起始值)和增量值,二者的默认值

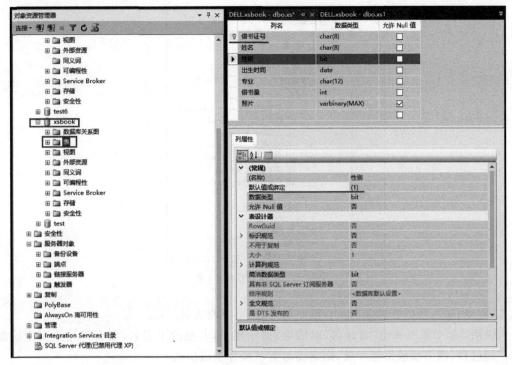

图 1.3.14　表设计器窗口

均为 1。系统自动更新标识列的值，标识列不允许为空值。在需要既保证唯一性又保证增量方向性时，可以设置该属性。如果要将某个字段设置为自动增加，可以选中这个字段，在"列属性"选项卡中展开"标识规范"属性，将"是标识"选项设置为"是"，再设置"标识增量"和"标识种子"的值即可。

（5）在各列的属性均编辑完成后，单击工具栏中的🔲按钮，出现"选择表名"对话框。在该对话框中输入表名 xs，单击"确定"按钮，即可创建 xs 表。在对象资源管理器窗口中可以找到新创建的 xs 表，如图 1.3.15 所示。

说明：在创建表时，如果主键是由两个或两个以上的列组成的，在设置主键时，需要按住 Ctrl 键选择组成主键的各个列，然后右击，在弹出的快捷菜单中选择"设置主键"命令，即可将多个列设置为表的主键。

2. 修改表结构

在创建了一个表之后，在使用过程中可能需要对表结构进行修改。对一个已存在的表可以进行的修改操作包括更改表名、增加列、删除列、修改已有列的属性（列名、数据类型、是否允许 Null 值等）。下面介绍如何使用界面方式修改表结构。

1）更改表名

在 SQL Server 中允许改变一个表的名字，但当表名改变后，与此相关的某些对象（如视图）以及通过表名与表相关的存储过程将无效。因此，一般不要更改一个已有的表名，特别是在其上定义了视图或建立了相关的表。

例如，将前面创建的 xs 表的表名改为 student，操作步骤如下：

在对象资源管理器中选择需要更名的 xs 表，右击该名称，在弹出的快捷菜单中选择"重

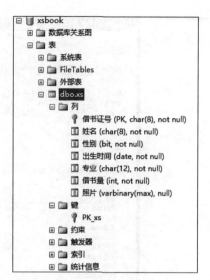

图 1.3.15　新创建的 xs 表

命名"命令，输入新的表名 student，按回车键，即可更改表名。

说明：如果系统弹出"重命名"对话框，提示用户，若更改了表名，那么将导致引用该表的存储过程、视图或触发器无效，则需要对更名操作予以确认。

操作完成后，使用相同的方法将 student 的名称改回 xs，以便后续操作。

2）增加列

当已创建的表中需要增加项目时，就要向表中增加字段。例如，若在 xs 表中需要登记学生逾期未还的图书数量，就要用到增加列的操作。

以向 xs 表中添加"逾期未还书数"字段为例，说明向表中添加字段的操作过程。"逾期未还书数"字段为 tinyint 类型，允许为空值。操作过程如下：

（1）启动 SQL Server Management Studio，在对象资源管理器窗口中展开"数据库"，选择其中的 xsbook 数据库→dbo.xs 表，右击该表，在弹出的快捷菜单中选择"设计"命令。打开表设计器窗口。

（2）在表设计器窗口中选择第一个空白行，输入列名"逾期未还书数"，选择数据类型 tinyint。如果要在某列之前加入新列，可以右击该列，在弹出的快捷菜单中选择"插入列"命令，在空白行填写列信息即可。

（3）当需向表中添加的列均输入完毕后，关闭表设计器窗口，此时将弹出一个保存更改对话框，单击"是"按钮，保存修改后的表（也可以单击工具栏中的 🖫 按钮）。

3）删除列

在表设计器窗口中选择需删除的列（例如 xs 表的"逾期未还书数"列），右击该列，在弹出的快捷菜单中选择"删除列"命令，该列即被删除。

注意：在 SQL Server 中，被删除的列是不可恢复的，所以在删除列之前需要慎重考虑。并且，在删除一个列以前，必须保证基于该列的所有索引和约束都已被删除。

4）修改已有列的属性

表中还没有记录值时，可以修改列的属性，如更改列名、列的数据类型、长度和是否允许空值等。但当表中有了记录后,不要轻易改变列的属性,特别不要改变数据类型,以免产生错误。

（1）具有以下特性的列不能修改属性:

● 数据类型为 timestamp 的列。

● 计算列。

● 全局标识符列。

● 用于索引的列(但若用于索引的列为 varchar、nvarchar 或 varbinary 数据类型时,可以增加列的长度)。

● 用于主键或外键约束的列。

● 用于 CHECK 或 UNIQUE 约束的列。

● 关联有默认值的列。

（2）当改变列的数据类型时,要求满足下列条件:

● 原数据类型必须能够转换为新数据类型。

● 新数据类型不能为 timestamp 类型。

如果要修改的列属性中有“标识规范”属性,则新数据类型必须是有效的“标识规范”数据类型。

现在来看如何修改已有列的属性。在已创建的 xs 表中,因尚未输入记录值,所以可以改变列的属性。例如,将“姓名”列的列名改为 name,数据长度由 8 改为 10,允许为空值;将“出生时间”列的列名改为 birthday,数据类型由 date 改为 datetime。操作方法为:右击需要修改的 xs 表,在弹出的快捷菜单中选择“设计”命令,打开表设计器窗口,选择需要修改的列,修改相应的属性,最后保存修改结果。

说明:在修改列的数据类型时,如果列中存在值,可能会弹出警告框。如果确认修改,可以单击“是”按钮。此操作可能会导致一些数据永久丢失,应谨慎使用。

3. 删除表

当表不再需要一个时,可将它删除。删除一个表时,表的定义、表中的所有数据以及表的索引、触发器、约束等均被删除,因此执行删除表操作时一定要格外小心。注意,不能删除系统表和有外键约束参照的表。

例如,要将 xsbook 数据库中的 xs 表删除,操作过程如下:

在对象资源管理器中展开“数据库”→xsbook→“表”,选择要删除的 dbo.xs 表,右击该表,在弹出的快捷菜单中选择“删除”命令。系统弹出“删除对象”窗口。单击“确定”按钮,即可删除该表。

3.3.4　使用命令方式操作表

本节讨论使用 T-SQL 语句对表进行创建、修改和删除操作。

1. 创建表

下面通过例子介绍如何使用 CREATE TABLE 语句创建表。

【例 1.3.15】　在 xsbook 数据库中创建 xs1 表。

T-SQL 语句如下:

```
USE xsbook
GO
CREATE TABLE xs1
(
    借书证号        char(8)          NOT NULL PRIMARY KEY,
    姓名            char(8)          NOT NULL,
    性别            bit              NOT NULL DEFAULT 1,
    出生时间        date             NOT NULL,
    专业            char(12)         NOT NULL,
    借书量          int              NOT NULL DEFAULT 0,
    照片            varbinary(MAX)   NULL
)
GO
```

说明：

（1）首先使用 USE xsbook 语句将 xsbook 数据库指定为当前数据库，然后使用 CREATE TABLE 语句在 xsbook 数据库中创建 xs1 表。因为 SSMS 打开后，系统默认的数据库通常是主数据库，所以要使用 USE 语句选择当前要操作的数据库。

将 xsbook 指定为当前数据库后，除非重新指定，或者重新进入 SSMS，否则当前数据库将保持不变。

（2）前面以界面方式在 xsbook 数据库中已经创建了 xs 表，其表结构与 xs1 表相同。

（3）创建表时要设置的表和列属性说明如下：

主键：PRIMARY KEY。

空和非空：NULL，NOT NULL。

默认值：DEFAULT。

其他属性如果需要设置，可参考有关文档。

【例 1.3.16】 在 xsbook 数据库中创建图书表（book）。

T-SQL 语句如下：

```
USE xsbook
GO
CREATE TABLE book
(
    ISBN      char(18)    NOT NULL PRIMARY KEY,
    书名      char(40)    NOT NULL,
    作者      char(16)    NOT NULL,
    出版社    char(30)    NOT NULL,
    价格      float       NOT NULL,
    复本量    int         NOT NULL,
    库存量    int         NOT NULL
)
```

请参照创建 book 表的方法创建图书管理数据库中的 jy 表(借阅表)和 jyls 表(借阅历史表)。

【例 1.3.17】　创建课程成绩表(kccj),包含"课程号""课程名""总成绩""人数"和"平均成绩"字段,其中平均成绩＝总成绩/人数。

T-SQL 语句如下:

```
CREATE TABLE kccj
(
    课程号      char(3)      PRIMARY KEY,
    课程名      char(10)     NOT NULL,
    总成绩      real         NOT NULL,
    人数        int          NOT NULL,
    平均成绩 AS 总成绩/人数   PERSISTED
)
```

说明:如果没有使用 PERSISTED 关键字,则在计算列上不能添加 PRIMARY KEY、UNIQUE、DEFAULT 等约束条件。由于计算列上的值是通过服务器计算得到的,所以在插入或修改数据时不能对计算列赋值。

2. 修改表结构

修改表结构的 T-SQL 语句是 ALTER TABLE,该语句的基本语法格式如下:

```
ALTER TABLE 表名
(
    ALTER COLUMN 子句
    ADD 子句
    DROP 子句
)
```

说明:

(1) ALTER COLUMN 子句用于修改表中指定列的属性。如果要将列修改成数值类型时,可以分别指定数值的精度和小数位数。可以用 NULL 和 NOT NULL 将列设置为允许为空和不允许为空。当将列设置为 NOT NULL 时,要注意该列是否有空数据。

(2) ADD 子句用于向表中增加新字段,新字段的定义方法与 CREATE TABLE 语句中定义字段的方法相同。

(3) DROP 子句用于从表中删除字段或约束。

下面通过示例说明 ALTER TABLE 语句的使用。

【例 1.3.18】　对 xs1 进行如下修改。

(1) 在 xs 表中增加新字段"逾期未还书数"。

T-SQL 语句如下:

```
USE xsbook
ALTER TABLE xs1
    ADD 逾期未还书数 tinyint NULL
```

（2）在 xs1 表中删除名为"逾期未还书数"的字段。

T-SQL 语句如下：

```
ALTER TABLE xs1
    DROP COLUMN 逾期未还书数
```

注意：在删除一个列以前，必须先删除基于该列的所有索引和约束。

（3）修改 xs1 表中已有字段的属性。将"姓名"字段的长度由原来的8改为10，将"出生时间"字段的数据类型由原来的 date 改为 datetime。

T-SQL 语句如下：

```
ALTER TABLE xs1
    ALTER COLUMN 姓名 char(10)
GO
ALTER TABLE xs1
    ALTER COLUMN 出生时间 datetime
```

注意：在 ALTER TABLE 语句中，一次只能包含 ALTER COLUMN 子句、ADD 子句、DROP 子句中的一个子句。使用 ALTER COLUMN 子句时，一次只能修改一个列的属性，所以这里需要使用两个 ALTER TABLE 语句。

说明：若表中该列所存数据的数据类型与修改后的数据类型冲突，则发生错误。例如，要将 char 类型的列修改成 int 类型，而列值中有字符型数据'a'，则无法修改。

3. 删除表

T-SQL 中对表进行删除的语句是 DROP TABLE，该语句的语法格式如下：

```
DROP TABLE 表名
```

【例1.3.19】 删除 kccj 表。

T-SQL 语句如下：

```
DROP TABLEkccj
```

3.3.5　创建分区表

当表中存储了大量数据，而且这些数据经常被不同的使用方式访问、处理时，势必会降低数据库的效率，这时就需要为表创建分区表。分区表是将表中的数据分成多个单元，这些单元可以分散到数据库中的多个文件组中，实现对单元中数据的并行访问，从而实现了对数据库的优化，提高了查询效率。

本节介绍在 SQL Server 中创建分区表的方法。

1. 创建分区函数

创建分区函数使用 CREATE PARTITION FUNCTION 命令，语法格式如下：

```
CREATE PARTITION FUNCTION 分区函数名 (数据类型)
    AS RANGE[LEFT | RIGHT]
    FOR VALUES([边界值, …])
```

说明：

（1）AS RANGE[LEFT | RIGHT]指定分区的边界位于边界值左侧还是右侧。如果未指定，则默认值为 LEFT。

（2）FOR VALUES 为每个分区指定边界值。边界值不能超过 999。

2. 创建分区方案

分区函数创建完成后，可以使用 CREATE PARTITION SCHEME 命令创建分区方案，由于在创建分区方案时需要根据分区函数的参数定义映射分区的文件组，所以需要有文件组来容纳分区。文件组可以由一个或多个文件构成，每个分区都必须映射到一个文件组，一个文件组可以由多个分区使用。一般情况下，文件组数最好与分区数相同，并且这些文件组通常位于不同的磁盘上。一个分区方案只可以使用一个分区函数，而一个分区函数可以用于多个分区方案。

CREATE PARTITION SCHEME 命令的语法格式如下：

```
CREATE PARTITION SCHEME 分区方案名
    AS PARTITION 分区函数名
    [ ALL ] TO ({文件组名 | [PRIMARY]}, …)
```

说明：

（1）ALL 指定所有分区都映射到指定文件组或映射到主文件组（如果指定了PRIMARY）。如果指定了 ALL，则只能指定一个文件组。

（2）分区分配到文件组的顺序是：从分区 1 开始，按文件组列出的顺序进行分配。可以多次指定同一个文件组。

3. 使用分区方案创建分区表

分区函数和分区方案创建完成以后，就可以创建分区表了。创建分区表使用 CREATE TABLE 语句，只要在 ON 关键字后指定分区方案和分区列即可。

【例 1.3.20】 创建和使用分区表。

（1）创建 test 数据库，加入 fg1、fg2、fg3、fg4、fg5 文件组。将 test 作为当前数据库。

（2）对 int 类型的列创建一个名为 NumberPF 的分区函数，该函数把 int 类型的列中的数据分成 5 个分区：为小于或等于 50 的分区、大于 50 且小于或等于 500 的分区、大于 500 且小于或等于 1000 的分区、大于 1000 且小于或等于 2000 的分区、大于 2000 的分区。

T-SQL 语句如下：

```
USE test
CREATE PARTITION FUNCTION NumberPF(int)
    AS RANGE LEFT FOR VALUES(50,500,1000,2000)
```

（3）根据分区函数 NumberPF 创建一个分区方案，将分区函数中的 5 个分区分别存放在这 5 个文件组中。

T-SQL 语句如下：

```
USE test
CREATE PARTITION SCHEME NumberPS
```

```
    AS PARTITION NumberPF
    TO(fg1,fg2,fg3,fg4,fg5)
```

（4）在 tab1 数据库中创建分区表，表中包含"编号"（值可以是 1～5000）和"名称"两列。要求采用 NumberPS 分区方案。

T-SQL 语句如下：

```
USE test
CREATE TABLE tab1
(
    编号 int        NOT NULL PRIMARY KEY,
    名称 char(8)    NOT NULL
)
ON NumberPS(编号)
GO
```

说明：分区表的分区列的数据类型、长度、精度与分区方案索引用的分区函数中使用的数据类型、长度、精度要一致。

3.4   操作表中的数据

创建数据库和表后，就可对表中的数据进行操作。对表中的数据进行的操作分为查询和更新两大类。其中，数据查询是对数据库最常见的操作，将在第 4 章讨论；数据更新操作包括数据插入、删除和修改。本节讨论通过界面方式和 T-SQL 语句对表中的数据进行插入、删除和修改操作的方法。在操作之前假设 xsbook 数据库中已经创建了读者（xs）、图书（book）、借阅（jy）和借阅历史（jyls）这 4 个表。

3.4.1   使用以界面方式操作表中的数据

下面举例说明在 SQL Server Management Studio 中对表进行记录的插入、修改和删除操作的方法。

【例 1.3.21】   对 xs 表进行记录的插入、修改和删除。

在对象资源管理器窗口中展开"数据库"→xsbook，选择要进行操作的 xs 表，右击该表，在弹出的快捷菜单中选择"编辑前 200 行"命令，打开数据窗口。在此窗口中，表中的记录将按行显示，每个记录占一行。

1. 插入记录

插入记录是将新记录添加在表尾。可以向表中插入多个记录。

将光标定位到表尾的下一行，然后逐列输入值。每输入完一个值，按回车键，光标将自动跳到下一列，便可编辑该列。若当前列是表的最后一列，则该列编辑完成后按回车键，光标将自动跳到下一行的第一列，此时上一行输入的数据已经保存起来了。

若表的某列不允许为空值，则必须为该列输入值，例如 xs 表的"借书证号"和"姓名"列。

若列允许为空值，那么，不输入该列值，则在表格中将显示 NULL（如 xs 表的"照片"列）。

　　用户可以根据需要向表中插入数据,插入的数据要符合列的约束条件。例如,不可以向非空的列插入 NULL 值。图 1.3.16 是插入记录后的 xs 表。

借书证号	姓名	性别	出生时间	专业	借书量	照片
131104	韦严平	True	1996-08-26	计算机	4	*NULL*
131106	李方方	True	1996-11-20	计算机	1	*NULL*
131107	李明	True	1996-05-01	计算机	0	*NULL*
131108	林一帆	True	1995-08-05	计算机	0	*NULL*
131109	张强民	True	1995-08-11	计算机	0	*NULL*
131110	张蔚	False	1997-07-22	计算机	0	*NULL*
131111	赵琳	False	1996-03-18	计算机	0	*NULL*
131113	严红	False	1995-08-11	计算机	0	*NULL*
131201	王敏	True	1995-06-10	通信工程	1	*NULL*

|◀ ◀ | 11 | / 22 | ▶ | ▶| ▶* | ■ |

图 1.3.16　插入记录后的 xs 表

2. 删除记录

　　当表中的某些记录不再需要时,要将其删除。删除记录的方法是:在数据窗口中定位到要删除的记录行,单击该行最左面的黑色箭头处选择整行,右击该行,在弹出的快捷菜单中选择“删除”命令,系统出现一个确认对话框,单击“是”按钮将删除选择的记录,单击“否”按钮将不删除该记录。

3. 修改记录

　　在数据窗口中修改记录的方法是:先定位到要修改的记录字段,然后对该字段值进行修改,最后将光标移到下一行,即可保存修改后的内容。

3.4.2　使用命令方式操作表中的数据

　　对表中的数据的插入、修改和删除还可以通过 T-SQL 语句进行。与通过界面操作表中的数据相比,通过 T-SQL 语句操作表中的数据更为灵活,功能更为强大。

1. 插入记录

　　向表中插入数据的 T-SQL 语句是 INSERT。该语句最基本的格式如下:

```
INSERT 表名[(列名,…)] VALUES(值,…)
INSERT INTO 表名 SELECT 语句
```

【例 1.3.22】　向 xsbook 数据库的 xs1 表中插入如下一行记录:

```
131246  周涛   1  "1995-9-10" 英语 0
```

T-SQL 语句如下:

```
USE xsbook
INSERT INTO dbo.xs1
    VALUES('131246','周涛',1, '1995-9-10', '英语',0,NULL)
GO
INSERT INTO dbo.xs1(借书证号,姓名,出生时间,专业)
```

```
        VALUES('131602','王一平', '1995-9-10', '英语')
GO
```

在 SSMS 中,右击 dbo.xs1 表,在弹出的快捷菜单中选择"编辑前 200 行"命令,在数据窗口中可以发现表中已经增加了两个记录。

说明:

(1) 在不指定列名的 INSERT 语句中,VALUES 必须包含所有字段的值,并且值的排列顺序要与列的顺序一一对应。

(2) 在指定列名的 INSERT 语句中,除了包含默认值和允许有空值的列以外,其他列名均要包含其中,VALUES 包含的值的排列顺序要与前面列名一一对应。

(3) 插入记录时,如果"借书证号"内容在表中已经存在,即使其他字段的值均不相同,将插入操作也不会成功,将显示错误信息。这是因为该表以"借书证号"作为主键。

(4) VALUES 包含的值可以是表达式,以表达式的值作为列值。常量是特殊的表达式。

例如:

```
DECLARE @a char(6)
SET @a='131603'
INSERT INTO dbo.xs1(借书证号,姓名,出生时间,专业)
    VALUES(@a,'王林', '1995-1-10', '英语')
```

其中,DECLARE @a char(6)的作用是定义变量 a,SET @a='131605'的作用是为变量 a 赋值。

【例 1.3.23】 向 xs 表中插入 xs1 表的所有数据。

T-SQL 语句如下:

```
INSERT INTO xs
    SELECT *
    FROM xs1
```

说明:

(1) 上面的语句将 xs1 表中所有记录的值插入 xs 表中。

(2) 可用 SELECT 语句查看插入结果:

```
SELECT *
    FROM xs
```

(3) 在执行 INSERT 语句时,如果插入的数据与约束或规则的要求产生冲突或值的数据类型与列的数据类型不匹配,那么 INSERT 语句执行失败。

(4) 插入记录时,只要存在"借书证号"列值相同的记录,插入操作就不会成功,将显示错误信息。

2. 删除记录

在 T-SQL 中,删除记录可以使用 DELETE 语句或 TRANCATE TABLE 语句实现。

1）使用 DELETE 语句删除记录

DELETE 语句的功能是从表中删除记录，其基本的语法格式如下：

```
DELETE [FROM]   表名   [WHERE 条件]
```

该语句的功能为从指定的表中删除满足条件的记录。若省略条件，则删除所有记录。

【例 1.3.24】 将 xs1 表中借书量为 0 的记录删除。

T-SQL 语句如下：

```
USE xsbook
DELETE FROM xs1
    WHERE 借书量=0
```

例如，下面的语句将 xs1 表中"专业"字段值为空的记录删除：

```
DELETE FROM xs1
    WHERE 专业 IS NULL
```

下面的语句将 xs1 表中的所有记录均删除：

```
DELETE xs1
```

2）使用 TRUNCATE TABLE 语句删除记录

使用 TRUNCATE TABLE 语句可以删除指定表中的所有记录，其语法格式如下：

```
TRUNCATE TABLE   表名
```

由于 TRUNCATE TABLE 语句将删除表中的所有记录，且无法恢复，因此使用时必须十分当心。

使用 TRUNCATE TABLE 可以删除指定表中的所有记录，但表的结构以及约束、索引等保持不变，而标识列的计数值重置为该列的初始值。如果想保留标识列的计数值，则要使用 DELETE 语句。

TRUNCATE TABLE 语句在功能上与不带 WHERE 子句的 DELETE 语句相同，二者均删除表中的全部记录。但 TRUNCATE TABLE 语句比 DELETE 语句速度快，且使用的系统和事务日志资源少。DELETE 语句每次删除一记录，并在事务日志中为删除的每个记录添加一项。而 TRUNCATE TABLE 语句通过释放存储表数据所用的数据页来删除数据，并且只在事务日志中记录数据页的释放。

对于由外键（foreign key）约束引用的表，不能使用 TRUNCATE TABLE 语句删除数据，而应使用不带 WHERE 子句的 DELETE 语句。

例如，下面的语句将删除 xs1 表中的所有记录：

```
TRUNCATE TABLE xs1
```

3. 修改表记录

在 T-SQL 中,用于修改记录的语句是 UPDATE。该语句的语法格式如下:

```
UPDATE  表名
    SET 列名=值,…
    [WHERE 条件]
```

说明:

(1) UPDATE 语句将指定的表中满足条件的记录中由 SET 指定的各列的值更新为 SET 对应的值。值可以通过表达式描述。

【例 1.3.25】 将 xsbook 数据库的 xs1 表中"借书证号"字段值为 131246 的记录的"专业"字段值改为"计算机"

T-SQL 语句如下:

```
USE xsbook
UPDATE xs1
    SET 专业='计算机'
    WHERE 借书证号='131246'
```

查看该表中的数据以后可以发现,表中"借书证号"字段值为 131246 的行的"专业"字段值已被修改,如图 1.3.17 所示。

借书证号	姓名	性别	出生时间	专业
131206	李计	True	1995-09-20 0…	通信工程
131210	李红庆	True	1995-05-01 0…	通信工程
131216	孙祥欣	True	1995-03-19 0…	通信工程
131218	孙研	True	1996-10-09 0…	通信工程
131220	吴蕊华	False	1996-03-18 0…	通信工程
131221	刘燕敏	False	1995-11-12 0…	通信工程
131241	罗林琳	False	1996-01-30 0…	通信工程
131246	周涛	True	1995-09-10 0…	计算机
NULL	*NULL*	*NULL*	*NULL*	*NULL*

图 1.3.17　修改数据以后的表

(2) 使用 UPDATE 语句可以一次更新多个列的值。

【例 1.3.26】 将"借书证号"字段值为 131246 的记录的"姓名"字段值改为"周红","专业"字段值改为"英语","性别"字段值改为"女"(用 0 表示)。

T-SQL 语句如下:

```
UPDATE xs1
    SET 姓名='周红',
    专业='英语',
        性别=0
    WHERE 借书证号='131246'
```

(3) 若不使用 WHERE 子句,则更新所有记录的指定列的值。

【例 1.3.27】　将 xs1 表中的所有学生的借书量都增加 2。

T-SQL 语句如下：

```
UPDATE xs1
    SET 借书量=借书量+2
```

4. 同步两个表的记录

在 SQL Server 中，使用 MERGE 语句可以通过与源表连接，对目标表执行插入、更新或删除操作。例如，根据一个表中数据的变化在另一个表中插入、更新或删除行，可以对两个表进行数据同步。

【例 1.3.28】　将 xs1 表中的数据与 xs 表中的数据同步。

T-SQL 语句如下：

```
MERGE INTO xs1
    USING xs ON xs1.借书证号=xs.借书证号
    WHEN MATCHED
    THEN UPDATE SET xs1.姓名=xs.姓名, xs1.性别=xs.性别,xs1.出生时间=xs.出生时间,
                    xs1.专业=xs.专业,xs1.借书量=xs.借书量,xs1.照片=xs.照片
    WHEN NOT MATCHED
        THEN INSERT VALUES(xs.借书证号,xs.姓名, xs.性别,xs.出生时间,
                    xs.专业,xs.借书量,xs.照片)
    WHEN NOT MATCHED BY SOURCE
    THEN DELETE;
```

执行上述语句后，查看 xs1 表中的数据，可以看到 xs1 表中已经添加了 xs 表中的全部数据。读者可以修改 xs 表中的一些数据，然后再执行上述语句，查看 xs1 表中数据的变化。

CHAPTER 第4章
数据库的查询和视图

数据库查询是数据库的核心操作,查询是数据库的其他操作(如统计、插入、删除及修改等)的基础。T-SQL 对数据库的查询使用 SELECT 语句。SELECT 语句具有灵活的用法和强大的功能。本章重点讨论利用该语句对数据库进行各种查询的方法。

视图是由一个或多个基本表(或视图)导出的数据信息,可以根据用户的需要创建视图。本章也将讨论视图概念以及视图的创建与使用方法。

游标在数据库与应用程序之间提供了数据处理单位的变换机制。本章还将讨论游标的概念和使用方法。

4.1 数据库的查询

使用数据库的主要目的是对数据进行集中、高效的存储和管理,可进行灵活多样的查询、统计和输出等操作。例如,使用本书中创建的图书管理数据库,就可以查询某个学生在什么时间借阅了哪些图书,有哪些学生借阅了某种图书等等。

SQL Server 通过 T-SQL 的查询语句 SELECT 可从表或视图中迅速、方便地检索数据。SELECT 语句是 T-SQL 的核心,它既可以实现对单表的数据查询,也可以完成复杂的多表连接查询和嵌套查询,其功能十分强大。

下面介绍 SELECT 语句。SELECT 语句很复杂,其基本的语法如下:

```
SELECT 查询结果包含的列
    [INTO 查询结果存放的新表]
    FROM 源表
    [WHERE 查询条件]
    [GROUP BY 分组表达式]
    [HAVING 分组条件]
    [ORDER BY 排序表达式 [ASC | DESC]]
```

下面讨论 SELECT 语句的基本语法和主要功能。

为了方便介绍和实验,进入本章前,应该按照表 1.3.2、表 1.3.3 和表 1.3.4 给出的表结构和记录要求准备好 xsbook 图书管理数据库的学生表(xs)、图书表(book)和借阅表(jy)的数据记录。

4.1.1　单表查询

单表查询指仅涉及一个表的查询。

1. 选择列

下面介绍选择表中的部分或全部列组成结果列的方法。

1）选择一个表中指定的列

【例 1.4.1】　查询 xsbook 数据库的 xs 表中各个学生的姓名、专业和借书量。

T-SQL 语句如下：

```
USE xsbook
SELECT 姓名, 专业, 借书量
    FROM xs
```

该语句的执行结果如图 1.4.1 所示。

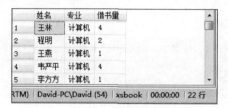

图 1.4.1　在 xs 表中选择指定列

【例 1.4.2】　查询 xs 表中计算机专业学生的借书证号、姓名和借书量。

T-SQL 语句如下：

```
SELECT 借书证号, 姓名, 借书量
    FROM xs
    WHERE 专业='计算机'
```

2）查询全部列

当在 SELECT 语句指定列的位置上使用 * 时，表示查询表的所有列。

【例 1.4.3】　查询 xs 表中的所有列。

T-SQL 语句如下：

```
SELECT *
    FROM xs
```

该语句等价于以下语句：

```
SELECT 借书证号, 姓名, 性别, 出生时间, 专业, 借书量, 照片
    FROM xs
```

该语句执行后，将列出 xs 表中的所有列，如图 1.4.2 所示。

	借书证号	姓名	性别	出生时间	专业	借书量	照片
1	131101	王林	1	1996-02-10	计算机	4	NULL
2	131102	程明	1	1997-02-01	计算机	2	NULL
3	131103	王燕	0	1995-10-06	计算机	1	NULL
4	131104	韦严平	1	1996-08-26	计算机	4	NULL
5	131106	李方方	1	1996-11-20	计算机	1	NULL
6	131107	李明	1	1996-05-01	计算机	0	NULL
7	131108	林一帆	1	1995-08-05	计算机	0	NULL

\SQLSERVER (11.0 RTM) | David-PC\David (54) | xsbook | 00:00:00 | 22 行

图 1.4.2 查询 xs 表中的所有列

3) 修改查询结果中的列标题

当希望查询结果中的某些列或所有列在显示时使用查询者设定的列标题时,可以在列名之后使用“AS 列标题”设定查询结果的列标题名。

【例 1.4.4】 查询 xs 表中计算机专业学生的借书证号、姓名和借书量,结果中各列的标题分别为 cardno、name 和 cnt。

T-SQL 语句如下:

```
SELECT 借书证号 AS cardno, 姓名 AS name, 借书量 AS cnt
    FROM xs
    WHERE 专业='计算机'
```

该语句的执行结果如图 1.4.3 所示。

	cardno	name	cnt
1	131101	王林	4
2	131102	程明	2
3	131103	王燕	1
4	131104	韦严平	4
5	131106	李方方	1

图 1.4.3 设定列标题

设定查询结果中的列标题也可以使用“列标题=列名”的形式。例如:

```
SELECT cardno=借书证号, name=姓名, cnt=借书量
    FROM xs
    WHERE 专业='计算机'
```

该语句的执行结果与上面的结果完全相同。

注意:当自定义的列标题中含有空格时,必须使用引号将列标题括起来。例如:

```
SELECT  'Card no'=借书证号, 姓名 AS 'Student name', cnt=借书量
    FROM xs
    WHERE 专业='计算机'
```

4) 替换查询结果中的数据

在对表进行查询时,有时对要查询的某些列希望得到的是一种描述式信息而不是具体

的数据。例如,查询 xs 表的借书量,要得到的是借书量是多还是少的情况,这时,就可以用描述等级的词来替换借书量的具体数字。

要替换查询结果中的数据,应在查询中使用 CASE 表达式,格式如下:

```
CASE
    WHEN 条件 1   THEN 表达式 1
    WHEN 条件 2   THEN 表达式 2
    …
    ELSE 表达式
END
```

【例 1.4.5】　查询 xs 表中各同学的借书证号、姓名、性别和借书量。对性别数据按以下规则替换:若性别数据为 0,替换为“男”;若性别数据为 1,替换为“女”。

T-SQL 语句如下:

```
SELECT 借书证号, 姓名, 性别=
    CASE
        WHEN 性别='0' THEN '男'
        WHEN 性别='1' THEN '女'
    END, 借书量
    FROM xs
```

该语句的执行结果如图 1.4.4 所示。

	借书证号	姓名	性别	借书量
1	131101	王林	女	4
2	131102	程明	女	2
3	131103	王燕	男	1
4	131104	韦严平	女	4
5	131106	李方方	女	1
6	131107	李明	女	0
7	131108	林一帆	女	0

图 1.4.4　替换查询结果中的数据

5) 查询经过计算的值

使用 SELECT 语句对列进行查询时,不仅可以直接以列的原始值作为结果,而且可以对列值进行计算(含数字类型的列组成的表达式),将计算结果作为查询结果。其语法格式如下:

```
SELECT 表达式> [, 表达式]
```

【例 1.4.6】　查询图书表中库存图书的价值。

T-SQL 语句如下:

```
SELECT 书名, 库存图书价值=库存量 * 价格
    FROM book
```

该语句的执行结果如图 1.4.5 所示。

	书名	库存图书价值
1	C程序设计（第三版）	182
2	Java编程思想	108
3	C#实用教程（第2版）	147
4	MySQL实用教程（第2版）	53
5	SQL Server 实用教程（第4版）	295
6	S7-300/400可编程控制器原理与应用	59

图 1.4.5   查询库存图书价值

如果每种图书的价值按其价格的 8 折计算,则

```
SELECT 书名, 价格 * 0.8
    FROM book
```

列出的是每种图书的书名和按 8 折计算的单本价值。

2. 选择行

下面介绍选择表中的部分或全部行作为查询结果的方法。

1) 消除结果集中的重复行

对于关系数据库来说,表中的所有行都必须是互不相同的。但是,当只选择表中的某些列时,结果中就可能会出现重复行。例如,若对 xsbook 数据库的 jy 表只选择"借书证号"和 ISBN 两列时,就会出现多行重复的情况。

在 SELECT 语句中使用 DISTINCT 关键字可以消除结果中的重复行,其格式如下:

```
SELECT DISTINCT 列名 [, 列名…]
```

其中,关键字 DISTINCT 的含义是对结果中的重复行只保留一个,以保证行的唯一性。

【例 1.4.7】 对 xsbook 数据库的 jy 表只选择"借书证号"和 ISBN 两列,消除结果中的重复行。

T-SQL 语句如下:

```
SELECT DISTINCT 借书证号, ISBN
    FROM jy
```

该语句的执行结果如图 1.4.6 所示。

与 DISTINCT 关键字相反,当使用 ALL 关键字时,将保留结果中的所有行。

以下 SELECT 语句对 xsbook 数据库的 jy 表只选择"借书证号"和 ISBN 两列,不消除结果中的重复行。

```
SELECT ALL 借书证号, ISBN
    FROM jy
```

该语句的执行结果如图 1.4.7 所示。

	借书证号	ISBN
1	131101	7-302-10853-6
2	131101	978-7-121-23270-1
3	131101	978-7-121-23402-6
4	131101	978-7-81124-476-2
5	131102	978-7-121-20907-9
6	131102	978-7-121-23270-1
7	131103	978-7-121-23270-1
8	131104	978-7-302-10853-6
9	131104	978-7-111-21382-6
10	131104	978-7-121-20907-9
11	131104	978-7-121-23402-6

图 1.4.6　消除重复行

	借书证号	ISBN
1	131101	978-7-121-23270-1
2	131102	978-7-121-23270-1
3	131201	978-7-121-23270-1
4	131103	978-7-121-23270-1
5	131204	978-7-121-23270-1
6	131218	978-7-121-23270-1
7	131221	978-7-121-23270-1
8	131101	978-7-81124-476-2
9	131202	978-7-81124-476-2
10	131216	978-7-81124-476-2
11	131104	978-7-121-23402-6

图 1.4.7　不消除重复行

说明：当 SELECT 语句中没有给出 ALL 与 DISTINCT 关键字时，默认为 ALL。

2）限制结果集的返回行数

可以使用 TOP 选项限制查询结果返回的行数。TOP 选项的基本格式如下：

```
TOP n [ PERCENT ]
```

其中，n 是一个正整数，表示返回查询结果的前 n 行。若带 PERCENT 关键字，则表示返回结果的前百分之 n 行。例如，下列语句将返回查询结果的前 10 行：

```
SELECT TOP 10 *
    FROM jy
```

该语句的执行结果如图 1.4.8 所示。

	索书号	借书证号	ISBN	借书时间
1	1200001	131101	978-7-121-23270-1	2014-02-18
2	1200002	131102	978-7-121-23270-1	2014-02-18
3	1200003	131201	978-7-121-23270-1	2014-03-10
4	1200004	131103	978-7-121-23270-1	2014-02-20
5	1200005	131204	978-7-121-23270-1	2014-03-11
6	1200007	131218	978-7-121-23270-1	2014-04-08
7	1200008	131221	978-7-121-23270-1	2014-04-08
8	1300001	131101	978-7-81124-476-2	2014-02-18
9	1300002	131202	978-7-81124-476-2	2014-03-11
10	1300003	131216	978-7-81124-476-2	2014-03-13

图 1.4.8　返回查询结果的前 10 行

3）查询满足条件的行

查询满足条件的行可以通过 WHERE 子句实现。WHERE 子句给出查询条件，该子句必须紧跟在 FROM 子句之后，其基本格式如下：

```
WHERE 条件
```

其中，条件是逻辑表达式。

WHERE 子句中的查询条件及其谓词如表 1.4.1 所示。

表 1.4.1   WHERE 子句中的查询条件及其谓词

查询条件	谓　　词
比较	＝,＜,＜＝,＞,＞＝,＜＞,!＝,!＜,!＞
指定范围	BETWEEN AND,NOT BETWEEN AND,IN
确定集合	IN,NOT IN
字符匹配	LIKE,NOT LIKE
空值判断	IS NULL,IS NOT NULL
多重条件	AND,OR,NOT

在 T-SQL 中,返回逻辑值(TRUE 或 FALSE)的运算符和关键字都称为谓词。

（1）比较。

比较运算符用于比较两个表达式的值,共有 9 个,分别是＝(等于)、＜(小于)、＜＝(小于或等于)、＞(大于)、＞＝(大于或等于)、＜＞(不等于)、!＝(不等于)、!＜(不小于)、!＞(不大于)。比较运算的格式如下:

```
表达式 1 {=｜<｜<=｜>｜>=｜<>｜!=｜!<｜!>} 表达式 2
```

当表达式 1 和表达式 2 的值均不为空值(NULL)时,比较运算返回逻辑值 TRUE(真)或 FALSE(假);而当两个表达式的值中有一个为空值或两个都为空值时,比较运算返回UNKNOWN。

【例 1.4.8】   查询 xsbook 数据库的 xs 表中借书量不小于 3 本的学生。

T-SQL 语句如下:

```
SELECT *
    FROM xs
    WHERE 借书量 !< 3
```

该语句的执行结果如图 1.4.9 所示。

	借书证号	姓名	性别	出生时间	专业	借书量	照片
1	131101	王林	1	1996-02-10	计算机	4	NULL
2	131104	韦严平	1	1996-08-28	计算机	4	NULL

图 1.4.9   查询结果

【例 1.4.9】   查询 xs 表中借书量不少于 3 本的计算机专业学生。

T-SQL 语句如下:

```
SELECT *
    FROM xs
    WHERE 专业='计算机' and 借书量 >=3
```

（2）指定范围。

用于范围比较的关键字有两个：BETWEEN 和 NOT BETWEEN,用于查找字段值在

(或不在)指定范围的行。BETWEEN 和 NOT BETWEEN 关键字的格式如下：

表达式[NOT] BETWEEN 表达式 1 AND 表达式 2

其中,BETWEEN 关键字之后是范围的下限(即低值),AND 关键字之后是范围的上限(即高值)。当不使用 NOT 时,若表达式的值在表达式 1 与表达式 2 之间(包括这两个值),则返回 TRUE;否则返回 FALSE。当使用 NOT 时,返回值刚好相反。

【例 1.4.10】　查询 xs 表中出生时间在 1995-1-1 与 1996-12-31 之间的学生。

T-SQL 语句如下：

```
SELECT *
    FROM xs
    WHERE 出生时间 BETWEEN '1995-1-1' AND '1996-12-31'
```

【例 1.4.11】　查询 xs 表中不在 1995 年出生的学生。

T-SQL 语句如下：

```
SELECT *
    FROM xs
    WHERE 出生时间 NOT BETWEEN '1995-1-1' AND '1995-12-31'
```

(3) 确定集合。

使用 IN 关键字可以指定一个值表,在该值表中列出所有可能的值。当表达式与值表中的任意一个值匹配时,即返回 TRUE;否则返回 FALSE。使用 IN 关键字指定值表的格式如下：

表达式 IN (表达式 1, …)

【例 1.4.12】　查询 xs 表中专业为计算机、信息工程、英语或自动化的学生。

T-SQL 语句如下：

```
SELECT *
    FROM xs
    WHERE 专业 IN ('计算机','信息工程','英语','自动化')
```

与 IN 相对的是 NOT IN,用于查找列值不属于指定集合的行。例如,以下语句查找除了计算机、信息工程、英语和自动化这 4 个专业以外的学生：

```
SELECT *
    FROM xs
    WHERE 专业 NOT IN('计算机','信息工程','英语','自动化')
```

(4) 字符匹配。

LIKE 谓词用于进行字符串的匹配,其运算对象可以是 char、varchar、text、ntext、datetime 和 smalldatetime 类型的数据,返回逻辑值 TRUE 或 FALSE。LIKE 谓词表达式的格式如下：

```
表达式[ NOT ] LIKE 表达式 1 [ ESCAPE '%' | '_' ]
```

其含义是查找指定列值(即表达式)与模式串(即表达式 1)相匹配的行。模式串可以是一个完整的字符串,也可以含有通配符%和_。其中:

- %代表任意长度(包括长度为 0)的字符串。例如,a%c 表示以 a 开头、以 c 结尾的任意长度的字符串,abc、abcc、axyc 等都与之匹配。
- _代表任意一个字符。例如,a_c 表示以 a 开头、以 c 结尾且长度为 3 的字符串,abc、acc、axc 等都与之匹配。

若用户要查询的字符串本身就含有%或_,就要使用关键字 ESCAPE。ESCAPE 关键字指出其后的每个字符均作为实际的字符,而不再作为通配符。

在字符匹配中使用通配符的查询也称模糊查询。

【例 1.4.13】 查询 xs 表中的计算机专业学生。

T-SQL 语句如下：

```
SELECT *
    FROM xs
    WHERE 专业 LIKE '计算机'
```

如果 LIKE 后面的模式串中不包含通配符,那么可以用=(等号)运算符替代 LIKE 谓词,用!=或<>运算符替代 NOT LIKE 谓词。

下面的 SELECT 语句与上面的语句等价：

```
SELECT *
    FROM xs
    WHERE 专业='计算机'
```

【例 1.4.14】 查询 xs 表中姓王且名为单个字的学生。

T-SQL 语句如下：

```
SELECT *
    FROM xs
    WHERE 姓名 LIKE '王_'
```

该语句的执行结果如图 1.4.10 所示。

	借书证号	姓名	性别	出生时间	专业	借书量	照片
1	131101	王林	1	1996-02-10	计算机	4	NULL
2	131103	王燕	0	1995-10-06	计算机	1	NULL
3	131201	王敏	1	1995-06-10	通信工程	1	NULL
4	131202	王林	1	1995-01-29	通信工程	1	NULL

图 1.4.10　查询姓王且名为单个字的学生

【例 1.4.15】 查询 xs 表中姓名的第 2 个字为"小"的学生。

T-SQL 语句如下：

```
SELECT *
    FROM xs
    WHERE 姓名 LIKE '_小%'
```

【例 1.4.16】 查询图书表中书名里含有 SQL 的图书。

T-SQL 语句如下：

```
SELECT *
    FROM book
    WHERE 书名 LIKE '%SQL%'
```

(5) 空值判断。

当需要判定一个表达式的值是否为空值时，使用 IS NULL 关键字，其格式如下：

```
表达式 IS [ NOT] NULL
```

当不使用 NOT 时，若表达式的值为空值，返回 TRUE；否则返回 FALSE。当使用 NOT 时，结果刚好相反。

【例 1.4.17】 查询 xs 表中专业尚未确定的学生。

T-SQL 语句如下：

```
SELECT *
    FROM xs
    WHERE 专业 IS NULL
```

(6) 多重条件。

逻辑运算符 AND 和 OR 可用来连接多个查询条件。AND 的优先级高于 OR，但使用括号可以改变优先级。

【例 1.4.18】 查询计算机专业、借书量在 3 本以下以及不少于 3 本的学生姓名和借书证号。

T-SQL 语句如下：

```
SELECT 姓名, 借书证号
    FROM xs
    WHERE 专业='计算机'AND 借书量<3
SELECT0 姓名,书证号
    FROM xs
    WHERE 专业='计算机' AND NOT 借书量<3
```

【例 1.4.19】 查询计算机专业或者英语专业的学生姓名和借书证号。

T-SQL 语句如下：

```
SELECT 姓名,借书证号
    FROM xs
    WHERE 专业='计算机'OR 专业='英语'
```

4) 对查询结果排序

在应用中经常要对查询结果排序,例如,按借书的数量对学生排序,按价格对书进行排序,等等。SELECT 语句的 ORDER BY 子句可用于对查询结果按照一个或多个字段的值进行升序(ASC)或降序(DESC)排列,默认为升序。ORDER BY 子句的格式如下:

```
[ORDER BY {表达式[ASC | DESC]}, …
```

其中,表达式可以是列名、算术/逻辑表达式或一个正整数。当表达式是一个正整数时,表示按表中该位置上的列排序。

【例 1.4.20】 将计算机专业的学生按出生时间先后排序。

T-SQL 语句如下:

```
SELECT *
    FROM xs
    WHERE 专业 = '计算机'
    ORDER BY 出生时间
```

该语句的执行结果如图 1.4.11 所示。

	借书证号	姓名	性别	出生时间	专业	借书量	照片
1	131108	林一帆	1	1995-08-05	计算机	0	NULL
2	131109	张强民	1	1995-08-11	计算机	0	NULL
3	131113	严红	0	1995-08-11	计算机	0	NULL
4	131103	王燕	0	1995-10-06	计算机	1	NULL
5	131101	王林	1	1996-02-10	计算机	4	NULL
6	131111	赵琳	0	1996-03-18	计算机	0	NULL
7	131107	李明	1	1996-05-01	计算机	0	NULL
8	131104	韦严平	1	1996-08-26	计算机	4	NULL
9	131106	李方方	1	1996-11-20	计算机	1	NULL
10	131102	程明	1	1997-02-01	计算机	2	NULL
11	131110	张蔚	0	1997-07-22	计算机	0	NULL

图 1.4.11 查询结果按出生日期排序

【例 1.4.21】 将计算机专业的学生按借书量降序排列。

T-SQL 语句如下:

```
SELECT *
    FROM xs
    WHERE 专业 = '计算机'
    ORDER BY 借书量 DESC
```

5) 使用聚合函数

对表数据进行检索时,经常需要对结果进行计算或统计,例如在图书管理数据库中求学生借书的总数、统计各种图书的价值等。T-SQL 提供了一些聚合函数(也称集函数)用来增强检索功能。聚合函数用于计算表中的数据,返回单个计算结果。常用的聚合函数如表 1.4.2 所示。

表 1.4.2　常用的聚合函数

函 数 名 称	说　　明
AVG	求组中值的平均值
BINARY_CHECKSUM	返回对表中的行或表达式列表计算的二进制校验值,可用于检测表中行的更改
CHECKSUM	返回对表中的行或表达式列表计算的校验值,用于生成哈希索引
CHECKSUM_AGG	返回组中值的校验值
COUNT	求组中项数,返回 int 类型的整数
COUNT_BIG	求组中项数,返回 bigint 类型的整数
GROUPING	产生一个附加的列
MAX	求最大值
MIN	求最小值
SUM	返回给定表达式中所有值的和
STDEV	返回给定表达式中所有值的统计标准偏差
STDEVP	返回给定表达式中所有值的填充统计标准偏差
VAR	返回给定表达式中所有值的统计方差
VARP	返回给定表达式中所有值的填充统计方差

下面对常用的聚合函数加以介绍。

(1) SUM 和 AVG。

SUM 和 AVG 分别用于求表达式中所有值的总和与平均值,其语法格式如下:

```
SUM / AVG ([ ALL | DISTINCT ]表达式)
```

其中,表达式是常量、列、函数或由它们组成的各种算术表达式。ALL 表示对所有值进行运算,DISTINCT 表示去除重复值,默认为 ALL。SUM 和 AVG 忽略空值。

【例 1.4.22】　查询计算机专业学生的平均借书量。

T-SQL 语句如下:

```
SELECT AVG(借书量) AS '平均借书量'
    FROM xs
    WHERE 专业 = '计算机'
```

使用聚合函数作为 SELECT 的选择列时,若不为其指定列标题,则系统将对该列输出标题"(无列名)"。

【例 1.4.23】　查询图书总册数和库存图书册数。

T-SQL 语句如下:

```
SELECT SUM(复本量) AS '图书总册数', SUM(库存量) AS '库存图书册数'
    FROM book
```

该语句的执行结果如图 1.4.12 所示。

图 1.4.12　查询图书总册数和库存图书册数

(2) MAX 和 MIN。

MAX 和 MIN 分别用于求表达式中所有值的最大值与最小值,其语法格式如下:

```
MAX / MIN([ALL | DISTINCT]表达式)
```

其中,表达式是常量、列、函数或由它们组成的表达式,其数据类型可以是数字、字符和时间日期类型。ALL、DISTINCT 的含义及默认值与 SUM/AVG 函数相同。MAX 和 MIN 忽略空值。

【例 1.4.24】　查询计算机专业学生借书最多和最少册数。

T-SQL 语句如下:

```
SELECT MAX(借书量) AS '借书最多册数', MIN(借书量) AS '借书最少册数'
    FROM xs
    WHERE 专业 = '计算机'
```

该语句的执行结果如图 1.4.13 所示。

图 1.4.13　查询借书最多和最少册数

(3) COUNT 和 COUNT_BIG。

COUNT 用于统计组中满足条件的行数或总行数,其格式如下:

```
COUNT({[ALL | DISTINCT]表达式} | *)
```

其中,表达式的数据类型是除 uniqueidentifier、text、image 和 ntext 之外的任何类型。ALL、DISTINCT 的含义及默认值与 SUM/AVG 函数相同。选择 * 时将统计总行数。COUNT 忽略空值。

【例 1.4.25】　查询学生总数。

T-SQL 语句如下:

```
SELECT COUNT(*) AS '学生总数'
    FROM xs
```

【例 1.4.26】　查询借阅了图书的学生数。

T-SQL 语句如下:

```
SELECT COUNT(DISTINCT 借书证号) AS '借阅了图书的学生数'
    FROM jy
```

【**例 1.4.27**】　查询图书种数。

T-SQL 语句如下：

```
SELECT COUNT(*) AS '图书种数'
    FROM book
```

COUNT_BIG 函数的格式、功能与 COUNT 函数相同，区别仅在于 COUNT_BIG 返回 bigint 类型的值。

（4）GROUPING。

GROUPING 函数为输出结果产生一个附加列，该列的值为 1 或 0，格式为：

```
GROUPING(列名)
```

当用 CUBE 或 ROLLUP 运算符添加行时，附加列的值为 1；如果添加的行不是用 CUBE 或 ROLLUP 运算符产生的，附加列的值为 0。该函数只能与带有 CUBE 或 ROLLUP 运算符的 GROUP BY 子句一起使用。

6）对查询结果分组

SELECT 语句的 GROUP BY 子句用于将查询结果按某一列或多列值进行分组，值相等的为一组。对查询结果分组的主要目的是细化聚合函数的作用对象。

GROUP BY 子句的格式如下：

```
GROUP BY [ALL]表达式,…
    [WITH CUBE | ROLLUP]
```

其中，表达式是用于分组的表达式，其中通常包含字段名。指定 ALL 将显示所有组。WITH 指定 CUBE 或 ROLLUP 运算符，CUBE 或 ROLLUP 与聚合函数一起使用，在查询结果中增加附加列。

注意：使用 GROUP BY 子句后，SELECT 语句中的列只能是在 GROUP BY 子句中指定的列或在聚合函数中指定的列。

【**例 1.4.28**】　查询 xs 表中的专业。

T-SQL 语句如下：

```
SELECT 专业
    FROM xs
    GROUP BY 专业
```

该语句的执行结果如图 1.4.14 所示。

图 1.4.14　查询专业

【**例 1.4.29**】　查询各专业的学生数。

T-SQL 语句如下：

```
SELECT 专业, COUNT(*) AS '学生数'
    FROM xs
    GROUP BY 专业
```

该语句的执行结果如图 1.4.15 所示。

【例 1.4.30】 查询被借阅图书的 ISBN 和借阅人数。

T-SQL 语句如下：

```
SELECT ISBN, COUNT(借书证号) AS '借阅人数'
    FROM jy
    GROUP BY ISBN
```

该语句的执行结果如图 1.4.16 所示。

	ISBN	借阅人数
1	7-302-10853-6	3
2	978-7-111-21382-6	2
3	978-7-121-20907-9	3
4	978-7-121-23270-1	7
5	978-7-121-23402-6	3
6	978-7-81124-476-2	3

	专业	学生数
1	计算机	11
2	通信工程	11

图 1.4.15 查询各专业的学生数   图 1.4.16 查询被借阅图书的 ISBN 和借阅人数

若使用了带 ROLLUP 运算符的 GROUP BY 子句,那么在查询结果中不仅包含由 GROUP BY 子句产生的行,还包含汇总行。

【例 1.4.31】 查询每个专业的男女生人数、专业总人数及学生总人数。

T-SQL 语句如下：

```
SELECT 专业, 性别, COUNT(*) AS '人数'
    FROM xs
    GROUP BY 专业, 性别
    WITH ROLLUP
```

该语句的执行结果如图 1.4.17 所示。

	专业	性别	人数
1	计算机	0	4
2	计算机	1	7
3	计算机	NULL	11
4	通信工程	0	4
5	通信工程	1	7
6	通信工程	NULL	11
7	NULL	NULL	22

图 1.4.17 查询每个专业的男女生人数、专业总人数及学生总人数

结果中有 3 个汇总行：

- 第 3 行，为计算机专业总人数。
- 第 6 行，为通信工程专业总人数。
- 第 7 行，为学生总人数。

汇总行之外的行，均为 GROUP BY 子句产生的行。

从上述带 ROLLUP 运算符的 GROUP BY 子句的 SELECT 语句的执行结果可以看出，使用了 ROLLUP 运算符后，将对 GROUP BY 子句中指定的各列产生汇总行。产生汇总行的规则是：按列的排列的逆序依次进行汇总。例如，本例根据"专业"和"性别"对 xs 表分组，使用 ROLLUP 运算符后，先对"性别"列产生汇总行（针对专业值相同的行），然后对"专业"与"性别"均不同的值产生汇总行。在汇总行中将具有不同列值的字段值置为 NULL。可以将上述语句与不带 ROLLUP 运算符的 GROUP BY 子句的执行情况作一个比较：

```
SELECT 专业, 性别, COUNT(*) AS '人数'
    FROM xs
    GROUP BY 专业, 性别
```

该语句的执行结果如图 1.4.18 所示。

可见，若没有 ROLLUP 操作符，将不生成汇总行。

若使用带 CUBE 运算符的 GROUP BY 子句，则 CUBE 运算符对 GROUP BY 子句中各列的所有可能组合均产生汇总行。

	专业	性别	人数
1	计算机	0	4
2	通信工程	0	4
3	计算机	1	7
4	通信工程	1	7

图 1.4.18　不带 ROLLUP 运算符的查询结果

【例 1.4.32】　查询 xs 表中每个专业的男女生人数、所有专业的男女生总数人、学生总人数和每个专业学生总人数。

T-SQL 语句如下：

```
SELECT 专业, 性别, COUNT(*) AS '人数'
    FROM xs
    GROUP BY 专业, 性别
    WITH CUBE
```

该语句的执行结果如图 1.4.19 所示。

	专业	性别	人数
1	计算机	0	4
2	通信工程	0	4
3	NULL	0	8
4	计算机	1	7
5	通信工程	1	7
6	NULL	1	14
7	NULL	NULL	22
8	计算机	NULL	11
9	通信工程	NULL	11

图 1.4.19　带 CUBE 运算符的查询结果

分析：本例中用于分组的列(即 GROUP BY 子句中的列)为"专业"和"性别"。在 xs 表中，"专业"列有两个不同的值("计算机"和"通信工程")，"性别"列也有两个不同的值(0 和 1)，再加上空值。它们可能的组合有 5 种，因此生成 5 个汇总行：

- 第 3 行，为女生总人数。
- 第 6 行，为男生总人数。
- 第 7 行，为学生总人数。
- 第 8 行，为计算机专业学生总人数。
- 第 9 行，为通信工程专业学生总人数。

使用带 CUBE 或 ROLLUP 运算符的 GROUP BY 子句时，SELECT 语句的列表还可以是聚合函数 GROUPING。若需要标志结果中哪些行是由 CUBE 或 ROLLUP 运算符添加的，而哪些不是，则可使用 GROUPING 函数作为输出列。

【例 1.4.33】 统计各专业男女生人数及学生总人数，标志汇总行。

T-SQL 语句如下：

```
SELECT 专业, 性别, COUNT(*) AS '人数',
    GROUPING(专业) AS 'spec', GROUPING(性别) AS 'sx'
    FROM xs
    GROUP BY 专业, 性别
    WITH CUBE
```

该语句的执行结果如图 1.4.20 所示。

查询结果中 spec 或 sx 两列中任意一个值为 1，则该行为汇总行。

	专业	性别	人数	spec	sx
1	计算机	0	4	0	0
2	通信工程	0	4	0	0
3	NULL	0	8	1	0
4	计算机	1	7	0	0
5	通信工程	1	7	0	0
6	NULL	1	14	1	0
7	NULL	NULL	22	1	1
8	计算机	NULL	11	0	1
9	通信工程	NULL	11	0	1

图 1.4.20   在查询结果中标志汇总行

7) HAVING 子句

如果分组后还需要按一定的条件对这些组进行筛选，最终只输出满足指定条件的组，那么可以使用 HAVING 子句指定筛选条件。例如，查找男生人数超过 2 的专业，就是在 xs 表上按专业、性别分组后筛选出符合条件的专业。

HAVING 子句的格式如下：

```
HAVING 条件
```

其中，条件与 WHERE 子句的查询条件类似，并且可以使用聚合函数。

【例 1.4.34】 查询男生人数或女生人数不少于 2 的专业及其学生人数。

T-SQL 语句如下：

```
SELECT 专业,性别=
    CASE
        WHEN 性别='0' THEN '男'
        WHEN 性别='1' THEN '女'
        END, count(*) AS '人数'
```

```
FROM xs
    GROUP BY 专业,性别
    HAVING count(*)>=2
```

该语句的执行结果如图1.4.21所示。

在SELECT语句中,当WHERE、GROUP BY与HAVING子句都被使用时,要注意它们的作用和执行顺序:WHERE用于筛选由FROM指定的数据对象,GROUP BY用于对WHERE的结果进行分组,HAVING则是对GROUP BY以后的分组数据进行过滤。

	专业	性别	人数
1	计算机	男	4
2	通信工程	男	4
3	计算机	女	7
4	通信工程	女	7

图1.4.21　查询男生人数或女生人数不少于2的专业及其人数

【例1.4.35】 查询男生人数不少于2的专业。

T-SQL语句如下:

```
SELECT 专业
    FROM xs
    WHERE 性别=0
    GROUP BY 专业
    HAVING count(*)>=2
```

分析:本查询将xs表中性别值为0的记录按专业分组,对每组记录计数,选出记录数大于或等于2的各组的专业值,形成查询结果。

4.1.2　连接查询

前面的查询都是针对一个表进行的。若一个查询同时涉及两个或多个表,则称为连接查询。连接是二元运算,可以对两个或多个表进行查询,结果通常是含有参加连接运算的两个表(或多个表)的指定列的表。例如,在xsbook数据库中需要查询借阅了《计算机网络》的学生的姓名、专业和借阅时间,就需要将xs、book和jy这3个表进行连接,才能得到结果。

连接查询是关系数据库中最主要的查询。在T-SQL中,连接查询有两种表示形式,一是符合SQL标准的连接谓词表示形式,二是T-SQL扩展的以关键字JOIN指定连接的表示形式。

1. 连接谓词

可以在SELECT语句的WHERE子句中使用比较运算符给出连接条件,对表进行连接,这种表示形式称为连接谓词表示形式。连接谓词又称为连接条件,其一般格式如下:

```
[表1.]列1 比较运算符 [表2.]列2
```

其中,比较运算符主要有<、<=、=、>、>=、!=、<>、!<和!>,当比较运算符为=时,就是等值连接。若在目标列中去除相同的字段名,则为自然连接。

此外,连接谓词还可以采用以下形式:

```
[表1.]列1 BETWEEN [表2.]列2 AND[表3.]列3
```

连接谓词中的列称为连接字段。连接条件中的各连接字段的数据类型必须是可比的，但不必是相同的。连接查询的一般执行过程是：

首先在表 1 中找到第 1 行，然后从头开始扫描表 2，逐一查找满足连接条件的行，找到后就将表 1 中的第 1 行与该行拼接起来，形成结果中的一行。表 2 的全部行都扫描完以后，再查找表 1 的第 2 行，然后再从头开始扫描表 2，逐一查找满足连接条件的行，找到后就将表 1 的第 2 行与该行拼接起来，形成结果中的一行。重复上述操作，直到表 1 的全部行都处理完为止。

【例 1.4.36】 查询 xsbook 数据库中每个学生的情况以及学生的借书情况。

T-SQL 语句如下：

```
SELECT xs.* , jy.*
    FROM xs, jy
    WHERE xs.借书证号=jy.借书证号
```

查询结果将包含 xs 表和 jy 表的所有列，如图 1.4.22 所示。

	借书证号	姓名	性别	出生时间	专业	借书量	照片	索书号	借书证号	ISBN	借书时间
1	131101	王林	1	1996-02-10	计算机	4	NULL	1200001	131101	978-7-121-23270-1	2014-02-18
2	131102	程明	1	1997-02-01	计算机	2	NULL	1200002	131102	978-7-121-23270-1	2014-02-18
3	131201	王敏	1	1995-06-10	通信工程	1	NULL	1200003	131201	978-7-121-23270-1	2014-03-10
4	131103	王燕	0	1995-10-06	计算机	1	NULL	1200004	131103	978-7-121-23270-1	2014-02-20
5	131204	马琳琳	0	1995-02-10	通信工程	1	NULL	1200005	131204	978-7-121-23270-1	2014-03-11
6	131218	孙研	1	1996-10-09	通信工程	1	NULL	1200007	131218	978-7-121-23270-1	2014-04-08
7	131221	刘燕敏	0	1995-11-12	通信工程	1	NULL	1200008	131221	978-7-121-23270-1	2014-04-08
8	131101	王林	1	1996-02-10	计算机	4	NULL	1300001	131101	978-7-81124-476-2	2014-02-18
9	131202	王林	1	1995-01-29	通信工程	1	NULL	1300002	131202	978-7-81124-476-2	2014-03-11
10	131216	孙祥欣	1	1995-03-19	通信工程	0	NULL	1300003	131216	978-7-81124-476-2	2014-03-13

图 1.4.22　连接查询的结果

说明：本例中 xs.* 和 jy.* 是限定形式的列名。xs.* 表示选择 xs 表的所有列，jy.* 表示选择 jy 表的所有列。如果要指定某个表的某一列，则使用以下格式："表名.列名"。例如，"xs.借书证号"表示指定 xs 表的"借书证号"列。上述格式中表名前缀的作用是为了避免混淆。例如，xs 表和 jy 表都包含"借书证号"列，如果在查询语句中不指定是哪个表中的该列，那么查询语句执行就会出错。例如，下面的 SELECT 语句是错误的：

```
SELECT *
    FROM xs, jy
    WHERE 借书证号=借书证号
```

上述语句中连接条件"借书证号＝借书证号"有错，系统将无法执行该判断。

【例 1.4.37】 查询 xsbook 数据库中每个学生的情况以及学生的借书情况，去除重复的列。

T-SQL 语句如下：

```
SELECT xs.* , jy.ISBN, jy.索书号, jy.借书时间
    FROM xs, jy
    WHERE xs.借书证号=jy.借书证号
```

本例所得的结果包含以下字段："借书证号""姓名""性别""出生时间""专业""借书量""照片""索书号"和"借书时间"及 ISBN。这种在等值连接中把重复的列去除的情况称为自然连接。

若选择的列名在各个表中是唯一的,则可以省略表名前缀。例如,本例的 SELECT 语句也可写为

```
SELECT xs.* , ISBN, 索书号,借书时间
    FROM xs, jy
    WHERE xs.借书证号=jy.借书证号
```

【例 1.4.38】　查询借阅了 ISBN 为 978-7-121-23402-6 的图书的学生姓名及专业。
T-SQL 语句如下:

```
SELECT DISTINCT 姓名, 专业
    FROM xs, jy
    WHERE xs.借书证号=jy. 借书证号 AND jy.ISBN='978-7-121-23402-6'
```

该语句的执行结果如图 1.4.23 所示。

	姓名	专业
1	李计	通信工程
2	王林	计算机
3	韦严平	计算机

图 1.4.23　查询指定 ISBN 的图书的学生姓名及专业

由于每个学生可借阅多本同一 ISBN 的图书,所以在 jy 表中可能存在借书证号与 ISBN 值相同的多个记录,因此在 SELECT 中要使用 DISTINCT 消除重复行。

在对表进行查询时,还可以使用表的别名。例如,本例的查询语句也可以是:

```
SELECT DISTINCT 姓名, 专业
    FROM xs a, jy b
    WHERE a.借书证号=b.借书证号 AND b.ISBN='978-7-111-21382-6'
```

在上述语句中,"FROM xs a, jy b"分别为表 xs 和 jy 指定别名 a 和 b。为表指定别名后,引用表中的列就可以使用别名作为表名前缀,例如上面的"a.借书证号""b.借书证号"等。

有时需要查询的字段来自两个或多个表,此时就要对两个或多个表进行连接,称为多表连接。

【例 1.4.39】　查询借阅了《Java 编程思想》的学生的借书证号、姓名、专业和借书时间。
T-SQL 语句如下:

```
SELECT DISTINCT xs.借书证号,姓名, 专业, 借书时间
    FROM xs, book, jy
    WHERE xs.借书证号=jy.借书证号 AND jy.ISBN=book.ISBN
        AND 书名='Java 编程思想'
```

【例 1.4.40】 查询所有学生的借阅信息,并按借书证号排序,输出借书证号、姓名、专业、ISBN、书名、索书号和借书时间。

T-SQL 语句如下:

```
SELECT a.借书证号, b.姓名, b.专业, a.ISBN, c.书名, a.索书号, a.借书时间
    FROM jy a, xs b, book c
    WHERE a.借书证号=b.借书证号 AND a.ISBN=c.ISBN
    ORDER BY a.借书证号
```

该语句的执行结果如图 1.4.24 所示。

	借书证号	姓名	专业	ISBN	书名	索书号	借书时间
1	131101	王林	计算机	978-7-121-23270-1	MySQL实用教程（第2版）	1200001	2014-02-18
2	131101	王林	计算机	978-7-81124-476-2	S7-300/400可编程控制器原理与应用	1300001	2014-02-18
3	131101	王林	计算机	978-7-121-23402-6	SQL Server 实用教程（第4版）	1400032	2014-04-08
4	131101	王林	计算机	7-302-10853-6	C程序设计（第三版）	1600011	2014-02-18
5	131102	程明	计算机	978-7-121-20907-9	C#实用教程（第2版）	1700065	2014-04-08
6	131102	程明	计算机	978-7-121-23270-1	MySQL实用教程（第2版）	1200002	2014-02-18
7	131103	王燕	计算机	978-7-121-23270-1	MySQL实用教程（第2版）	1200004	2014-02-20
8	131104	韦严平	计算机	7-302-10853-6	C程序设计（第三版）	1600014	2014-07-22
9	131104	韦严平	计算机	978-7-121-20907-9	C#实用教程（第2版）	1700062	2014-02-19
10	131104	韦严平	计算机	978-7-121-23402-6	SQL Server 实用教程（第4版）	1400030	2014-02-18

图 1.4.24   查询所有学生的借阅信息并排序

2. 以 JOIN 关键字指定连接

以 JOIN 关键字指定连接是 T-SQL 扩展的表示方式,增强表的连接运算能力。JOIN 连接在 FROM 子句的 joined_table 中指定,其格式如下:

```
joined_table ::=
    table_source join_type table_source ON search_condition
    | table_source CROSS JOIN table_source
    | joined_table
```

说明:join_type 表示连接类型,ON 用于指定连接条件。join_type 的格式为

```
[INNER | { LEFT | RIGHT | FULL } OUTER | [CROSS] [join_hint] JOIN
```

其中,INNER 表示内连接,OUTER 表示外连接,join_hint 是连接提示。CROSS JOIN 表示交叉连接。因此,以 JOIN 关键字指定的连接有 3 种类型:

1) 内连接

内连接按照 ON 所指定的连接条件合并两个表,返回满足条件的行。

【例 1.4.41】 查询 xsbook 数据库中每个学生的情况以及借阅图书的情况。

T-SQL 语句如下:

```
SELECT *
    FROM xs INNER JOIN jy ON xs.借书证号=jy.借书证号
```

结果表将包含 xs 表和 jy 表的所有字段(不去除重复字段,即"借书证号")。本例与例 1.4.36 表达的查询是相同的,即以连接谓词表示的连接查询属于内连接。

内连接是系统默认的,可以省略 INNER 关键字。使用内连接后,仍可使用 WHERE 子句指定条件。

【例 1.4.42】　用 FROM 子句的 JOIN 关键字表达下列查询:借阅了 ISBN 为 978-7-111-21382-6 的学生姓名及专业。

T-SQL 语句如下:

```
SELECT DISTINCT 姓名,专业
    FROM xs JOIN jy ON xs.借书证号=jy.借书证号
    WHERE ISBN='978-7-111-21382-6'
```

内连接还可以用于多个表的连接。

【例 1.4.43】　用 FROM 子句的 JOIN 关键字表达下列查询:借阅了《Java 编程思想》的学生的借书证号、姓名、专业和借书时间。

T-SQL 语句如下:

```
SELECT DISTINCT xs.借书证号,姓名,专业,借书时间
    FROM xs JOIN jy JOIN book ON jy.ISBN=book.ISBN
        ON xs.借书证号=jy.借书证号
    WHERE 书名='Java 编程思想'
```

作为一种特例,可以将一个表与它自身进行连接,称为自连接。若要在一个表中查找具有相同列值的行,则可以使用自连接。使用自连接时,需要为表指定两个别名,且对所有列的引用均要用别名限定。

【例 1.4.44】　查询在同一天借阅了不同图书的学生的借书证号、ISBN 和借书时间。

T-SQL 语句如下:

```
SELECT DISTINCT a.借书证号,a.ISBN,b.ISBN,a.借书时间
    FROM jy a JOIN jy b
    ON a.借书时间=b.借书时间 AND a.借书证号=b.借书证号 AND a.ISBN!=b.ISBN
```

该语句的执行结果如图 1.4.25 所示。

	借书证号	ISBN	ISBN	借书时间
1	131101	978-7-302-10853-6	978-7-121-23270-1	2014-02-18
2	131101	978-7-302-10853-6	978-7-81124-476-2	2014-02-18
3	131101	978-7-121-23270-1	978-7-302-10853-6	2014-02-18
4	131101	978-7-121-23270-1	978-7-81124-476-2	2014-02-18
5	131101	978-7-81124-476-2	978-7-302-10853-6	2014-02-18
6	131101	978-7-81124-476-2	978-7-121-23270-1	2014-02-18
7	131104	978-7-302-10853-6	978-7-111-21382-6	2014-07-22
8	131104	978-7-111-21382-6	978-7-302-10853-6	2014-07-22

图 1.4.25　内连接查询结果

2) 外连接

在通常的连接操作中,只有满足连接条件的行才能作为结果输出。例如,在查询每个学生的借书情况时,结果中没有借书证号为 131216 和 131110 的学生的信息,原因在于他们没有借书。但有些情况下,需要以学生表作为主体列出每个学生的基本情况和借书情况。若某个学生没有借书,那么就只输出其基本情况,其借书信息为空值即可。这时就需要使用外连接(OUTER JOIN)。外连接的结果不但包括满足连接条件的行,还包括相应表中的所有行。外连接包括 3 种:

- 左外连接(LEFT OUTER JOIN)。结果中除了包括满足连接条件的行外,还包括左表的所有行。
- 右外连接(RIGHT OUTER JOIN)。结果中除了包括满足连接条件的行外,还包括右表的所有行。
- 完全外连接(FULL OUTER JOIN)。结果中除了包括满足连接条件的行外,还包括两个表的所有行。

其中的 OUTER 关键字均可省略。

【例 1.4.45】 查询所有学生的情况以及他们借阅图书的索书号。若学生未借阅任何图书,也要包括其情况。

T-SQL 语句如下:

```
SELECT xs.*, 索书号
    FROM xs LEFT OUTER JOIN jy ON xs.借书证号=jy.借书证号
```

本例在执行时,若有学生未借阅任何图书,则结果中相应行的"索书号"字段值为NULL。执行结果如图 1.4.26 所示。

	借书证号	姓名	性别	出生时间	专业	借书量	照片	索书号
8	131104	韦严平	1	1996-08-26	计算机	4	NULL	1400030
9	131104	韦严平	1	1996-08-26	计算机	4	NULL	1600014
10	131104	韦严平	1	1996-08-26	计算机	4	NULL	1700062
11	131104	韦严平	1	1996-08-26	计算机	4	NULL	1800002
12	131106	李方方	1	1996-11-20	计算机	1	NULL	NULL
13	131107	李明	1	1996-05-01	计算机	0	NULL	NULL
14	131108	林一帆	1	1995-08-05	计算机	0	NULL	NULL
15	131109	张强民	1	1995-08-11	计算机	0	NULL	NULL
16	131110	张蔚	0	1997-07-22	计算机	0	NULL	NULL
17	131111	赵琳	0	1996-03-18	计算机	0	NULL	NULL
18	131113	严红	0	1995-08-11	计算机	0	NULL	NULL
19	131201	王敏	1	1995-06-10	通…	1	NULL	1200003
20	131202	王林	1	1995-01-29	通…	1	NULL	1300002
21	131203	王玉民	1	1996-03-26	通…	1	NULL	1600013
22	131204	马琳琳	0	1995-02-10	通…	1	NULL	1200005
23	131206	李计	1	1995-09-20	通…	1	NULL	1400031

图 1.4.26   外连接查询结果

【例 1.4.46】 查询被借阅的图书的借阅情况和所有图书的书名。

T-SQL 语句如下:

```
SELECT jy.*, 书名
    FROM jy RIGHT JOIN book ON jy.ISBN=book.ISBN
```

本例在执行时,若某图书未被借阅,则结果中相应行的"借书证号""索书号""借书时间"及 ISBN 字段值均为 NULL。

注意:外连接只能对两个表进行。

3) 交叉连接

交叉连接实际上是将两个表进行拼接,结果是由第一个表的每一行与第二个表的每一行拼接后形成的表,因此结果的行数等于两个表行数之积。

【例 1.4.47】 列出学生所有可能的借书情况。

```
SELECT 借书证号, 姓名, ISBN, 书名
    FROM xs CROSS JOIN book
```

注意:交叉连接不能有条件,且不能带 WHERE 子句。

与单表查询完全相同,对连接查询的列和行可以进行指定输出标题、使用聚合函数、消除重复行、分组、排序等处理,连接查询的条件中也可以包含确定范围(BETWEEN…AND…)、确定集合(IN)、字符匹配(LIKE)等运算符。

【例 1.4.48】 查询借阅了书名中含有 SQL 的图书的学生,列出其借书证号、姓名、专业、所借图书的 ISBN、书名、索书号和借书时间。

T-SQL 语句如下:

```
SELECT a.借书证号, 姓名, 专业, b.ISBN, 书名, 索书号, 借书时间
    FROM xs a,book b,jy c
    WHERE 书名 LIKE '%SQL%'AND b.ISBN=c.ISBN AND a.借书证号=c.借书证号
    ORDER BY a.借书证号
```

该语句的执行结果如图 1.4.27 所示。

	借书证号	姓名	专业	ISBN	书名	索书号	借书时间
1	131101	王林	计算机	978-7-121-23270-1	MySQL实用教程(第2版)	1200001	2014-02-18
2	131101	王林	计算机	978-7-121-23402-6	SQL Server 实用教程(第4版)	1400032	2014-04-08
3	131102	程明	计算机	978-7-121-23270-1	MySQL实用教程(第2版)	1200002	2014-02-18
4	131103	王燕	计算机	978-7-121-23270-1	MySQL实用教程(第2版)	1200004	2014-02-20
5	131104	韦严平	计算机	978-7-121-23402-6	SQL Server 实用教程(第4版)	1400030	2014-02-18
6	131201	王敏	通信工程	978-7-121-23270-1	MySQL实用教程(第2版)	1200003	2014-03-10
7	131204	马琳琳	通信工程	978-7-121-23270-1	MySQL实用教程(第2版)	1200005	2014-03-11
8	131206	李计	通信工程	978-7-121-23402-6	SQL Server 实用教程(第4版)	1400031	2014-03-13
9	131218	孙研	通信工程	978-7-121-23270-1	MySQL实用教程(第2版)	1200007	2014-04-08
10	131221	刘燕敏	通信工程	978-7-121-23270-1	MySQL实用教程(第2版)	1200008	2014-04-08

图 1.4.27 交叉连接查询结果

4.1.3 嵌套查询

在 SQL 中,一个 SELECT…FROM…WHERE 语句称为一个查询块。在 WHERE 子句或 HAVING 子句所表示的条件中,可以使用另一个查询的结果(即另一个查询块)作为

条件的一部分,例如判定列值是否与某个查询的结果集中的值相等。这种将一个查询块嵌套在另一个查询块的 WHERE 子句或 HAVING 子句的条件中的查询称为嵌套查询。例如:

```
SELECT 姓名
    FROM xs
    WHERE 借书证号 IN
    (SELECT 借书证号
        FROM jy
        WHERE ISBN='978-7-111-21382-6'
    )
```

本例中,下层查询块 SELECT 借书证号 FROM jy WHERE ISBN＝'978-7-111-21382-6' 是嵌套在上层查询块 SELECT 姓名 FROM xs WHERE 借书证号 IN…的条件中的。上层查询块称为父查询(或外层查询),下层查询块称为子查询或内层查询。

嵌套查询一般的求解方法是由内向外处理,即每个子查询在其父查询处理之前求解,子查询的结果用于建立其父查询的条件。

T-SQL 允许 SELECT 多层嵌套使用,即一个子查询中还可以嵌套其他的子查询,用来表示复杂的查询,从而增强 SQL 的查询能力。以这种层层嵌套的方式构造查询语句正是 SQL 中"结构化"的含义所在。

需要特别指出的是,子查询的 SELECT 语句中不能包含 ORDER BY 子句,ORDER BY 子句只能对最终查询结果进行排序。

子查询除了可用在 SELECT 语句中以外,还可用在 INSERT、UPDATE 及 DELETE 语句中。

子查询通常与 IN、EXIST 谓词及比较运算符结合使用。

1. IN 子查询

在嵌套查询中,子查询的结果往往是一个集合,所以 IN 是嵌套查询中最常使用的谓词。IN 子查询用于进行一个给定值是否在子查询结果中的判断,其格式为

```
表达式 [NOT] IN (子查询)
```

当表达式与子查询的结果中的某个值相等时,IN 谓词返回 TRUE,否则返回 FALSE;若使用了 NOT,则返回的值刚好相反。

IN 和 NOT IN 子查询只能返回一列数据。

【例 1.4.49】 查询与"李明"在同一个专业的学生情况。

先分步完成查询,然后再构造嵌套查询。

(1) 分步查询。

先查询"李明"的专业:

```
SELECT 专业
    FROM xs
    WHERE 姓名='李明'
```

该查询的结果为"计算机"。再查询计算机专业的学生情况：

```
SELECT 借书证号，姓名，性别，出生时间，借书量
    FROM xs
    WHERE 专业='计算机'
```

（2）嵌套查询。

构造的嵌套查询语句如下：

```
SELECT 借书证号,姓名,性别,出生时间,借书量
    FROM xs
    WHERE 专业 IN
    (SELECT 专业
        FROM xs
        WHERE 姓名='李明'
    )
```

在执行包含子查询的 SELECT 语句时，系统实际上也是分步进行的：先执行子查询，产生一个结果表，再执行父查询。本例中，先执行子查询：

```
SELECT 专业
    FROM xs
    WHERE 姓名='李明'
```

得到一个只含有"专业"列的表。再执行父查询，若 xs 表中某行的"专业"列值等于子查询结果中的任一个值，则该行就被选择。执行结果如图 1.4.28 所示。

	借书证号	姓名	性别	出生时间	借书量
1	131101	王林	1	1996-02-10	4
2	131102	程明	1	1997-02-01	2
3	131103	王燕	0	1995-10-06	1
4	131104	韦严平	1	1996-08-26	4
5	131106	李方方	1	1996-11-20	1
6	131107	李明	1	1996-05-01	0
7	131108	林一帆	1	1995-08-05	0
8	131109	张强民	1	1995-08-11	0

图 1.4.28 IN 子查询结果

本例的查询也可以用自连接来完成：

```
SELECT a.借书证号，a.姓名，a.性别，a.出生时间，a.借书量
    FROM xs a, xs b
    WHERE a.专业=b.专业 AND b.姓名='李明'
```

可见，实现同一个查询可以有多种方法，有的查询既可以使用子查询来表达，也可以使用连接来表达。通常使用子查询表示时，可以将一个复杂的查询分解为一系列逻辑步骤，条理清晰，易于构造；而使用连接表示有执行速度快的优点。

有些嵌套查询可以用连接查询替代,有些则不能。

【例 1.4.50】 查询未借阅《SQL Server 实用教程(第 4 版)》的学生情况。

T-SQL 语句如下:

```
SELECT 借书证号, 姓名, 性别, 出生时间, 专业, 借书量
    FROM xs
    WHERE 借书证号 NOT IN
    (   SELECT 借书证号
            FROM jy
            WHERE ISBN IN
            (SELECT ISBN
                FROM book
                WHERE 书名='SQL Server 实用教程(第 4 版)'
            )
    )
```

本例的执行过程为: 在 book 表中找到书名为《SQL Server 实用教程(第 4 版)》的图书的 ISBN,即 978-7-121-23402-6,然后在 jy 表中找到借阅了该书的学生的借书证号,该查询的结果为集合(131104,131206,131101)。

在 xs 表中取出借书证号不在集合(131104,131206,131101)中的学生的情况,作为最终查询结果。

该语句的执行结果如图 1.4.29 所示。

	借书证号	姓名	性别	出生时间	专业	借书量
1	131102	程明	1	1997-02-01	计算机	2
2	131103	王燕	0	1995-10-06	计算机	1
3	131106	李方方	1	1996-11-20	计算机	1
4	131107	李明	1	1996-05-01	计算机	0
5	131108	林一帆	1	1995-08-05	计算机	0
6	131109	张强民	1	1995-08-11	计算机	0
7	131110	张蔚	0	1997-07-22	计算机	0
8	131111	赵琳	0	1996-03-18	计算机	0
9	131113	严红	0	1995-08-11	计算机	0
10	131201	王敏	1	1995-06-10	通信工程	1
11	131202	王林	1	1995-01-29	通信工程	1

图 1.4.29　NOT IN 子查询结果

例 1.4.49 和例 1.4.50 中的各个子查询都只执行一次,其结果用于父查询。即子查询的查询条件不依赖于父查询,这类子查询称为不相关子查询。不相关子查询是最简单的子查询。

2. 比较子查询

比较子查询是指父查询与子查询之间用比较运算符进行关联。如果能够确切地知道子查询返回的是单个值时,就可以使用比较子查询。这种子查询可以认为是 IN 子查询的扩展,它使表达式的值与子查询的结果进行比较运算,其格式为

```
表达式{< | <= | = | > | >= | != | <> | !< | !> } {ALL | SOME | ANY} (子查询)
```

其中,ALL、SOME 和 ANY 说明对比较运算的限制:

- ALL 指定表达式要与子查询结果中的每个值都进行比较,当表达式与每个值都满足比较的关系时,才返回 TRUE,否则返回 FALSE。
- SOME 或 ANY 表示表达式只要与子查询结果集中的某个值满足比较的关系时,就返回 TRUE,否则返回 FALSE。

例如,在例 1.4.49 中,由于一个学生只能在一个专业学习,也就是说,子查询的结果是一个值,因此可以用=代替 IN,其 T-SQL 语句如下:

```
SELECT 借书证号, 姓名, 性别, 出生时间, 借书量
    FROM xs
    WHERE 专业=
    (SELECT 专业
        FROM xs
        WHERE 姓名='李明'
    )
```

【例 1.4.51】　查询其他专业中比通信工程专业的所有学生年龄都小的学生。

T-SQL 语句如下:

```
SELECT *
    FROM xs
    WHERE 专业<>'通信工程' AND 出生时间>ALL
    (   SELECT 出生时间
        FROM xs
        WHERE 专业='通信工程'
    )
```

该语句的执行结果如图 1.4.30 所示。

	借书证号	姓名	性别	出生时间	专业	借书量	照片
	单击可选择所有网格单元		1	1997-02-01	计算机	2	NULL
2	131106	李方方	1	1996-11-20	计算机	1	NULL
3	131110	张蔚	0	1997-07-22	计算机	0	NULL

图 1.4.30　比较子查询结果

【例 1.4.52】　查找其他专业中比计算机专业任何一个学生年龄都小的学生。

T-SQL 语句如下:

```
SELECT *
    FROM xs
    WHERE 专业<>'计算机' AND 出生时间>ANY
    (   SELECT 出生时间
        FROM xs
        WHERE 专业='计算机'
    )
```

执行该查询时,首先处理子查询,找出计算机专业所有学生的出生时间,构成一个集合;然后处理父查询,找出所有不是计算机专业且出生时间比上述集合中任一个值都大(出生时

间大即年龄小)的学生。

本查询也可以用聚合函数来实现。首先用子查询找出计算机专业中出生时间最大(即年龄最小)的值;然后在父查询中找所有非计算机专业且出生时间大于上述最小值的学生。

T-SQL 语句如下:

```
SELECT *
    FROM xs
    WHERE 专业<>'计算机' AND 出生时间>
    ( SELECT MIN(出生时间)
        FROM xs
        WHERE 专业='计算机'
    )
```

通常,使用聚合函数实现子查询比直接用 ANY 或 ALL 查询效率高。

3. EXISTS 子查询

EXISTS 谓词用于测试子查询的结果是否为空。若子查询的结果不为空,则 EXISTS 返回 TRUE;否则返回 FALSE。EXISTS 还可与 NOT 结合使用,即 NOT EXISTS,其返回值与 EXIST 刚好相反。EXISTS 格式为

```
[NOT] EXISTS (子查询)
```

【例 1.4.53】 查询借阅了 ISBN 为 978-7-111-21382-6 的图书的学生姓名。

本查询涉及 xs 表和 jy 表,可以在 xs 表中依次取每一行的"借书证号"值,用此值去检查 jy 表。若 jy 表中存在"借书证号"值等于"xs.借书证号"值,并且其 ISBN 等于 978-7-111-21382-6,那么就取该行的"xs.姓名"值送入结果表。此思路可表述为以下 T-SQL 语句:

```
SELECT 姓名
    FROM xs
    WHERE EXISTS
    ( SELECT *
        FROM jy
        WHERE 借书证号=xs.借书证号 AND ISBN='978-7-111-21382-6'
    )
```

本例与前面的子查询的不同点是,在前面的子查询中,内层查询只处理一次,得到结果,再依次处理外层查询;而本例的内层查询要处理多次,因为内层查询与"xs.借书证号"有关,外层查询中 xs 表的不同行有不同的"借书证号"值。这类子查询称为相关子查询,因为子查询的条件依赖与外层查询中的某些值。其处理过程是:首先查找外层查询中 xs 表的第一行,根据该行的"借书证号"值处理内层查询,若结果不为空,则 WHERE 条件就为真,就把该行的"姓名"值取出,作为结果的一行;然后再找 xs 表的第二行,重复上述处理过程……直到 xs 表的所有行都查找完为止。

本例中的查询也可以用连接查询来实现:

```
SELECT DISTINCT 姓名
        FROM xs, jy
        WHERE jy.借书证号=xs.借书证号 AND ISBN= '978-7-111-21382-6'
```

【例 1.4.54】　查询借阅了全部图书的学生的姓名。

本例即查找"没有一种图书没有借阅"的学生,其 T-SQL 语句如下:

```
SELECT 姓名
    FROM xs
    WHERE NOT EXISTS
    (   SELECT *
            FROM book
            WHERE NOT EXISTS
            (   SELECT *
                FROM jy
                WHERE 借书证号=xs.借书证号 AND ISBN=book.ISBN
            )
    )
```

由此可得到相关子查询的一般处理过程:首先取外层查询中表的第一个记录,根据它与内层查询相关的字段值处理内层查询,若 WHERE 子句的返回值为 TRUE,则取此记录作为结果的一行;然后再取外层查询中表的第二个记录,重复上述处理过程⋯⋯直到外层查询中表的记录全部处理完为止。

连接和子查询可能都要涉及两个或多个表。要注意连接与子查询的区别:连接可以合并两个或多个表中的数据,而带子查询的 SELECT 语句的结果只能来自一个表,子查询的结果是用来作为选择最终结果数据时进行参照的。

【例 1.4.55】　查询至少借阅了借书证号为 1200001 的学生借阅的全部图书的学生的借书证号。

本查询的含义是:查询借书证号为 x 的学生,对图书 y,只要借书证号为 1200001 的学生借阅了 y,那么 x 也借阅了 y。即,不存在这样的图书,借书证号为 1200001 的学生借阅了,而 x 没有借阅。

T-SQL 语句如下:

```
SELECT DISTINCT 借书证号
    FROM jy a
    WHERE NOT EXISTS
    (   SELECT *
            FROM jy b
            WHERE b.借书证号= '1200001' AND NOT EXISTS
            (   SELECT *
                    FROM jy c
                    WHERE c.借书证号=a.借书证号 AND c.ISBN=b.ISBN
            )
    )
```

前面提到,子查询除了可用在 SELECT 语句中以外,还可用在 INSERT、UPDATE 及 DELETE 语句中。例如,删除通信工程专业的所有学生的借阅记录的 T-SQL 语句如下:

```
DELETE FROM jy
    WHERE  '通信工程'=
    (  SELECT 专业
            FROM xs
            WHERE xs.借书证号=jy.借书证号
    )
```

4.1.4 SELECT 语句的其他子句

前面介绍了 SELECT 语句的主要语法和表达查询的方法,本节把 SELECT 语句的其他子句进行简要介绍。

1. FROM 子句

FROM 子句指定用于 SELECT 的查询对象,其格式为

```
FROM 源表, …
```

其中,源表指出了要查询的表或视图。其定义如下:

```
源表 ::=
    表名或视图名 [[AS] 别名]
    | 子查询, …
    | 连接表
    | pivot_table                  //行转换为列
    | unpivoted_table              //列转换为行
```

说明:

(1) AS 选项为表或视图指定别名,AS 可以省略。别名主要用于相关子查询及连接查询中。

(2) 子查询是由 SELECT 查询语句的执行返回的表,必须为其指定一个别名,也可以为列指定别名。

【例 1.4.56】 在 xs 表中查找 1996 年 1 月 1 日以前出生的学生的姓名和专业,这两列分别使用别名 stu_name 和 speciality 表示。

T-SQL 语句如下:

```
SELECT m.stu_name, m.speciality
    FROM ( SELECT * FROM xs WHERE 出生时间<'19960101') AS m
    (num, stu_name, speciality, sex, birthday, loan, photo)
```

注意:若要为列指定别名,则必须为所有列指定别名。

(3) 行转换为列的 pivot_table 定义如下:

```
pivot_table ::=
    源表 PIVOT pivot 子句[AS]别名
```

其中：

```
pivot 子句 ::=
    (聚合函数 (列名) FOR pivot 列 IN (列,…))
```

说明：pivot 子句将表值表达式的某一列中的唯一值转换为输出中的多个列，以实现将行转换为列，并在必要时对最终输出中所需的任何其余的列值执行聚合。pivot 子句经常常用在生成交叉表格报表以汇总数据时。源表是输入表或表值表达式。pivot 列是要转换的列，"(列,…)"列出了 pivot 列的值，这些值将成为输出表的列名，可以使用 AS 子句定义这些值的列别名。

【例 1.4.57】 查找 xs 表中 1996 年 1 月 1 日以前出生的学生的姓名和借书量，并列出其属于计算机专业还是通信工程专业的情况（1 表示是，0 表示否）。

T-SQL 语句如下：

```
SELECT 姓名, 借书量, 计算机,通信工程
    FROM xs
    PIVOT
    (
        COUNT(借书证号)
        FOR 专业
        IN(计算机, 通信工程)
    ) AS pvt
    WHERE 出生时间< '1996-01-01'
```

该语句的执行结果如图 1.4.31 所示。

	姓名	借书量	计算机	通信工程
1	李红庆	1	0	1
2	李计	1	0	1
3	林一帆	0	1	0
4	刘燕敏	1	0	1
5	马琳琳	1	0	1
6	孙祥欣	0	0	1
7	王林	1	0	1
8	王敏	1	0	1
9	王燕	1	1	0
10	严红	0	1	0

图 1.4.31 行转换为列的查询结果

（4）列转换为行的 unpivoted_table 定义如下：

```
unpivoted_table ::=
    table_source UNPIVOT unpivot 子句 表别名
```

其中：

```
unpivot 子句 ::=
    (value 列 FOR pivot 列 IN (列,…))
```

说明：unpivoted_table 的格式与 pivoted_table 相似，不过前者不使用聚合函数。UNPIVOT 执行与 PIVOT 几乎完全相反的操作：将列转换为行。

【**例 1.4.58**】 将 book 表中机械工业出版社出版的图书的复本量和库存量转换为列输出。

T-SQL 语句如下：

```
SELECT ISBN,书名, 选项, 内容
    FROM book
    UNPIVOT
    (
        内容
        FOR 选项 IN
        (复本量, 库存量)
    ) unpvt
    WHERE 出版社='机械工业出版社'
```

该语句的执行结果如图 1.4.32 所示。

	ISBN	书名	选项	内容
1	978-7-111-21382-6	Java编程思想	复本量	3
2	978-7-111-21382-6	Java编程思想	库存量	1

图 1.4.32　行转换为列的查询结果

2. INTO 子句

使用 INTO 子句可以将 SELECT 查询所得的结果保存到一个新建的表中。INTO 子句的格式为

```
INTO 表名
```

包含 INTO 子句的 SELECT 语句执行后创建的表的结构由 SELECT 选择的列决定。新创建的表中的记录由 SELECT 语句的查询结果决定，若 SELECT 语句的查询结果为空，则创建一个只有结构而没有记录的空表。

【**例 1.4.59**】 由 xs 表创建名为"计算机系学生借书证"的表，其中包括"借书证号"和"姓名"两列。

T-SQL 语句如下：

```
SELECT 借书证号, 姓名
    INTO 计算机系学生借书证
```

```
FROM xs
WHERE 专业='计算机'
```

本例所创建的"计算机系学生借书证"表包括两个字段："借书证号"和"姓名"，其数据类型与 xs 表中的同名字段相同。

3. UNION 子句

使用 UNION 子句可以将两个或多个 SELECT 语句的查询结果合并成一个结果，其格式如下：

```
查询1
UNION [ALL]
查询2
```

使用 UNION 组合两个查询的结果的基本规则如下：

(1) 所有查询中的列数和列的顺序必须相同。

(2) 数据类型必须兼容。

关键字 ALL 表示合并的结果中包括所有行，不去除重复行；若不使用 ALL，则在合并的结果中去除重复行。含有 UNION 的 SELECT 查询也称为联合查询。若不指定 INTO 子句，结果将合并到第一个表中。

【例 1.4.60】　查询借阅了 ISBN 为 978-7-121-23270-1 或 978-7-111-21382-6 的图书的学生的借书证号。

T-SQL 语句如下：

```
SELECT 借书证号
    FROM jy
    WHERE ISBN='978-7-121-23270-1'
UNION
SELECT 借书证号
    FROM jy
    WHERE ISBN='978-7-111-21382-6'
```

UNION 操作常用于归档数据，例如，归档月报表以形成年报表，归档各部门数据，等等。注意，UNION 子句还可以与 GROUP BY 子句及 ORDER BY 子句一起使用，用来对合并所得的结果表进行分组或排序。

4. EXCEPT 和 INTERSECT 子句

EXCEPT 和 INTERSECT 子句用于比较两个查询的结果，返回非重复值。这两个子句的语法格式如下：

```
查询1
EXCEPT | INTERSECT
查询2
```

使用 EXCEPT 和 INTERSECT 子句比较两个查询的规则和 UNION 子句一样。

EXCEPT 子句从其前边的查询中返回其后边的查询没有找到的所有非重复值。

INTERSECT 子句返回其前后两个查询都返回的所有非重复值。

EXCEPT 或 INTERSECT 子句返回的结果的列名与其前边的查询返回的列名相同。

如果查询语句中包含 ORDER BY 子句，则 ORDER BY 子句中的列名或别名必须引用 EXCEPT 或 INTERSECT 子句前边的查询返回的列名。

【例 1.4.61】 查询专业为计算机但性别不为男的学生信息。

T-SQL 语句如下：

```
SELECT * FROM xs WHERE 专业='计算机'
EXCEPT
SELECT * FROM xs WHERE 性别<>0
```

该语句的执行结果如图 1.4.33 所示。

	借书证号	姓名	性别	出生时间	专业	借书量	照片
1	131103	王燕	0	1995-10-06	计算机	1	NULL
2	131110	张蔚	0	1997-07-22	计算机	0	NULL
3	131111	赵琳	0	1996-03-18	计算机	0	NULL
4	131113	严红	0	1995-08-11	计算机	0	NULL

图 1.4.33 EXCEPT 子句的查询结果

【例 1.4.62】 查找借书量大于 2 且性别为男的学生信息。

T-SQL 语句如下：

```
SELECT * FROM xs WHERE 借书量>2
INTERSECT
SELECT * FROM xs WHERE 性别=0
```

5. CTE

在 SELECT 语句的前面可以使用一个 WITH 子句指定临时结果集，其语法格式如下：

```
[WITH cte,…]
```

其中：

```
cte::=
    cte 名称[ (列名,…)]
    AS (cte 查询)
```

说明：临时命名的结果集也称为公用表表达式（Common Table Expression，CTE），它用于存储一个临时的结果集，在 SELECT、INSERT、DELETE、UPDATE 或 CTEATE VIEW 语句中都可以建立一个 CTE。CTE 相当于一个临时表，只不过它的生命周期在该批处理语句执行完后就结束。

列名个数要和 cte 查询返回的字段个数相同，若不指定列名，则直接将查询语句中的数据集合字段名称作为返回数据的字段名称。WITH 子句后面的 SELECT 语句可以直接查询 CTE 中的数据。不能在 cte 查询中使用 ORDER BY 和 INTO 子句。

不允许定义 CTE 的 WITH 子句嵌套。例如,如果 cte 查询包含一个子查询,则该子查询中不能包括定义另一个 CTE 的 WITH 子句。如果将 CTE 用在批处理形式的多个语句中,那么在它之前的语句必须以分号结尾。

【例 1.4.63】　使用 CTE 从 jy 表中查询借阅了 ISBN 为 978-7-111-21382-6 的图书的学生的借书证号和索书号,并将结果列命名为 number、B_number。再使用 SELECT 语句从 CTE 和 xs 表中查询姓名为"韦严平"的学生的借书证号和索书号。

T-SQL 语句如下:

```
WITH cte_stu(number,B_number)
AS (SELECT 借书证号, 索书号 FROM jy WHERE ISBN='978-7-111-21382-6')
SELECT number, B_number
    FROM cte_stu, xs
    WHERE xs.姓名='韦严平' AND xs.借书证号=cte_stu.number
```

该语句的执行结果如图 1.4.34 所示。

当 CTE 中的查询语句引用了 CTE 自身的名称时,就形成了递归 CTE。递归 CTE 的定义至少必须包含两个 cte 查询的定义:一个定位点成员和一个递归成员。定位点成员是指不引用 CTE 名称的成员,递归成员是指在查询中使用了 CTE 自身名称的成员。可以定义多个定位点成员和递归成员,但必须将所有定位点成员的定义置于第一个递归成员定义之前。

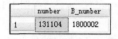

图 1.4.34　使用 CTE 的查询结果

定位点成员必须与 UNION ALL、INTERSECT 或 EXCEPT 结合使用。在最后一个定位点成员和第一个递归成员之间以及多个递归成员之间只能使用 UNION ALL 运算符。递归 CTE 中所有成员的数据字段必须完全一致。递归成员的 FROM 子句只能引用一次递归 CTE 的名称。在递归成员的 cte 查询中不允许出现下列各项:

- SELECT DISTINCT。
- GROUP BY。
- HAVING。
- 标量聚合。
- TOP。
- LEFT、RIGHT、OUTER JOIN(允许出现 INNER JOIN)。
- 子查询。
- 应用于对 cte 查询中的临时结果集的递归引用的提示。

【例 1.4.64】　计算数字 1～10 的阶乘。

T-SQL 语句如下:

```
WITH MyCTE(n,njc)
    AS
    (
        SELECT n=1, njc=1
        UNION ALL
```

```
        SELECT n=n+1, njc=njc * (n+1)
            FROM MyCTE
            WHERE n< 10
    )
SELECT n, njc FROM MyCTE
```

该语句的执行结果如图 1.4.35 所示。

	n	njc
1	1	1
2	2	2
3	3	6
4	4	24
5	5	120
6	6	720
7	7	5040
8	8	40320
9	9	362880
10	10	3628800

图 1.4.35　在 CTE 中使用 UNION 运算符的查询结果

注意：在 CTE 的递归成员中使用的字段要与 CTE 定义的字段名称一致。

4.2　视图

前面已经提到过视图。本节讨论视图的概念、定义和操作。

视图是从一个或多个表(或视图)导出的表。视图是数据库系统提供给用户以多种角度观察数据库中的数据的重要机制。例如,对于一个学校,其学生的情况保存于数据库的一个或多个表中,而学校的不同职能部门所关心的学生数据的内容是不同的;即使是同样的数据,也可能有不同的操作要求。于是,用户可以根据他们的不同需求,在数据库上定义自己所需的数据结构。这种从用户视角定义的数据结构就是视图。

视图与表(有时为与视图区别,也称表为基本表)不同。视图是一个虚表,数据库中只存储视图的定义,而不存储视图对应的数据,这些数据仍然存放在原来的基本表中。对视图中的数据进行操作时,系统根据视图的定义去操作与视图相关联的基本表。因此,如果基本表中的数据发生变化,那么从视图查询出的数据也就随之发生变化。从这个意义上说,视图就像一个窗口,用户透过它可以看到数据库中自己感兴趣的数据及其变化。

视图一经定义以后,就可以像表一样被查询、修改、删除和更新。使用视图有下列优点:

(1) 为用户集中数据,简化用户的数据查询和处理。有时用户需要的数据分散在多个表中,定义视图可将它们集中在一起,从而方便用户的数据查询和处理。

(2) 屏蔽数据库的复杂性。用户不必了解复杂的数据库中的表结构,并且表的更改也不影响用户对数据库的使用。

(3) 简化用户权限的管理。只需授予用户使用视图的权限,而不必指定用户只能使用表的特定列。这不仅简化了用户权限的管理,也增强了安全性。

(4) 便于数据共享。用户不必定义和存储自己所需的数据,多个用户可共享数据库中的数据,这样同样的数据只需存储一次。

(5) 可以重新组织数据以便输出到其他应用程序中。

使用视图时,要注意下列事项:

(1) 只有在当前数据库中才能创建视图。视图的命名必须遵循标识符命名规则,不能与表同名。对每个用户,视图名必须是唯一的。即,对不同用户,即使定义相同的视图,也必须使用不同的名字。

(2) 不能把规则、默认值或触发器与视图相关联。

(3) 不能在视图上建立任何索引,包括全文索引。

4.2.1 创建视图

视图在数据库中是作为一个对象来存储的。在创建视图前,要保证创建视图的用户已被数据库所有者授权可以使用 CREATE VIEW 语句,并且有权操作视图所涉及的表或其他视图。

在 SQL Server 中,可以使用界面方式创建视图,也可以使用 T-SQL 的 CREATE VIEW 语句创建视图。

1. 在对象资源管理器中创建视图

下面以在 xsbook 数据库中创建用于描述计算机专业学生情况的 cs_xs 视图为例,说明创建视图的过程。

(1) 启动 SQL Server Management Studio,在对象资源管理器中展开"数据库"→xsbook,选择其中的"视图"项,右击该项,在弹出的快捷菜单中选择"新建视图"命令。

(2) 在随后出现的"添加"对话框中添加需要关联的基本表、视图、函数和同义词。这里只使用"表"选项卡,选择 xs 表,单击"添加"按钮。如果还需要添加其他表,则可以继续选择表;如果不再需要添加表,可以单击"关闭"按钮关闭该对话框。

(3) 基本表添加完后,在视图窗口中显示了基本表的全部列信息,如图 1.4.36 所示。根据需要在窗口中选择创建视图所需的字段,可以在"列"栏指定与视图关联的列,在"排序类型"栏指定列的排序方式,在"筛选器"栏指定创建视图的规则(本例在"专业"字段的"筛选器"栏中填写"='计算机'")。

这一步选择的字段、规则等的情况所对应的 SELECT 语句会自动显示在视图窗口底部。

当视图中需要一个与原来的列名不同的列名,或视图的源表中有同名的列,或视图中包含了计算列时,需要为视图中这样的列重新指定名称。可以在"别名"栏中指定列的新名称。

(4) 上一步完成后,单击工具栏中的保存按钮,出现"保存视图"对话框,在其中输入视图名 cs_xs,并单击"确定"按钮,便完成了视图的创建。

视图创建成功后便包含了选择的列数据。例如,若创建了 cs_xs 视图,则可查看其结构及内容。查看的方法是:启动 SQL Server Management Studio,在对象资源管理器中展开"数据库"→xsbook→"视图"→dbo.cs_xs,右击该视图,在弹出的快捷菜单中选择"设计"命令,就可以查看并修改视图结构;若选择"编辑前 200 行"命令,就可以查看视图数据内容。

2. 使用 CREATE VIEW 语句创建视图

T-SQL 中用于创建视图的语句是 CREATE VIEW。例如,创建视图 cs_xs 的

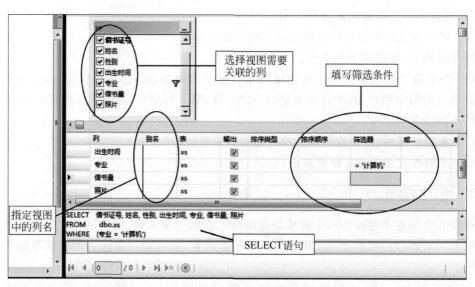

图 1.4.36　视图窗口

CREATE VIEW 语句如下：

```
CREATE VIEW cs_xs
AS
    SELECT *
        FROM xs
        WHERE 专业='计算机'
```

注意：CREATE VIEW 必须是批命令的第一个语句。

CREATE VIEW 的语法格式为

```
CREATE VIEW[架构名] 视图名 [ (列名, …) ]
    AS select 语句
    [WITH CHECK OPTION]
```

说明：

（1）若使用源表（或视图）中的列名，则不必给出列名。

（2）select 语句可查询多个表或视图，以表明新创建的视图所参照的表或视图。但其对有以下的限制：

- 定义视图的用户必须对视图所参照的表或视图有查询（即可以执行 SELECT 语句）权限。
- 不能使用 ORDER BY 子句。
- 不能使用 INTO 子句。
- 不能在临时表或表变量上创建视图。

（3）WITH CHECK OPTION 指出在视图上进行的修改都要符合 select 语句指定的限制条件，即保证修改、插入和删除的行满足视图定义中的条件，这样可以确保数据修改后仍可通过视图看到修改的数据。例如,对于 cs_xs 视图,只能修改除"专业"字段以外的字段值,而不能把"专业"字段的值改为"计算机"以外的值,以保证仍可通过 cs_xs 视图看到修改后的数据。

创建视图时,源表可以是一个基本表(例如 cs_xs 视图是定义在一个基本表上的),也可以是多个基本表。

【例 1.4.65】　创建 cs_jy 视图,包括计算机专业各学生的借书证号、其借阅图书的索书号及借书时间。要保证对该视图的修改都要符合专业为计算机这个条件。

T-SQL 语句如下:

```
CREATE VIEW cs_jy
AS
    SELECT xs.借书证号, 索书号, 借书时间
        FROM xs, jy
        WHERE xs.借书证号=jy.借书证号 AND 专业='计算机'
        WITH CHECK OPTION
```

cs_jy 视图的属性列包括 xs 表的"借书证号"、jy 表的"索书号"和"借书时间"这 3 列。

由于在定义 cs_jy 视图时加上了 WITH CHECK OPTION 子句,所以以后对该视图进行插入、修改和删除操作时,都会自动加上"专业='计算机'"的条件。

视图不仅可以建立在一个或多个基本表上,也可以建立在一个或多个已创建的视图上。

【例 1.4.66】　创建反映计算机专业学生在 2014 年 4 月 30 日以前的借书情况的 cs_jy_430 视图。

T-SQL 语句如下:

```
CREATE VIEW cs_jy_430
    AS
    SELECT 借书证号, 索书号, 借书时间
        FROM cs_jy
        WHERE 借书时间<'20140430'
```

这里的 cs_jy_430 视图就是建立在 cs_jy 视图之上的。

定义基本表时,为了减少数据冗余,表中只存放基本数据,而由基本数据经过各种计算派生出的数据一般是不存储的。由于视图中并不存储数据,所以在定义视图时,可根据应用的需要,设置一些派生的列。

【例 1.4.67】　定义一个反映图书借出量的视图。

T-SQL 语句如下:

```
CREATE VIEW LENDNUM(ISBN,num)
    AS
    SELECT ISBN, 复本量-库存量
        FROM book
```

说明：LENDNUM 视图是一个带表达式的视图,其中的借出量 num 是通过计算得

到的。

还可以用带有聚合函数和 GROUP BY 子句的查询来定义视图。

【例 1.4.68】 定义反映学生所借图书总价值的视图。

T-SQL 语句如下：

```
CREATE VIEW TOTPRICE(借书证号,PRICE)
    AS
    SELECT jy.借书证号, SUM(价格)
        FROM xs, jy, book
        WHERE xs.借书证号=jy.借书证号 AND jy.ISBN=book.ISBN
        GROUP BY jy.借书证号
```

4.2.2　查询视图

在定义视图后,就可以如同查询基本表那样对视图进行查询。

执行对视图的查询时,首先进行有效性检查,即检查查询的表、视图是否存在。如果存在,那么首先从系统表中取出视图的定义,把定义中的子查询和用户的查询结合起来,转换成等价的对基本表的查询,然后执行转换以后的查询。

【例 1.4.69】 查询 1996 年 1 月 1 日以后出生的计算机专业学生的情况。

本例对 cs_xs 视图进行查询：

```
SELECT *
    FROM cs_xs
    WHERE 出生时间>'19960101'
```

【例 1.4.70】 查询在 2014 年 3 月 11 日借了书的学生的借书证号和索书号。

本例对 cs_jy 视图进行查询：

```
SELECT 借书证号, 索书号
    FROM cs_jy
    WHERE 借书时间='20140311'
```

【例 1.4.71】 查询在 2014 年 4 月 30 日以前借了书的学生的借书证号和索书号。

本例对 cs_jy_430 视图进行查询：

```
SELECT 借书证号, 索书号
    FROM cs_jy_430
```

【例 1.4.72】 查询借出数不少于 3 本的图书的 ISBN 和借出数。

本例对 LENDNUM 视图进行查询：

```
SELECT *
    FROM LENDNUM
    WHERE num>=3
```

【例 1.4.73】　查询所借图书价值在 100 元以上的学生的借书证号和所借图书价值。

本例对 TOTPRICE 视图进行查询：

```
SELECT *
    FROM TOTPRICE
    WHERE PRICE>100
```

从以上的例子可以看出，创建视图可以向最终用户隐藏复杂的表连接，简化用户的 SQL 程序设计。还可通过在创建视图时指定限制条件和指定列来限制用户对基本表的访问。例如，若限定某用户只能查询 cs_xs 视图，实际上就是限制了他只能访问 xs 表的"专业"字段值为"计算机"的行；在创建视图时可以指定列，实际上也就是限制了用户只能访问基本表的这些列。由此可见，视图也可看作数据库的安全设施。

使用视图查询时，若其关联的基本表中添加了新字段，则必须重新创建视图，才能查询到新字段。例如，若 xs 表新增了"籍贯"字段，那么在其上创建的视图 cs_xs 若不重建，那么执行以下查询：

```
SELECT * FROM cs_xs
```

结果中将不包含"籍贯"字段。只有重建 cs_xs 视图后再进行查询，结果中才会包含"籍贯"字段。

如果与视图相关联的表（或视图）被删除，则该视图将不能再使用。

4.2.3　更新视图

更新视图是指通过视图插入、修改和删除数据。由于视图是不实际存储数据的虚表，因此对视图的更新最终要转换为对基本表的更新。

为了防止用户通过视图对数据进行插入、修改和删除时对不属于视图范围内的基本表数据进行操作，可在定义视图时加上 WITH CHECK OPTION 子句。这样，在视图上进行增删改操作时，系统就会检查视图定义中的条件，若不满足条件，则拒绝执行。

通过更新视图（包括插入、修改和删除）数据可以修改基本表数据。但并不是所有的视图都可以更新数据，只有满足可更新条件的视图才能更新数据。

要通过视图更新基本表数据，必须保证视图是可更新视图。一个可更新视图可以是以下情形之一：

（1）创建视图的 SELECT 语句中没有聚合函数，且没有 TOP、GROUP BY、UNION 子句及 DISTINCT 关键字。

（2）创建视图的 SELECT 语句中不包含从基本表中的列通过计算所得的列。

（3）创建视图的 SELECT 语句的 FROM 子句中至少要包含一个基本表。

（4）视图是通过 INSTEAD OF 触发器创建的。

例如，前面创建的 cs_xs、cs_jy、cs_jy_430 是可更新视图，而 LENDNUM、TOTPRICE 是不可更新的视图。

对视图进行更新操作时，要注意基本表对数据的各种约束和规则要求。

1. 插入数据

使用 INSERT 语句可以通过视图向基本表插入数据。

【例 1.4.74】 向计算机专业学生视图 cs_xs 中插入一个新的学生记录,借书证号为 131180,姓名为赵红平,性别为男,出生时间为 1996-04-29。

T-SQL 语句如下:

```
INSERT INTO cs_xs(借书证号, 姓名, 性别, 出生时间, 专业, 借书量)
    VALUES('131180', '赵红平', 0,'1996~4-29', '计算机',0)
```

使用 SELECT 语句查询 cs_xs 依赖的基本表 xs:

```
SELECT * FROM xs
```

将会看到该表已添加了('131180', '赵红平', 0,'1996-4-29', '计算机',0,NULL)行。

当视图所依赖的基本表有多个时,不能向该视图插入数据。

向可更新的分区视图中插入数据时,系统会按照插入记录的键值所属的范围,将数据插入其键值所属的基本表中。

2. 修改数据

使用 UPDATE 语句可以通过视图修改基本表的数据,有关 UPDATE 语句的介绍见 3.4.3 节。

【例 1.4.75】 将计算机专业学生视图 cs_xs 中借书证号为 131180 的学生姓名改为"李军"。

T-SQL 语句如下:

```
UPDATE cs_xs
    SET 姓名='李军'
    WHERE 借书证号='131180'
```

说明:若一个视图依赖于多个基本表,则修改该视图时只能一次变动一个基本表的数据。

3. 删除数据

使用 DELETE 语句可以通过视图删除基本表的数据。但要注意,对于依赖于多个基本表的视图(不包括分区视图),不能使用 DELETE 语句。例如,不能通过对 cs_jy 视图执行 DELETE 语句而删除与之相关的基本表 xs 及 jy 表的数据。

【例 1.4.76】 删除计算机专业学生视图 cs_xs 中借书证号为 131180 的记录。

T-SQL 语句如下:

```
DELETE FROM cs_xs
    WHERE 借书证号='131180'
```

对视图的更新操作也可通过企业管理器的界面进行,操作方法与对表中的数据进行插入、修改和删除操作基本相同,此处不再赘述。

4.2.4 修改视图的定义

修改视图定义可以通过 SQL Server Management Studio 中的图形界面向导进行,也可使用 T-SQL 的 ALTER VIEW 命令。

1. 通过对象资源管理器修改视图

启动 SQL Server Management Studio,在对象资源管理器中展开"数据库"→ xsbook→"视图",选择 dbo.cs_xs,右击该视图,在弹出的快捷菜单中选择"设计"命令,进入视图修改窗口。该窗口与创建视图的窗口类似,在其中可以查看并修改视图结构。修改完成后,单击保存图标按钮即可。

2. 使用 ALTER VIEW 语句修改视图

ALTER VIEW 语句的语法格式为

```
ALTER VIEW [架构名] 视图名 [ ( 列名, …) ]
    AS select 语句
    [WITH CHECK OPTION]
```

【例 1.4.77】 将 cs_xs 视图修改为只包含计算机专业学生的借书证号、姓名和借书量。
T-SQL 语句如下:

```
ALTER VIEW cs_xs
    AS
    SELECT 借书证号, 姓名, 借书量
        FROM xs
        WHERE 专业='计算机'
```

注意:和 CREATE VIEW 一样,ALTER VIEW 也必须是批命令中的第一个语句。

【例 1.4.78】 cs_jy 视图中的列名修改为"借书证号""姓名""索书号"和"借书时间"。
T-SQL 语句如下:

```
ALTER VIEW cs_jy
    AS
    SELECT xs.借书证号, xs.姓名, 索书号, 借书时间
        FROM xs, jy
        WHERE xs.借书证号=jy.借书证号 AND 专业='计算机'
    WITH CHECK OPTION
```

4.2.5 删除视图

删除视图同样也可以通过对象资源管理器中的图形化界面向导和 T-SQL 语句两种方式来实现。

1. 通过对象资源管理器删除视图

在对象资源管理器中删除视图的操作方法是:展开"数据库"下的数据库,在"视图"下选择需要删除的视图,右击该视图,在弹出的快捷菜单中选择"删除"命令,在出现的对话框

中单击"确定"按钮,即删除了指定的视图。

2. 使用 DROP VIEW 语句删除视图

DROP VIEW 语句的语法格式为

```
DROP VIEW [架构名]视图名[视图名,…][;]
```

使用 DROP VIEW 可删除一个或多个视图。例如:

```
DROP VIEW cs_xs, cs_jy
```

将删除视图 cs_xs 和 cs_jy。

4.3 游标

4.3.1 游标的概念

一个对表进行操作的 T-SQL 语句通常都可产生或处理一组记录,但是许多应用程序,尤其是在 T-SQL 嵌入的主语言(如 Visual C++、C♯、Java 或其他开发工具)开发的应用程序中,通常不能把整个结果集作为一个单元来处理,这些应用程序就需要一种机制来保证每次处理结果集中的一行或几行,游标(cursor)就提供了这种机制。

SQL Server 通过游标提供了对一个结果集进行逐行处理的能力。游标可看作一种特殊的指针,它与某个查询结果相联系,可以指向结果集的任意位置,以便对指定位置的数据进行处理。使用游标可以在查询数据的同时对数据进行处理。

SQL Server 对游标的使用要遵循"声明游标→打开游标→读取数据→关闭游标→删除游标"的步骤。

4.3.2 声明游标

在 T-SQL 中声明游标使用 DECLARE CURSOR 语句。该语句有两种格式,分别支持 SQL 标准和 T-SQL 扩展的游标声明格式。

1. SQL 标准的游标声明格式

在 SQL 标准中,声明游标的语句格式为

```
DECLARE 游标名 [INSENSITIVE][SCROLL] CURSOR
    FOR select 语句
    [FOR READ ONLY | UPDATE [OF 列名,[,…]]]
```

说明:

(1) 游标名是与某个查询结果集相联系的符号名,要符合 SQL Server 标识符命名规则。

(2) INSENSITIVE 指定系统将创建供定义的游标使用的数据的临时表,对游标的所有请求都从 tempdb 中的该临时表中得到应答。因此,在对该游标进行提取操作时,返回的数据不反映对基本表所做的修改,并且该游标不允许修改。如果省略 INSENSITIVE,则任

何用户对基本表提交的删除和更新都反映在后面的提取操作结果中。

（3）SCROLL 用于指定游标可以前滚、后滚，可使用所有的提取选项（FIRST、LAST、PRIOR、NEXT、RELATIVE、ABSOLUTE）。如果省略 SCROLL，则只能使用 NEXT 提取选项。

（4）select 语句：由该查询产生与声明的游标相关联的结果集。

（5）READ ONLY 用于指定游标为只读的。UPDATE 用于指定游标中可以更新的列。若 UPDATE 有参数 OF 列名，…，则只能修改给出的这些列；若在 UPDATE 中未指出列，则可以修改所有列。

以下是一个符合 SQL 标准的游标声明：

```
DECLARE xs_CUR1 CURSOR
    FOR
    SELECT 借书证号，姓名，性别，出生时间，借书量
        FROM xs
        WHERE 专业 = '计算机'
    FOR READ ONLY
```

该语句定义的游标与单个表的查询结果集相关联，是只读的，游标只能从头到尾顺序提取数据，相当于后面介绍的只进游标。

2. T-SQL 扩展的游标声明格式

T-SQL 扩展的游标声明语句格式为

```
DECLARE 游标名 CURSOR
[LOCAL | GLOBAL]
[FORWORD_ONLY | SCROLL]
[STATIC | DYNAMIC | FAST_FORWARD | KEYSET]
[READ_ONLY | SCROLL_LOCKS | OPTIMISTIC]
[TYPE_WARNING]
FOR select 语句
[FOR UPDATE [OF 列名 [,…]]]
```

说明：

（1）LOCAL 与 GLOBAL 说明游标的作用域。LOCAL 说明所声明的游标是局部游标，其作用域为创建它的批处理命令、存储过程或触发器，该游标名称仅在这个作用域内有效。在批处理命令、存储过程、触发器或存储过程的 OUTPUT 参数中，该游标可由局部游标变量引用。当批处理命令、存储过程、触发器终止时，该游标就自动释放。但如果存储过程的 OUTPUT 参数将游标传递回来，则游标仍可引用。GLOBAL 说明所声明的游标是全局游标，它在由连接执行的任何存储过程或批处理命令中都可以使用，在连接释放时游标自动释放。若两者均未指定，则默认值由 default to local cursor 数据库选项的设置控制。

（2）FORWARD_ONLY 和 SCROLL 说明游标的移动方向。FORWARD_ONLY 表示游标只能从第一行滚动到最后一行，即该游标只能支持 FETCH 的 NEXT 提取选项。SCROLL 的含义与 SQL 标准相同。

（3）STATIC、DYNAMIC、FAST_FORWARD 和 KEYSET 用于定义游标的类型。T-SQL 扩展游标有 4 种类型：

① 静态游标。STATIC 关键字指定游标为静态游标，它与 SQL 标准的 INSENSITIVE 关键字功能相同。静态游标的完整结果集在游标打开时存储在 tempdb 中，一旦打开就不再变化。数据库中所做的任何影响结果集成员的更改（包括增加、修改或删除数据）都不会反映到静态游标中，新的数据值不会显示在静态游标中。静态游标是只读的。由于静态游标的结果集存储在 tempdb 的工作表中，所以结果集中的行大小不能超过 SQL Server 表的最大行大小。有时也将这类游标识别为快照游标，它完全不受其他用户行为的影响。

② 动态游标。DYNAMIC 关键字指定游标为动态游标。与静态游标不同，动态游标能够反映对结果集所做的更改。结果集中的行数据值、顺序和成员在每次提取时都会改变，所有由用户执行的全部 UPDATE、INSERT 和 DELETE 语句的结果均通过动态游标反映出来，并且如果使用 API 函数（如 SQLSetPos）或 T-SQL 的 WHERE CURRENT OF 子句通过游标进行更新，则它们也立即在动态游标中反映出来，而在动态游标外部所做的更新直到提交时才可见。动态游标不支持 ABSOLUTE 提取选项。

③ 只进游标。FAST_FORWARD 关键字指定游标为快速只进游标，它是优化的只进游标。只进游标只支持游标从头到尾按顺序提取数据。对所有由当前用户发出或由其他用户提交并影响结果集中的行的 INSERT、UPDATE 和 DELETE 语句对数据的修改在从只进游标中提取时可立即反映出来的。但因只进游标不能向后滚动，所以在行提取后对行所做的更改对只进游标是不可见的。

④ 键集驱动游标。KEYSET 关键字指定游标为键集驱动游标。顾名思义，这种游标是由称为键的列或列的组合控制的。打开键集驱动游标时，其中的成员和行顺序是固定的。键集驱动游标中数据行的键值在游标打开时存储在 tempdb 中。可以通过键集驱动游标修改基本表中的非键列的值，但不可插入数据。

游标类型与移动方向之间的关系如下：

- FAST_FORWARD 不能与 SCROLL 一起使用，且 FAST_FORWARD 与 FORWARD_ONLY 只能使用一个。
- 若指定了移动方向为 FORWARD_ONLY，而没有用 STATIC、DYNAMIC 或 KETSET 关键字指定游标类型，则默认定义的游标为动态游标。
- 若移动方向 FORWARD_ONLY 和 SCROLL 都没有指定，那么移动方向关键字的默认值由以下条件决定：若指定了游标类型为 STATIC、DYNAMIC 或 KEYSET，则移动方向默认为 SCROLL；若没有用 STATIC、DYNAMIC 或 KETSET 关键字指定游标类型，则移动方向默认值为 FORWARD_ONLY。

（4）READ_ONLY、SCROLL_LOCKS 和 OPTIMISTIC 说明游标或基本表的访问属性。READ_ONLY 关键字说明游标为只读的，不能通过该游标更新数据。SCROLL_LOCKS 关键字说明通过游标完成的定位更新或定位删除可以成功。如果声明中已指定了 FAST_FORWARD 关键字，则不能指定 SCROLL_LOCKS。OPTIMISTIC 关键字说明如果行自从被读入游标以来已得到更新，则通过游标进行的定位更新或定位删除不成功。如果声明中已指定了 FAST_FORWARD 关键字，则不能指定 OPTIMISTIC。

（5）TYPE_WARNING 指定如果游标从请求的类型隐式转换为另一种类型，则向客户端发送警告消息。

（6）select 语句产生与声明的游标相关联的结果集。

（7）FOR UPDATE 指出游标中可以更新的列。若 UPDATE 有参数 OF 列名[,…]，则只能修改给出的这些列；若在 UPDATE 中未指出列，则可以修改所有列。

以下是一个 T-SQL 扩展的游标声明：

```
DECLARE xs_CUR2 CURSOR
    DYNAMIC
    FOR
    SELECT 借书证号, 姓名, 借书量
        FROM xs
        WHERE 专业='计算机'
    FOR UPDATE OF 姓名
```

该语句声明一个名为 xs_CUR2 的动态游标，可前后滚动，可对"姓名"列进行修改。

4.3.3　打开游标

声明游标后，要从游标中提取数据，就必须先打开游标。在 T-SQL 中，使用 OPEN 语句打开游标，其格式为

```
OPEN [GLOBAL] 游标名 | 游标变量名
```

GLOBAL 说明打开的是全局游标，否则打开的是局部游标。

OPEN 语句打开游标，然后通过执行在 DECLARE CURSOR（或 SET 游标变量）语句中指定的 T-SQL 语句填充游标（即生成与游标相关联的结果集）。

例如，以下 T-SQL 语句打开游标 xs_CUR1：

```
OPEN xs_CUR1
```

该游标被打开后，就可以提取其中的数据了。

如果打开的是静态游标（使用 INSENSITIVE 或 STATIC 关键字），那么 OPEN 将创建一个临时表以保存结果集。如果打开的是键集驱动游标（使用 KEYSET 关键字），那么 OPEN 将创建一个临时表以保存键集。临时表都存储在 tempdb 中。

打开游标后，可以使用全局变量@@CURSOR_ROWS 查看游标中的数据行数。全局变量@@CURSOR_ROWS 中保存着最后打开的游标中的数据行数。当其值为 0 时，表示没有游标被打开；当其值为 −1 时，表示游标为动态的；当其值为 −m（m 为正整数）时，游标采用异步方式填充，m 为当前键集中已填充的行数；当其值为 m（m 为正整数）时，游标已被完全填充，m 是游标中的数据行数。

【例 1.4.79】　定义游标 xs_CUR3，然后打开该游标，输出其数据行数。

T-SQL 语句如下：

```
DECLARE xs_CUR3 CURSOR
    LOCAL SCROLL SCROLL_LOCKS
```

```
    FOR
    SELECT 借书证号, 姓名, 借书量
        FROM xs
    FOR UPDATE OF 姓名
OPEN xs_CUR3
SELECT '游标 xs_CUR3 数据行数'=@@CURSOR_ROWS
```

该语句的执行结果如图 1.4.37 所示。

说明：本例中的语句"SELECT '游标 xs_CUR3 数据行数'=
@@CURSOR_ROWS"用于为变量赋值。

图 1.4.37　输出游标的
数据行数

4.3.4　读取数据

游标被打开后,就可以使用 FETCH 语句从中读取数据。FETCH 语句的格式为

```
FETCH[[NEXT | PRIOR | FIRST | LAST | ABSOLUTE n | @nvar | RELATIVE n | @nvar]
    FROM]
[GLOBAL] 游标名称 | @游标变量名称
[INTO @变量名称, …]
```

说明：

(1) NEXT、PRIOR、FIRST 和 LAST 用于说明读取数据的位置。NEXT 说明读取当
前行的下一行,并且使其置为当前行。如果 FETCH NEXT 是对游标的第一次提取操作,
则读取的是结果集第一行。NEXT 为默认的游标提取选项。PRIOR 说明读取当前行的前
一行,并且将其作为当前行。如果 FETCH PRIOR 是对游标的第一次提取操作,则无值返
回且游标置于第一行之前。FIRST 读取游标中的第一行并将其作为当前行。LAST 读取
游标中的最后一行并将其作为当前行。FIRST 和 LAST 不能在只进游标中使用。

(2) ABSOLUTE n | @nvar 和 RALATIVE n | | @nvar：给出读取数据的位置与游标
头或当前位置的关系,其中 n 必须为整型常量,变量@nvar 必须为 smallint、tinyint 或 int
类型。

- ABSOLUTE n | @nvar：若 n 或@nvar 为正数,则读取从游标头开始的第 n 行并
  将读取的行作为新的当前行;若 n 或@nvar 为负数,则读取游标尾之前的第 n 行并
  将读取的行变作为新的当前行;若 n 或@nvar 为 0,则没有行返回。
- RALATIVE n | @nvar：若 n 或@nvar 为正数,则读取当前行之后的第 n 行并将读
  取的行作为新的当前行;若 n 或@nvar 为负数,则读取当前行之前的第 n 行并将读
  取的行作为新的当前行;如果 n 或@nvar 为 0,则读取当前行。如果对游标进行第一
  次提取操作时将 FETCH RELATIVE 中的 n 或@nvar 指定为负数或 0,则没有行
  返回。

(3) GLOBAL 说明游标为全局游标。

(4) INTO 说明将读取的游标数据存放到指定的变量中。

【例 1.4.80】　从游标 xs_CUR1 中提取数据。

T-SQL 语句如下：

```
OPEN xs_CUR1
FETCH NEXT FROM xs_CUR1
```

该语句的执行结果如图 1.4.38 所示。

	借书证号	姓名	性别	出生时间	借书量
1	131102	程明	1	1997-02-01	2

图 1.4.38　游标 xs_CUR1 中提取数据

说明：由于 xs_CUR1 是只进游标，所以只能使用 NEXT 提取数据。

【**例 1.4.81**】　从游标 xs_CUR2 中提取数据。

T-SQL 语句如下：

```
OPEN xs_CUR2
FETCH FIRST FROM xs_CUR2
```

该语句读取游标第一行（当前行为第一行），结果如图 1.4.39 所示。

```
FETCH NEXT FROM xs_CUR2
```

该语句读取游标下一行（当前行为第二行），结果如图 1.4.40 所示。

```
FETCH PRIOR FROM xs_CUR2
```

该语句读取游标上一行（当前行为第一行），结果如图 1.4.41 所示。

```
FETCH LAST FROM xs_CUR2
```

	借书证号	姓名	借书量
1	131101	王林	4

	借书证号	姓名	借书量
1	131102	程明	2

	借书证号	姓名	借书量
1	131101	王林	4

图 1.4.39　读取游标第一行　　图 1.4.40　读取游标下一行　　图 1.4.41　读取游标上一行

该语句读取游标最后一行（当前行为最后一行）。

```
FETCH RELATIVE -2 FROM xs_CUR2
```

该语句读取游标当前行的上两行（当前行为倒数第一行）。

分析：xs_CUR2 是动态游标，可以前滚、后滚，可以使用 FETCH 语句中除 ABSOLUTE 以外的提取选项。

FETCH 语句的执行状态保存在全局变量@@FETCH_STATUS 中，其值为 0 表示上一个 FETCH 执行成功，为−1 表示要读取的行不在结果集中，为−2 表示被提取的行已不存在（已被删除）。

例如，继续执行如下语句：

```
FETCH RELATIVE 3 FROM xs_CUR2
SELECT 'FETCH 执行情况'=@@FETCH_STATUS
```

该语句的执行结果为-1。

4.3.5 关闭游标

游标使用完以后,要及时关闭。关闭游标使用 CLOSE 语句,其格式为

```
CLOSE [ GLOBAL ]游标名 |@游标变量名
```

例如:

```
CLOSE xs_CUR2
```

该语句将关闭游标 xs_CUR2。

4.3.6 删除游标

游标关闭后,其定义仍然存在,需要时可用 OPEN 语句打开它,再次使用。若确认一个游标不再需要,就要释放其定义占用的系统空间,即删除该游标。删除游标使用 DEALLOCATE 语句,其格式为

```
DEALLOCATE [GLOBAL] 游标名 |@游标变量
```

例如:

```
DEALLOCATE xs_CUR2
```

该语句将删除游标 xs_CUR2。

CHAPTER 第 5 章

T-SQL

Transact-SQL(T-SQL)是微软公司在 SQL Server 数据库管理系统中对 ANSI SQL-99 标准的实现。在 SQL Server 数据库中,T-SQL 由数据定义语言(DDL)、数据操纵语言(DML)、数据控制语言(DCL)和 T-SQL 增加的语言元素组成。T-SQL 增加的语言元素将其他 3 部分语句组织起来,构成 T-SQL 程序,完成用户操作数据库的特定功能。本章将介绍 T-SQL 增加的语言元素。

5.1 常量、数据类型与变量

5.1.1 常量

常量指在程序运行过程中值不变的量。常量又称为字面量或标量。常量的使用格式取决于其值的数据类型。

常量根据其值的数据类型分为字符串常量、整型常量、实型常量、日期和时间常量、货币常量、唯一标识符常量。各类常量说明如下。

1. 字符串常量

字符串常量分为 ASCII 码字符串常量和 Unicode 码字符串常量。

1) ASCII 码字符串常量

ASCII 码字符串常量是由 ASCII 码字符构成的符号串。ASCII 码字符串常量要用单引号括起来。

ASCII 码字符串常量举例:

```
'China'
'How are you!'
'O''Bbaar'
```

如果单引号中的字符串包含单引号,可以使用两个单引号表示嵌入的单引号。

2) Unicode 码字符串常量

Unicode 码字符串常量与 ASCII 码字符串常量相似,但它前面有一个字母 N 作为标识符,代表 SQL-92 标准中的国际语言。N 必须大写。

Unicode 码字符串常量举例:

```
N'China '
N'How are you!'
```

每个 Unicode 字符用两字节存储,而每个 ASCII 字符用一字节存储。

2. 整型常量

整型常量按照表示方式又分为十六进制整型常量、二进制整型常量和十进制整型常量。

1) 十六进制整型常量

十六进制整型常量用前辍 0x 后跟十六进制数字串表示,例如 0xEBF、0x12Ff、0x69048AEFDD010E、0x(0x 空十六进制常量)。

2) 二进制整型常量

二进制整型常量即数字 0 或 1,并且不使用引号。如果二进制整型常量为一个大于 1 的数字,它将被转换为 1。

3) 十进制整型常量

十进制整型常量即不带小数点的十进制数,例如 1894、2、+145345234、-2147483648。

3. 实型常量

实型常量有定点表示和浮点表示两种方式。举例如下:

实型常量的定点表示举例:

```
1894.1204
2.0
+145345234.2234
-2147483648.10
```

实型常量的浮点表示举例:

```
101.5E5
0.5E-2
+123E-3
-12E5
```

4. 日期和时间常量

日期和时间常量是用单引号将表示日期和时间的字符串括起来构成的。SQL Server 可以识别如下格式的日期常量:

- 字母日期格式,例如'April 20,2000'。
- 数字日期格式,例如'4/15/1998'、'1998-04-15'。
- 未分隔的字符串格式,例如'20001207'。

以下是时间常量的示例:

```
'14:30:24'
'04:24:PM'
```

以下是日期和时间常量的示例:

```
'April 20, 2000 14:30:24'
```

5. 货币常量

货币常量是以 $ 作为前缀的整型或实型常量。下面是货币常量的示例：

```
$12
$542023
-$45.56
+$423456.99
```

6. 唯一标识符常量

唯一标识符常量是用于表示全局唯一标识符（Globally Unique Identifier，GUID）值的字符串。可以使用字符串或十六进制数字串格式指定。例如：

```
'6F9619FF-8A86-D011-B42D-00004FC964FF'
0xff19966f868b11d0b42d00c04fc964ff
```

5.1.2 数据类型

在 SQL Server 中，每个字段（列）、局部变量、表达式和参数根据其对应的数据的特性，都有一个相关的数据类型。在 SQL Server 中支持系统数据类型和用户自定义数据类型，另外，SQL Server 还提供了用户自定义表数据类型。

1. 系统数据类型

系统数据类型又称为基本数据类型。在 3.3.2 节已详细地介绍了系统数据类型，此处不再赘述。

2. 用户自定义数据类型

用户自定义数据类型可看作系统数据类型的别名。

在多表操作的情况下，当多个表中的列要存储相同类型的数据时，往往要确保这些列具有完全相同的数据类型、长度和为空性（数据类型是否允许空值）。用户自定义数据类型并不是真正的数据类型，而只是提高数据库内部元素和基本数据类型之间一致性的机制。

【例 1.5.1】 在图书借阅系统的 xsbook 数据库中创建了 xs、book、jy 这 3 个表。从这 3 个表的结构可看出：xs 表中的"借书证号"字段值与 jy 表中的"借书证号"字段值应有相同的类型，均为字符型，长度可定义为 8，并且不允许为空值。为了使用方便，并使含义明确，可以先定义一个数据类型，命名为 Library_card_num，用于描述"借书证号"字段的类型属性，然后将 xs 表中的"借书证号"字段和 jy 表中的"借书证号"字段定义为 Library_card_num 数据类型。

自定义数据类型 Library_card_num 如表 1.5.1 所示。重新设计的 xs、jy 表中的"借书证号"字段如表 1.5.2 和表 1.5.3 所示。

表 1.5.1　自定义数据类型 Library_card_num

依赖的系统类型	值允许的长度	为空性
char	8	NOT NULL

表 1.5.2　重新设计的 xs 表的"借书证号"字段　　　　表 1.5.3　重新设计的 jy 表的"借书证号"字段

字段名	类型
借书证号	Library_card_num

字段名	类型
借书证号	Library_card_num

通过本例可知，要使用自定义数据类型，首先应定义该数据类型，然后用该数据类型定义字段或变量。创建用户自定义数据类型时应考虑如下 3 个属性：

- 新数据类型名称。
- 新数据类型所依据的系统数据类型（又称为基类型）。
- 新数据类型的为空性。

1）创建用户自定义数据类型

创建用户自定义数据类型可以使用界面方式，也可以使用命令方式。

使用对象资源管理器创建用户自定义数据类型的步骤如下：

（1）启动 SQL Server Management Studio，在对象资源管理器中展开"数据库"→xsbook→"可编程性"，右击"类型"，在弹出的快捷菜单中选择"新建"→"新建用户定义数据类型"命令，弹出"新建用户定义数据类型"对话框。

（2）在"名称"文本框中输入自定义的数据类型名称，如 Library_card_num。在"数据类型"下拉列表框中选择自定义数据类型所依据的系统数据类型 char。在"长度"数值框中输入要定义的数据类型的长度 8。其他选项使用默认值，如图 1.5.1 所示，单击"确定"按钮即可完成创建。如果自定义数据类型允许空值，则选择"允许 NULL 值"复选框。

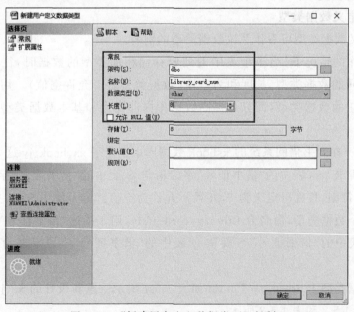

图 1.5.1　"新建用户定义数据类型"对话框

在 SQL Server 中,可以使用 CRETAE TYPE 语句实现用户自定义数据类型的定义。其语法格式如下:

```
CREATE TYPE [架构名] 自定义类型名
    FROM 系统数据类型名 [(精度 [, 小数位数])]
    [NULL | NOT NULL]
[;]
```

例如,定义描述"借书证号"字段的数据类型的 T-SQL 语句如下:

```
CREATE TYPE Library_card_num
    FROM char(8) NOT NULL
```

2) 删除用户自定义数据类型

使用界面方式删除用户自定义数据类型的主要步骤如下:

在对象资源管理器中展开"数据库"→xsbook→"可编程性"→"类型"→"用户定义数据类型",在其下选择 dbo.Library_card_num,右击该项,在弹出的快捷菜单中选择"删除"命令,打开"删除对象"对话框后单击"确定"按钮即可(实际不执行此操作)。

说明:如果用户自定义数据类型在数据库中被引用,删除该数据类型的操作将不被允许。

使用命令方式删除用户自定义数据类型可以用 DROP TYPE 语句实现。其语法格式如下:

```
DROP TYPE [架构名] 自定义类型名> [;]
```

例如,删除前面定义的 Library_card_num 类型的语句如下:

```
DROP TYPE Library_card_num
```

3) 利用用户自定义数据类型定义字段

在创建了用户自定义数据类型后,接着应考虑定义这种数据类型的字段,同样可以利用对象资源管理器和 T-SQL 命令两种方式实现。读者可以参照第 3 章进行字段定义,不同点只是数据类型为用户自定义数据类型,而不是系统数据类型。

例如,可以在对象资源管理器中使用用户自定义数据类型定义 xs1 表的"借书证号"字段,如图 1.5.2 所示。

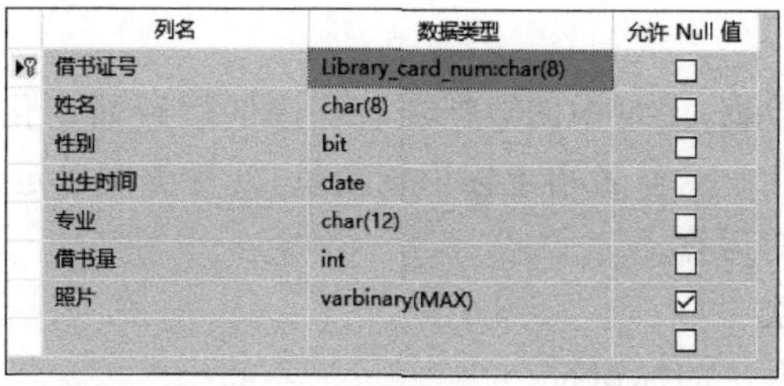

列名	数据类型	允许 Null 值
借书证号	Library_card_num:char(8)	☐
姓名	char(8)	☐
性别	bit	☐
出生时间	date	☐
专业	char(12)	☐
借书量	int	☐
照片	varbinary(MAX)	☑
		☐

图 1.5.2　使用用户自定义数据类型定义 xs1 表的"借书证号"字段

利用命令方式定义 xs1 表结构的 T-SQL 语句如下：

```
CREATE TABLE xs1
(
    借书证号    Llibrary_card_num    NOT NULL PRIMARY KEY,
    姓名        char(8)              NOT NULL,
    性别        bit                  NOT NULL DEFAULT 1,
    出生时间    date                 NOT NULL,
    专业        char(12)             NOT NULL,
    借书量      int                  NOT NULL,
    照片        varbinary(MAX)       NULL
)
GO
```

3. 用户自定义表数据类型

SQL Server 还提供了用户自定义表数据类型。这种数据类型也是由用户自行定义的，可以作为参数提供给语句、存储过程或者函数。创建用户自定义表数据类型也使用 CREATE TYPE 语句，语法格式如下：

```
CREATE TYPE [架构名] 自定义类型名
    AS TABLE (列, …
        [表约束], …)
```

例如，创建用户自定义表数据类型，包含 jy 表中的所有列。T-SQL 命令如下：

```
CREATE TYPE jy_tabletype
    AS TABLE
    (
        借书证号    char(8)     NOT NULL,
        ISBN        char(18)    NOT NULL,
        索书号      char(10)    NOT NULL PRIMARY KEY,
        借书时间    date
    )
```

用户自定义表数据类型的删除与用户自定义数据类型类似，可以在对象资源管理器中使用界面方式删除，也可以使用 DROP TYPE 语句删除。

5.1.3 变量

变量用于临时存放数据，变量中的数据随着程序的运行而变化。变量在定义时必须有名字及数据类型两个属性。变量名用于标识该变量，变量类型确定了该变量存放值的格式、变量的取值范围及允许的运算。

1. 变量的命名及分类

变量名必须是一个合法的标识符。

在 SQL Server 中，标识符分为两类：

（1）常规标识符。以 ASCII 字母、Unicode 字母、下画线（_）、@或♯开头，可后跟一个或若干个 ASCII 码字符、Unicode 码字符、下画线、货币符号（$）、@或♯，但不能全为下画线、@或♯。

注意：常规标识符不能是 T-SQL 的保留字，不允许嵌入空格或其他特殊字符。

（2）分隔标识符。包含在双引号（"）或者方括号（[ ]）内的常规标识符或不符合常规标识符规则的标识符。

标识符允许的最大长度为 128 个字符。符合常规标识符格式规则的标识符可以用双引号或方括号分隔，也可以不分隔。对不符合常规标识符规则的标识符必须进行分隔。

在 SQL Server 中，变量可分为两类：

（1）全局变量。由系统提供且预先声明，通过在名称前加两个@符号以区别于局部变量。T-SQL 全局变量作为函数引用。例如，@@ERROR 返回执行的上一个 T-SQL 语句的错误号，@@CONNECTIONS 返回自上次启动 SQL Server 以来连接或试图连接的次数。

（2）局部变量。用于保存数据值，例如保存运算的中间结果、作为循环变量等。

当首字母为@时，表示该标识符为局部变量。当首字母为♯时，表示该标识符为临时数据库对象名。其中，若开头为一个♯，表示该标识符为局部临时数据库对象名；若开头为两个♯，表示该标识符为全局临时数据库对象名。

2. 局部变量

1）局部变量的定义

在批处理或过程中用 DECLARE 语句定义局部变量，所有局部变量在定义后均初始化为 NULL。

DECLARE 语句的语法格式如下：

```
DECLARE {@局部变量名 数据类型 [=变量值]} [, …]
```

2）局部变量的赋值

定义局部变量后，可用 SET 或 SELECT 语句给其赋值。

用 SET 语句赋值的语法格式如下：

```
SET @局部变量名=值
```

使用 SET 语句赋值的局部变量可以是除 cursor、text、ntext、image、table 以外的任何类型的已定义的局部变量。值可以是任何有效的 SQL Server 表达式。

【例 1.5.2】 创建局部变量@var1、@var2 并赋值，然后输出变量的值。

```
DECLARE @var1 char(10), @var2 char(30)
SET @var1='中国'                    /*一个 SET 语句只能给一个变量赋值*/
SET @var2=@var1+'是一个伟大的国家'
SELECT @var1, @var2
```

上面的语句的执行结果如图 1.5.3 所示。

【例 1.5.3】 创建一个名为 sex 的局部变量，并在 SELECT 语句中使用该局部变量查

图 1.5.3 局部变量定义、赋值和输出

询 xs 表中所有男生的借书证号和姓名。

```
DECLARE @sex bit
SET @sex=1
SELECT 借书证号, 姓名
    FROM xs
    WHERE 性别=@sex
```

【例 1.5.4】 将例 1.5.3 的查询结果赋给变量。

```
DECLARE @student char(8)
SET @student=(SELECT 姓名 FROM xs WHERE 借书证号='131101')
SELECT @student
```

用 SELECT 语句赋值的语法格式如下:

```
SELECT {@局部变量名=值}, …
```

使用 SELECT 语句赋值时,局部变量可以是除 cursor、text、ntext、image 以外的任何类型的已定义的局部变量。值可以是任何有效的 SQL 表达式,包含标量子查询。

SELECT 语句通常用于将单个值赋给变量。如果值为列名,则返回多个值,此时将返回的最后一个值赋给变量。如果 SELECT 语句没有返回值,变量将保留当前值。如果表达式是不返回值的标量子查询,则将变量设为 NULL。一个 SELECT 语句可以给多个局部变量赋值。

【例 1.5.5】 使用 SELECT 给局部变量赋值。

T-SQL 语句如下:

```
DECLARE @var1 nvarchar(30)
SELECT @var1='刘丰'
SELECT  @var1 AS 'NAME'
```

【例 1.5.6】 给局部变量赋空值。

T-SQL 语句如下:

```
DECLARE @var1 nvarchar(30)
SELECT @var1='刘丰'
SELECT @var1=
(
    SELECT 姓名
        FROM xs
        WHERE 借书证号='131101'
)
SELECT @var1 AS 'NAME'
```

3. 局部游标变量

1）局部游标变量的定义

局部游标变量用 DECLARE 语句定义。其语法格式如下：

```
DECLARE @游标变量名 CURSOR, …
```

CURSOR 表示该变量是局部游标变量。

2）局部游标变量的赋值

利用 SET 语句给一个局部游标变量赋值，有 3 种情况：

- 将一个已存在并已赋值的局部游标变量的值赋给另一个局部游标变量。
- 将一个已声明的游标名赋给指定的局部游标变量。
- 声明一个游标，同时将其赋给指定的局部游标变量。

上述 3 种情况下赋值语句的语法格式如下：

```
SET
@游标变量名=
    @另一个游标变量名            /*情况 1*/
    | 游标名                    /*情况 2*/
    | CURSOR 子句               /*情况 3*/
```

如果被赋值的游标变量先前引用了一个不同的游标，则删除先前的引用。

对于 CURSOR 关键字引导游标声明的语法格式及含义，请参考 4.3 节。

3）局部游标变量的使用步骤

局部游标变量的使用步骤为：定义局部游标变量→给局部游标变量赋值→打开游标→利用游标读取记录→使用结束后关闭游标→删除游标的引用。

【例 1.5.7】　定义并使用局部游标变量。

T-SQL 语句如下：

```
DECLARE @CursorVar CURSOR                    /*定义局部游标变量*/
SET @CursorVar=CURSOR SCROLL DYNAMIC         /*给局部游标变量赋值*/
FOR
    SELECT 借书证号, 姓名
        FROM xs
        WHERE 借书证号 LIKE '20%'
OPEN @CursorVar                              /*打开游标*/
FETCH NEXT FROM @CursorVar
WHILE @@FETCH_STATUS=0
BEGIN
    FETCH NEXT FROM @CursorVar               /*通过游标读取记录*/
END
CLOSE @CursorVar
DEALLOCATE @CursorVar                        /*删除对游标的引用*/
```

4. 表数据类型变量的定义与赋值

使用 DECLARE 语句定义表数据类型变量的语法格式如下：

```
DECLARE
    @table_variable_name [AS] TABLE(column_definition | table_constraint[, …])
```

说明：table_variable_name 表示要声明的表数据类型变量的名称。

【例 1.5.8】 定义一个表数据类型变量并向其中插入数据。

T-SQL 语句如下：

```
DECLARE @var_table
    AS TABLE
    (
        num     char(8)     NOT NULL PRIMARY KEY,
        name    char(8)     NOT NULL,
        sex     bit         NULL
    )                                   /*定义变量*/
INSERT INTO @var_table
    SELECT 借书证号, 姓名, 性别 FROM xs  /*插入数据*/
SELECT * FROM @var_table                /*查看内容*/
```

5.2 运算符与表达式

SQL Server 提供如下几类运算符：算术运算符、位运算符、比较运算符、逻辑运算符、字符串连接运算符、一元运算符和赋值运算符。通过运算符连接运算量构成表达式。

1. 算术运算符

算术运算符在两个表达式上执行算术运算，这两个表达式可以是任何数字数据类型。

算术运算符有＋(加)、－(减)、*(乘)、/(除)和%(求模)5 种。＋(加)和－(减)运算符也可用于对 datetime 及 smalldatetime 类型的值进行算术运算。

2. 位运算符

位运算符用于实现两个表达式之间的位操作，这两个表达式的类型可以是整型或与整型兼容的数据类型(如字符型等，但不能为 image 类型)。位运算符如表 1.5.4 所示。

表 1.5.4 位运算符

运算符名称	运 算 规 则	运算名称
&	两个对应位的值均为 1 时结果为 1，否则为 0	按位与
|	两个对应位中至少有一个的值为 1 时结果为 1，否则为 0	按位或
^	两个对应位的值不同时结果为 1，否则为 0	按位异或

【例 1.5.9】 在 master 数据库中，建立 bitop 表，并插入一行，然后对 a 字段和 b 字段上的值进行位运算。

T-SQL 语句如下：

```
USE master
GO
```

```
CREATE TABLE bitop
(
    a int NOT NULL,
    b int NOT NULL
)
INSERT bitop VALUES (168, 73)
SELECT a & b, a | b, a ^ b
    FROM bitop
```

上面的语句的执行结果如图 1.5.4 所示。

图 1.5.4　位运算执行结果

说明：a 字段的值 168 的二进制表示是 0000 0000 1010 1000，b 字段的值 73 的二进制表示是 0000 0000 0100 1001。在这两个值之间进行的位运算如下：

(a&b)：

$$\begin{array}{r} 0000\ 0000\ 1010\ 1000 \\ \&\quad 0000\ 0000\ 0100\ 1001 \\ \hline 0000\ 0000\ 0000\ 1000 \end{array}$$　（十进制值为 8）

(a|b)：

$$\begin{array}{r} 0000\ 0000\ 1010\ 1000 \\ |\quad 0000\ 0000\ 0100\ 1001 \\ \hline 0000\ 0000\ 1110\ 1001 \end{array}$$　（十进制值为 233）

(a^b)：

$$\begin{array}{r} 0000\ 0000\ 1010\ 1000 \\ \wedge\quad 0000\ 0000\ 0100\ 1001 \\ \hline 0000\ 0000\ 1110\ 0001 \end{array}$$　（十进制值为 225）

3. 比较运算符

比较运算符（又称关系运算符）如表 1.5.5 所示，用于测试两个表达式的值是否相同，其运算结果为逻辑值，可以为 TRUE、FALSE 或 UNKNOWN 之一。

表 1.5.5　比较运算符

运算符名称	运算名称	运算符名称	运算名称
=	等于	<=	小于或等于
>	大于	<>、!=	不等于
<	小于	!<	不小于
>=	大于或等于	!>	不大于

除 text、ntext 或 image 类型的数据外，比较运算符可以用于所有的表达式。例如，下面的 T-SQL 语句用于查询指定借书证号的学生在 xs 表中的信息。

```
USE xsbook
GO
DECLARE @student Library_card_num
SET @student='131101'
IF(@student<>0)
    SELECT *
        FROM xs
        WHERE 借书证号=@student
```

上面的语句的执行结果如图 1.5.5 所示。

图 1.5.5　比较运算执行结果

4. 逻辑运算符

逻辑运算符用于对某个条件进行测试，运算结果为 TRUE 或 FALSE。SQL Server 提供的逻辑运算符如表 1.5.6 所示。这里的逻辑运算符在前面的 SELECT 语句的 WHERE 子句中使用过，此处再做一些补充。

表 1.5.6　逻辑运算符

运算符名称	运 算 规 则
AND	如果两个操作数值都为 TRUE，运算结果为 TRUE
OR	如果两个操作数中有一个为 TRUE，运算结果为 TRUE
NOT	若操作数值为 TRUE，运算结果为 FALSE；否则为 TRUE
ALL	如果每个操作数值都为 TRUE，运算结果为 TRUE
ANY	如果一系列操作数中有一个为 TRUE，运算结果为 TRUE
SOME	如果一系列操作数中有些值为 TRUE，运算结果为 TRUE
BETWEEN	如果操作数在指定的范围内，运算结果为 TRUE
EXISTS	如果子查询包含一些行，运算结果为 TRUE
IN	如果操作数的值等于表达式列表中的一个，运算结果为 TRUE
LIKE	如果操作数与一种模式相匹配，运算结果为 TRUE

1) ALL、ANY、SOME、IN 的使用

可以将 ALL 或 ANY 关键字与比较运算符组合进行子查询：

- ＞ALL 表示大于每一个值，即大于所有操作数中的最大值。例如，＞ALL(5,2,3)表示大于 5。因此，使用＞ALL 的子查询也可用 MAX 集函数实现。
- ＞ANY 表示至少大于一个值，即大于所有操作数中的最小值。例如，＞ANY(7,2,

　　3) 表示大于 2。因此,使用＞ANY 的子查询也可用 MIX 集函数实现。

- ＝ANY 与 IN 等效。
- ＜＞ALL 与 NOT IN 等效。

SOME 的用法与 ANY 相同。

【例 1.5.10】　查询借书数量最多的读者的借书证号、姓名及借书数量。

(1) 为了统计每个读者当前的借书数量,在 xsbook 数据库中创建 view_select 视图:

```
IF EXISTS(SELECT name
    FROM sysobjects              /* sysobjects 为系统表 */
    WHERE name='view_select'AND type='V'
)
DROP VIEW view_select
GO
/* 以上语句首先在 sysobjects 系统表中查询 view_select 视图是否已存在,若已存在,则删除
    之 */
/* 以下语句创建 view_select 视图 */
CREATE VIEW view_select
    AS
    SELECT 借书证号, COUNT(索书号) AS 借书数量
        FROM jy
        GROUP BY 借书证号
```

(2) 查询借书数量最多的读者借书证号、姓名及借书数量:

```
SELECT xs.借书证号, 姓名, 借书数量
    FROM xs, view_select
    WHERE xs.借书证号=view_select.借书证号
    AND 借书数量>=ALL
    (SELECT 借书数量
        FROM view_select)
```

2) BETWEEN 的使用

BETWEEN 的语法格式如下:

```
表达式[ NOT ] BETWEEN 起始表达式 AND 结束表达式
```

　　如果表达式的值大于或等于起始表达式的值并且小于或等于结束表达式的值,则运算结果为 TRUE;否则为 FALSE。3 个表达式的类型必须相同。

　　NOT 关键字表示对谓词 BETWEEN 的运算结果取反。

【例 1.5.11】　查询借书数量为 3～10 本的学生的借书证号、姓名及借书数量。

T-SQL 语句如下:

```
SELECT X.借书证号, 姓名, 借书数量
    FROM xs X, view_select Y
```

```
    WHERE X.借书证号=Y.借书证号
        AND 借书数量 BETWEEN 3 AND 10
```

使用＞＝和＜＝代替 BETWEEN 也可以实现与上例相同的功能。

```
SELECT X.借书证号, 姓名, 借书数量
    FROM xs X, view_select Y
    WHERE X.借书证号=Y.借书证号 AND 借书数量>=3 AND 借书数量<=10
```

【例 1.5.12】　查询借书数量不是 3～10 本的学生的借书证号、姓名及借书数量。
T-SQL 语句如下：

```
SELECT X.借书证号, 姓名, 借书数量
    FROM xs X, view_select Y
    WHERE X.借书证号=Y.借书证号
        AND 借书数量 NOT BETWEEN 3 AND 10
```

3) LIKE 的使用
LIKE 的语法格式如下：

```
表达式[NOT] LIKE 模式[ESCAPE 转义字符]
```

判断表达式是否与指定的模式匹配。若匹配,运算结果为 TRUE;否则为 FALSE。
参数含义如下：

(1) 表达式一般为字符串表达式。模式是由普通字符和通配符构成的串。通配符如表 1.5.7 所示。

表 1.5.7　通配符

通配符	说　　明	示　　例
%	代表 0 个或多个字符	SELECT…WHERE 姓名 LIKE '刘%' 查询姓刘的学生
_(下画线)	代表单个字符	SELECT…WHERE 姓名 LIKE '张_' 查询姓张且名为一个汉字的所有人名
[ ]	代表属于指定范围(如[a-f]、[0-9])或集合(如[abcdef])的任何单个字符	SELECT…WHERE substring(借书证号,1,1) LIKE '[12]%' 查询首位为 1、2 的借书证号
[^]	代表不属于指定范围(如[^a-f]、[^0-9])或集合(如[^abcdef])的任何单个字符	SELECT…WHERE substring(借书证号,1,1) LIKE '[^1-9]%'。查询首位不是 1～9 的借书证号

(2) 转义字符必须是有效的单个 SQL Server 字符。转义字符没有默认值。当模式中含有与通配符相同的字符时,应该在通配符前加上转义字符,以表明其为模式串中的一个普通字符。

【例 1.5.13】　查询书名以"计算机"开头的图书的有关信息。

T-SQL 语句如下：

```
SELECT *
    FROM book
    WHERE 书名 LIKE '[计][算][机]%'
```

4）EXISTS 与 NOT EXISTS 的使用

EXISTS 与 NOT EXISTS 的语法格式如下：

```
[NOT]EXISTS 子查询
```

EXISTS 用于检测一个子查询的结果是否不为空。若是，运算结果为真；否则为假。子查询代表一个受限的 SELECT 语句（不允许有 COMPUTE 子句或 INTO 关键字）。EXISTS 子句的功能有时可用 IN 或＝ANY 谓词实现。NOT EXISTS 的作用与 EXISTS 相反。

【例 1.5.14】 查询所有当前借了书的学生的借书证号和姓名。

T-SQL 语句如下：

```
SELECT DISTINCT xs.借书证号, 姓名
    FROM xs
    WHERE EXISTS
    (SELECT *
        FROM jy
        WHERE xs.借书证号=jy.借书证号
    )
```

也可以使用 IN 子句实现上述子查询：

```
SELECT DISTINCT xs.借书证号, 姓名
    FROM xs
    WHERE xs.借书证号 IN
    (   SELECT jy.借书证号
        FROM jy
        WHERE xs.借书证号=jy.借书证号
    )
```

5. 字符串连接运算符

通过运算符＋实现两个字符串的连接运算。

【例 1.5.15】 多个字符串的连接。

T-SQL 语句如下：

```
SELECT(借书证号+','+姓名) AS 借书证号及姓名
    FROM xs
    WHERE 借书证号='131101'
```

该语句的执行结果如图 1.5.6 所示。

6. 一元运算符

一元运算符有＋（正）、－（负）和～（按位取反）3 个。前两个运算符是大家熟悉的。按位取反运算符举例如下：

	借书证号及姓名
1	131101，王林

图 1.5.6　字符串连接运算执行结果

设 a 的值为 12（二进制形式为 0000 0000 0000 1100），则～a 的值为 1111 1111 1111 0011。

7. 赋值运算符

赋值运算符指给局部变量赋值的 SET 和 SELECT 语句中使用＝运算符。

8. 运算符的优先顺序

当一个复杂的表达式中有多个运算符时，运算符优先级决定执行运算的先后次序。执行运算的顺序会影响运算结果。

运算符优先级如表 1.5.8 所示。在一个表达式中按由高（优先级数字小）到低（优先级数字大）的顺序进行运算。

表 1.5.8　运算符优先级

运　算　符	优先级	运　算　符	优先级
＋（正）、－（负）、～（按位取反）	1	NOT	6
＊（乘）、/（除）、％（模）	2	AND	7
＋（加）、＋（串联）、－（减）	3	ALL、ANY、BETWEEN、IN、LIKE、OR、SOME	8
＝，＞，＜，＞＝，＜＝，＜＞，!＝，!＞，!＜比较运算符	4	＝（赋值）	9
&（位与）、|（位或）、^（位异或）	5		

当一个表达式中的两个运算符有相同优先级时，根据它们在表达式中的位置决定运算顺序。一般而言，一元运算符按从右向左的顺序运算，二元运算符按从左向右的顺序运算。

在表达式中，可用括号改变运算符的运算顺序，先对括号内的表达式求值，然后在对括号外的运算符进行运算时使用该值。

若表达式中有嵌套的括号，则首先对最内层括号中的表达式求值。

5.3　流程控制语句

在设计程序时，常常需要利用各种流程控制语句改变计算机的执行流程，以满足程序设计的需要。在 SQL Server 中提供了表 1.5.9 所示的流程控制语句。

表 1.5.9　SQL Server 流程控制语句

流程控制语句	说　明	流程控制语句	说　明
IF⋯ELSE	条件分支	BREAK	退出当前的循环
GOTO	无条件转移	RETURN	无条件返回
WHILE	循环	WAITFOR	为语句的执行设置延迟
CONTINUE	立即开始下一次循环		

【例 1.5.16】　查询借书数量大于 2 的学生人数。

用前面在 xsbook 中创建的视图 view_select 查询借书数量大于 2 的学生人数。

T-SQL 语句如下：

```
USE xsbook
GO
DECLARE @num int
SELECT @num=(SELECT COUNT(借书证号) FROM view_select WHERE 借书数量>2)
IF @num<>0
    SELECT @num AS '借书数量>2 的人数'
```

5.3.1　语句块

在 T-SQL 中可以使用 BEGIN…END 定义语句块。当要执行多个 T-SQL 语句时，就需要使用 BEGIN…END 将这些语句定义成一个语句块，作为一组语句来执行。BEGIN…END 的语法格式如下：

```
BEGIN
    T-SQL 语句 | 语句块
END
```

关键字 BEGIN 标识一个 T-SQL 语句块的起始位置，END 标识同一个 T-SQL 语句块的结尾。例如：

```
BEGIN
    SELECT * FROM xs
    SELECT * FROM jy
END
```

BEGIN…END 可以嵌套使用。例如：

```
BEGIN
    BEGIN
        …
    END
    …
END
```

5.3.2　条件分支语句

在程序中，如果要对给定条件进行判定，当条件为真或假时分别执行不同的 T-SQL 语句或语句序列，可用 IF 语句实现。

IF 语句分带 ELSE 部分和不带 ELSE 部分两种形式。

（1）带 ELSE 部分的 IF 语句的语法格式如下：

```
IF 条件表达式
    A                        /* T-SQL 语句或语句块 */
ELSE
    B                        /* T-SQL 语句或语句块 */
```

当条件表达式的值为真时执行 A,然后执行 IF 语句的下一语句;条件表达式的值为假时执行 B,然后执行 IF 语句的下一语句。

（2）不带 ELSE 部分的 IF 语句的语法格式如下:

```
IF 条件表达式
    A                        /* T-SQL 语句或语句块 */
```

当条件表达式的值为真时执行 A,然后执行 IF 语句的下一语句;条件表达式的值为假时直接执行 IF 语句的下一语句。

IF 语句的执行流程如图 1.5.7 所示。

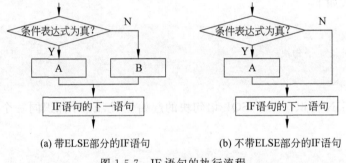

(a) 带ELSE部分的IF语句　　　　　(b) 不带ELSE部分的IF语句

图 1.5.7　IF 语句的执行流程

如果在 IF…ELSE 语句的 IF 部分和 ELSE 部分都使用了 CREATE TABLE 语句或 SELECT INTO 语句,那么 CREATE TABLE 语句或 SELECT INTO 语句必须使用相同的表名。

IF…ELSE 语句可用在批处理、存储过程（经常使用这种结构测试是否存在某个参数）及特殊查询中。

可在 IF 部分或在 ELSE 部分嵌套另一个 IF 语句,对于嵌套层数没有限制。

【例 1.5.17】　如果《Java 编程思想》的价格高于平均价格,则显示"《Java 编程思想》的价格高于平均价格",否则显示"《Java 编程思想》的价格不高于平均价格"。

```
DECLARE @text1 char(100), @price float
SET @price=(SELECT 价格 FROM book WHERE 书名='Java 编程思想')
IF @price> (SELECT AVG(价格) FROM book)
    BEGIN
        SET @text1='《Java 编程思想》的价格 '+cast(@price as char(5))
        SET @text1=@text1+'高于平均价格'
    END
ELSE
```

```
    BEGIN
        SET @text1='《Java 编程思想》的价格'+cast(@price as char(5))
        SET @text1=@text1+'不高于平均价格'
    END
SELECT @text1
```

注意：若子查询跟随在＝、!＝、＜、＜＝、＞、＞＝ 之后，或子查询用作表达式，则子查询返回的值不允许多于一个。

5.3.3　无条件转移语句

GOTO 语句将执行流程转移到标号指定的位置。
GOTO 语句的语法格式如下：

```
GOTO 标号
```

说明：标号用于指向语句，标号必须符合标识符规则。
标号的定义形式如下：

```
标号: 语句
```

5.3.4　循环控制语句

本节介绍用于循环控制的 WHILE 语句、BREAK 语句和 CONTINUE 语句。

1. WHILE 语句

如果需要重复执行程序中的一部分语句，可使用 WHILE 语句实现。
WHILE 语句的执行流程如图 1.5.8 所示。

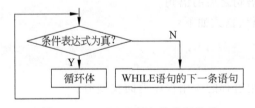

图 1.5.8　WHILE 语句的执行流程

从 WHILE 语句的执行流程可看出，其语法格式如下：

```
WHILE 条件表达式
    循环体                          /* T-SQL 语句或语句块 */
```

当条件表达式值为真时，执行构成循环体的 T-SQL 语句或语句块；然后，再进行条件判断，重复上述操作，直至条件表达式的值为假，才退出循环体的执行。

【例 1.5.18】 显示字符串"China"中每个字符的 ASCII 码值和字符。
T-SQL 语句如下：

```
DECLARE @position int, @string char(8)
SET @position=1
SET @string='China'
WHILE @position <=DATALENGTH(@string)
    BEGIN
        SELECT ASCII(SUBSTRING(@string, @position, 1)),
        CHAR(ASCII(SUBSTRING(@string, @position, 1)))
        SET @position=@position+1
    END
```

2. BREAK 语句

BREAK 语句的语法格式如下：

```
BREAK
```

BREAK 语句一般用在 WHILE 语句中，用于退出当前循环。当程序中有多层循环嵌套时，使用 BREAK 语句只能退出其所在的当前层循环。

3. CONTINUE 语句

CONTINUE 语句的语法格式如下：

```
CONTINUE
```

CONTINUE 语句一般用在 WHILE 语句中，用于结束本次循环，重新转到下一次循环条件的判断。

5.3.5　无条件返回语句

RETURN 语句用于从存储过程、批处理或语句块中无条件退出，不执行存储过程、批处理或语句块中位于该语句之后的语句。

RETURN 语句的语法格式如下：

```
RETURN [整型表达式 ]
```

存储过程可以给调用过程的应用程序返回整型值。

说明：

（1）除非特别指明，所有系统存储过程返回 0 表示成功，返回非零值则表示失败。

（2）在存储过程中，RETURN 语句不能返回空值。

【例 1.5.19】　判断是否存在借书证号为 131118 的学生。如果存在，则返回该学生的信息；如果不存在，则插入该学生的信息。

T-SQL 语句如下：

```
IF EXISTS(SELECT * FROM xs WHERE 借书证号='131118')
    RETURN
ELSE
    INSERT INTO xs VALUES('131118', '王娟', 0, '1993-10-20', '计算机', 4, NULL)
```

5.3.6　等待语句

WAITFOR 语句指定触发语句块、存储过程或事务执行的时刻或需等待的时间。

WAITFOR 语句的语法格式如下：

```
WAITFOR DELAY '时间' | TIME '时间'
```

说明：

（1）DELAY '时间'用于指定 SQL Server 必须等待的时间，最长可达 24h。时间可以用 datetime 数据格式指定，用单引号括起来，但在值中不允许有日期部分。也可以用局部变量指定参数。

（2）TIME '时间'指定 SQL Server 等待到某一时刻。时间表示 WAITFOR 语句完成的时刻。值的指定同上。

【例 1.5.20】 设定在 8：00 执行查询语句。

T-SQL 语句如下：

```
BEGIN
    WAITFOR TIME '8:00'
    SELECT * FROM xs
END
```

5.3.7　错误捕获语句

在 SQL Server 中，可以使用 TRY…CATCH 语句进行错误处理。

TRY…CATCH 语句的语法格式如下：

```
BEGIN TRY                /* TRY 块 */
    T-SQL 语句 | 语句块
END TRY
BEGIN CATCH
    [T-SQL 语句 | 语句块]
END CATCH
```

说明：用于错误处理的 T-SQL 语句或语句块可以包含在 TRY 块中。如果 TRY 块内部发生错误，则会将控制传递给 CATCH 块中包含的另一个 T-SQL 语句或语句块。TRY… CATCH 语句可对严重级别高于 10 但不会关闭数据库连接的所有执行错误进行缓存。

【例 1.5.21】 TRY…CATCH 语句错误处理。

（1）没有错误处理的程序如下：

```
DECLARE @a int, @b int
SET @a=-2
SET @b=0
```

```
BEGIN
    SET @a=@a/@b
END
```

该程序没有 TRY…CATCH 语句错误处理部分,程序运行时显示系统提示的错误信息,如图 1.5.9(a)所示。

（2）程序加入 TRY…CATCH 语句错误处理部分,如图 1.5.9(b)所示。

(a)无错误处理   (b)有错误处理

图 1.5.9   程序加入 TRY…CATCH 语句错误处理前后对比

在实际情况下,程序比较复杂,运行时可能出现各种错误,编程人员事先需要针对不同的错误安排不同的处理方法。

在 SQL Server 中,出错的信息可以通过下列系统函数获得。如果在 CATCH 块的范围之外调用这些系统函数,则返回 NULL。

- ERROR_NUMBER 返回错误号。
- ERROR_SEVERITY 返回严重级别。严重级别为 10 或更低的属于警告或提示性消息;严重级别为 20 或更高的属于由 SQL Server 数据库引擎任务处理的错误。此类问题过于严重时,数据库引擎会直接终止数据库连接会话,所以程序无法继续执行。例如,T-SQL 语句中的表名称错误是数据库引擎无法解析表名称时所发生的错误,在当前层的 TRY…CATCH 语句中无法捕获,必须由外层调用该存储过程之处使用 TRY…CATCH 语句捕获。
- ERROR_STATE 返回错误状态号。
- ERROR_PROCEDURE 返回出现错误的存储过程或触发器的名称。
- ERROR_LINE 返回导致错误的程序中的行号。
- ERROR_MESSAGE 返回错误消息的完整文本。该文本可包括任何可替换参数所提供的值,如长度、对象名或时间。

【例 1.5.22】   在 TRY…CATCH 语句中通过系统错误函数进行错误处理。

在 TRY…CATCH 语句中,通过系统错误函数,可以对不同的错误分别进行控制,如图 1.5.10 所示。

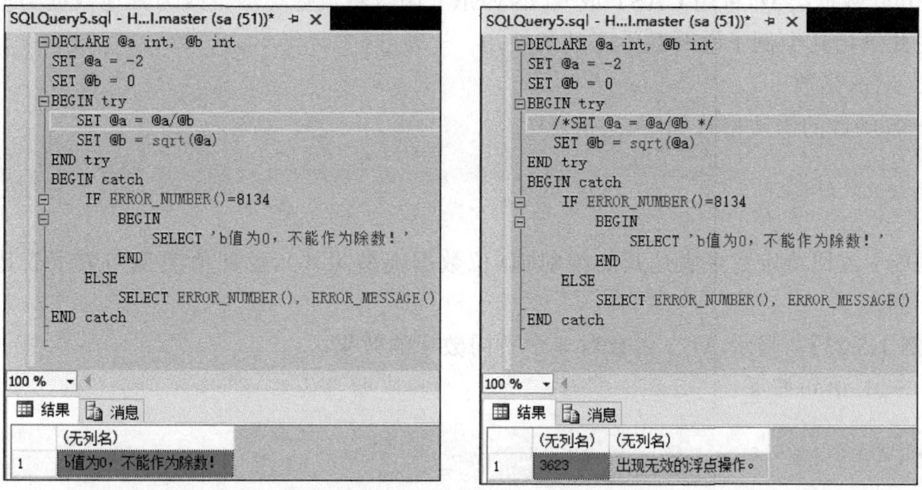

图 1.5.10　在 TRY…CATCH 语句中通过系统错误函数进行错误处理

5.4　系统内置函数

在程序设计过程中,常常调用系统提供的内置函数。T-SQL 提供 3 种系统内置函数:行集函数、聚合函数和标量函数。内置函数分为确定性函数和非确定性函数。确定性函数是每次使用特定的输入值集调用该函数时,总是返回相同的结果;非确定性函数是每次使用特定的输入值集调用该函数时,可能返回不同的结果。

例如,DATEADD 是确定性函数,因为它对于任何给定的参数总是返回相同的结果。GETDATE 是非确定性函数,因为其每次执行后返回的结果都不同。

本节主要介绍标量函数。标量函数的特点是:输入参数的类型为基本类型,返回值也为基本类型。SQL Server 包含如下几类标量函数:

- 配置函数。
- 系统统计函数。
- 数学函数。
- 字符串函数。
- 系统函数。
- 日期时间函数。
- 游标函数。
- 文本和图像函数。
- 元数据函数。
- 安全函数。

在此主要介绍常用的标量函数。

1. 数学函数

数学函数可对 SQL Server 提供的数字数据进行数学运算并返回运算结果。默认情况下,float 数据类型数据的内置运算的精度为 6 个小数位。传递到数学函数的数字将被解释为 decimal 数据类型,可用 CAST 或 CONVERT 函数将数据类型更改为其他数据类型。

在此给出几个例子说明数学函数的使用。

1) ABS 函数

ABS 函数的语法格式如下:

```
ABS(数字表达式)
```

功能:返回给定数字表达式的绝对值(位数据类型除外),返回值类型与数字表达式的类型相同。

【例 1.5.23】 显示 ABS 函数对 3 个不同数字的效果。

T-SQL 语句如下:

```
SELECT ABS(-5.0), ABS(0.0), ABS(8.0)
```

2) RAND 函数

RAND 函数的语法格式如下:

```
RAND([种子])
```

功能:返回 0～1 的一个随机值,返回值类型为 float,种子是指定种子值的整型表达式。如果未指定种子,则随机分配种子值。对于指定的种子值,返回的结果始终相同。

【例 1.5.24】 通过 RAND 函数产生随机数。

T-SQL 语句如下:

```
DECLARE @count int
SET @count=5
SELECT RAND(@count) AS Rand_Num
```

2. 字符串函数

字符串函数用于对字符串进行处理。在此介绍一些常用的字符串函数。

1) ASCII 函数

ASCII 函数的语法格式如下:

```
ASCII(字符串表达式)
```

功能:返回字符串表达式最左端字符的 ASCII 值。返回值为整型。

2) CHAR 函数

CHAR 函数的语法格式如下:

```
CHAR(整数表达式)
```

功能:将用整数表达式表示的 ASCII 码转换为字符。整数表达式的值为 0～255,返回值为字符型。

3）LEFT 函数

LEFT 函数的语法格式如下：

```
LEFT(字符串表达式, 整数表达式)
```

功能：返回从字符串最左端开始，由整数表达式值指定个数的字符。返回值类型为 varchar 型。

【例 1.5.25】 返回书名的前 10 个字符。

T-SQL 语句如下：

```
SELECT LEFT(书名, 10)
    FROM book
    ORDER BY ISBN
GO
```

4）LTRIM 函数

LTRIM 函数的语法格式如下：

```
LTRIM(字符串表达式)
```

功能：删除字符串中的前导空格，并返回字符串，返回值类型为 varchar 型。

【例 1.5.26】 使用 LTRIM 函数删除字符变量中的起始空格。

T-SQL 语句如下：

```
DECLARE @string varchar(40)
SET @string='    中国,一个古老而伟大的国家'
SELECT LTRIM(@string)
```

5）REPLACE 函数

REPLACE 函数的语法格式如下：

```
REPLACE(字符串表达式 1, 字符串表达式 2, 字符串表达式 3)
```

功能：用字符串表达式 3 替换字符串表达式 1 中包含的字符串表达式 2，并返回替换后的表达式。

【例 1.5.27】 用 REPLACE 函数实现字符串的替换。

T-SQL 语句如下：

```
DECLARE @str1 char(20), @str2 char(4), @str3 char(20)
SET @str1='数据库原理'
SET @str2='原理'
SET @str3='概论'
SET @str3=REPLACE (@str1, @str2, @str3)
SELECT @str3
```

6) SUBSTRING 函数

SUBSTRING 函数的语法格式如下：

```
SUBSTRING(字符串表达式, 开始, 长度)
```

功能：返回字符串表达式中指定的子串。字符串表达式可为字符串、二进制串、text 型字段、image 型字段或表达式；开始和长度均为整型，前者指定子串的开始位置，后者指定子串的长度（要返回的字节数）。如果字符串表达式是字符型和二进制型，则返回值类型与字符串表达式的类型相同；在其他情况下，参考表 1.5.10。

表 1.5.10   SUBSTRING 函数返回值类型不同于字符串表达式类型的情况

字符串表达式类型	返回值类型
text	varchar
image	varbinary
ntext	nvarchar

【例 1.5.28】   在一列中返回 xs 表中学生的姓，在另一列中返回 xs 表中学生的名。
T-SQL 语句如下：

```
SELECT SUBSTRING(姓名, 1,1), SUBSTRING(姓名, 2, LEN(姓名)-1)
    FROM xs
    ORDER BY 姓名
```

7) STR 函数

STR 函数的语法格式如下：

```
STR(浮点表达式[, 总长度[, 小数点右边的位数]])
```

功能：STR 函数将数字数据转换为字符数据。总长度包括小数点，总长度和小数点右边的位数必须均为正整数。返回值类型为 char 型。

【例 1.5.29】   查询 ISBN 为 978-7-111-21382-6 的图书的书名和库存量。
T-SQL 语句如下：

```
DECLARE @str char(80)
SET @str=(SELECT 书名 FROM book WHERE ISBN='978-7-111-21382-6 ')+
    '库存量'+STR((SELECT 库存量 FROM book WHERE ISBN='978-7-111-21382-6 '))
SELECT @str
```

3. 系统函数

系统函数用于对 SQL Server 中的值、对象和设置进行操作并返回有关信息。

1) CASE 函数

CASE 函数有两种形式：一种是简单的 CASE 函数，另一种是搜索型 CASE 函数。

(1) 简单的 CASE 函数的语法格式如下：

```
CASE 表达式
    WHEN 表达式 1a THEN 表达式 1b
    [, …]
[ELSE 表达式 n]
END
```

功能：计算表达式的值，并与每一个 WHEN 后面的表达式的值比较，若相等，则返回对应的 THEN 后面的表达式的值；若表达式的值与 WHEN 后面的表达式的值均不相等，则返回表达式 n 的值。表达式和表达式 1a 的数据类型必须相同或者可以隐式转换。

(2) 搜索型 CASE 函数的语法格式如下：

```
CASE
    WHEN 逻辑表达式 THEN 表达式 1
    [, …]
    [ELSE 表达式 n]
END
```

功能：按指定顺序为每个 WHEN 子句的逻辑表达式求值，返回第一个取值为 TRUE 的逻辑表达式对应的表达式之值。如果没有取值为 TRUE 的逻辑表达式，则当指定 ELSE 子句时，返回表达式 n 之值。若没有指定 ELSE 子句，则返回 NULL。

【例 1.5.30】 使用 CASE 函数对学生按性别分类。

T-SQL 语句如下：

```
/*使用带有简单 CASE 函数的 SELECT 语句*/
SELECT 借书证号, sex=
    CASE 性别
        WHEN 0 THEN '男生'
        WHEN 1 THEN '女生'
    END
    FROM xs
```

也可以使用搜索型 CASE 语句：

```
SELECT 借书证号, 姓名, 专业, SEX=
    CASE
        WHEN 性别=1 THEN '男'
        WHEN 性别=0 THEN '女'
        ELSE '无'
    END
    FROM xs
```

2) CAST 和 CONVERT 函数

CAST 和 CONVERT 这两个函数都可实现数据类型转换，但 CONVERT 的功能更强。常用的类型转换有如下几种：

(1) 日期型转换为字符型。例如,将 datetime 或 smalldatetime 型数据转换为字符型数据(nchar、nvarchar、char、varchar、nchar 或 nvarchar 数据类型)。

(2) 字符型转换为日期型。例如,将字符型数据(nchar、nvarchar、char、varchar、nchar 或 nvarchar 数据类型)转换为 datetime 或 smalldatetime 型数据。

(3) 数值型转换为字符型。例如,将 float、real、money 或 smallmoney 型数据转换为字符型数据(nchar、nvarchar、char、varchar、nchar 或 nvarchar 数据类型)。

这两个函数的语法格式如下:

```
CAST(表达式 AS 数据类型 )
CONVERT(数据类型[(长度)], 表达式)
```

功能:将表达式的类型转换为数据类型参数指定的类型。表达式可为任何类型的表达式;数据类型只能是系统提供的基本数据类型,不能为用户自定义数据类型,当数据类型为 nchar、nvarchar、char、varchar、binary 或 varbinary 等时,通过长度参数指定数据长度。

【例 1.5.31】 检索库存量为 3～10 的图书的 ISBN 和书名,并将库存量转换为 char (20)类型。

T-SQL 语句如下:

```
/*本例同时使用 CAST 和 CONVERT 函数*/
/*使用 CAST 实现*/
SELECT ISBN, 书名, 库存量
    FROM book
    WHERE CAST(库存量 AS char(20)) LIKE '_' AND 库存量>=3 AND 库存量<10
GO
/*使用 CONVERT 实现*/
SELECT ISBN, 书名, 库存量
    FROM book
    WHERE CONVERT(char(20),库存量) LIKE '_' AND 库存量>=3 AND 库存量<10
GO
```

3) COALESCE 函数

COALESCE 函数的语法格式如下:

```
COALESCE(表达式, …)
```

功能:返回参数表中第一个非空表达式的值;如果所有表达式均为 NULL,则 COALESCE 返回 NULL 值。表达式可为任何类型的表达式。但是,所有表达式必须是相同类型或者可以隐式转换为相同类型。

COALESCE 函数与如下形式的 CASE 函数等价:

```
CASE
    WHEN(表达式 1 IS NOT NULL) THEN 表达式 1'
    …
    WHEN (表达式 n IS NOT NULL) THEN 表达式 n'
    ELSE NULL
```

4）ISNUMBRIC 函数

ISNUMBRIC 函数用于判断一个表达式是否为数值类型。其语法格式如下：

```
ISNUMBRIC(表达式)
```

如果表达式的计算值为有效的整型、浮点型、货币型或 decimal 型时，ISNUMERIC 返回 1；否则返回 0。

4. 日期时间函数

日期时间函数可用在 SELECT 语句的选择列表或 WHERE 子句中。

1）GETDATE 函数

GETDATE 函数的语法格式如下：

```
GETDATE()
```

功能：按 SQL Server 标准内部格式返回当前系统日期和时间。返回值类型为 datetime 型。

2）DATEPART 函数

DATEPART 函数的语法格式如下：

```
DATEPART(格式,日期)
```

功能：按指定的格式返回日期，返回值类型为 int 型。格式可为非缩写形式或缩写形式。日期的类型应为 datetime 或 smalldatetime 型。

3）DATEDIFF 函数

DATEDIFF 函数的语法格式如下：

```
DATEDIFF(格式,起始日期,结束日期)
```

功能：按指定的格式返回两个日期时间之间的间隔，间隔可以以年、季度、月、周、天或小时等为单位，这取决于格式。起始日期和结束日期为 datetime 或 smalldatetime 型的值或变量，也可为日期格式的字符串表达式。

格式与返回值如表 1.5.11 所示。

表 1.5.11　格式与返回值

非缩写形式	缩写形式	返回值	非缩写形式	缩写形式	返回值
year	yy, yyyy	年	day	dd, d	日
quarter	qq, q	季度	hour	hh	时
month	mm, m	月	minute	mi, n	分
dayofyear	dy, y	一年的第几天	second	ss, s	秒
week	wk, ww	周	millisecond	ms	毫秒

【例 1.5.32】 根据学生的出生时间计算其年龄。

T-SQL 语句如下：

```
USE xsbook
SET NOCOUNT ON
DECLARE @startdate datetime
SET @startdate=getdate()
SELECT DATEDIFF(yy, 出生时间, @startdate ) AS 年龄
    FROM xs
```

4）YEAR、MONTH、DAY 函数

这 3 个函数分别返回指定日期的年、月、日部分，返回值都为整数。

这 3 个函数的语法格式如下：

```
YEAR(日期)
MONTH(日期)
DAY(日期)
```

5. 游标函数

游标函数用于返回游标的有关信息。下面介绍 3 个游标函数。

1）@@CURSOR_ROWS 函数

@@CURSOR_ROWS 函数的语法格式如下：

```
@@CURSOR_ROWS
```

功能：@@CURSOR_ROWS 函数返回最后打开的游标中当前存在的满足条件的行数。返回值为 0 表示游标未打开；为 -1 表示游标为动态游标；为 $-m$ 表示游标被异步填充，$-m$ 是键集中当前的行数；为 n 表示游标已完全填充，n 是游标中的总行数。

2）CURSOR_STATUS 函数

CURSOR_STATUS 函数的语法格式如下：

```
CURSOR_STATUS
(    'local', 游标名
    | 'global', 游标名
    | 'variable', 游标变量名
)
```

功能：返回游标状态（是打开还是关闭）。常量字符串'local'、'global'用于指定游标类型，'local'表示该游标为本地游标，'global'表示该游标为全局游标。常量字符串'variable'用于说明其后的变量为游标变量。返回值类型为 smallint。CURSOR_STATUS 函数的返回值如表 1.5.12 所示。

表 1.5.12 CURSOR_STATUS 函数的返回值

返回值	说 明	返回值	说 明
1	游标的结果集至少有一行	−2	游标不可用
0	游标的结果集为空 *	−3	指定的游标不存在
−1	游标被关闭		

* 动态游标不返回这个结果。

3）@@FETCH_STATUS 函数

@@FETCH_STATUS 函数的语法格式如下：

```
@@FETCH_STATUS
```

功能：@@FETCH_STATUS 函数返回 FETCH 语句执行后游标的状态。返回值类型为 int 型。@@FETCH_STATUS 函数的返回值如表 1.5.13 所示。

表 1.5.13 @@FETCH_STATUS 函数的返回值

返回值	说 明	返回值	说 明
0	FETCH 语句执行成功	−2	被读取的记录不存在
−1	FETCH 语句执行失败		

【例 1.5.33】 用@@FETCH_STATUS 函数控制在一个 WHILE 循环中的游标活动。T-SQL 语句如下：

```
USE xsbook
DECLARE @name char(20), @st_id char(2)
DECLARE readers_Cursor CURSOR FOR
    SELECT 借书证号, 姓名 FROM xs
OPEN readers_Cursor
FETCH NEXT FROM readers_Cursor INTO @name, @st_id
SELECT @name, @st_id
WHILE @@FETCH_STATUS=0
    BEGIN
        FETCH NEXT FROM readers_Cursor
        SELECT @name, @st_id
    END
CLOSE readers_Cursor
DEALLOCATE readers_Cursor
```

5.5 用户定义函数

系统提供的常用内置函数大大方便了用户进行程序设计，但用户在编程时常常需要将一个或多个 T-SQL 语句组成子程序，以便反复调用。SQL Server 允许用户根据需要自己

定义函数。根据用户定义函数返回值的类型,可将用户定义函数分为如下两个类别:

(1) 标量函数。返回值为标量值。

(2) 表值函数。返回值为整个表。根据函数主体的定义方式,表值函数又可分为内嵌表值函数和多语句表值函数。若用户定义函数包含单个 SELECT 语句且该语句可更新,则该函数返回的表也可更新,这样的函数称为内嵌表值函数;若用户定义函数包含多个 SELECT 语句,则该函数返回的表不可更新,这样的函数称为多语句表值函数。

用户定义函数不支持输出参数,不能修改全局数据库状态。

创建用户定义函数可以使用 CREATE FUNCTION 语句,利用 ALTER FUNCTION 语句可以对用户定义函数进行修改,用 DROP FUNCTION 语句可以删除用户定义函数。

5.5.1 系统表 sysobjects

在 SQL Server 中,用于描述数据库对象的信息均记录在系统表中,通常把这样的表称为元数据表。例如,在数据库中创建的表、视图、用户函数、存储过程、触发器等对象,都要在系统表 sysobjects 中登记,如果该数据库对象已经存在,再次对其进行定义则会报错。因此,在定义一个数据库对象前,最好先在系统表 sysobjects 中检测该对象是否已存在,若存在,可先删除之,然后定义新的对象。当然也可根据具体情况采取其他的措施,例如,若检测到该数据库对象存在,则不创建新的数据库对象。为了后面学习的方便,在此介绍系统表 sysobjects 的主要字段,如表 1.5.14 所示。

表 1.5.14 系统表 sysobjects 的主要字段

字段名称	类型	含义
name	sysname	对象名
id	int	对象标识符
type	char(2)	对象类型。可以是下列值之一: C:CHECK 约束; D:默认值或 DEFAULT 约束; F:FOREIGN KEY 约束; FN:标量函数; IF:内嵌表函数; K:PRIMARY KEY 或 UNIQUE 约束; L:日志; P:存储过程; R:规则; RF:复制筛选存储过程; S:系统表; TF:表值函数; TR:触发器; U:用户表; V:视图; X:扩展存储过程

后面许多例子总是先在系统表 sysobjects 中查询一个数据库对象是否存在,若存在,则

删除之,然后再创建该对象。

5.5.2　用户定义函数的定义与调用

1. 标量函数

1) 标量函数的定义

标量函数的定义的语法格式如下:

```
CREATE FUNCTION[架构名.]函数名
([@形参名[AS][类型构架名.]数据类型[=默认值][READONLY], …])
    RETURNS 返回值类型
    [WITH 函数选项, …]
    [AS]
    BEGIN
        函数体
    RETURN 表达式
    END
```

其中:

```
函数选项::=
    [ENCRYPTION]
    |[SCHEMABINDING]
    |[RETURNS NULL ON NULL INPUT | CALLED ON NULL INPUT]
```

说明:

(1) 函数名必须符合标识符的命名规则,函数名在数据库中必须是唯一的。

(2) 可以声明一个或多个形参,用@符号作为第一个字符来指定形参名,每个函数的形参局部于该函数。

(3) 参数的数据类型可为系统支持的基本标量类型,不能为 timestamp 类型、用户定义数据类型、非标量类型(如 cursor 和 table)。如果定义了默认值,则不指定此参数的值的使用默认值。READONLY 选项用于指定不能在函数定义中更新或修改参数。

(4) 函数使用 RETURNS 语句指定函数的返回值类型。返回值类型可以是 SQL Server 支持的基本标量类型,但 text、ntext、image 和 timestamp 除外。函数使用 RETURN 语句返回表达式的值并且该值必须是返回值类型。

(5) 函数体由 T-SQL 语句序列构成,是函数内容。

(6) 标量函数的函数选项有以下几种:

① ENCRYPTION:用于指定 SQL Server 在系统表中存储 CREATE FUNCTION 语句文本时进行加密。

② SCHEMABINDING:用于指定将函数绑定到它所引用的数据库对象。如果一个函数是用 SCHEMABINDING 选项创建的,则不能更改或删除该函数引用的数据库对象。函数与其引用对象(如数据库表)的绑定关系只有在发生以下两种情况之一时才被解除:一是删除了函数;二是在未指定 SCHEMABINDING 选项的情况下更改了函数(使用 ALTER

语句）。

③ RETURNS NULL ON NULL INPUT｜CALLED ON NULL INPUT：如果指定前者，则当传递的参数为 NULL 时，函数将不执行函数体，返回 NULL；如果指定后者，则即使参数为 NULL，函数也将执行函数体。默认值为 CALLED ON NULL INPUT。

【例 1.5.34】 定义一个函数，按性别计算当前所有学生的平均年龄。

（1）为了计算平均年龄，创建 VIEW_AGE 视图。

```
USE xsbook
GO
IF EXISTS(SELECT name FROM sysobjects WHERE name='VIEW_AGE'AND type='v')
    DROP VIEW VIEW_AGE
GO
CREATE VIEW VIEW_AGE
    AS SELECT 借书证号, 性别, datepart(yyyy,GETDATE())-datepart(yyyy,出生时间) AS
年龄
    FROM xs
GO
```

（2）创建用户定义函数 aver_age，用于按性别计算当前学生的平均年龄。

```
/* 检查 aver_age 函数是否已定义,若已定义,则删除之 */
IF EXISTS(SELECT name FROM sysobjects WHERE name='aver_age'AND type='FN')
    DROP FUNCTION aver_age
GO
CREATE FUNCTION aver_age(@sex bit) RETURNS int
    AS
    BEGIN
    DECLARE @aver int
    SELECT @aver=
    (SELECT avg(年龄)
        FROM VIEW_AGE
        WHERE 性别=@SEX
    )
    RETURN @aver
    END
GO
```

在使用命令方式创建用户定义函数后，打开对象资源管理器，展开"数据库"→xsbook→"可编程性"→"函数"→"标量函数"，即可看到已经创建的用户定义函数 aver_age 的图标。如果没有看到该函数，请选择"刷新"选项。

2）标量函数的调用

当调用用户定义的标量函数时，必须提供至少由两部分组成的名称，即"数据库架构名.函数名"。可按以下方式调用标量函数：

（1）在 SELECT 语句中调用标量函数。调用形式如下：

架构名.函数名(实参, …)

实参可为已赋值的局部变量或表达式。

【例 1.5.35】 以下程序对例 1.5.34 定义的 aver_age 函数进行调用。

T-SQL 语句如下：

```
/*定义局部变量*/
DECLARE @sex bit
DECLARE @aver1 int
/*给局部变量赋值*/
SELECT @sex=1
SELECT @aver1=dbo.aver_age(@sex)      /*调用用户定义函数,并将返回值赋给局部变量*/
/*显示局部变量的值*/
SELECT @aver1 AS '男性读者的平均年龄'
```

(2) 利用 EXEC 语句调用标量函数。

用 T-SQL 的 EXECUTE(可简写为 EXEC)语句调用用户定义函数时,参数的标识次序与函数定义中的参数标识次序可以不同。有关 EXEC 语句的具体格式在第 7 章中介绍。

利用 EXEC 语句调用标量函数的形式如下：

```
EXEC 变量名=数据库架构名.函数名 实参, …
```

或

```
EXEC 变量名=数据库架构名.函数名 形参名=实参, …
```

注意：前一种形式中的实参顺序应与函数定义的形参顺序一致,后一种形式中的实参顺序可以与函数定义的形参顺序不一致。

如果函数的参数有默认值,在调用该函数时必须指定 DEFAULT 关键字才能获得默认值。这不同于存储过程中有默认值的参数,在存储过程中省略参数也意味着使用默认值。

【例 1.5.36】 利用 EXEC 调用用户定义函数 aver_age。

T-SQL 语句如下：

```
DECLARE @aver1 int                     /*显示局部变量的值*/
EXEC @aver1=dbo.aver_age @sex=0
/*通过 EXEC 调用用户定义函数,并将返回值赋给局部变量*/
SELECT @aver1 AS '女生的平均年龄'
```

2. 内嵌表值函数

内嵌表值函数是返回记录集的用户自定义函数,可用于实现参数化视图的功能。例如,创建如下的视图：

```
CREATE VIEW View1
    AS
    SELECT 借书证号, 姓名
```

```
FROM xsbook.dbo.xs
WHERE 专业='计算机'
```

若希望设计更通用的程序,让用户能指定感兴趣的查询内容,可将"WHERE 专业='计算机'"替换为"WHERE 专业=@para",@para 用于传递参数。但视图不支持在 WHERE 子句中指定搜索条件参数,为解决这一问题,可以定义内嵌表值函数:

```
/*内嵌表值函数的定义*/
IF EXISTS(SELECT name FROM sysobjects WHERE name='fn_View1'AND type='IF')
    DROP FUNCTION fn_View1
GO
CREATE FUNCTION fn_View1 ( @Para char(12) )
    RETURNS TABLE
    AS RETURN
    (    SELECT 借书证号,姓名
            FROM dbo.xs
            WHERE 专业=@para
    )
GO
/*内嵌表值函数的调用*/
SELECT * FROM fn_View1 (N'计算机')
GO
```

下面介绍内嵌表值函数的定义及调用。

1) 内嵌表值函数的定义

内嵌表值函数的定义的语法格式如下:

```
CREATE FUNCTION [架构名.] 函数名          /*定义函数名部分*/
    ...
    RETURNS TABLE                        /*返回值为表类型*/
    ...
    [AS]
    RETURN [(select 语句)]               /*通过 SELECT 语句返回内嵌表*/
```

说明:RETURNS 子句仅包含关键字 TABLE,表示此函数返回一个表。内嵌表值函数的函数体仅有一个 RETURN 语句,并通过其参数指定的 SELECT 语句返回内嵌表。上面的语法格式中的其他参数项与标量函数的定义类似。

【例 1.5.37】 对于 xsbook 数据库,定义查询学生借阅历史的内嵌表值函数。

(1) 创建借阅历史表 jyls:

```
USE xsbook
GO
CREATE TABLE jyls
```

```
(
    借书证号      char(8)      NOT NULL,
    ISBN         char(18)     NOT NULL,
    索书号        char(10)     NOT NULL,
    借书时间      date         NOT NULL,
    还书时间      date         NOT NULL,
    PRIMARY KEY (索书号, 借书证号, 借书时间)          /*定义主键*/
)
```

表创建完后,就可以向表中添加一些数据记录。

(2) 定义内嵌表值函数 fn_query:

```
IF EXISTS(SELECT name FROM sysobjects WHERE name='fn_query'AND type='IF')
    DROP FUNCTION fn_query
GO
CREATE FUNCTION fn_query(@READER_ID char(8))
    RETURNS TABLE
    AS RETURN
    (
        SELECT *
            FROM dbo.jyls
            WHERE dbo.jyls.借书证号=@READER_ID
    )
```

2) 内嵌表值函数的调用

内嵌表值函数只能通过 SELECT 语句调用,调用时,可以仅使用函数名。

在此,以前面定义的内嵌表值函数 fn_query 为例,通过输入学生的借书证号调用该函数查询其借阅历史。

【例 1.5.38】　调用 fn_query 函数,查询借书证号为 131101 的学生的借阅历史。

T-SQL 语句如下:

```
SELECT *
    FROM dbo.fn_query('131101')
```

3. 多语句表值函数

内嵌表值函数和多语句表值函数都返回表(记录集)。二者不同之处在于:内嵌表值函数没有函数主体,返回的表是单个 SELECT 语句的结果集;而多语句表值函数在 BEGIN…END 语句块中定义的函数主体由 T-SQL 语句序列构成,这些语句可生成记录行并将行插入表中,最后返回表(记录集)。

1) 多语句表值函数的定义

多语句表值函数的定义的语法格式如下:

```
CREATE FUNCTION [架构名.]函数名          /*定义函数名部分*/
    …
```

```
RETURNS @表变量 TABLE 表定义        /*定义作为返回值的表*/
…
[AS]
BEGIN
    函数体                          /*定义函数体*/
RETURN
END
```

说明：@表变量用于存储作为函数值返回的记录集。函数体为 T-SQL 语句序列，只用于标量函数和多语句表值函数。在标量函数中，函数体是一系列合起来求得标量值的 T-SQL 语句；在多语句表值函数中，函数体是一系列在表变量中插入记录行的 T-SQL 语句。表定义为定义表结构的 T-SQL 语句。

【例 1.5.39】 在 xsbook 数据库中创建返回 table 的函数 book_readers，以 ISBN 为实参调用该函数，查询图书的名称以及当前借阅该图书的所有学生的借书证号、姓名和索书号。

T-SQL 语句如下：

```
IF EXISTS (SELECT name FROM sysobjects WHERE name= 'book_readers'AND type= 'TF')
    DROP FUNCTION book_readers
GO
CREATE FUNCTION book_readers(@ISBN_ID char(18))
    RETURNS @readers_list TABLE
    (
        ISBN_id       char(18),
        book_name     char(26),
        Search_num    char(10),
        readernum     char(8),
        reader_name   char(8)
    )
    AS
    BEGIN
    INSERT @readers_list
        SELECT jy.ISBN, book.书名, jy.索书号, xs.借书证号, xs.姓名
            FROM dbo.xs, dbo.book, dbo.jy
            WHERE jy.ISBN=book.ISBN AND jy.ISBN=@ISBN_ID AND
                    xs.借书证号=jy.借书证号
        RETURN
    END
GO
```

2) 多语句表值函数的调用

多语句表值函数的调用方法与内嵌表值函数的调用方法相同。例 1.5.40 是例 1.5.30 创建的多语句表值函数 book_readers 的调用。

【例 1.5.40】 查询 ISBN 为 978-7-111-21382-6 的书名及当前借阅该书的所有学生。

T-SQL 语句如下：

```
SELECT *
    FROM xsbook.dbo.book_readers('978-7-111-21382-6')
```

该语句的执行结果如图 1.5.11 所示。

	ISBN_id	book_name	Search_num	readernum	reader_name
1	978-7-111-21382-6	Java编程思想	1800001	131220	吴薇华
2	978-7-111-21382-6	Java编程思想	1800002	131104	韦严平

图 1.5.11 调用多语句表值函数

5.5.3 用户定义函数的删除

对于一个已创建的用户定义函数,可以用两种方法删除:

(1) 通过对象资源管理器删除。此方法非常简单,请读者自己练习。

(2) 利用 T-SQL 语句 DROP FUNCTION 删除。其语法格式如下:

```
DROP FUNCTION [架构名.]函数名,…
```

可以一次删除多个用户定义函数。

注意:要删除用户定义函数,先要删除与之相关的对象。

CHAPTER 第 6 章
索引和数据完整性

本章介绍 SQL Server 的索引技术和数据完整性的分类及实现。

6.1 索引

当查找书中的内容时,为了提高查找速度,并不是从第一页开始,按顺序查找,而是首先查看书的目录,找到需要的内容的页码,然后根据这一页码直接找到相应的章节。在数据库中,为了从大量的数据中迅速找到需要的内容,也采用了类似于书的目录这样的索引技术,使得查询数据时不必扫描整个数据库,就能迅速查到所需要的内容。

索引是按照一定顺序对表中一列或若干列建立的列值与记录行之间的对应关系表。在数据库系统中建立索引主要有以下作用:

- 快速存取数据。
- 保证数据记录的唯一性。
- 实现表与表之间的参照完整性。
- 在使用 ORDER BY、GROUP BY 子句进行数据检索时,利用索引可以缩短排序和分组的时间。

6.1.1 索引的分类

如果一个表没有创建索引,则数据行按输入顺序存储,这种存储结构称为堆集。

SQL Server 支持在表中任何列(包括计算列)上定义索引。按索引的组织方式,可将 SQL Server 索引分为聚集索引和非聚集索引两种类型。

索引可以是唯一的,这意味着不会有两行记录的索引键值相同,这样的索引称为唯一索引。当唯一性是数据本身应考虑的特点时,可创建唯一索引。索引也可以不是唯一的,即多个行可以共享同一索引键值。如果索引是根据多列组合创建的,这样的索引称为复合索引。

1.聚集索引

聚集索引将数据行的键值在表内排序并存储对应的数据记录,使得数据记录在表中的物理顺序与索引顺序一致。SQL Server 是按 B 树方式组织聚集索引的。B 树方式构建为包含多个节点的一棵树。顶部的节点构成了索引的开始点,叫作根。每个节点中含有索引列的几个值,一个节点中的每个值又都指向另一个节点或者指向表中的一行,一个节点中的值必须是有序排列的。指向一行的一个节点叫作叶节点。叶节点本身也是相互连接的,一个叶节点有一个指针指向下一组。这样,表中的每一行都会在索引中有一个对应值。查询的时候就可以根据索引值直接找到对应的行。

聚集索引中 B 树的叶节点存放数据页信息。聚集索引在索引的叶级保存数据。这意味着不论聚集索引里有表的哪个(或哪些)字段,这些字段都会按顺序被保存在表中。由于存在这种排序,所以每个表只会有一个聚集索引。

由于数据记录按聚集索引键的顺序存储,因此聚集索引对查找记录很有效。

2. 非聚集索引

非聚集索引完全独立于数据行的结构。SQL Server 也是按 B 树组织非聚集索引的。与聚集索引不同之处在于:非聚集索引的 B 树的叶节点不存放数据页信息,而是存放非聚集索引的键值,并且每个键值项都有指针指向包含该键值的数据行。

对于非聚集索引,表中的数据行不按非聚集索引键的顺序存储。

在非聚集索引内,从索引行指向数据行的指针称为行定位器。行定位器的结构取决于数据页的存储方式是堆集还是聚集。对于堆集,行定位器是指向行的指针。对于有聚集索引的表,行定位器是聚集索引键,只有在表上创建聚集索引时,表内的行才按特定顺序存储。这些行按聚集索引键的顺序存储。如果一个表只有非聚集索引,它的数据行将按无序的堆集方式存储。

一个表中最多只能有一个聚集索引,但可以有一个或多个非聚集索引。当在 SQL Server 上创建索引时,可指定是按升序还是按降序存储键。

如果在一个表中既要创建聚集索引,又要创建非聚集索引,应先创建聚集索引,然后创建非聚集索引,因为创建聚集索引时将改变数据记录的物理存放顺序。

6.1.2　系统表 sysindexes

在 5.5.1 节,介绍了系统表 sysobjects。本节介绍另一个系统表——sysindexes。当用户创建数据库时,系统将自动创建系统表 sysindexes。用户创建的每个索引均将在系统表 sysindexes 中登记。当创建一个索引时,如果该索引已存在,则系统将报错。因此,创建一个索引前,应先查询 sysindexes 表,若待定义的索引已存在,则先删除之,然后再创建索引。当然,也可采用其他措施,例如,若检测到待定义的索引已存在,则不创建该索引。系统表 sysindexes 的主要字段如表 1.6.1 所示。

表 1.6.1　系统表 sysindexes 的主要字段

字段名	字段类型	含　　义
id	int	当其值不等于 0 或 255 时,为索引所属表的 ID
indid	smallint	索引 ID。1 为聚集索引;大于 1 但不等于 255 为非聚集索引
name	sysname	当 indid 不等于 0 或 255 时,本字段为索引名

后面的示例会使用 sysindexes 查询一个索引是否存在。

6.1.3　索引的创建

在 xsbook 数据库中,经常要对 xs、book 和 jy 这 3 个表进行查询和更新。为了提高查

询和更新速度,可以考虑对这 3 个表建立如下索引:

（1）对于 xs 表,按"借书证号"建立主键索引（PRIMARY KEY 约束）,索引组织方式为聚集索引;按"姓名"建立非唯一索引,索引组织方式为非聚集索引。

（2）对于 book 表,按 ISBN 建立主键索引或者唯一索引,索引组织方式为聚集索引。

（3）对于 jy 表,按"借书证号"＋ISBN 建立唯一索引,索引组织方式为聚集索引。

在 SQL Server Management Studio 中,既可利用界面方式创建上述索引,也可以利用 T-SQL 命令通过查询分析器建立索引。

1. 界面方式创建索引

下面以 xs 表中按姓名建立非唯一索引（索引组织方式为非聚集索引）为例,介绍索引的创建方法。

（1）在对象资源管理器中展开"数据库"→xsbook→"表"→dbo.xs,右击其中的"索引"项,在弹出的快捷菜单中选择"新建索引"→"非聚集索引"命令。

（2）在弹出的"新建索引"对话框中输入索引名称（在表中必须唯一）,如 ck_xs。如果是唯一索引,需要勾选"唯一"复选框。单击"新建索引"对话框的"添加"按钮,在弹出的对话框（如图 1.6.1 所示）中选择要添加的列,单击"确定"按钮,返回"新建索引"对话框,为索引键列设置相关的属性,最后单击"确定"按钮,即完成了索引的创建工作。

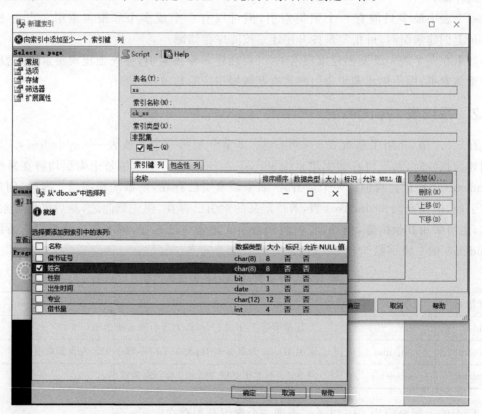

图 1.6.1   添加索引键列

说明:在创建索引之前,如果已经创建了主键,在创建主键时系统会自动将主键列定义为聚集索引。由于一个表中只能有一个聚集索引,所以,如果已经创建的主键未删除,将无法再创建新的聚集索引。

　　索引创建完成后，在对象资源管理器中展开对应表中的"索引"项，就可以查看已创建的索引，如图 1.6.2 所示。

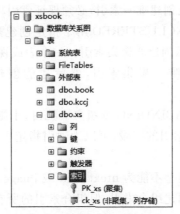

图 1.6.2　已创建的索引

其他索引的创建方法与上面类似。

2. 使用 SQL 命令创建索引

使用 CREATE INDEX 语句可以为表创建索引。其语法格式如下：

```
CREATE [UNIQUE]
    [CLUSTERED | NONCLUSTERED]
    INDEX 索引名
  ON[数据库名.[架构名]. | 架构名.]表名或视图名
    ( 列名 [ASC | DESC][, …] )
  [WITH(选项[, …])]
  [ON 分区方案名(列名) | 文件组名]
```

其中：

```
选项 ::=
    PAD_INDEX={ ON | OFF }
    | FILLFACTOR=fillfactor
    | SORT_IN_TEMPDB={ ON | OFF }
    | IGNORE_DUP_KEY={ ON | OFF }
    | STATISTICS_NORECOMPUTE={ ON | OFF }
    | DROP_EXISTING={ ON | OFF }
    | ONLINE={ ON | OFF }
    | ALLOW_ROW_LOCKS={ ON | OFF }
    | ALLOW_PAGE_LOCKS={ ON | OFF }
    | MAXDOP=max_degree_of_parallelism
```

说明：

（1）UNIQUE 表示为表或视图创建唯一索引（即不允许存在索引值相同的两行）。例

如,对于 xs 表,根据"借书证号"创建唯一索引,即不允许有两个相同的借书证号出现。此关键字的使用有两点需注意:

① 为视图创建的聚集索引必须是 UNIQUE 索引。

② 如果对已存在数据的表创建唯一索引,必须保证索引项对应的值不重复。

(2) CLUSTERED | NONCLUSTERED 用于指定创建聚集索引还是非聚集索引,前者表示创建聚集索引,后者表示创建非聚集索引。一个表或视图只允许有一个聚集索引,并且必须首先为表或视图创建唯一聚集索引,然后才能创建非聚集索引。默认设置为 NONCLUSTERED。

注意:必须使用 SCHEMABINDING 选项定义视图,才能在视图上创建索引。

(3) 列名:用于指定建立索引的字段,可以为索引指定多个字段。指定索引字段时,要注意如下两点:

① 表或视图索引字段的类型不能为 ntext、text 或 image。

② 通过指定多个字段可创建组合索引,但组合索引的所有字段必须取自同一表。

ASC 表示索引文件按升序建立,DESC 表示索引文件按降序建立,默认设置为 ASC。

(4) WITH 子句用于指定索引选项,主要有以下几个。

① PAD_INDEX:用于指定索引中间级中每个页(节点)保持开放的空间,此关键字必须与 FILLFACTOR 子句同时用。默认设置为 OFF。

② FILLFACTOR 子句:指定一个百分比,表示在索引创建或重新生成过程中数据库引擎应使每个索引页的叶级别达到的填充程度。

③ SORT_IN_TEMPDB:指定是否在 tempdb 数据库中存储临时排序结果,默认设置为 OFF。ON 表示在 tempdb 中存储用于生成索引的中间排序结果,OFF 表示中间排序结果与索引存储在同一数据库中。

④ IGNORE_DUP_KEY:指定对唯一聚集索引或唯一非聚集索引执行多行插入操作时出现重复键值的错误响应。ON 表示发出一条警告信息,且只有违反了唯一索引的行才会失败;OFF 表示发出错误消息,并回滚整个 INSERT 事务。默认设置为 OFF。

⑤ STATISTICS_NORECOMPUTE:指定是否重新计算分发统计信息。ON 表示不会自动重新计算过时的统计信息,OFF 表示已启用统计信息自动更新功能。默认设置为 OFF。

⑥ DROP_EXISTING:指定删除已存在的同名聚集索引或非聚集索引。ON 表示删除并重新生成现有索引,OFF 表示如果指定索引已存在则显示一条错误。默认设置为 OFF。

⑦ ONLINE:指定在索引操作期间基本表和关联的索引是否可用于查询和数据修改操作。ON 表示索引操作期间不持有长期表锁,OFF 表示索引操作期间应用表锁。默认设置为 OFF。

⑧ ALLOW_ROW_LOCKS:指定是否允许行锁。默认设置为 ON,表示允许。

⑨ ALLOW_PAGE_LOCKS:指定是否允许页锁。默认设置为 ON,表示允许。

⑩ MAXDOP:在索引操作期间覆盖最大并行度配置选项。max_degree_of_parallelism 可以取以下值:

● 1:取消生成并行计划。

● 大于 1 的值:基于当前系统工作负荷,将并行索引操作中使用的最大处理器数限制为指定数量或更少。

- 0(默认值)：根据当前系统工作负荷确定实际的处理器数量或使用数量更少的处理器。

【例 1.6.1】 对于 jy 表，按"借书证号"＋ISBN 创建索引。

T-SQL 语句如下：

```
/ * 创建简单索引 * /
IF EXISTS (SELECT name FROM sysindexes WHERE name='jy_num_ind ')
    DROP INDEX jy.jy_num_ind
GO
CREATE INDEX jy_num_ind
    ON jy (借书证号, ISBN)
```

【例 1.6.2】 根据 book 表的 ISBN 列创建唯一聚集索引。因为指定了 CLUSTERED 子句，所以该索引将对磁盘上的数据进行物理排序。

T-SQL 语句如下：

```
/ * 创建唯一聚集索引 * /
CREATE UNIQUE CLUSTERED INDEX book_id_ind
    ON book(ISBN)
```

说明：如果创建唯一聚集索引 book_id_ind 之前已创建了主键索引，则创建 book_id_ind 失败。

【例 1.6.3】 根据 xs 表中"借书证号"字段创建唯一聚集索引。如果输入了重复键值，将忽略该 INSERT 或 UPDATE 语句。

T-SQL 语句如下：

```
CREATE UNIQUE CLUSTERED INDEX xs_ind
    ON xs(借书证号)
    WITH IGNORE_DUP_KEY
```

创建索引有如下两点注意：

(1) 在计算列上创建索引。对于 UNIQUE 或 PRIMARY KEY 索引，只要满足索引条件，就可以包含计算列，但计算列必须具有确定性，必须精确。若计算列中带有函数时，使用该函数时有相同的参数输入，输出的结果也一定相同时，该计算列是确定的。而有些函数(如 getdate)每次调用时都输出不同的结果，这时就不能在计算列上定义索引。计算列为 text、ntext 或 image 列时也不能在该列上创建索引。

(2) 在视图上创建索引。可以在视图上定义索引，索引视图能自动反映出创建索引后对基本表数据所做的修改。

【例 1.6.4】 创建一个视图，并为该视图创建索引。

T-SQL 语句如下：

```
/* 定义视图 */
CREATE VIEW VIEW1 WITH SCHEMABINDING
AS
    SELECT 索书号, 书名, 姓名
        FROM dbo.jy, dbo.book, dbo.xs
        WHERE jy.ISBN=book.ISBN AND xs.借书证号=jy.借书证号
/* 在视图 VIEW1 上定义索引 */
CREATE UNIQUE CLUSTERED INDEX Ind1
    ON dbo.VIEW1(索书号 ASC)
```

在本例中,由于使用了 WITH SCHEMABINDING 子句,因此,在定义视图时,SELECT 子句中的表名必须为"数据库架构名.视图名"的形式。

6.1.4 索引的删除

索引既可以通过界面方式删除,也可通过 T-SQL 语句删除。

1. 通过界面方式删除索引

通过界面方式删除索引的主要步骤如下:启动 SQL Server Management Studio,在对象资源管理器中展开"数据库"→xsbook→"表"→dbo.xs→"索引",选择其中要删除的索引,右击该索引,在弹出的快捷菜单中选择"删除"命令。在打开的"删除对象"对话框中单击"确定"按钮即可。

2. 通过 T-SQL 语句删除索引

DROP INDEX 语句的语法格式如下:

```
DROP INDEX
    索引名 ON 表名或视图名, …
```

DROP INDEX 语句可以一次删除一个或多个索引。该语句不适合删除通过定义 PRIMARY KEY 或 UNIQUE 约束创建的索引。若要删除 PRIMARY KEY 或 UNIQUE 约束创建的索引,必须通过删除约束实现。另外,在系统表的索引上不能使用 DROP INDEX 语句。

【例 1.6.5】 删除 jy_num_ind 索引。

T-SQL 语句如下:

```
IF EXISTS (SELECT name FROM sysindexes WHERE name='jy_num_ind')
    DROP INDEX jy.jy_num_ind
```

6.2 数据完整性

数据完整性是指数据库中的数据在逻辑上的一致性和准确性。

6.2.1 数据完整性的分类

数据完整性一般包括 3 种:域完整性、实体完整性和参照完整性。

1. 域完整性

域完整性又称列完整性,指列数据输入的有效性。实现域完整性的方法是限制类型(通过数据类型)、格式(通过 CHECK 约束和规则)或可能的取值范围(通过 CHECK 约束、DEFAULT 定义、NOT NULL 定义)等。

CHECK 约束通过显示输入到列中的值来实现域完整性;DEFAULT 定义后,如果列中没有输入值,则通过填充默认值来实现域完整性;通过定义列为 NOT NULL 来限制输入的值不能为空也能实现域完整性。

【例 1.6.6】 对于 xsbook 数据库的 xs 表,假设允许学生当前的借书量最多为 20 本。为了对学生当前的借书量进行限制,可以在定义 xs 表时规定 0≤借书量≤20 的约束条件以达到目的。

以下 T-SQL 语句在定义 xs 表的同时定义借书量字段的约束条件:

```
USE xsbook
GO
CREATE TABLE xs
(
    借书证号      char(8)            NOT NULL PRIMARY KEY,
    姓名          char(8)            NOT NULL,
    性别          bit                NOT NULL DEFAULT 1,
    出生时间      date               NOT NULL ,
    /*以下语句在定义字段的同时定义约束条件*/
    专业          char(12)           NOT NULL,
    借书量        int                CHECK(借书量> =0 AND 借书量<=20) NOT NULL,
    照片          varbinary(MAX)     NULL
)
```

2. 实体完整性

实体完整性又称行完整性,要求表中有一个主键,其值不能为空,且能唯一地标识对应的记录。通过索引、UNIQUE 约束、PRIMARY KEY 约束或 IDENTITY 属性等可实现数据的实体完整性。例如,对于 xsbook 数据库中的 xs 表,"借书证号"作为主键,每一个学生的借书证号能唯一的标识该学生对应的行记录信息,因此在输入数据时不能有相同借书证号的行记录。通过对"借书证号"字段建立 PRIMARY KEY 约束可实现 xs 表的实体完整性。

3. 参照完整性

参照完整性又称引用完整性。参照完整性保证主表数据与从表数据的一致性。在 SQL Server 中,参照完整性是通过定义外键与主键之间或外键与唯一键之间的对应关系实现的。参照完整性确保键值在所有表中一致。

键是能唯一标识表中记录的字段或字段组合。如果一个表有多个键,可选其中一个作为主键,其余的称为后选键。

如果一个表中的一个字段或若干字段的组合是另一个表的,则称该字段或字段组合为该表的外键。例如,对于 xsbook 数据库的 xs 表中每一个学生的借书证号,在 jy 表中有相关的借书记录。将 xs 表作为主表,将该表中的"借书证号"字段定义为主键;将 jy 表作为从表,将该表中的"借书证号"字段定义为外键。这样,即可建立主表和从表之间的关联,实现参照完整性。xs 表和 jy 表的对应关系如图 1.6.3 所示。

图 1.6.3　xs 表(主表)与 jy 表(从表)的对应关系

如果定义了两个表之间的参照完整性,则对两个表的操作要满足如下要求:

(1) 从表不能引用不存在的键值。例如,jy 表的行记录中出现的借书证号必须是 xs 表中已存在的值。

(2) 如果主表中的键值更改了,那么在整个数据库中,对从表中该键值的所有引用都要进行一致的更改。例如,如果对 xs 表中的某一借书证号进行了修改,则对 jy 表中所有与之对应的借书证号也要进行相应的修改。

(3) 如果要删除主表中的某一记录,应先删除从表中与该记录匹配的相关记录。

6.2.2　域完整性的实现

SQL Server 通过数据类型、CHECK 约束、DEFAULT 定义和 NOT NULL 定义可以实现域完整性。其中数据类型、DEFAULT 定义和 NOT NULL 定义在前面的内容中已经作了介绍,这里不再重复。下面介绍如何使用 CHECK 约束实现域完整性。

CHECK 约束实际上是字段输入内容的验证规则。一个字段的输入内容必须满足 CHECK 约束的条件,否则数据无法正常输入。对于 timestamp 和 identity 两种类型的字段不能定义 CHECK 约束。

1) 通过界面方式创建与删除 CHECK 约束

对于 xsbook 数据库的 xs 表,要求学生的借书证号必须由 6 个数字字符构成,并且不能为 000000。

通过界面方式创建 CHECK 约束的步骤如下:

（1）启动 SQL Server Management Studio，在对象资源管理器中展开"数据库"→xsbook→"表"，选择 dbo.xs，右击该表，在弹出的快捷菜单中选择"设计"命令。

（2）在打开的"表设计器"对话框中选择"借书证号"属性列，右击该列，在弹出的快捷菜单中选择"CHECK 约束"命令。

（3）在打开的 "CHECK 约束"对话框（图 1.6.4）中，单击"添加"按钮，添加一个 CHECK 约束。在常规属性区域中的"表达式"一栏最左侧单击 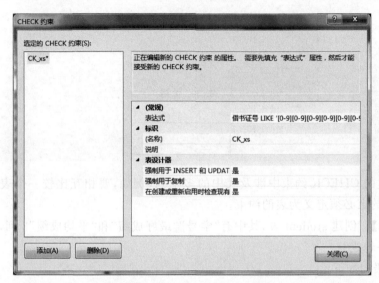 按钮（或直接在文本框中输入内容），打开"CHECK 约束表达式"对话框，并将相应的 CHECK 约束表达式编辑为"借书证号 LIKE '[0-9][0-9][0-9][0-9][0-9][0-9] ' AND 借书证号<>'000000'"。

图 1.6.4　"CHECK 约束"对话框

（4）单击"确定"按钮，完成 CHECK 约束表达式的编辑，返回"CHECK 约束"对话框。在该对话框中单击"关闭"按钮，并保存修改，完成 CHECK 约束的创建。此时，若输入数据时借书证号不符合要求，系统将报告错误。

如果要删除上述约束，只需打开图 1.6.4 所示的"CHECK 约束"对话框，选中要删除的约束，单击"删除"按钮，然后单击"关闭"按钮即可。

2）使用 T-SQL 语句在创建表时创建 CHECK 约束

利用 T-SQL 命令可以定义两种约束：作为列的约束或作为表的约束。

语法格式如下：

```
CREATE TABLE 表名
(   列名 数据类型
    NOT NULL | NULL                /*指定为空性*/
    |[DEFAULT 表达式]               /*指定默认值*/
    |[CONSTRAINT 约束名]CHECK(约束表达式)]
    ,…
    [CONSTRAINT 约束]CHECK(约束逻辑表达式)]
    ,…
)
```

说明：关键字 CHECK 表示定义 CHECK 约束表达式，该表达式的构成与 WHERE 子句中逻辑表达式的构成相同。可以使用 CONSTRAINT 关键字为 CHECK 约束定义一个名称；如果没有给出名称，则系统自动创建一个名称。

【例 1.6.7】 对于 xsbook 数据库中的 book 表，要求图书的最高价格为 250 元，请重新定义 book 表。

T-SQL 语句如下：

```
CREATE TABLE book
(
    ISBN       char(18)    NOT NULL PRIMARY KEY,
    书名       char(40)    NOT NULL,
    作者       char(16)    NOT NULL,
    出版社     char(30)    NOT NULL,
    价格       float       NOT NULL CHECK (价格< =250),
    复本量     int         NOT NULL,
    库存量     int         NOT NULL
)
```

如果创建的 CHECK 约束中涉及表中的多个列，例如，要相互比较一个表的两个或多个列，那么该约束必须定义为表的约束。

【例 1.6.8】 创建 student 表，其中有"学号""最好成绩"和"平均成绩"3 列，要求最好成绩必须大于平均成绩。

T-SQL 语句如下

```
CREATE TABLE student
(
    学号          char(6)     NOT NULL,
    最好成绩      int         NOT NULL,
    平均成绩      int         NOT NULL,
    CHECK(最好成绩 > 平均成绩)
)
```

也可以同时定义多个 CHECK 约束，中间用逗号隔开。

3）使用 T-SQL 语句在修改表时创建 CHECK 约束

语法格式如下：

```
ALTER TABLE 表名
    ADD [列的定义]
    [CONSTRAINT 约束名] CHECK(约束表达式)
```

说明：使用 ALTER TABLE 的 ADD 子句为表添加一个 CHECK 约束定义。

【例 1.6.9】 通过修改 xsbook 数据库的 xs 表，增加"借书证号"字段的 CHECK 约束：要求借书证号必须由 6 个数字字符构成，并且不等于 00000000。

```
ALTER TABLE xs
    ADD CONSTRAINT card_constraint
    CHECK(借书证号 LIKE '[0-9][0-9][0-9][0-9][0-9][0-9]'AND 借书证号<>'000000')
```

4）使用 T-SQL 语句删除 CHECK 约束

CHECK 约束的删除可在对象资源管理器中通过界面方式进行，读者可以自己试一试。在此介绍如何利用 T-SQL 命令删除 CHECK 约束。

使用 ALTER TABLE 语句的 DROP 子句可以删除 CHECK 约束。语法格式如下：

```
ALTER TABLE 表名
    DROP CONSTRAINT 约束名
```

【例 1.6.10】　删除 xsbook 数据库中 xs 表"借书证号"字段的 CHECK 约束。

T-SQL 语句如下：

```
IF EXISTS (SELECT name FROM sysobjects WHERE name='card_constraint'AND type='C')
    BEGIN
        ALTER TABLE xs
        DROP CONSTRAINT card_constraint
    END
```

6.2.3　实体完整性的实现

如前所述，表中应有一个列或列的组合，其值能唯一地标识表中的每一行，选择这样的列或列的组合作为主键可实现表的实体完整性。通过定义 PRIMARY KEY 约束来创建主键。

一个表只能有一个 PRIMARY KEY 约束，而且 PRIMARY KEY 约束中的列不能取空值。当为表定义 PRIMARY KEY 约束时，SQL Server 为主键列创建唯一索引，实现数据的唯一性。在查询中，该索引可用来对数据进行快速访问。如果 PRIMARY KEY 约束是由多列组合定义的，则某一列的值可以重复，但 PRIMARY KEY 约束定义中所有列的组合值必须唯一。

如果要确保一个表中的非主键列不输入重复值，则应在该列上定义唯一约束（UNIQUE 约束）。例如，xsbook 数据库中 xs 表的"借书证号"列是主键，若在 xs 表中增加一列"身份证号码"，可以定义一个唯一约束来要求表中"身份证号码" 列的取值是唯一的。

PRIMARY KEY 约束与 UNIQUE 约束的主要区别如下：

（1）一个数据表只能创建一个 PRIMARY KEY 约束，但是可根据需要对不同的列创建若干 UNIQUE 约束。

（2）PRIMARY KEY 字段的值不允许为 NULL，而 UNIQUE 字段的值可取 NULL。

（3）一般在创建 PRIMARY KEY 约束时，系统会自动产生索引，索引的默认类型为簇索引。创建 UNIQUE 约束时，系统会自动产生一个 UNIQUE 索引，索引的默认类型为非簇索引。

PRIMARY KEY 约束与 UNIQUE 约束的相同点在于二者均不允许表中对应字段存在重复值。

1. 使用界面方式创建和删除 PRIMARY KEY 约束

1）创建 PRIMARY KEY 约束

如果要对 xs 表中的"借书证号"列建立 PRIMARY KEY 约束，可以按 3.3.3 节中创建表并设置主键的相关步骤进行。

当创建主键时，系统将自动创建一个名称以 PK_为前缀、后跟表名的主键索引，并自动按聚集索引方式组织主键索引。

2）删除 PRIMARY KEY 约束

如果要删除为 xs 表中的"借书证号"字段建立的 PRIMARY KEY 约束，按如下步骤进行：在对象资源管理器中选择 dbo.xs 表，右击该表，在弹出的快捷菜单中选择"设计"命令，进入表设计器窗口。选择主键对应的行，右击该行，在弹出的快捷菜单中选择"删除主键"命令即可。

2. 使用界面方式创建和删除 UNIQUE 约束

1）创建 UNIQUE 约束

如果要对 xs 表中的"姓名"列创建 UNIQUE 约束，以保证该列取值的唯一性，可按以下步骤进行：

（1）进入 xs 表的表设计器窗口，选择"姓名"属性列并右击该列，在弹出的快捷菜单中选择"索引/键"命令，打开"索引/键"对话框。

（2）单击"添加"按钮，并在右边的"标识"属性区域的"名称"文本框中输入唯一键的名称（用系统默认的名称或重新取名）。在常规属性区域的选择类型为"唯一键"。

（3）在常规属性区域中的"列"后面单击 按钮，选择要创建索引的列。在此选择"借书证号"列，并设置排序顺序。单击"关闭"按钮，保存对表的修改即可。

2）删除 UNIQUE 约束

打开"姓名"属性列的"索引/键"对话框，选择要删除的 UNIQUE 约束，单击"删除"按钮，单击"关闭"按钮，保存对表的修改即可。

3. 使用 T-SQL 命令创建及删除 PRIMARY KEY 约束或 UNIQUE 约束

1）在创建表时创建 PRIMARY KEY 约束或 UNIQUE 约束

语法格式如下：

```
CREATE TABLE 表名                          /*指定表名*/
(   列名   数据类型                         /*定义字段*/
    [CONSTRAINT 约束名]                    /*定义约束名*/
    PRIMARY KEY | UNIQUE                   /*定义约束类型*/
    [CLUSTERED | NONCLUSTERED]            /*定义约束的索引类型*/
    , …
)
```

说明：

(1) PRIMARY KEY 和 UNIQUE 是用于定义约束类型的关键字，PRIMARY KEY 为主键，UNIQUE 为唯一键。

(2) CLUSTERED 和 NONCLUSTERED 是用于定义约束的索引类型的关键字，CLUSTERED 表示聚集索引，NONCLUSTERED 表示非聚集索引，与 CREATE INDEX 语句中的选项相同。

【例 1.6.11】 创建 xs4 表，并对"借书证号"字段创建 PRIMARY KEY 约束，对"姓名"字段创建 UNIQUE 约束。

T-SQL 语句如下：

```
USE xsbook
GO
CREATE TABLE xs4
(
    借书证号    char(8)         NOT NULL CONSTRAINT xs_pk PRIMARY KEY,
    姓名       char(8)         NOT NULL CONSTRAINT XM_UK UNIQUE,
    性别       bit            NOT NULL,
    出生时间    date           NOT NULL,
    专业       char(12)        NOT NULL,
    借书量      int            CHECK(借书量>=0 AND 借书量<=20) NULL,
    照片       varbinary(MAX) NULL
)
```

【例 1.6.12】 创建借阅历史表 jyls1，将"借书证号""索书号""借书时间"作为联合主键。

T-SQL 语句如下：

```
CREATE TABLE jyls1
(
    借书证号   char(8)     NOT NULL,
    ISBN      char(18)    NOT NULL,
    索书号     char(10)    NOT NULL,
    借书时间   date        NOT NULL,
    还书时间   date        NOT NULL,
    PRIMARY KEY(索书号, 借书证号, 借书时间)          /*定义主键*/
)
```

2) 在修改表时创建 PRIMARY KEY 约束或 UNIQUE 约束

创建 PRIMARY KEY 约束使用 ALTER TABLE 语句的 ADD 子句。语法格式如下：

```
ALTER TABLE 表名
    ADD [CONSTRAINT 约束名] PRIMARY KEY | UNIQUE
        [CLUSTERED | NONCLUSTERED]
        (column [, …])
```

【例 1.6.13】 修改 xs4 表,向其中添加"身份证号码"字段,对该字段定义 UNIQUE 约束。对"出生时间"字段定义 UNIQUE 约束。

T-SQL 语句如下:

```
ALTER TABLE xs4
    ADD 身份证号码 char(18)
    CONSTRAINT SF_UK UNIQUE NONCLUSTERED(身份证号码)
GO
ALTER TABLE xs4
    ADD CONSTRAINT CJSJ_UK UNIQUE NONCLUSTERED(出生时间)
```

3) 删除 PRIMARY KEY 约束或 UNIQUE 约束

删除 PRIMARY KEY 约束或 UNIQUE 约束需要使用 ALTER TABLE 语句的 DROP 子句。语法格式如下:

```
ALTER TABLE 表名
    DROP CONSTRAINT 约束名 [, …]
```

【例 1.6.14】 删除例 1.6.11 和例 1.6.13 中在 xs4 表上创建的 PRIMARY KEY 约束和 UNIQUE 约束。

T-SQL 语句如下:

```
ALTER TABLE xs4
    DROP CONSTRAINT xs_pk, XM_UK
```

6.2.4 参照完整性的实现

对两个相互关联的表(主表与从表)进行数据插入和删除时,通过参照完整性保证它们之间数据的一致性。

利用 FOREIGN KEY 约束定义从表的外键,利用 PRIMARY KEY 约束或 UNIQUE 约束定义主表中的主键或唯一键(不允许为空),可实现主表与从表之间的参照完整性。

定义表间参照关系时,先定义主表的主键(或唯一键),再对从表定义外键(根据查询的需要,可先对从表的该列创建索引)。

下面首先介绍使用界面方式定义表间参照关系的方法,然后介绍利用 T-SQL 命令定义表间参照关系的方法。

1. 使用界面方式定义表间参照关系

例如,在 xsbook 数据库中要建立 xs 表与 jy 表之间的参照完整性,操作步骤如下:

(1) 按照前面介绍的方法定义主表的主键。由于前面在创建表的时候已经定义 xs 表中的"借书证号"字段为主键,所以这里就不需要再定义主表的主键了。

(2) 在对象资源管理器中展开"数据库"→xsbook,选择"数据库关系图",右击该项,在弹出的快捷菜单中选择"新建数据库关系图"命令,打开"添加表"对话框。

(3) 选择要添加的表,这里选择 xs 表和 jy 表。单击"添加"按钮完成表的添加,然后单击"关闭"按钮退出窗口。

（4）在"数据库关系图设计"窗口将鼠标指向主表的主键，并将其拖动到从表，即将 xs 表中的"借书证号"字段拖动到 jy 表中的"借书证号"字段。

（5）在弹出的"表和列"对话框中输入关系名，设置主键表和列名，单击"确定"按钮，再单击"外键关系"对话框中的"确认"按钮。此时，主表和从表的参照关系如图 1.6.5 所示。

图 1.6.5　主表和从表的参照关系

（6）单击"保存"按钮，在弹出的"选择名称"对话框中输入关系图的名称。单击"确定"按钮，在弹出的"保存"对话框中单击"是"按钮，保存设置。

到此，关系图的创建过程全部完成。此后就可以在 xsbook 数据库的"数据库关系图"下看到刚才创建的参照关系。读者可在主表和从表中插入或删除数据来验证它们之间的参照关系。

为提高查询效率，在定义主表与从表的参照关系前，可考虑首先对从表的外键定义索引，然后定义主表与从表间的参照关系。

如果要在图 1.6.5 的基础上再添加 book 表并建立相应的参照完整性关系，可以右击图 1.6.5 的空白区域，在弹出的快捷菜单中选择"添加表"命令，在随后弹出的"添加表"对话框中添加 book 表，最后再定义 book 表和 jy 表的参照关系。

2. 使用界面方式删除表间参照关系

如果要删除前面建立的 xs 表与 jy 表的参照关系，可按以下步骤进行：

（1）在 xsbook 数据库的"数据库关系图"下选择要修改的关系图，如 Diagram_0，右击该关系图，在弹出的快捷菜单中选择"修改"命令，打开"数据库关系图设计"窗口。

（2）选择已经建立的关系，右击该关系，在弹出的快捷菜单中选择"从数据库中删除关系"命令，如图 1.6.6 所示。在随后弹出的对话框中，单击"是"按钮，删除该关系。

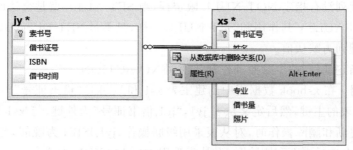

图 1.6.6　删除表间参照关系

3. 使用 T-SQL 命令定义表间参照关系

前面已介绍了创建主键(PRIMARY KEY 约束)及唯一键(UNIQUE 约束)的方法,在此介绍使用 T-SQL 命令创建外键的方法。

1) 在创建表的同时定义外键约束

使用 CREATE TABLE 语句可以在创建表的同时定义外键约束。语法格式如下:

```
CREATE TABLE 表名
(
    列名 数据类型
    [CONSTRAINT 约束名]
    [FOREIGN KEY][(列名, …)]
    REFERENCES 参考表名 [(参考列名, …)]
    [ON DELETE NO ACTION | CASCADE | SET NULL | SET DEFAULT]
    [ON UPDATE NO ACTION | CASCADE | SET NULL | SET DEFAULT]
)
```

说明:

(1) 和主键一样,外键也可以定义为列的约束或表的约束。如果定义为列的约束,则直接在列定义后面使用 FOREIGN KEY 关键字定义该字段为外键;如果定义为表的约束,需要在 FOREIGN KEY 关键字后面指定由哪些字段组成外键。

(2) FOREIGN KEY 定义的外键应与参考表名指定的主表中的主键或唯一键对应,主表中主键或唯一键字段由参考列名指定。主键的数据类型和外键的数据类型必须相同。

(3) 定义外键时还可以指定参照动作。可以为每个外键定义参照动作。一个参照动作包含两部分:

① 指定这个参照动作应用哪一个语句。这里有两个相关的语句——DELETE 和 UPDATE 语句,即对表进行删除和更新操作。

② 指定采取哪个动作。可能采取的动作是 NO ACTION、CASCADE、SET NULL 和 SET DEFAULT。接下来说明这些不同动作的含义。

- NO ACTION:不采取动作。即如果有一个相关的外键值在子表中,删除或更新父表中主要键值的操作不被允许。
- CASCADE:从父表删除或更新行时自动删除或更新子表中匹配的行。
- SET NULL:当从父表删除或更新行时,设置子表中与之对应的外键列为 NULL。如果外键列没有指定 NOT NULL 限定词,则 SET NULL 就是合法的。
- SET DEFAULT:其作用和 SET NULL 一样,只不过 SET DEFAULT 是指定子表中的外键列为默认值。

如果没有指定动作,两个参照动作默认使用 NO ACTION。

【例 1.6.15】 在 xsbook 数据库中创建主表 xs1 和 book1,"借书证号"为 xs1 表的主键,ISBN 为 book1 表的主键,然后定义从表 jy1,"jy1.借书证号"为外键,与 xs1 表的主键对应,当对主表进行更新和删除操作时,对从表采用级联操作,jy1.ISBN 为晚间,与 book1 表的主键对应,当对主表进行更新和删除时,对从表采用 NO ACTION 方式。

T-SQL 语句如下:

```
USE xsbook
GO
IF EXISTS (SELECT name FROM sysobjects WHERE name='xs1'AND type='U')
    DROP TABLE xs1
IF EXISTS (SELECT name FROM sysobjects WHERE name='book1'AND type='U')
    DROP TABLE book1
IF EXISTS (SELECT name FROM sysobjects WHERE name='jy1'AND type='U')
    DROP TABLE jy1
CREATE TABLE xs1
(
    借书证号       char(8)          NOT NULL CONSTRAINT xh_pk PRIMARY KEY,
    姓名           char(8)          NOT NULL,
    性别           bit              NOT NULL,
    出生时间       date             NOT NULL,
    专业           char(12)         NOT NULL,
    借书量         int              CHECK (借书量>=0 AND 借书量<=20) NULL,
    照片           varbinary(MAX)   NULL
)
GO
CREATE TABLE book1
(
    ISBN           char(18)         NOT NULL CONSTRAINT B_UK UNIQUE,
    书名           char(40)         NOT NULL,
    作者           char(16)         NOT NULL,
    出版社         char(30)         NOT NULL ,
    价格           float            NOT NULL CHECK(价格<=250),
    复本量         int              NOT NULL,
    库存量         int              NOT NULL
)
GO
CREATE TABLE jy1
(
    借书证号       char(8)          NOT NULL FOREIGN KEY
        REFERENCES xs1(借书证号) ON DELETE CASCADE
        ON UPDATE CASCADE,
    ISBN           char(18)         NOT NULL REFERENCES book1 (ISBN)
        ON DELETE NO ACTION ON UPDATE NO ACTION,
    索书号         char(10)         NOT NULL PRIMARY KEY,
    借书时间       date             NOT NULL
)
```

【例 1.6.16】　创建 point 表,要求表中所有的索书号、借书证号和借书时间组合都必须出现在 jyls1 表中。

T-SQL 语句如下:

```
CREATE TABLE point
(
    借书证号      char(8)         NOT NULL,
    ISBN          char(18)        NOT NULL,
    索书号        char(10)        NOT NULL,
    借书时间      date            NOT NULL,
    还书时间      date            NOT NULL,
    CONSTRAINT FK_point FOREIGN KEY(索书号, 借书证号, 借书时间)
        REFERENCES jyls1(索书号, 借书证号, 借书时间)
    ON DELETE NO ACTION
)
```

2）通过修改表定义外键约束

使用 ALTER TABLE 语句的 ADD 子句也可以定义外键约束，语法格式如下：

```
ALTER TABLE 表名
    ADD [CONSTRAINT 约束名]
    [FOREIGN KEY][(column [, …])]
    REFERENCES referenced_table_name [(ref_column [, …])]
    [ON DELETE NO ACTION | CASCADE | SET NULL | SET DEFAULT]
    [ON UPDATE NO ACTION | CASCADE | SET NULL | SET DEFAULT]
```

【例 1.6.17】 假设 xsbook 数据库中的 xs 表为主表，"xs.借书证号"字段已定义为主键。jy 表为从表，将"jy.借书证号"字段定义为外键。

T-SQL 语句如下：

```
ALTER TABLE jy
    ADD CONSTRAINT jy_foreign
        FOREIGN KEY(借书证号)
        REFERENCES xs(借书证号)
```

4. 使用 T-SQL 命令删除表间参照关系

删除表间参照关系，实际上删除从表的外键约束即可。

删除表间参照关系的语句的语法格式与前面删除其他约束的格式相同。

【例 1.6.18】 删除例 1.6.17 对"jy.借书证号"字段定义的外键约束。

```
ALTER TABLE jy
    DROP CONSTRAINT jy_foreign
```

CHAPTER 第7章

存储过程和触发器

存储过程是数据库对象之一,可以将它理解成数据库的子程序,在客户端和服务器端可以直接调用它。触发器是与表直接关联的特殊的存储过程,是在对表记录进行操作时被触发的。

7.1 存储过程

在 SQL Server 中,使用 T-SQL 语句编写存储过程。存储过程可以接收输入参数,返回表格或标量结果,调用数据定义语言(DDL)和数据操作语言(DML)的语句,然后返回输出参数。使用存储过程有以下优点:

(1) 存储过程在服务器端运行,执行速度快。

(2) 存储过程执行一次后,其执行规划就驻留在高速缓冲存储器中。在以后的操作中,只需从高速缓冲存储器中调用已编译好的二进制代码执行,提高了系统性能。

(3) 能够确保数据库的安全。使用存储过程可以完成所有数据库操作,并可通过编程方式控制上述操作对数据库信息访问的权限。

(4) 能够自动完成需要预先执行的任务。存储过程可以在系统启动时自动执行,而不必在系统启动后再手工操作,大大方便了用户的使用,可以自动完成一些需要预先执行的任务。

7.1.1 存储过程的分类

SQL Server 的存储过程一般分为系统存储过程和用户存储过程两类。

系统存储过程是由系统提供的存储过程,可以作为命令执行各种操作。系统存储过程定义在系统数据库 master 中,其前缀是 sp_,它们为检索系统表的信息提供了方便快捷的方法。系统存储过程允许系统管理员执行修改系统表的数据库管理任务,可以在任何一个数据库中执行。

用户存储过程是指在用户数据库中创建的存储过程,这种存储过程可以接收和返回用户提供的参数,完成用户指定的数据库操作,其名称不能以 sp_ 为前缀。SQL Server 中,用户存储过程可以使用 T-SQL 编写,也可以使用 CLR 方式编写。本章主要介绍 T-SQL 存储过程。

7.1.2 用户存储过程的创建与执行

用户存储过程只能定义在当前数据库中,可以使用 T-SQL 命令语句或对象资源管理器创建。在 SQL Server 中创建存储过程时,必须具有 CREATE ROUTINE 权限。

在用户存储过程的定义中不能使用下列对象创建语句: SET PARSEONLY、SET SHOWPLAN_TEXT、SET SHOWPLAN_XML、SET SHOWPLAN_ALL、CREATE SCHEMA、CREATE FUNCTION、ALTER FUNCTION、CREATE PROCEDURE、ALTER PROCEDURE、CREATE TRIGGER、ALTER TRIGGER、CREATE VIEW、ALTER VIEW、USE 等。

1. 通过 T-SQL 命令创建存储过程

创建存储过程的语句是 CREATE PROCEDURE 或 CREATE PROC,两者同义。

语法格式如下:

```
CREATE PROCEDURE [架构名.] 存储过程名                /*定义过程名*/
    [@形参名 数据类型                                /*定义参数的类型*/
    [VARYING] [=默认值] [OUT | OUTPUT] [READONLY]]   /*定义参数的属性*/
    , …
    [WITH [RECOMPILE] [,] [ENCRYPTION]]              /*定义存储过程的处理方式*/
AS
    sql 语句                                         /*执行的操作*/
```

说明:

(1) 存储过程名必须符合标识符规则,且对于数据库及其所有者必须唯一。创建局部临时过程,可以在存储过程名前面加♯;创建全局临时过程,可以在存储过程名前加♯♯。

(2) 形参局部于该存储过程,形参名必须符合标识符规则,并且首字符必须为@。可定义一个或多个形参,执行存储过程时应提供相应的实参,除非定义了该参数的默认值。

(3) 形参的数据类型可以是 SQL Server 支持的任何类型,但 cursor 类型只能用于 OUTPUT 参数,如果指定形参类型为 cursor,必须同时指定 VARYING 和 OUTPUT 关键字。OUT 与 OUTPUT 关键字意义相同。

(4) VARYING 指定作为输出参数支持的结果集。该参数由存储过程动态构造,其内容可能发生改变,仅适用于 cursor 参数。

(5) 输入参数默认值必须是常量或 NULL。如果定义了默认值,执行存储过程时根据情况可不提供实参。如果存储过程中 LIKE 关键字带参数,默认值中可以包含通配符(%、_、[]和[^])。

(6) READONLY 指定不能在存储过程的主体中更新或修改参数。如果参数类型为用户定义的表类型,则必须指定 READONLY。

(7) RECOMPILE 表示 SQL Server 每次运行该过程时都将对其重新编译;ENCRYPTION 表示 SQL Server 加密 syscomments 表中包含 CREATE PROCEDURE 语句文本的条目。

(8) sql 语句代表过程体包含的 T-SQL 语句,存储过程体中可以包含一个或多个 T-SQL 语句,除了 DCL、DML 与 DDL 命令外,还能包含过程式语句,如变量的定义与赋值、流程控制语句等。

这里用 sql 语句表示可以是 T-SQL 语句或者由多个 T-SQL 语句组成的语句块。

对于存储过程要注意如下几点：

（1）用户定义的存储过程只能在当前数据库中创建（临时存储过程除外，因为它总是在系统临时数据库 tempdb 中创建）。

（2）成功执行 CREATE PROCEDURE 语句后，过程名存储在 sysobjects 系统表中，而CREATE PROCEDURE 语句的文本存储在 syscomments 表中。

（3）自动执行存储过程。SQL Server 启动时可以自动执行一个或多个存储过程。这些存储过程必须由系统管理员在 master 数据库中创建，并在 sysadmin 固定服务器角色下作为后台过程执行。这些过程不能有任何输入参数。

（4）以下语句必须使用对象的架构名对数据库对象进行限定：CREATE TABLE、ALTER TABLE、DROP TABLE、TRUNCATE TABLE、CREATE INDEX、DROP INDEX、UPDATE STATISTICS 及 DBCC 语句。

注意：存储过程的定义只能在单个批处理中。

例如，定义一个存储过程查询 xsbook 数据库中每个学生当前的借书情况，然后调用该存储过程。

定义存储过程的 T-SQL 语句如下：

```
USE xsbook
GO
CREATE PROCEDURE readers_info
AS
    SELECT DISTINCT xs.借书证号, 姓名, book.ISBN, 书名, 索书号
        FROM xs, jy, book
        WHERE xs.借书证号=jy.借书证号 AND book.ISBN=jy.ISBN
GO
```

执行存储过程：

```
EXEC readers_info
```

2. 执行存储过程

通过 EXECUTE（或 EXEC）命令可以执行一个已定义的存储过程。EXECUTE 的语法格式如下：

```
EXECUTE
    [@return_status=]  存储过程名
    [[@参数名=] 值 | @变量 [OUTPUT]| [DEFAULT]], …
```

说明：值为实参。如果省略"@参数名＝"，则后面的实参顺序要与定义时参数的顺序一致；在使用"@参数名＝值"格式时，参数名称和实参不必按在存储过程或函数中定义的顺序提供，并且对后续的所有参数均必须使用该格式。带前缀@的变量表示局部变量，用于保

存 OUTPUT 参数返回的值。DEFAULT 关键字表示不提供实参,而是使用对应的默认值。

存储过程的执行要注意下列几点:

(1) 如果存储过程名的前缀为 sp_,SQL Server 会首先在 master 数据库中寻找符合该名称的系统存储过程。如果没能找到合法的过程名,SQL Server 才会寻找数据库架构名称为 dbo 的存储过程。

(2) 执行存储过程时,若语句是批处理中的第一个语句,则不一定要指定 EXECUTE 关键字。

3. 举例

1) 设计简单的存储过程

【例 1.7.1】 利用 xsbook 数据库中的 xs、book 和 jyls 表,编写一个无参存储过程用于查询每个学生的借阅历史,然后调用该存储过程。

T-SQL 语句如下:

```
CREATE PROCEDURE history_info
AS
    SELECT a.借书证号 ,姓名, b.ISBN,书名, 索书号, 借书时间, 还书时间
        FROM xs a INNER JOIN jyls b
        ON a.借书证号=b.借书证号 INNER JOIN book c
        ON b.ISBN=c.ISBN
```

history_info 存储过程可以通过以下方法执行:

```
EXECUTE history_info
```

如果该过程是批处理中的第一个语句,则可直接使用存储过程名执行该存储过程:

```
history_info
```

2) 使用带参数的存储过程

【例 1.7.2】 创建存储过程,根据 xsbook 数据库的 3 个表查询指定学生当前的借书情况。

T-SQL 语句如下:

```
CREATE PROCEDURE reader_info @lib_num char (8)
AS
    SELECT a.借书证号, 姓名, b.ISBN, 书名, 索书号
        FROM xs a, jy b, book c
        WHERE a.借书证号=b.借书证号 AND b.ISBN=c.ISBN AND a.借书证号=@lib_num
```

reader_info 存储过程有多种执行方式。例如:

```
EXECUTE reader_info '131101'
```

该语句的执行结果如图 1.7.1 所示。

	借书证号	姓名	ISBN	书名	索书号
1	131101	王林	978-7-302-10853-6	C程序设计（第三版）	1600011
2	131101	王林	978-7-121-23270-1	MySQL实用教程（第2版）	1200001
3	131101	王林	978-7-121-23402-6	SQL Server 实用教程（第4版）	1400032
4	131101	王林	978-7-81124-476-2	S7-300/400可编程控制器原理与应用	1300001

图 1.7.1　执行带参数的存储过程

以下命令的执行结果与上面相同：

```
EXECUTE reader_info @lib_num='131101'
```

3）使用带通配符参数的存储过程

【例 1.7.3】　利用 xsbook 数据库中 xs、book、jyls 表创建存储过程 book_inf，查询指定图书的借阅历史。该存储过程在参数中使用了模糊查询，如果没有提供参数，则使用预设的默认值。

T-SQL 语句如下：

```
CREATE PROCEDURE book_inf @bname varchar(30)='%计算机%'
AS
    SELECT b.ISBN, 书名, 姓名, 借书时间, 还书时间
        FROM xs a, jyls b, book c
        WHERE a.借书证号=b.借书证号 AND b.ISBN=c.ISBN AND 书名 LIKE @bname
```

执行存储过程：

```
EXECUTE book_inf                        /*参数使用默认值*/
```

或者

```
EXECUTE book_inf 'WEB%'                  /*传递给@bname的实参为'WEB%'*/
```

4）使用带 OUTPUT 参数的存储过程

【例 1.7.4】　编写存储过程，统计指定图书在给定时间段内的借阅次数。存储过程中使用了输入和输出参数。

T-SQL 语句如下：

```
CREATE PROCEDURE bstatistics @bname varchar(26), @startdate date, @enddate
                    date, @total int OUTPUT
AS
    SELECT @total=count(索书号)
        FROM jy a, book b
        WHERE 书名 like @bname AND a.ISBN=b.ISBN AND
            借书时间>=@startdate AND 借书时间<=@enddate
```

注意：在创建表和使用 OUTPUT 变量时，都必须对 OUTPUT 变量进行定义。

在调用存储过程 bstatistics 时,存储过程定义时的形参名和调用时的变量名不一定要匹配,不过数据类型和参数位置必须匹配。例如,执行语句如下:

```
DECLARE @book_name char(30), @total int
SET @book_name='Java 编程思想'
EXECUTE bstatistics @book_name, '2014-01-01', '2014-10-08', @total OUTPUT
SELECT @book_name, @total
```

5) 使用带 OUTPUT 游标参数的存储过程

OUTPUT 游标参数用于返回存储过程的局部游标。

【例 1.7.5】 在 xsbook 数据库的 xs 表中声明并打开一个游标。

T-SQL 语句如下:

```
CREATE PROCEDURE reader_cursor @reader_cur CURSOR VARYING OUTPUT
AS
    SET @reader_cur=CURSOR FORWARD_ONLY STATIC FOR
        SELECT 借书证号, 姓名, 专业, 性别, 出生时间, 借书量
            FROM xs
    OPEN @reader_cur
```

在以下的批处理中,声明一个局部游标变量,执行上述存储过程并将游标赋值给局部游标变量,然后通过该游标变量读取记录。

```
DECLARE @MyCursor CURSOR
EXEC reader_cursor @reader_cur=@MyCursor OUTPUT
FETCH NEXT FROM @MyCursor
WHILE (@@FETCH_STATUS=0)
    FETCH NEXT FROM @MyCursor
CLOSE @MyCursor
DEALLOCATE @MyCursor
```

6) 使用带 WITH ENCRYPTION 子句的存储过程

WITH ENCRYPTION 子句对用户隐藏存储过程的文本。

【例 1.7.6】 创建加密过程,使用系统存储过程 sp_helptext 获取关于加密过程的信息,然后尝试直接从 syscomments 表中获取关于该过程的信息。

T-SQL 语句如下:

```
CREATE PROCEDURE encrypt_this WITH ENCRYPTION
AS
    SELECT *
    FROM xs
```

通过系统存储过程 sp_helptext 可显示规则、默认值、未加密的存储过程、用户定义函数、触发器或视图的文本。

执行以下语句调用存储过程 sp_helptext：

```
EXEC sp_helptext encrypt_this
```

结果集为提示信息：“对象'encrypt_this'的文本已加密”。

7）创建用户存储过程

【例 1.7.7】　创建存储过程 sp_showtable，显示以 xs 开头的所有表名及对应的索引名。如果没有指定参数，该存储过程将返回以 book 开头的所有表名及对应的索引名。

T-SQL 语句如下：

```
CREATE PROCEDURE sp_showtable @TABLE varchar(30)='book%'
AS
    SELECT tab.name AS TABLE_NAME,
           inx.name AS INDEX_NAME,
           indid AS INDEX_ID
        FROM sysindexes inx INNER JOIN sysobjects tab ON tab.id=inx.id
        WHERE tab.name LIKE @TABLE AND indid < > 0 AND indid < > 255
```

执行以下语句调用存储过程 sp_showtable：

```
EXEC sp_showtable 'xs%'
```

7.1.3　用户存储过程的修改

使用 ALTER PROCEDURE 语句可修改已存在的存储过程。各参数含义与 CREATE PROCEDURE 语句相同。如果原来的过程定义是用 WITH ENCRYPTION 子句或 WITH RECOMPILE 子句创建的，那么只有在 ALTER PROCEDURE 语句中也包含这些选项时，这些选项才有效。

【例 1.7.8】　对存储过程 readers_info 进行修改。

T-SQL 语句如下：

```
ALTER PROCEDURE readers_info
AS
    SELECT DISTINCT xs.借书证号, 姓名, book.ISBN, 书名, 索书号
        FROM xs, jy, book
        WHERE xs.借书证号=jy.借书证号 AND book.ISBN=jy.ISBN AND 专业='计算机'
```

7.1.4　用户存储过程的删除

如果确认一个数据库的某个存储过程与其他对象没有任何依赖关系，则可用 DROP PROCEDURE 语句永久地删除该存储过程。

语法格式如下：

```
DROP PROCEDURE 存储过程名, …
```

若要查看过程名列表,可使用系统存储过程 sp_help。若要显示过程定义(存储在 syscomments 表内),可使用系统存储过程 sp_helptext。

【例 1.7.9】   删除 xsbook 数据库中的 readers_info 存储过程。

T-SQL 语句如下:

```
IF EXISTS(SELECT name FROM sysobjects WHERE name='readers_info ')
    DROP PROCEDURE readers_info
```

说明:删除存储过程之前,可以先查找系统表 sysobjects 中是否存在这一存储过程,再执行删除操作。

7.1.5   使用界面方式操作存储过程

存储过程的创建、修改和删除也可以通过界面方式来实现。

1. 创建存储过程

例如,通过界面方式定义一个存储过程来查询 xsbook 数据库中每个学生的借书信息,主要步骤如下:

在对象资源管理器中展开"数据库"→xsbook→"可编程性",选择其中的"存储过程",右击该项,在弹出的快捷菜单中选择"新建存储过程"命令,打开"存储过程脚本编辑"窗口。在该窗口中输入要创建的存储过程的代码,输入完成后单击"执行"按钮,若执行成功,则存储过程创建完成。

2. 执行存储过程

在 xsbook 数据库的"存储过程"下选择要执行的存储过程,例如 reader_info,右击该存储过程,在弹出的快捷菜单中选择"执行存储过程"命令。在弹出的"执行过程"对话框中会列出存储过程的参数形式,如果"输出参数"栏为"否",表示该参数为输入参数,用户需要设置输入参数的值,在"值"栏中输入即可,如图 1.7.2 所示。单击"确定"按钮,主界面的结果显示窗口将列出存储过程运行的结果。

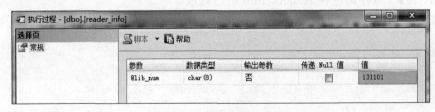

图 1.7.2   执行存储过程

3. 修改存储过程

在"存储过程"下选择要修改的存储过程,右击该存储过程,在弹出的快捷菜单中选择"修改"命令,打开"存储过程脚本编辑"窗口,在该窗口中修改相关的 T-SQL 语句。修改完成后,执行修改后的脚本,若执行成功,则存储过程修改成功。

4. 删除存储过程

选择要删除的存储过程,右击该存储过程,在弹出的快捷菜单中选择"删除"命令,根据提示删除该存储过程。

7.2 触发器

触发器是一个被指定关联到一个表的数据对象。触发器是不需要调用的,当对一个表的特别事件出现时,它就会被激活。触发器的代码也是由 T-SQL 语句组成的,因此用在存储过程中的语句也可以用在触发器的定义中。触发器是一类特殊的存储过程,与表的关系密切,用于保护表中的数据。当有操作影响到触发器保护的数据时,触发器将自动执行。

在 SQL Server 中,按照触发事件的不同可以将触发器分为两大类:DML 触发器和 DDL 触发器。

1. DML 触发器

当数据库中发生数据操纵语言(DML)事件时,将调用 DML 触发器。一般情况下,DML 事件包括对表或视图的 INSERT 语句、UPDATE 语句和 DELETE 语句,因而 DML 触发器也可分为 3 种类型:INSERT 触发器、UPDATE 触发器和 DELETE 触发器。

利用 DML 触发器可以方便地保持数据库中数据的完整性。例如,对于 xsbook 数据库有 xs 表、book 表和 jy 表,当插入某一学生的某一借书记录时,借书证号应是 xs 表中已存在的,ISBN 应是 book 表中已存在的,此时,可通过定义 INSERT 触发器实现上述功能。通过 DML 触发器可以实现多个表间数据的一致性。例如,对于 xsbook 数据库,在 xs 表中删除一个学生的记录时,在 xs 表的 DELETE 触发器中要同时删除 jy 表中该学生的所有借书记录。

2. DDL 触发器

DDL 触发器也是由相应的事件触发的,但 DDL 触发器触发的事件是数据定义语言(DDL)语句。这些语句主要是以 CREATE、ALTER、DROP 等关键字开头的语句。DDL 触发器的主要作用是执行管理操作,例如审核系统、控制数据库的操作等。通常情况下,DDL 触发器主要用于以下一些操作需求:防止对数据库架构进行某些修改;希望数据库中发生某些变化,以利于相应数据库架构中的更改;记录数据库架构中的更改或事件。DDL 触发器只在响应由 T-SQL 语句指定的 DDL 事件时才会触发。

7.2.1 利用 T-SQL 命令创建触发器

创建 DML 触发器和 DDL 触发器都使用 CREATE TRIGGER 语句,但是两者语法略有不同。

1. 创建 DML 触发器

语法格式如下:

```
CREATE TRIGGER [数据库架构名.]触发器名
    ON 表名或视图名                        /*指定操作对象*/
    [WITH ENCRYPTION]                      /*说明是否采用加密方式*/
    FOR |AFTER | INSTEAD OF
    [INSERT] [,] [UPDATE] [,] [DELETE]     /*指定激活触发器的操作*/
    [NOT FOR REPLICATION]                  /*说明该触发器不用于复制*/
AS sql 语句
```

说明：

（1）触发器激活的时机。

① AFTER 用于说明触发器在指定操作都成功执行后触发，例如，AFTER INSERT 表示向表中插入数据时激活触发器。不能在视图上定义 AFTER 触发器。如果指定 FOR 关键字，则也创建 AFTER 触发器。一个表可以创建多个给定类型的 AFTER 触发器。

② INSTEAD OF 指定用 DML 触发器中的操作代替触发语句的操作。与 AFTER 触发器不同的是，INSTEAD OF 触发器触发时只执行触发器内部的 T-SQL 语句，而不执行激活该触发器的 T-SQL 语句。

在表或视图上，每个 INSERT、UPDATE 或 DELETE 语句最多可以定义一个 INSTEAD OF 触发器。另外，INSTEAD OF 触发器不可以用于使用了 WITH CHECK OPTION 选项的可更新视图。如果触发器表存在约束，则在 INSTEAD OF 触发器执行之后和 AFTER 触发器执行之前检查这些约束。如果违反了约束，则回滚 INSTEAD OF 触发器的操作，而且不执行 AFTER 触发器。

（2）激活触发器的语句类型。

[INSERT] [UPDATE]和[DELETE]指定激活触发器的语句的类型，必须至少指定其中一个选项。在触发器定义中，允许使用上述选项的任意顺序组合。INSERT 表示将新行插入表时激活触发器，UPDATE 表示更改某一行时激活触发器，DELETE 表示从表中删除某一行时激活触发器。

（3）sql 语句是触发器执行的 T-SQL 语句，可以有一个或多个语句，用于指定 DML 触发器触发后将要执行的动作。

1）触发器中使用的特殊表

执行触发器时，系统创建了两个特殊的临时表：inserted 表和 deleted 表。当向表中插入数据时，INSERT 触发器触发并执行，新的记录插入触发器表和 inserted 表中。deleted 表用于保存已从表中删除的记录，当触发一个 DELETE 触发器时，被删除的记录存放到 deleted 表中。

修改一个记录等于插入一个新记录，同时删除旧记录。当对定义了 UPDATE 触发器的表记录进行修改时，表中的原记录移到 deleted 表中，修改后的记录插入 inserted 表中。由于 inserted 表和 deleted 表都是临时表，它们在触发器执行时被创建，在触发器执行后就消失了，所以只可以在触发器的语句中使用 SELECT 语句查询这两个表。

2）关于创建 DML 触发器的几点说明

创建 DML 触发器时要注意以下几点：

（1）CREATE TRIGGER 语句必须是批处理中的第一条语句，并且只能应用到一个表中。

（2）DML 触发器只能在当前的数据库中创建，但可以引用当前数据库的外部对象。

（3）创建 DML 触发器的权限默认分配给表的所有者。

（4）在同一 CREATE TRIGGER 语句中，可以为多种操作（如 INSERT 和 UPDATE）定义相同的触发器操作。

（5）不能对临时表或系统表创建 DML 触发器。

（6）对于含有 DELETE 或 UPDATE 操作定义的外键表，不能使用 INSTEAD OF

DELETE 和 INSTEAD OF UPDATE 触发器。

（7）TRUNCATE TABLE 语句虽然能够删除表中的记录,但它不会触发 DELETE 触发器。

（8）在触发器内可以指定任意的 SET 语句,选择的 SET 选项在触发器执行期间有效,并在触发器执行完后恢复到以前的设置。

（9）DML 触发器最大的用途是实现行级数据的完整性,而不是返回结果。所以应当尽量避免返回任何结果集。

（10）DML 触发器中不能包含以下语句：ALTER DATABASE、CREATE DATABASE、DROP DATABASE、RESTORE DATABASE 等。

3）举例

【例 1.7.10】　对于 xsbook 数据库,如果在 xs 表中添加或更改数据,则在客户端显示 TRIGGER IS WORKING 的消息。

T-SQL 语句如下：

```
/*使用带有消息的触发器*/
IF EXISTS (SELECT name FROM sysobjects WHERE name='reminder'AND type='TR')
    DROP TRIGGER reminder
GO
CREATE TRIGGER reminder ON xs
    FOR INSERT, UPDATE
AS
    BEGIN
        DECLARE @str char(50)
        SET @str='TRIGGER IS WORKING'
        PRINT @str
    END
GO
```

向 xs 表中插入一行数据：

```
INSERT INTO xs VALUES('141101','吴越',1,'1996-06-20', ,'英语',0,NULL)
```

该语句的执行结果如图 1.7.3 所示。

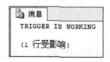

图 1.7.3　激活带有消息的触发器

说明：PRINT 命令的作用是向客户端返回用户定义的消息。

【例 1.7.11】　在 xsbook 数据库的 jy 表中创建一个 INSERT 触发器,当向 jy 表中插入一行记录时,检查该记录的借书证号在 xs 表中是否存在,检查图书的 ISBN 在 book 表中是否存在,并检查图书的库存量是否大于 0。若有一项为否,则不允许插入。

T-SQL 语句如下：

```
CREATE TRIGGER tjy_insert ON jy
    FOR INSERT AS
    IF EXISTS(SELECT * FROM inserted a
        WHERE a.借书证号 NOT IN (SELECT b.借书证号 FROM xs b)
            OR a.ISBN NOT IN (SELECT c.ISBN FROM book c))
            OR EXISTS(SELECT * FROM book WHERE 库存量<=0)
    BEGIN
        PRINT '违背数据的一致性'
        ROLLBACK TRANSACTION                        /*回滚前面的操作*/
    END
ELSE
    BEGIN
        UPDATE xs SET 借书量=借书量+1
            WHERE xs.借书证号 IN
                        (SELECT inserted.借书证号 FROM inserted)
        UPDATE book SET 库存量=库存量-1
            WHERE book.ISBN IN
                        (SELECT inserted.ISBN FROM inserted)
    END
```

说明：本例结果请读者自行验证。ROLLBACK TRANSACTION 语句用于回滚前面所做的修改，将数据库恢复到原来的状态。

【例 1.7.12】 在 xsbook 数据库的 jy 表上创建一个 UPDATE 触发器，若对"借书证号"列和 ISBN 列进行修改，则给出提示消息，并取消修改操作。

T-SQL 语句如下：

```
CREATE TRIGGER update_trigger1
    ON jy
    FOR UPDATE
AS
    /*检查"借书证号"列或 ISBN 列是否被修改,如果这两列被修改了,则取消修改操作*/
    IF UPDATE(借书证号) OR UPDATE(ISBN)
    BEGIN
        PRINT '违背数据的一致性'
        ROLLBACK TRANSACTION
    END
```

说明：UPDATE 函数用于测试在指定的列上进行的 INSERT 或 UPDATE 操作，该列可以是 SQL Server 支持的任何数据类型，但不能为计算列；若要测试在多个列上进行的 INSERT 或 UPDATE 操作，则每一列都要对应单独的 UPDATE 函数，并用 AND 或 OR 逻辑运算符连接，构成逻辑表达式。如果对应的列上发生了 INSERT 或 UPDATE 操作，则 UPDATE 函数返回 TRUE。

AFTER 触发器是在触发语句执行后触发的，与 AFTER 触发器不同的是，INSTEAD OF 触发器触发时只执行触发器内部的 T-SQL 语句，而不执行激活该触发器的 T-SQL 语句。一个表或视图中只能有一个 INSTEAD OF 触发器。

【例 1.7.13】 创建 table1 表,只包含一列 a。在该表中创建 INSTEAD OF INSERT 触发器,当向该表中插入记录时显示相应消息。

T-SQL 语句如下:

```
CREATE TABLE table1 (a int)
GO
CREATE TRIGGER table1_insert
    ON table1 INSTEAD OF INSERT
AS
    PRINT 'INSTEAD OF TRIGGER IS WORKING'
```

向表中插入一行数据:

```
INSERT INTO table1 VALUES(10)
```

该语句的执行结果如图 1.7.4 所示。

说明:使用 SELECT 语句查询 table1 表时可以发现,table1 中并没有插入数据。

INSTEAD OF 触发器的主要作用是使不可更新视图支持更新。如果视图的数据来自多个基本表,则必须使用 INSTEAD OF 触发器支持引用表中数据的插入、更新和删除操作。

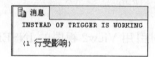

图 1.7.4　激活 INSTEAD OF
INSERT 触发器

例如,若在一个多表视图上定义了 INSTEAD OF INSERT 触发器,视图各列的值可能允许为空,也可能不允许为空。若视图某列的值不允许为空,则 INSERT 语句必须为该列提供相应的值。

如果视图的列为以下几种情况之一:

- 基本表中的计算列。
- 基本表中的标识列。
- 具有 timestamp 数据类型的基本表列。

该视图的 INSERT 语句必须为这些列指定值,INSTEAD OF 触发器在构成将值插入基本表的 INSERT 语句时会忽略指定的值。

【例 1.7.14】 在 xsbook 数据库中创建表、视图和触发器,以说明 INSTEAD OF INSERT 触发器的用法。

T-SQL 语句如下:

```
CREATE TABLE books
(
    BookKey   int            IDENTITY(1,1),
    BookName  nvarchar(10)   NOT NULL,
    Color     nvarchar(10)   NOT NULL,
```

```
    ComputedCol AS(BookName+Color),
    Pages int NULL
)
GO
/*建立一个视图,包含基本表的所有列*/
CREATE VIEW View2
AS
SELECT BookKey, BookName, Color, ComputedCol, Pages
    FROM books
GO
/*在 View2 视图上创建一个 INSTEAD OF INSERT 触发器*/
CREATE TRIGGER InsteadTrig on View2
    INSTEAD OF INSERT
    AS
    BEGIN
        /*实际插入时,INSERT 语句中不包含 BookKey 字段和 ComputedCol 字段的值*/
        INSERT INTO books
        SELECT BookName, Color, Pages FROM inserted
    END
```

对引用 View2 视图的 INSERT 语句的每一列都指定值,例如:

```
INSERT INTO View2 (BookKey, BookName, Color, ComputedCol, Pages)
    VALUES (4, '计算机辅助设计', '红色', '绿色',100)
```

查看 INSERT 语句的执行结果:

```
SELECT * FROM View2
```

该语句的执行结果如图 1.7.5 所示。

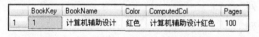

图 1.7.5　INSERT 语句的执行结果

在执行视图的插入语句时,虽然将 BookKey 和 ComputedCol 字段的值传递到了 InsteadTrig 触发器,但触发器中的 INSERT 语句没有选择 inserted 表的 BookKey 字段和 ComputedCol 字段的值。

2. 创建 DDL 触发器

语法格式如下:

```
CREATE TRIGGER 触发器名
    ON ALL SERVER | DATABASE
    [WITH ENCRYPTION]
    FOR | AFTER 事件类型 |事件组 , …]
AS sql 语句
```

说明：

（1）ALL SERVER 关键字是指将当前 DDL 触发器的作用域应用于当前服务器。DATABASE 指将当前 DDL 触发器的作用域应用于当前数据库。

（2）事件类型是执行之后将导致 DDL 触发器激活的 T-SQL 语句事件的名称。当 ON 关键字后面指定 DATABASE 选项时使用该名称。值得注意的是，在为事件类型命名时，每个事件对应的 T-SQL 语句作一点修改。例如，要在使用 CREATE TABLE 语句时激活触发器，AFTER 关键字后面的名称为 CREATE_TABLE，即在命令关键字之间包含下画线(_)。事件类型的值可以是 CREATE_TABLE、ALTER_TABLE、DROP_TABLE、CREATE_USER、CREATE_VIEW 等。

（3）事件组是预定义的 T-SQL 语句事件分组的名称。当 ON 关键字后面指定 ALL SERVER 选项时使用该名称，如 CREATE_DATABASE、ALTER_DATABASE 等。

【例 1.7.15】 创建作用域为 xsbook 数据库的 DDL 触发器，当删除一个表时，提示禁止该操作，然后回滚删除表的操作。

T-SQL 语句如下：

```
CREATE TRIGGER safety
    ON DATABASE
    AFTER DROP_TABLE
AS
    PRINT '不能删除该表'
    ROLLBACK TRANSACTION
```

尝试删除 table1 表：

```
DROP TABLE table1
```

该语句的执行结果如图 1.7.6 所示。

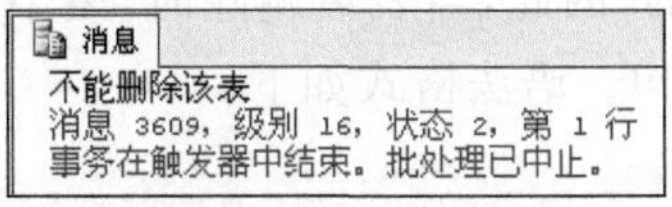

消息

不能删除该表
消息 3609，级别 16，状态 2，第 1 行
事务在触发器中结束。批处理已中止。

图 1.7.6　删除 table1 表的执行结果

读者可以自行查看 table1 表是否被删除。

【例 1.7.16】 创建作用域为服务器的 DDL 触发器，当删除一个数据库时，提示禁止该操作并回滚删除数据库的操作。

T-SQL 语句如下：

```
CREATE TRIGGER safety_server
    ON ALL SERVER
    AFTER DROP_DATABASE
AS
    PRINT '不能删除该数据库'
    ROLLBACK TRANSACTION
```

7.2.2 触发器的修改

要修改触发器执行的操作,可以使用 ALTER TRIGGER 语句。

修改 DML 触发器的语法格式如下:

```
ALTER TRIGGER 触发器名
    ON 表名或视图名
    [WITH ENCRYPTION]
    (FOR | AFTER | INSTEAD OF)
    [DELETE] [,] [INSERT] [,] [UPDATE]
    [NOT FOR REPLICATION]
AS sql 语句[;] [...]
```

修改 DDL 触发器的语法格式如下:

```
ALTER TRIGGER 触发器名
    ON DATABASE | ALL SERVER
    [WITH ENCRYPTION]
    FOR | AFTER 事件类型 [,...] | 事件组
AS sql 语句[;]
```

【例 1.7.17】 修改在 xsbook 数据库的 xs 表上定义的触发器 reminder。

T-SQL 语句如下:

```
ALTER TRIGGER reminder ON xs
    FOR UPDATE
AS PRINT '执行的操作是修改'
```

7.2.3 触发器的删除

触发器本身是存在于表中的,因此,当表被删除时,表中的触发器也将被删除。删除触发器使用 DROP TRIGGER 语句。语法格式如下:

```
DROP TRIGGER 触发器名 [,...] [;]                    /* 删除 DML 触发器 */
DROP TRIGGER 触发器名 [,...] ON DATABASE | ALL SERVER    /* 删除 DDL 触发器 */
```

说明:如果是删除 DDL 触发器,则要使用 ON 关键字指定该触发器是在数据库作用域还是服务器作用域。

【例 1.7.18】 删除触发器 reminder。

T-SQL 语句如下:

```
IF EXISTS (SELECT name FROM sysobjects WHERE name='reminder'AND type='TR')
    DROP TRIGGER reminder
```

【例 1.7.19】 删除 DDL 触发器 safety。

```
DROP TRIGGERsafety ON DATABASE
```

7.2.4 使用界面方式操作触发器

1. 创建触发器

通过界面方式只能创建 DML 触发器。

以在 xs 表上创建触发器为例,利用对象资源管理器创建 DML 触发器的步骤如下:在对象资源管理器中展开"数据库"→xsbook→"表"→dbo.xs→"触发器",在其下可以看到前面创建的 xs 表的触发器。右击该触发器,在弹出的快捷菜单中选择"新建触发器"命令。在打开的"触发器脚本编辑"窗口中输入相应的创建触发器的命令。输入完成后,单击"执行"按钮,若执行成功,则触发器创建完成。

DDL 触发器不可以使用界面方式创建,但是可以在界面方式下查看。DDL 触发器分为数据库触发器和服务器触发器。展开"数据库"→xsbook→"可编程性"→"数据库触发器",就可以查看有哪些数据库触发器;展开"数据库"→"服务器对象"→"触发器",就可以查看有哪些服务器触发器。

2. 修改触发器

DML 触发器能够使用界面方式修改,DDL 触发器则不可以。

修改 DML 触发器的步骤与创建时的步骤相同。在对象资源管理器中选择要修改的触发器,右击该触发器,在弹出的快捷菜单中选择"修改"命令,打开"触发器脚本编辑"窗口,在该窗口中可以进行触发器脚本的修改。修改完成后,单击"执行"按钮重新执行脚本即可。但是被设置成 WITH ENCRYPTION 的触发器是不能被修改的。

3. 删除触发器

以删除 xs 表中的 DML 触发器为例,在对象资源管理器中展开"数据库"→xsbook→"表"→dbo.xs→"触发器",选择要删除的触发器,右击该触发器,在弹出的快捷菜单中选择"删除"命令,在弹出的"删除对象"对话框中单击"确定"按钮,即可完成 DML 触发器的删除操作。

删除 DDL 触发器的步骤与上面类似,首先找到要删除的 DDL 触发器,右击该触发器,在弹出的快捷菜单中选择"删除"命令即可。

CHAPTER 第 **8** 章

系统安全管理

数据的安全管理是数据库服务器应实现的重要功能之一。SQL Server 数据库采用了非常复杂的安全保护措施,其安全管理体现在如下几方面:

(1) 对用户登录进行身份验证(authentication)。当用户登录到数据库系统时,系统对该用户的账户和口令进行验证,包括确认用户的账户是否有效以及能否访问数据库系统。

(2) 对用户进行的操作进行权限控制。当用户登录到数据库系统后,只能在允许的权限内对数据库中的数据进行操作。

也就是说,用户要对某一数据库进行某种操作,必须满足以下 3 个条件:

(1) 登录 SQL Server 服务器时必须通过身份验证。

(2) 必须是该数据库的用户,或者是某一角色的成员。

(3) 必须有执行该操作的权限。

下面介绍 SQL Server 是如何在这 3 方面进行管理的。

8.1 SQL Server 的身份验证模式

SQL Server 的身份验证模式是指系统确认用户身份的方式。SQL Server 有两种身份验证模式:Windows 验证模式和 SQL Server 验证模式。图 1.8.1 给出了以这两种验证模式登录 SQL Server 服务器的情形。

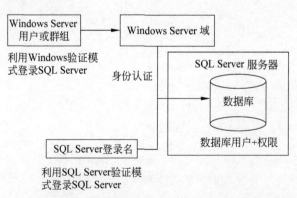

图 1.8.1 以两种验证模式登录 SQL Server 服务器的情形

1. Windows 验证模式

采用 Windows 验证模式时，用户登录 Windows 时进行身份验证，登录 SQL Server 时就不再进行身份验证。以下是对于 Windows 验证模式的说明：

（1）必须将 Windows 账户加入 SQL Server 中，才能使用 Windows 账户登录 SQL Server。

（2）如果使用 Windows 账户登录到另一个网络的 SQL Server，必须在 Windows 中设置彼此的托管权限。

2. SQL Server 验证模式

在 SQL Server 验证模式下，SQL Server 服务器要对登录的用户进行身份验证。当 SQL Server 在 Windows 操作系统上运行时，系统管理员可以将登录验证模式的类型设置为 Windows 验证模式和混合模式。当采用混合模式时，SQL Server 系统既允许使用 Windows 账户登录，也允许使用 SQL Server 账户登录。

8.2　建立和管理用户账户

不管使用哪种验证方式，用户都必须具备有效的 Windows 用户登录名。SQL Server 有两个常用的默认登录名：一是 sa，即系统管理员，在 SQL Server 中拥有系统和数据库的所有权限；二是"计算机名\Windows 管理员账户名"，这是 SQL Server 为每个 Windows 系统管理员提供的默认用户账户，在 SQL Server 中拥有 Windows 系统和数据库的所有权限。

8.2.1　使用界面方式管理用户账户

1. 建立 Windows 验证模式的登录名

对于 Windows 操作系统，在安装本地 SQL Server 的过程中允许选择验证模式。例如，安装时可以选择 Windows 身份验证。在此情况下，如果要增加 Windows 的新用户，如何授权该用户，使其能通过信任连接访问 SQL Server 呢？

下面通过实例说明操作过程。

【例 1.8.1】通过新增的 Windows 用户名 liu 登录 SQL Server。

操作步骤如下：

（1）创建 Windows 的用户。以管理员身份登录 Windows，打开"控制面板"，选择"添加与删除用户"，在"管理账户"对话框中单击"创建一个新账户"按钮，在"创建新账户"对话框中输入用户名 liu，并选择"标准账户"单选按钮，单击"创建账户"按钮完成用户 liu 账户的创建。然后，还可以增加其他 Windows 用户，如图 1.8.2 所示。

（2）将新增的 Windows 用户加入 SQL Server。以超级管理员（HUAWEI\Adminstrator 或者 sa）身份登录到 SQL Server Management Studio，在对象资源管理器中展开"安全性"，并右击"登录名"项，在弹出的快捷菜单中选择"新建登录名"命令，打开"登录名 - 新建"对话框。可以通过单击"常规"选择页的"搜索"按钮，在"选择用户或组"对话框中选择相应的用户名或用户组，添加到 SQL Server 登录用户列表中。例如，本例的用户名为 HUAWEI\liu（HUAWEI 为本地计算机名），如图 1.8.3 所示。单击"确定"按钮返回"登录名 - 新建"对话框。

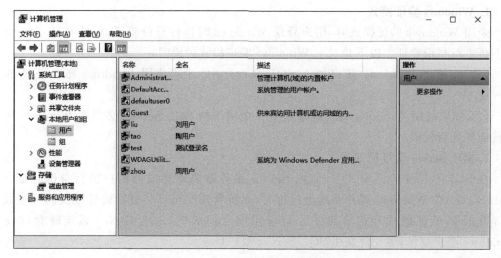

图 1.8.2　增加 liu 等 Windows 用户

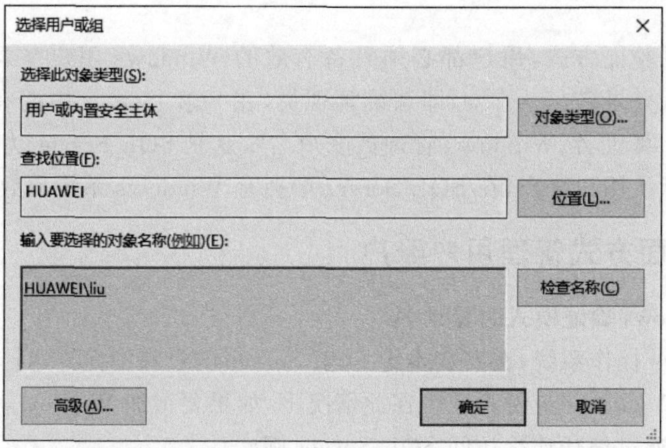

图 1.8.3　选择用户

在"默认数据库"下拉列表框中选择 xsbook 数据库作为默认数据库,如图 1.8.4 所示。

(3) 在"用户映射"选择页中选择 xsbook 数据库前面的复选框,以允许用户访问这个默认数据库,如图 1.8.5 所示。

设置完成后,单击"确定"按钮,即可创建一个 Windows 身份验证的登录名,如图 1.8.6 所示。

此时,就可以使用用户名 liu 登录 Windows,然后使用 Windows 身份验证模式,通过 Windows 用户名 liu 连接 SQL Server。

2. 建立 SQL Server 验证模式的登录名

要建立 SQL Server 验证模式的登录名,首先应将验证模式设置为混合模式。如果用户在安装 SQL Server 时验证模式没有设置为混合模式,则先要将验证模式设为混合模式。步骤如下:

(1) 以系统管理员身份登录 SQL Server Management Studio,在对象资源管理器中选

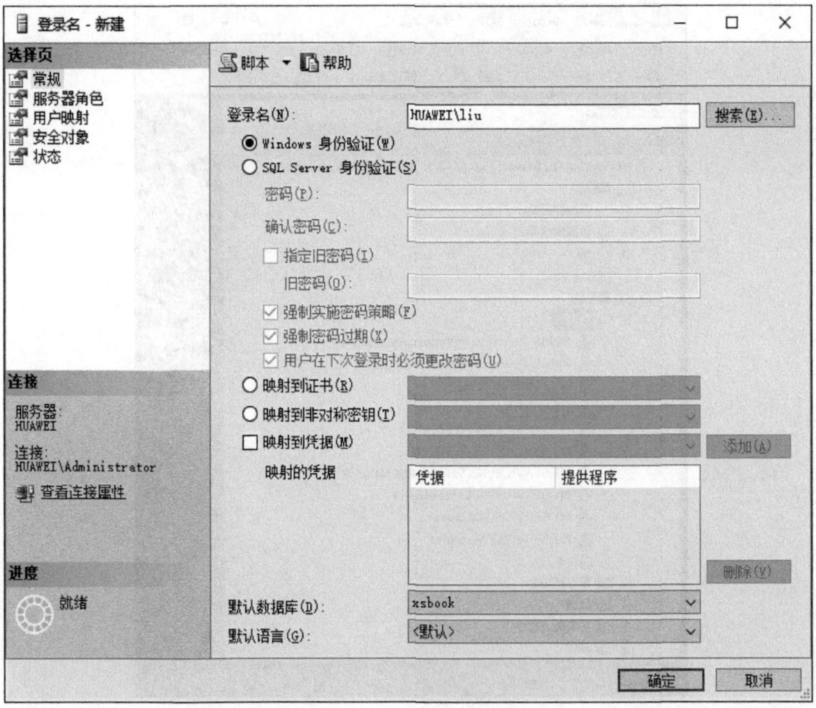

图 1.8.4　选择默认数据库

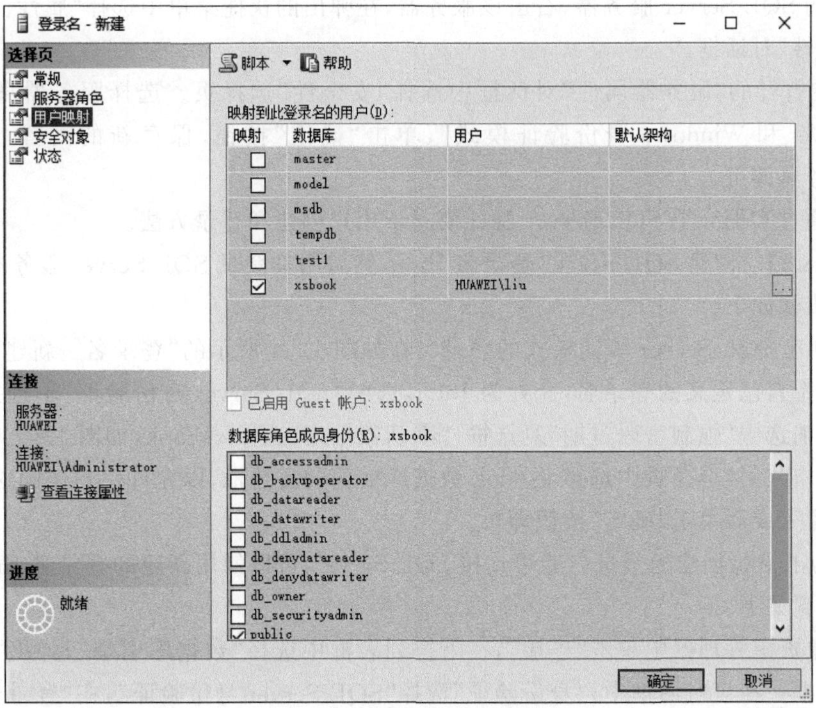

图 1.8.5　设置用户映射数据库

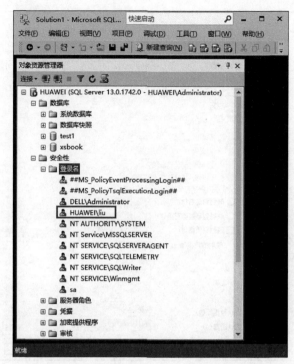

图 1.8.6　创建的 Windows 登录名

择要登录的 SQL Server 服务器，右击该服务器，在弹出的快捷菜单中选择"属性"命令，打开
"服务器属性"对话框。

（2）在打开的"服务器属性"对话框中选择"安全性"选择页。选择服务器身份验证为
"SQL Server 和 Windows 身份验证模式"，单击"确定"按钮，保存新的配置，重启 SQL
Server 服务器即可。

下面通过实例介绍 SQL Server 验证模式下用户创建和登录方法。

【例 1.8.2】　创建 SQL Server 登录名 Jhon，然后用其登录 SQL Server 服务器。

操作步骤如下：

（1）创建 SQL Server 验证模式的登录名在如图 1.8.4 所示的"登录名 - 新建"窗口中进
行，输入一个自己定义的登录名，此处为 Jhon，选中"SQL Server 身份验证"单选按钮，输入
密码，并取消选中"强制密码过期"复选框，"默认数据库"选择 xsbook，如图 1.8.7 所示。

在"用户映射"选择页中选择 xsbook 数据库前面的复选框，以允许用户访问这个默认数
据库。设置完成后单击"确定"按钮即可。

（2）为了检验创建的登录名能否连接 SQL Server，可以使用新建的登录名 Jhon 进行测
试，具体步骤如下：

在对象资源管理器中单击"连接"，在下拉列表框中选择"数据库引擎"，弹出"连接到服
务器"对话框。在该对话框中，"身份验证"选择"SQL Server 身份验证"，在"登录名"文本框
中填写 Jhon，输入密码，单击"连接"按钮，如果此时对象资源管理器如图 1.8.8 所示，就表明
新建的登录名 Jhon 能连接 SQL Server。

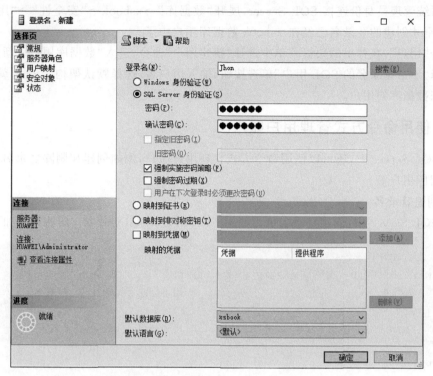

图 1.8.7 创建 SQL Server 登录名

图 1.8.8 使用 SQL Server 验证方式登录服务器

3. 管理数据库用户

在实现了数据库的安全登录后,用户管理的下一个任务就是管理用户对数据库的访问权限。数据库的访问权是通过映射数据库的用户与登录账户之间的关系来实现的。

一个登录名连接 SQL Server 以后,就需要设置用户访问数据库的权限。为此,需要创建数据库用户账户,然后给这些用户账户授予访问权限。设置访问权限以后,用户就可以用这个账户连接 SQL Server 并访问其能够访问的数据库了。

以系统管理员身份连接 SQL Server,展开"数据库"→xsbook→"安全性"→"用户",可以看到,刚才创建的登录名已经在 xsbook 数据库用户中了。

右击"用户",在弹出的快捷菜单中选择"新建用户"命令,进入"数据库用户 - 新建"对话框。选择"不带登录名的 SQL 用户"单选按钮,输入用户名,选择默认架构为 dbo,就可以创建一个该数据库的用户。

8.2.2 使用命令方式管理用户账户

在 SQL Server 中,还可以使用命令方式管理用户账户,例如创建和删除登录名、创建和删除数据库用户等。

1. 创建登录名

在 SQL Server 中,创建登录名可以使用 CREATE LOGIN 命令。语法格式如下:

```
CREATE LOGIN 登录名
    WITH PASSWORD='密码'[HASHED][MUST_CHANGE]
    [,选项表,…]                          /*用于创建 SQL Server 登录名*/
    | FROM
        WINDOWS[WITH Windows 选项,…]      /*用于创建 Windows 登录名*/
```

其中:

```
选项表 ::=
    SID=sid
    | DEFAULT_DATABASE=数据库
    | DEFAULT_LANGUAGE=语言
    | CHECK_EXPIRATION={ ON | OFF}
    | CHECK_POLICY={ ON | OFF}
    [CREDENTIAL=证书名]
Windows 选项 ::=
DEFAULT_DATABASE=数据库
    | DEFAULT_LANGUAGE=语言
```

说明:

(1) 创建 Windows 登录名使用 FROM 子句,在 FROM 子句的语法格式中,WINDOWS 关键字指定将登录名映射到 Windows 登录名,其中,Windows 选项为创建 Windows 登录名的选项,DEFAULT _ DATABASE 指定默认数据库,DEFAULT _ LANGUAGE 指定默认语言。

注意:创建 Windows 登录名时,首先要确认该 Windows 用户是否已经存在。在指定登录名时要符合"域\用户名"的格式,域为本地计算机名。

(2) 创建 SQL Server 登录名使用 WITH 子句,其中:

① PASSWORD用于指定正在创建的登录名的密码字符串。HASHED 选项指定在PASSWORD 参数后输入的密码已经过哈希运算;如果未选择此选项,则在将作为密码输入的字符串存储到数据库之前对其进行哈希运算。如果指定 MUST_CHANGE 选项,则

SQL Server 会在用户首次使用新登录名时提示用户输入新密码。

② 选项表用于指定在创建 SQL Server 登录名时的选项,具体如下:

- SID:指定新 SQL Server 登录名的全局唯一标识符。如果未指定此选项,则系统自动指定。
- DEFAULT_DATABASE:指定默认数据库。如果未指定此选项,则默认数据库将设置为 master。
- DEFAULT_LANGUAGE:指定默认语言。如果未指定此选项,则默认语言将设置为服务器的当前默认语言。
- CHECK_EXPIRATION:指定是否对此登录名强制实施密码过期策略,默认值为 OFF。
- CHECK_POLICY:指定对此登录名强制实施运行 SQL Server 的计算机的 Windows 密码策略,默认值为 ON。

只有在 Windows Server 2003 及更高版本的操作系统上才会强制执行 CHECK_EXPIRATION 和 CHECK_POLICY。

【例 1.8.3】 使用命令方式创建 Windows 登录名 tao。假设 Windows 用户 tao 已经存在,本地计算机名为 HUAWEI,默认数据库为 xsbook。

T-SQL 语句如下:

```
USE master
GO
CREATE LOGIN [HUAWEI\tao]
    FROM WINDOWS
    WITH DEFAULT_DATABASE=xsbook
```

以上语句执行成功后在"登录名"→"安全性"列表中就可以看到该登录名。

【例 1.8.4】 创建 SQL Server 登录名 sql_tao,密码为 123456,默认数据库为 xsbook。

T-SQL 语句如下:

```
CREATE LOGIN sql_tao
    WITH PASSWORD='123456',
    DEFAULT_DATABASE=xsbook
```

2. 删除登录名

删除登录名使用 DROP LOGIN 语句。语法格式如下:

```
DROP LOGIN 登录名
```

例如,删除 Windows 登录名 tao:

```
DROP LOGIN [HUAWEI\tao]
```

删除 SQL Server 登录名 sql_tao:

```
DROP LOGIN sql_tao
```

3. 创建数据库用户

创建数据库用户使用 CREATE USER 语句。语法格式如下：

```
CREATE USER 用户名
    [FOR | FROM LOGIN 登录名 | WITHOUT LOGIN]
    [WITH DEFAULT_SCHEMA=数据库架构名]
```

说明：

(1) FOR 或 FROM 子句用于指定与用户名关联的登录名。

(2) LOGIN 指定要创建数据库用户的 SQL Server 登录名,必须是服务器中有效的登录名。当此登录名进入数据库时,它将获取正在创建的数据库用户的名称和 ID。

(3) WITHOUT LOGIN 指定不将用户映射到现有登录名。

(4) WITH DEFAULT_SCHEMA 指定服务器为此数据库用户解析对象名称时将搜索的第一个数据库架构,默认为 dbo。

【例 1.8.5】 使用 SQL Server 登录名 sql_tao(假设已经创建)在 xsbook 数据库中创建数据库用户 tao,默认数据库架构为 dbo。

T-SQL 语句如下：

```
USE xsbook
GO
CREATE USER tao
    FOR LOGIN sql_tao
    WITH DEFAULT_SCHEMA=dbo
```

上面的语句执行成功后,可以在 xsbook 数据库的"安全性"下的"用户"列表中查看到该数据库用户。

4. 删除数据库用户

删除数据库用户使用 DROP USER 语句。语法格式如下：

```
DROP USER 用户名
```

【例 1.8.6】 删除 xsbook 的数据库用户 tao。

T-SQL 语句如下：

```
USE xsbook
GO
DROP USER tao
```

8.3　服务器角色与数据库角色

在 SQL Server 中,通过角色可将用户分为不同的类,对同类用户(相同角色的成员)进行统一管理,授予相同的操作权限。一个角色就相当于 Windows 账户管理中的一个用户组,可以包含多个用户。

　　SQL Server 给用户提供了预定义的固定服务器角色和固定数据库角色,这两个角色都是 SQL Server 内置的,不能进行添加、修改和删除。用户也可根据需要创建自己的数据库角色,以便对具有同样操作权限的用户进行统一管理。

8.3.1　固定服务器角色

　　固定服务器角色独立于各个数据库。如果在 SQL Server 中创建一个登录名后,要授予该登录名具有管理服务器的权限,此时可设置该登录名为固定服务器角色的成员。SQL Server 提供了以下固定服务器角色:

　　(1) sysadmin:系统管理员。该角色的成员可对 SQL Server 服务器进行所有的管理工作,为最高管理角色。该角色一般适合数据库管理员(DBA)。

　　(2) securityadmin:安全管理员。该角色的成员可以管理登录名及其属性,可以授予、拒绝、撤销服务器级和数据库级的权限,还可以重置 SQL Server 登录名的密码。

　　(3) serveradmin:服务器管理员。该角色的成员具有对服务器进行设置及关闭服务器的权限。

　　(4) setupadmin:设置管理员。该角色的成员可以添加和删除连接服务器,并执行某些系统存储过程。

　　(5) processadmin:进程管理员。该角色的成员可以终止 SQL Server 实例中运行的进程。

　　(6) diskadmin:磁盘管理员。该角色的成员用于管理磁盘文件。

　　(7) dbcreator:数据库创建者。该角色的成员可以创建、更改、删除或还原任何数据库。

　　(8) bulkadmin:块(文件)管理员。该角色的成员可执行 BULK INSERT 语句,但是这些成员对要插入数据的表必须有 INSERT 权限。BULK INSERT 语句的功能是以用户指定的格式复制一个数据文件至数据库表或视图。

　　(9) public:公共用户。该角色的成员可以查看任何数据库。

　　【例 1.8.7】 用户只能将一个用户登录名添加为上述某个固定服务器角色的成员,不能自行定义服务器角色。例如,对于前面已建立的登录名 HUAWEI\liu,如果要向其授予系统管理员权限,可通过对象资源管理器将该登录名加入 sysadmin 角色。

　　操作步骤如下:

　　(1) 以系统管理员身份登录 SQL Server 服务器,在对象资源管理器中展开"安全性"→"登录名",选择要加入 sysadmin 角色的登录名,例如 HUAWEI\liu,右击该登录名,在弹出的快捷菜单中选择"属性"命令,打开"登录属性"对话框。

　　(2) 在打开的"登录属性"对话框中选择"服务器角色"选择页。如图 1.8.9 所示,在"登录属性"对话框右边列出了所有的固定服务器角色,用户可以根据需要选择服务器角色前的复选框,为登录名添加相应的服务器角色。此处默认已经选择了 public 服务器角色,再选择 sysadmin 服务器角色。单击"确定"按钮完成登录名的添加。

　　说明:服务器角色的设置也可在新建用户登录名时进行。如果需要删除固定服务器角

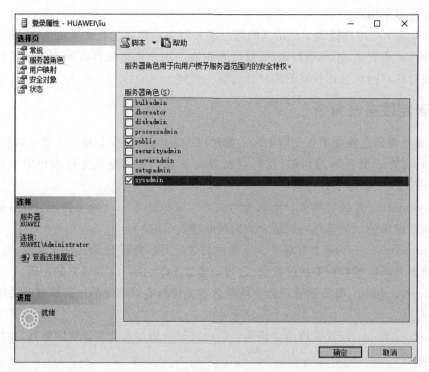

图 1.8.9　设置登录名的服务器角色

色成员，在"服务器角色"选择页中取消相应的复选框即可。

8.3.2　固定数据库角色

固定数据库角色定义在数据库级别上，并且有权进行特定数据库的管理及操作。SQL Server 提供了以下固定数据库角色。

（1）db_owner：数据库所有者。这个数据库角色的成员可执行数据库的所有管理操作。

固定服务器角色 sysadmin 的成员、固定数据库角色 db_owner 的成员以及数据库对象的所有者都可授予、拒绝或废除某个用户或某个角色的权限。使用 GRANT 授予用户执行 T-SQL 语句或对数据进行操作的权限；使用 DENY 拒绝用户的上述权限，并防止指定的用户、组或角色从组和角色成员的关系中继承权限；使用 REVOKE 撤销以前对用户权限的授予或拒绝。

（2）db_accessadmin：数据库访问权限管理者。该角色的成员具有添加、删除数据库使用者、数据库角色和组的权限。

（3）db_securityadmin：数据库安全管理员。该角色的成员可管理数据库中的权限，如设置数据库表的增加、删除、修改和查询等存取权限。

（4）db_ddladmin：数据库 DDL 管理员。该角色的成员可增加、修改或删除数据库中的对象。

（5）db_backupoperator：数据库备份操作员。该角色的成员具有执行数据库备份的权限。

（6）db_datareader：数据库数据读取者。该角色的成员可以从所有用户表中读取数据。

（7）db_datawriter：数据库数据写入者。该角色的成员具有对所有用户表进行增加、删除、修改的权限。

（8）db_denydatareader：数据库拒绝数据读取者。该角色的成员不能读取数据库中任何表的内容。

（9）db_denydatawriter：数据库拒绝数据写入者。该角色的成员不能对任何用户表进行增加、删除、修改操作。

（10）public：公共用户。这是一个特殊的数据库角色，每个数据库用户都是 public 角色的成员，因此不能将用户、组或角色指派为 public 角色的成员，也不能删除 public 角色的成员。通常将一些公共的权限赋给 public 角色。

【例 1.8.8】　在创建一个数据库用户之后，可以将该数据库用户加入数据库角色，从而授予其管理数据库的权限。例如，对于前面已建立的 xsbook 数据库上的数据库用户 Jhon，如果要给其授予数据库管理员权限，可通过对象资源管理器将该用户加入 db_owner 角色。

操作步骤如下：

（1）以系统管理员身份登录 SQL Server 服务器，在对象资源管理器中展开"数据库"→xsbook→"安全性"→"用户"，选择一个数据库用户，例如 Jhon，右击该用户，在弹出的快捷菜单中选择"属性"命令，打开"数据库用户"对话框。

（2）在打开的对话框中，在"成员身份"选择页中的"数据库角色成员身份"列表中，可以根据需要选择相应的数据库角色（这里是 db_owner）前的复选框，将数据库用户加入相应的数据库角色，如图 1.8.10 所示，单击"确定"按钮完成添加。

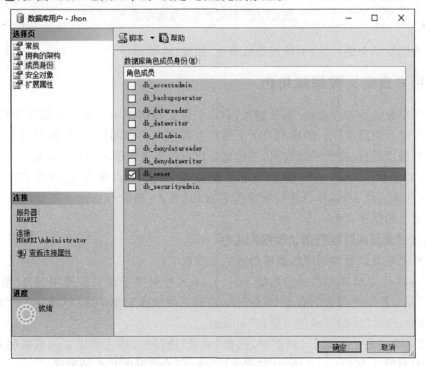

图 1.8.10　添加固定数据库角色成员

查看固定数据库角色成员的操作步骤为：在对象资源管理器中展开"数据库"→xsbook→
"安全性"→"角色"→"数据库角色"，选择要查看的数据库角色，如 db_owner，右击该角色，
在弹出的快捷菜单中选择"属性"命令，在数据库角色属性对话框"常规"选择页中的"角色成
员"下可以看到该数据库角色的成员列表，如图 1.8.11 所示。

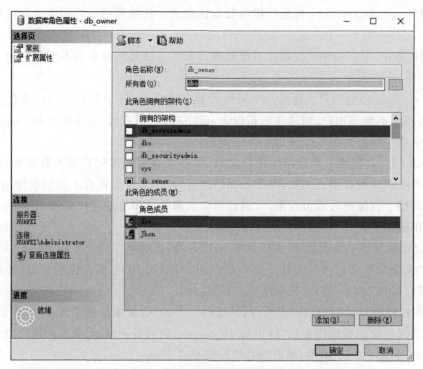

图 1.8.11　数据库角色成员列表

如果要删除某个成员，选中该成员后单击"删除"按钮即可。

8.3.3　用户自定义数据库角色

一个用户登录 SQL Server 服务器后，必须是某个数据库用户并具有相应的权限，才可
对该数据库进行访问操作。如果有若干个用户对数据库有相同的权限，此时可考虑创建用
户自定义数据库角色，授予一组权限，并把这些用户作为该数据库角色的成员。

例如，如果要在 xsboo 数据库上定义数据库角色 role，该角色中的成员有 Jhon、
[HUAWEI\liu]，对 xsbook 可进行的操作有查询、插入、删除和修改。下面将介绍如何创
建这种自定义数据库角色。

1. 通过对象资源管理器创建数据库角色

通过对象资源管理器创建数据库角色的步骤如下：

以 Windows 系统管理员身份连接 SQL Server，在对象资源管理器中展开"数据库"→
xsbook→"安全性"→"角色"，右击"角色"项，在弹出的快捷菜单中选择"新建"→"新建数据
库角色"命令，打开"数据库角色 - 新建"对话框。

在"数据库角色 - 新建"对话框中，选择"常规"选择页，输入要定义的数据库角色名称
role，其所有者默认为 dbo。直接单击"确定"按钮，完成数据库角色的创建。

当数据库用户成为某一数据库角色的成员之后,就获得了该数据库角色所拥有的对数据库操作的权限。

将用户加入自定义数据库角色的方法与将用户加入固定数据库角色的方法类似,这里不再重复。如图 1.8.12 所示的是将 xsbook 数据库的用户 Jhon 加入角色 role 的设置。

图 1.8.12　将 Jhon 加入角色 role

此时数据库角色成员还没有任何的权限,当授予数据库角色权限时,这个角色的成员也将获得相同的权限。权限的授予将在本章后面中介绍。

2. 通过 T-SQL 命令创建数据库角色

创建用户自定义数据库角色可以使用 CREATE ROLE 语句。语法格式如下:

```
CREATE ROLE 角色名 [AUTHORIZATION 数据库角色的所有者]
```

说明:如果未指定数据库角色的所有者,则执行 CREATE ROLE 的用户将拥有该角色。

【例 1.8.9】　在当前数据库中创建名为 role2 的新角色,并指定 dbo 为该角色的所有者。T-SQL 语句如下:

```
USE xsbook
GO
CREATE ROLE role2
    AUTHORIZATION dbo
```

3. 通过 T-SQL 命令删除数据库角色

要删除数据库角色可以使用 DROP ROLE 语句。语法格式如下：

```
DROP ROLE 角色名
```

说明：

（1）无法从数据库删除拥有安全对象的角色。要删除拥有安全对象的数据库角色，必须首先转移这些安全对象的所有权，或从数据库中删除它们。

（2）无法从数据库中删除拥有成员的角色。要删除拥有成员的数据库角色，必须首先删除角色的所有成员。

（3）不能使用 DROP ROLE 语句删除固定数据库角色。

例如，要删除数据库角色 role2，需要在删除之前将 role2 中的成员删除。确认 role2 可以删除后，使用以下 T-SQL 语句删除 role2：

```
DROP ROLE role2
```

8.4　数据库权限的管理

数据库的权限指明了用户能够获得哪些数据库对象的使用权，以及用户能够对哪些对象执行何种操作。用户在数据库中拥有的权限取决于用户账户的数据库权限和用户的数据库角色类型。本节主要介绍数据库权限的管理。

8.4.1　授予权限

权限的授予可以使用命令方式或界面方式完成。

1. 使用命令方式授予权限

利用 GRANT 语句可以给数据库用户或数据库角色授予数据库级别或对象级别的权限。语法格式如下：

```
GRANT   权限 [(列, …)], …
        [ON 安全对象] TO 主体名, …
        [WITH GRANT OPTION] [AS 主体名]
```

说明：

（1）根据安全对象的不同，权限的取值也不同。

- 对于数据库，权限的取值为 BACKUP DATABASE、BACKUP LOG、CREATE DATABASE、CREATE DEFAULT、CREATE FUNCTION、CREATE PROCEDURE、CREATE RULE、CREATE TABLE 或 CREATE VIEW。
- 对于表、表值函数或视图，权限的取值为 SELECT、INSERT、DELETE、UPDATE 或 REFERENCES。
- 对于存储过程，权限的取值为 EXECUTE。
- 对于用户函数，权限的取值为 EXECUTE 和 REFERENCES。

（2）列指定表、视图或表值函数中要针对哪些列授予权限。只能授予对列的 SELECT、REFERENCES 及 UPDATE 权限。列可以在权限子句中指定，也可以在安全对象之后指定。

（3）ON 安全对象指定针对哪些安全对象授予权限。例如，要授予针对 xs 表的权限时，ON 子句为 ON xs。对于数据库级的权限不需要指定 ON 子句。

（4）TO 主体名指定被授予权限的对象，可为当前数据库的用户和数据库角色。指定的数据库用户和角色必须在当前数据库中存在，不可将权限授予其他数据库中的用户和角色。

（5）WITH GRANT OPTION 表示允许被授权者在获得指定权限的同时还可以将指定权限授予其他用户、角色或 Windows 组。该子句仅对对象权限有效。

（6）AS 主体名指定当前数据库中执行 GRANT 语句的用户所属的角色名或组名。当对象的权限被授予一个组或角色时，可用 AS 子句将对象权限进一步授予不是组或角色成员的用户。

GRANT 语句可使用两个特殊的用户账户：public 角色和 guest 用户。授予 public 角色的权限可应用于数据库中的所有用户；授予 guest 用户的权限可为所有在数据库中没有数据库用户账户的用户使用。

【例 1.8.10】 给 xsbook 数据库上的用户 Jhon 和[HUAWEI\liu]授予创建表的权限。

以系统管理员身份登录 SQL Server，新建一个查询，输入以下 T-SQL 语句：

```
USE xsbook
GO
GRANT CREATE TABLE
    TO Jhon, [HUAWEI\liu]
```

说明：授予数据库级权限时，CREATE DATABASE 权限只能在 master 数据库中被授予。如果用户登录名含有空格和反斜杠(\)，则要用引号或中括号将登录名括起来。

【例 1.8.11】 首先在当前数据库 xsbook 中给 public 角色授予对 xs 表的 SELECT 权限。然后，将特定的权限授予用户 liu、zhang 和 dong(假设这几个用户已经创建了)，使这些用户对 xs 表有所有操作权限。

T-SQL 语句如下：

```
GRANT SELECT ON xs TO public
GO
GRANT INSERT, UPDATE, DELETE
    ON xs TO liu, zhang, dong
GO
```

【例 1.8.12】 将 CREATE TABLE 权限授予数据库角色 role 的所有成员。

T-SQL 语句如下：

```
GRANT CREATE TABLE
    TO role
```

【例 1.8.13】 以系统管理员身份登录 SQL Server,将 xsbook 数据库中 xs 表的 SELECT 权限授予角色 role2(利用 WITH GRANT OPTION 子句)。用户 li 是角色 role2 的成员,在用户 li 上将 xs 表上的 SELECT 权限授予用户 huang,huang 不是角色 role2 的成员。

(1) 创建登录名 li,默认数据库和用户映射为 xsbook 数据库。

(2) 创建登录名 huang,默认数据库和用户映射为 xsbook 数据库。

(3) 创建 xsbook 数据库的角色 role2,不授予其任何权限,将用户 li 加入该角色作为成员。

(4) 以 Windows 系统管理员身份连接 SQL Server,授予角色 role2 在 xs 表上的 SELECT 权限,T-SQL 语句如下:

```
USE xsbook
GO
GRANT SELECT
    ON xs
    TO role2
    WITH GRANT OPTION
```

(5) 在"SSMS"窗口中单击"新建查询"按钮旁边的数据库引擎查询按钮 ,在弹出的"连接到数据库引擎"对话框中以用户 li 身份登录,如图 1.8.13 所示。单击"连接"按钮,连接到 SQL Server 服务器,出现"查询分析器"窗口。

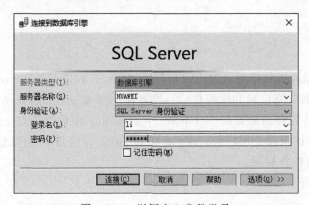

图 1.8.13 以用户 li 身份登录

在"查询分析器"窗口中执行以下 T-SQL 语句:

```
USE xsbook
GO
SELECT * FROM xs
```

执行结果为显示 xs 表的记录。

在"查询分析器"窗口中使用以下 T-SQL 语句将用户 li 在 xs 表上的 SELECT 权限授予用户 huang:

```
USE xsbook
GO
GRANT SELECT
    ON xs TO huang AS role2
```

说明：由于 li 是角色 role2 的成员，因此必须用 AS 子句对 huang 授予权限。

（6）单击"新建查询"按钮旁边的数据库引擎查询按钮 ，在弹出的"连接到数据库引擎"对话框中以用户 huang 身份登录，出现"查询分析器"窗口。

在"查询分析器"窗口中执行以下 T-SQL 语句：

```
USE xsbook
GO
SELECT * FROM xs
```

执行结果为显示 xs 表记录。

【例 1.8.14】 在当前数据库 xsbook 中给 public 角色授予对 xs 表的"借书证号"和"姓名"字段执行 SELECT 语句的权限。

T-SQL 语句如下：

```
GRANT SELECT
    (借书证号, 姓名) ON xs
    TO public
```

2. 使用界面方式授予权限

1）授予数据库上的权限

【例 1.8.15】 给数据库用户 Jhon 授予 xsbook 数据库的 CREATE TABLE 语句的权限（即"创建表"的权限）。

以系统管理员身份登录到 SQL Server 服务器，在对象资源管理器中展开"数据库"→xsbook，右击 xsbook，在弹出的快捷菜单中选择"属性"命令，打开 xsbook 数据库的属性对话框，选择"权限"选择页。

在"用户或角色"栏中选择需要授予权限的用户或角色，此处为 Jhon，在下方的 Jhon 的权限列表中找到相应的权限（如"创建表"），选择相应的复选框，如图 1.8.14 所示。单击"确定"按钮即可完成权限授予。

如果需要授予权限的用户在用户列表中不存在，则可以单击"搜索"按钮找到该用户，将该用户添加到列表中再选择。选择用户后，单击"有效"选项卡，可以查看该用户在当前数据库中有哪些权限。

2）授予数据库对象上的权限。

【例 1.8.16】 给数据库用户 Jhon 授予 book 表上的 SELECT（选择）、INSERT（插入）的权限。

以系统管理员身份登录到 SQL Server 服务器，在对象资源管理器中展开"数据库"→xsbook→"表"→book，右击该表，在弹出的快捷菜单中选择"属性"命令，打开 book 表的属

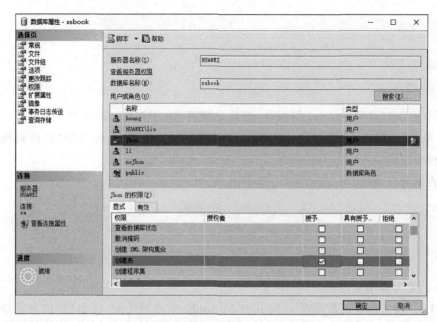

图 1.8.14   授予用户数据库上的权限

性对话框,选择"权限"选择页。

单击"搜索"按钮,在弹出的"选择用户或角色"对话框中单击"浏览"按钮,选择需要授权的用户(如 Jhon)或角色,然后单击"确定"按钮,回到 book 表的属性对话框。在该对话框中选择用户,在权限列表中选择需要授予该用户的权限,如"插入",如图 1.8.15 所示。单击"确定"按钮完成授权。

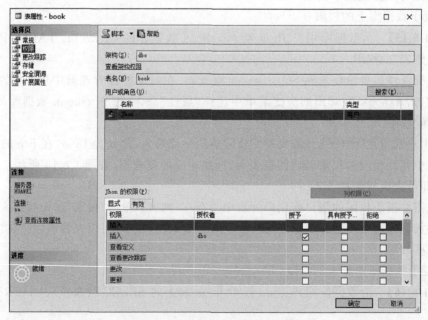

图 1.8.15   授予用户数据库上的权限

如果要授予用户在表的列上的 SELECT 权限,可以选择"选择"权限后单击"列权限"按钮,在弹出的"列权限"对话框中选择要授予权限的列即可。

对用户授予权限后,可以以该用户身份登录 SQL Server,然后对数据库执行相关的操作,以测试该用户是否得到已授予的权限。

8.4.2 拒绝权限

使用 DENY 语句可以拒绝给当前数据库内的用户授予的权限,并防止数据库用户通过其组或角色成员资格继承权限。

语法格式如下:

```
DENY  权限[(列,…)], …
    [ON 安全对象] TO 主体名, …
    [CASCADE][AS 主体名]
```

说明:CASCADE 表示拒绝向指定用户或角色授予该权限,同时对指定用户或角色授予该权限的所有其他用户和角色也拒绝授予该权限。当主体具有带 WITH GRANT OPTION 的权限时,为必选项。DENY 语句语法格式的其他各项的含义与 GRANT 语句中的相同。

需要注意的是:

(1) 如果使用 DENY 语句禁止用户获得某个权限,那么以后将该用户添加到已得到该权限的组或角色时,该用户仍然不具有该权限。

(2) 默认情况下,sysadmin、db_securityadmin 角色成员和数据库对象所有者具有执行 DENY 语句的权限。

【例 1.8.17】 拒绝多个用户使用 CREATE VIEW 和 CREATE TABLE 语句的权限。

T-SQL 语句如下:

```
DENY CREATE VIEW, CREATE TABLE
    TO li, huang
```

【例 1.8.18】 拒绝用户 li、huang、[HUAWEI\liu]对 xs 表的一些权限,这样,这些用户就没有对 xs 表的操作权限了。

T-SQL 语句如下:

```
USE xsbook
GO
DENY SELECT, INSERT, UPDATE, DELETE
    ON xs TO li, huang, [HUAWEI\liu]
```

【例 1.8.19】 对所有 role2 角色成员拒绝 CREATE TABLE 权限。

T-SQL 语句如下:

```
DENY CREATE TABLE
    TO role2
```

　　说明：假设用户 wang 是 role2 的成员，并显式授予了 CREATE TABLE 权限，但仍拒绝 wang 的 CREATE TABLE 权限。

　　通过界面方式拒绝权限也是在相关的数据库或对象的属性窗口中操作，如图 1.8.14 和图 1.8.15 所示，在相应的"拒绝"复选框中选择即可。

8.4.3　撤销权限

　　利用 REVOKE 语句可撤销以前针对当前数据库用户授予或拒绝的权限。
　　语法格式如下：

```
REVOKE [GRANT OPTION FOR] 权限 [(列，…)]，…
    [ON 安全对象]
    TO | FROM　主体名，…
    [CASCADE][AS 主体名]
```

　　说明：

　　(1) REVOKE 只适用于当前数据库内的权限。GRANT OPTION FOR 表示将撤销用户授予指定权限的能力。

　　(2) REVOKE 只撤销针对指定的用户、组或角色授予或拒绝的权限。

　　(3) REVOKE 权限默认授予固定服务器角色 sysadmin 的成员、固定数据库角色 db_owner 和 db_securityadmin 的成员。

　　【例 1.8.20】　给 wang 用户账户授予了查询 xs 表的权限，该用户账户是 role 角色的成员。如果取消了 role 角色查询 xs 表的访问权，但是已显式授予 wang 查询表的权限，则 wang 仍能查询该表，即取消 role 角色的权限并没有禁止 wang 查询该表。

　　首先，使用界面方式创建权限，步骤如下：

　　(1) 创建 wang 登录名，默认数据库和用户映射为 xsbook 数据库。

　　(2) 为 wang 用户分配 xs 表选择权限。

　　① 在对象资源管理器中展开"数据库"→xsbook→"安全性"→"用户"，选择 wang，右击该用户，在弹出的快捷菜单中选择"属性"命令，打开"数据库用户 - wang"对话框。

　　② 在"安全对象"选择页中，单击"搜索"按钮，在弹出的对话框中选择"特定对象"。

　　③ 在"对象类型"下选择"数据库"复选框。单击"浏览"按钮，在打开的选择安全对象对话框中选择 xsbook，单击"确定"按钮，加入 xsbook 对象。

　　④ 选择该对象，为其授予"创建表"权限。

　　⑤ 在"对象类型"下选择"表"复选框。单击"浏览"按钮，在打开的选择安全对象对话框中选择 dbo.xs，单击"确定"按钮，加入 dbo.xs 对象。

　　⑥ 选择该对象，为其授予"选择"权限，如图 1.8.16 所示。

　　⑦ 单击"确定"按钮，关闭"数据库用户 - wang"对话框。

　　(3) 为 role 角色分配 xs 表选择权限。

　　① 在对象资源管理器中展开"数据库"→xsbook→"安全性"→"角色"，选择 wang，右击该用户，在弹出的快捷菜单中选择"属性"命令，打开"数据库用户-wang"窗口。

　　② 在"常规"选择页中，单击"搜索"按钮，在弹出的对话框中选择"特定对象"。

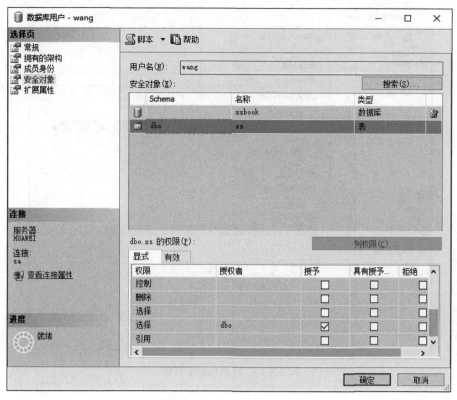

图 1.8.16　给用户授予权限

③ 在"对象类型"下选择"用户"。单击"浏览"按钮,在打开的选择安全对象对话框中选择 wang,单击"确定"按钮,将 wang 加入 role 角色中。

④ 在"安全对象"选择页中,单击"搜索"按钮,在弹出的对话框中选择"特定对象"。

⑤ 在"对象类型"下选择"表"。单击"浏览"按钮,在打开的选择安全对象对话框中选择 dbo.xs,单击"确定"按钮,将 dbo.xs 加入 role 角色中。

⑥ 选择 dbo.xs 对象,为其授予"选择"权限,如图 1.8.17 所示。

接下来,以命令方式取消权限,步骤如下:

(1) 取消已授予用户 wang 的 CREATE TABLE 权限:

```
REVOKE CREATE TABLE
    FROM wang
```

(2) 取消已授予角色 role 在 xs 表上的 SELECT 权限:

```
REVOKE SELECT
    ON xs
    FROM role
```

最后,检查 wang 的选择权限。在"SSMS"窗口上以 wang 用户身份登录,单击"连接"按钮,连接到 SQL Server 服务器。在"查询分析器"窗口,输入以下语句:

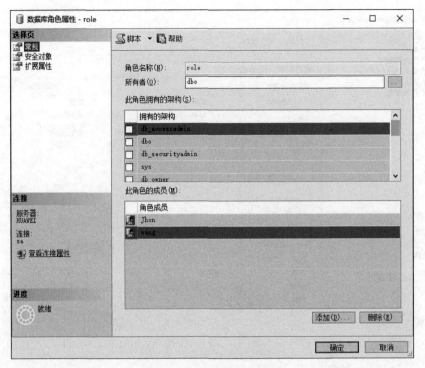

图 1.8.17　给角色授予权限

```
USE xsbook
GO
SELECT * FROM [dbo].xs
```

仍然可以显示 xs 表记录。

```
SELECT * FROM [dbo].book
```

不能显示 book 表记录,因为 wang 没有在 book 上执行 SELECT 语句的权限。

【例 1.8.21】　角色 role2 在 xs 表上拥有 SELECT 权限,用户 li 是 role2 的成员。li 使用 WITH GRANT OPTION 子句将 SELECT 权限转移给了用户 huang,用户 huang 不是 role2 的成员。现要以用户 li 的身份撤销用户 huang 的 SELECT 权限。

以用户 li 的身份登录 SQL Server 服务器,新建一个查询,使用如下语句撤销 huang 的 SELECT 权限:

```
USE xsbook
GO
REVOKE SELECT
    ON xs
    TO huang
    AS role2
```

8.5 数据库架构的定义和使用

在 SQL Server 中,数据库架构是一个独立于数据库用户的非重复命名空间,数据库中的对象都属于某个架构。一个架构只能有一个所有者,所有者可以是用户、数据库角色等。架构的所有者可以访问架构中的对象,并且可以授予其他用户访问该架构的权限。可以使用对象资源管理器和 T-SQL 语句两种方式来创建架构,但必须具有 CREATE SCHEMA 权限。

8.5.1 使用界面方式创建架构

以在 xsbook 数据库中创建架构为例,具体步骤如下:

(1) 以系统管理员身份登录 SQL Server,在对象资源管理器中展开"数据库"→xsbook →"安全性",选择"架构",右击该项,在弹出的快捷菜单中选择"新建架构"命令。

(2) 在打开的"架构 – 新建"对话框中选择"常规"选择页,在对话框右边"架构名称"下的文本框中输入架构名称(如 test)。单击"搜索"按钮,在打开的"搜索角色和用户"对话框中单击"浏览"按钮。在打开的"查找对象"对话框中,选择用户 Jhon 前面的复选框。单击"确定"按钮,返回"搜索角色和用户"对话框。单击"确定"按钮,返回"架构 – 新建",如图 1.8.18 所示。

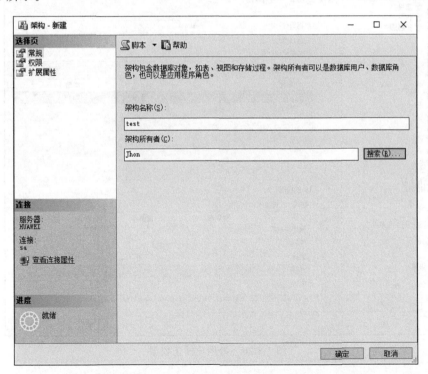

图 1.8.18 在"架构 – 新建"对话框中设置架构名称和所有者

单击"确定"按钮,完成架构的创建。这样就将用户 Jhon 设为架构 test 的所有者。

架构创建完成后,在"数据库"→xsbook→"安全性"→"架构"下可以找到新架构 test。

打开该架构的属性对话框,可以更改架构的所有者。

（3）在 xsbook 数据库中采用 test 架构新建名为 Table_1 的表,T-SQL 语句如下:

```
CREATE TABLE test.Table_1
(
    myField1 char(20)
)
```

设置完成后,保存该表。保存后的表可以在"对象资源管理器"中找到,表名已经变成 test.Table_1,如图 1.8.19 所示。

打开 test. Table_1,在其中输入一行数据:"测试架构的使用"。

（4）在对象资源管理器中展开"数据库"→xsbook→"安全性"→"架构",选择新创建的架构 test,右击该架构,在弹出的快捷菜单中选择"属性"命令,打开"架构属性- test"对话框,在"权限"选择页中,单击"搜索"按钮,选择用户 li,为其授予权限,如"选择"权限,如图 1.8.20 所示。

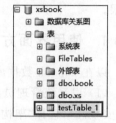

图 1.8.19　test 构架表

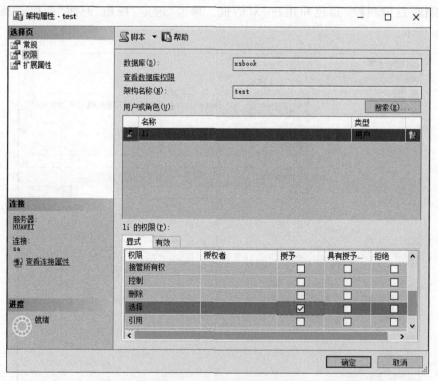

图 1.8.20　为用户授予权限

单击"确定"按钮,保存上述设置。

用同样的方法,还可以授予其他用户访问该架构的权限。

（5）重新启动 SSMS,使用 SQL Server 身份验证方式以用户 li 的登录名连接 SQL

Server。在连接成功后，创建一个新的查询，在"查询分析器"窗口中输入查询 test.Table_1 的 T-SQL 语句，该语句的执行结果如图 1.8.21 所示。

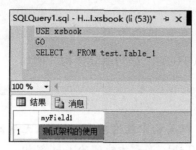

图 1.8.21　测试查询权限

再新建一个 SQL 查询，在查询分析器中输入删除 test.Table_1 的 T-SQL 语句：

```
DELETE FROM test.Table_1
```

该语句的执行结果如图 1.8.22 所示。

SQLQuery2.sql - H...l.xsbook (li (55))* ⊕ × SQLQuery1.sql - H...l.xsbook (li (53))*
```
USE xsbook
GO
DELETE FROM test.Table_1
```
100 % ▼ ◀
🔢 消息
消息 229，级别 14，状态 5，第 3 行
拒绝了对对象 'Table_1' (数据库 'xsbook'，架构 'test')的 DELETE 权限。

图 1.8.22　测试删除权限

很明显，由于用户 li 所属的架构没有相应的 DELETE 权限，因此无法对 test.Table_1 执行删除操作。

说明：创建完架构后，在创建用户时，可以为用户指定新创建的架构为默认架构，或者将用户指定为该架构的所有者。

8.5.2　使用命令方式创建架构

可以使用 CREATE SCHEMA 语句创建数据库架构。语法格式如下：

```
CREATE SCHEMA
(
    架构名[AUTHORIZATION 所有者名]
)
```

AUTHORIZATION 指定将作为架构所有者的数据库级主体（如用户、角色等）的名称。此主体还可以是其他架构的所有者，并且可以不使用当前架构作为其默认架构。

【例 1.8.22】　创建 test_schema 架构，其所有者为用户 Jhon。

以系统管理员身份登录 SQL Server，新建一个查询，输入以下 T-SQL 语句：

```
USE xsbook
GO
CREATE SCHEMA test_schema
    AUTHORIZATION Jhon
```

另外,可以使用 DROP SCHEMA 语句删除架构。例如:

```
DROP SCHEMA test_schema
```

注意:删除架构时必须保证架构中没有对象。例如,无法删除 test 架构,因为 Table_1 表属于架构 test,必须先删除 Table_1 表才能删除 test 架构。

CHAPTER 第9章

备份与恢复

尽管 SQL Server 系统采取了多种措施来保证数据库的安全性和完整性,但硬件故障、软件错误、病毒、误操作或故意破坏仍是可能发生的,这些故障会造成运行事务的异常中断,从而影响数据正确性,甚至会破坏数据库,使数据库中的数据部分或全部丢失。因此数据库管理系统都提供了把数据库从错误状态恢复到某一正确状态的功能,这种功能称为恢复。数据库的恢复是以备份为基础的,SQL Server 的备份和恢复组件为存储在 SQL Server 数据库中的关键数据提供了重要的保护手段。本章着重讨论 SQL Server 的备份和恢复的策略和过程。

9.1 备份和恢复概述

数据库中的数据丢失或被破坏可能是由于以下原因:

(1)计算机硬件故障。由于使用不当或产品质量等原因,计算机硬件可能会出现故障,不能使用。例如,硬盘损坏会使得存储于其上的数据丢失。

(2)软件故障。由于软件设计上的失误或用户使用的不当,软件系统可能会误操作数据,引起数据破坏。

(3)病毒。破坏性病毒会破坏系统软件、硬件和数据。

(4)误操作。例如,用户错误使用了诸如 DELETE、UPDATE 等命令而引起数据丢失或被破坏。

(5)自然灾害。例如火灾、洪水或地震等,它们会造成极大的破坏,会毁坏计算机系统及其数据。

(6)盗窃。一些重要数据可能会遭窃。

因此,必须制作数据库的复本,即进行数据库备份,以便在数据库遭到破坏时能够修复数据库,即进行数据库恢复。数据库恢复就是把数据库从错误状态恢复到某一正确状态。

备份和恢复数据库也可以用于其他目的。例如,可以通过备份与恢复将数据库从一个服务器移动或复制到另一个服务器。

9.1.1 备份概述

数据库何时被破坏以及会遭到什么样的破坏是不可预测的,所以备份是一项重要的数据库管理工作,必须确定何时备份、备份到何处、由谁来做备份、备份哪些内容、备份频率以及如何备份等事项,即确定备份策略。

设计备份策略的指导思想是以最小的代价恢复数据。备份与恢复是互相联系的,备份策略与恢复策略应结合起来考虑。

1. 备份内容

数据库中数据的重要程度决定了数据恢复的必要性与重要性,也就决定了数据是否需要备份及如何备份。数据库需备份的内容可分为系统数据库和用户数据库两部分,系统数据库记录了重要的系统信息,用户数据库则记录了用户的数据。

系统数据库包括 master、msdb 和 model 数据库,它们是确保 SQL Server 系统正常运行的重要依据,因此,系统数据库必须被完全备份。

用户数据库是存储用户数据的存储空间集。通常用户数据库中的数据依其重要性可分为非关键数据和关键数据。非关键数据通常能够很容易地从其他来源重新创建,可以不备份;关键数据则是用户的重要数据,不易甚至不能重新创建,对其需进行完善的备份。在设计备份策略时,管理员首先就要决定数据的重要程度。数据重要程度的确定主要依据实际的应用领域,可能有的数据库中的数据都不属于关键数据,而有的数据库中大量的数据属于关键数据。例如,一个普通的图书管理数据库中的数据可认为是一般数据,而一个银行业务数据库中的数据是关键数据。

2. 由谁做备份

在 SQL Server 中,下列角色的成员可以做备份操作:

(1) 固定服务器角色 sysadmin(系统管理员)。

(2) 固定数据库角色 db_owner(数据库所有者)。

(3) 固定数据库角色 db_backupoperator(数据库备份操作员)。

还可以通过授权允许其他角色进行数据库备份。

3. 备份介质

备份介质是指用于备份数据库到的目标载体,即备份到何处。在 SQL Server 中,允许使用两种类型的备份介质:

(1) 硬盘。是最常用的备份介质,可以用于备份本地文件,也可以用于备份网络文件。

(2) 磁带。是大容量的备份介质,仅可用于备份本地文件。

4. 何时备份

对于系统数据库和用户数据库,其备份时机是不同的。

1) 系统数据库

当系统数据库 master、msdb 和 model 中的任何一个被修改以后,都要将其备份。

master 数据库包含了 SQL Server 系统有关数据库的全部信息,即它是"数据库的数据库"。如果 master 数据库损坏,那么 SQL Server 可能无法启动,并且用户数据库可能无效。

当执行下列 T-SQL 命令或系统存储过程时,SQL Server 将修改 master 数据库:

(1) 创建、修改或删除用户数据库对象的 T-SQL 命令,包括 CREATE DATABASE、ALTER DATABASE、DROP DATABASE。

(2) 修改事务日志的系统存储过程 sp_logdevice。

(3) 增加或删除服务器的系统存储过程,包括 sp_addserver、sp_sddlinkedserver、sp_dropserver。

（4）执行与登录有关的系统存储过程，包括 sp_addlogin、sp_addremotelogin、sp_droplogin、sp_dropremotelogin、sp_grantlogin、sp_password。

（5）重命名数据库的系统存储过程 sp_renamedb。

（6）添加或删除备份设备的系统存储过程，包括 sp_addumpdevice、sp_dropdevice。

（7）改变服务器范围配置的系统存储过程，包括 sp_dboption、sp_configure、sp_serveroption。

执行上述操作后应备份 master 数据库，以便当系统出现故障，master 数据库遭到破坏时，可以恢复系统数据库和用户数据库。当 master 数据库被破坏而没有 master 数据库的备份时，就只能重建全部的系统数据库。

当修改了系统数据库 msdb 或 model 时，也必须对它们进行备份，以便在系统出现故障时恢复作业以及用户创建的数据库信息。

注意：不要备份数据库 tempdb，因为它仅包含临时数据。

2）用户数据库

当创建数据库或加载数据库时，应备份数据库；当为数据库创建索引时，应备份数据库，以便恢复时可大大节省时间；当执行了不记入日志的 T-SQL 命令时，应备份数据库，这是因为这些命令未记录在事务日志中，因此恢复时不会被执行。不记入日志的命令有 BACKUO LOG WITH NO_LOG、WRITETEXT、UPDATETEXT、SELECT INTO、命令行实用程序、BCP 命令等。

5．备份频率

备份频率即相隔多长时间进行备份。确定备份频率主要考虑两点：一是系统恢复的工作量；二是系统执行的事务量。通常，如果系统环境为联机事务处理，则应当经常备份数据库；而如果系统只执行少量作业或主要用于决策支持，就不用经常备份。

另外，采用不同的数据库备份方法，备份频率也可不同。如果采用完全数据库备份，通常备份频率应低一些；而如果采用差异备份，事务日志的备份频率就应高一些。

6．限制的操作

SQL Server 在执行数据库备份的过程中，允许用户对数据库继续操作，但不允许用户在备份时执行下列操作：创建或删除数据库文件；创建索引；执行不记入日志的命令。

若系统正执行上述操作中的任何一种时试图进行备份，则备份进程不能执行。

7．备份方法

数据库备份常用的两类方法是完全备份和差异备份。完全备份每次都备份整个数据库或事务日志；差异备份则只备份自上次备份以来发生变化的数据库的数据，也称为增量备份。

SQL Server 中有两种基本的备份：一是只备份数据库；二是备份数据库和事务日志。它们又都可以与完全或差异备份相结合，另外，当数据库很大时，也可以进行个别文件或文件组的备份，从而将数据库备份分割为多个较小的备份过程。这样就形成了以下 4 种备份方法。

1）完全数据库备份

这种方法按常规定期备份整个数据库，包括事务日志。当系统出现故障时，可以恢复到最近一次数据库备份时的状态，但自该备份后所提交的事务都将丢失。

完全数据库备份的主要优点是简单，备份是单一操作，可按一定的时间间隔预先设定，恢复时只需一个步骤就可以完成。

若数据库不大，或者数据库中的数据变化很少甚至是只读的，那么就可以对其进行完全数据库备份。

2）数据库和事务日志备份

这种方法不需要很频繁地定期进行数据库备份，而是在两次完全数据库备份期间进行事务日志备份，备份的事务日志记录了两次数据库备份之间所有的数据库活动记录。当系统出现故障后，能够恢复所有备份的事务，而只丢失未提交或提交但未执行完的事务。执行恢复时，需要两步：首先恢复最近的完全数据库备份，然后恢复在该完全数据库备份以后的所有事务日志备份。

3）差异备份

差异备份只备份自上次数据库备份后发生更改的部分数据库，它用来扩充完全数据库备份或数据库和事务日志备份方法，因此可分为差异完全数据库备份和差异数据库和事务日志备份。对于一个经常修改的数据库，采用差异备份策略可以减少备份和恢复时间。差异备份比完全数据库备份工作量小而且备份速度快，对正在运行的系统影响也较小，因此可以更经常地备份，以降低丢失数据的危险。

使用差异备份方法，执行恢复时，若是差异完全数据库备份，则用最近的完全数据库备份和最近的差异数据库备份来恢复数据库；若是差异数据库和事务日志备份，则需用最近的完全数据库备份和最近的差异备份后的事务日志备份来恢复数据库。

4）数据库文件或文件组备份

这种方法只备份特定的数据库文件或文件组，同时还要定期备份事务日志，这样在恢复时可以只还原已损坏的文件，而不用还原数据库的其余部分，从而加快恢复速度。对于被分割在多个文件中的大型数据库，可以使用这种方法进行备份。例如，如果数据库由几个在物理上位于不同磁盘上的文件组成，当其中一个磁盘发生故障时，只需还原故障磁盘上的文件。数据库文件或文件组备份和还原操作必须与事务日志备份一起进行。数据库文件或文件组备份能够很快恢复已隔离的介质故障，迅速还原损坏的文件，在调度和媒体处理上具有很大的灵活性。

8. 性能

在备份数据库时应考虑对 SQL Server 性能的影响，主要有以下几点：

（1）备份一个数据库所需的时间主要取决于物理设备的速度，例如，磁盘设备的速度通常比磁带设备快。

（2）通常备份到多个物理设备比备份到一个物理设备要快。

（3）系统的并发活动对数据库的备份有影响，因此，在备份数据库时，应减少并发活动，以减少数据库备份所需的时间。

9.1.2　恢复概述

数据库恢复就是当数据库出现故障时，将备份的数据库加载到系统，从而使数据库恢复到备份时的正确状态。

恢复是与备份相对应的系统维护和管理操作，系统进行恢复操作时，先执行一些系统安全性的检查,包括检查要恢复的数据库是否存在、数据库是否变化以及数据库文件是否兼容等,然后根据采用的数据库备份类型执行相应的恢复操作。

通常恢复操作要经过以下两个步骤。

1. 准备工作

数据库恢复的准备工作包括系统安全性检查和备份介质验证。

在进行恢复时,系统先执行安全性检查、重建数据库及其相关文件等操作,以保证数据库安全地恢复。这是数据库恢复必要的准备,可以防止错误的恢复操作,例如用不同的数据库备份或用不兼容的数据库备份覆盖某个已存在的数据库。当系统发现以下情况时,恢复操作将不进行:

- 指定的要恢复的数据库已存在,但在备份文件中记录的数据库与其不同。
- 服务器上数据库文件集与备份中的数据库文件集不一致。
- 未提供恢复数据库所需的所有文件或文件组。
- 安全性检查是系统在执行恢复操作时自动进行的。

恢复数据库时,要确保数据库的备份是有效的,即要验证备份介质,得到以下数据库备份信息:

- 备份文件或备份集名及描述信息。
- 使用的备份介质类型(磁带或磁盘等)。
- 使用的备份方法。
- 执行备份的日期和时间。
- 备份集的大小。
- 数据库文件及日志文件的逻辑和物理文件名。
- 备份文件的大小。

2. 执行恢复数据库的操作

使用 SQL Server 的对象资源管理器或 T-SQL 语句执行恢复数据库的操作。

9.2　备份

进行数据库备份时,首先必须创建用来存储备份的备份设备,可以是磁盘或磁带。备份设备分为命名备份设备和临时备份设备两类。创建备份设备后,才能通过图形化界面向导方式或 T-SQL 命令将需要备份的数据库备份到备份设备中。

9.2.1　创建备份设备

备份设备总是有一个物理名,这个物理名是操作系统访问物理设备时使用的名称,但使用逻辑名访问更加方便。要使用备份设备的逻辑名进行备份,就必须先创建命名的备份设备,否则,就只能使用物理名访问备份设备。可以使用逻辑名访问的备份设备称为命名备份设备,而只能使用物理名访问的备份设备称为临时备份设备。

1. 创建命名备份设备

如果要使用备份设备的逻辑名来引用备份设备,就必须在使用它之前创建命名备份设备。当希望创建的备份设备能够重新使用或设置系统自动备份数据库时,就要使用命名备份设备。若使用磁盘设备备份,那么备份设备实际上就是磁盘文件;若使用磁带设备备份,那么备份设备实际上就是一个或多个磁带。

创建命名备份设备有两种方法:使用系统存储过程 sp_addumpdevice 或使用界面方式。

1) 使用系统存储过程创建命名备份设备

执行系统存储过程 sp_addumpdevice 可以在磁盘或磁带上创建命名备份设备。

创建命名备份设备时,要注意以下几点:

(1) SQL Server 将在系统数据库 master 的系统表 sysdevice 中创建该命名备份设备的物理名和逻辑名。

(2) 必须指定该命名备份设备的物理名和逻辑名。当在网络磁盘上创建命名备份设备时,要说明网络磁盘文件路径名。

(3) 一个数据库最多可以创建 32 个备份文件。

系统存储过程 sp_addumpdevice 的语法格式如下:

```
sp_addumpdevice [@devtype=] 'device_type',
    [@logicalname=] 'logical_name',
    [@physicalname=] 'physical_name'
```

其中,device_type 指出介质类型,可以是 DISK 或 TAPE,DISK 表示硬盘文件,TAPE 表示磁带设备;logical_name 和 physical_name 分别是逻辑名和物理名。

例如,以下 T-SQL 语句将在本地硬盘上创建一个命名备份设备:

```
USE master
GO
EXEC sp_addumpdevice 'disk', 'mybackupfile',
    'e:\data\mybackupfile.bak'
```

上述 T-SQL 语句创建的命名备份设备的逻辑名和物理名分别是 mybackupfile 和 e:\data\mybackupfile.bak。

2) 使用对象资源管理器创建命名备份设备

启动 SQL Server Management Studio,在对象资源管理器中展开"服务器对象"→"备份设备",在"备份设备"的列表中可以看到上面使用系统存储过程创建的备份设备。右击"备份设备",在弹出的快捷菜单中选择"新建备份设备"命令。在打开的"备份设备"对话框中分别输入备份设备的名称和完整的物理路径名,单击"确定"按钮,完成备份设备的创建。

当不再需要已创建的命名备份设备时,可用界面方式或系统存储过程 sp_dropdevice 删除它。在 SQL Server Management Studio 中删除命名备份设备时,若被删除的命名备份设备是磁盘文件,那么必须在其物理路径下用手工方式删除该文件。

用系统存储过程 sp_dropdevice 删除命名备份文件时,若被删除的命名备份设备的类型为磁盘,那么必须指定 DELFILE 选项,但这要求备份设备的物理文件不能直接保存在磁盘根目录下。例如:

```
EXEC sp_dropdevice 'mybackupfile' , DELFILE
```

2. 创建临时备份设备

临时备份设备就是只用于临时性存储的设备,对这种设备只能使用物理名来引用。如果不准备重用备份设备,那么就可以使用临时备份设备。例如,如果只进行数据库的一次性备份或测试自动备份操作,那么就使用临时备份设备。

创建临时备份设备时,要指定介质类型(磁盘、磁带或命名管道)、完整的路径名及文件名称。可使用 T-SQL 的 BACKUP DATABASE 语句创建临时备份设备。SQL Server 系统将创建临时文件来存储临时备份的结果。

语法格式如下:

```
BACKUP DATABASE 数据库名
    TO
    DISK | TAPE=文件名, …
```

默认的介质类型是磁盘(DISK)。

9.2.2 使用命令方式备份数据库

规划了备份的策略,创建了备份设备后,就可以执行实际的备份操作了。可以使用 SQL Server 对象资源管理器、备份向导或 T-SQL 语句执行备份操作。本节讨论 T-SQL 提供的备份语句 BACKUP,该语句可对数据库进行完全备份和差异备份,备份特定的文件或文件组及备份事务日志。

1. 完全备份

完全备份使用 BACKUP DATABASE 语句,语法格式如下:

```
BACKUP DATABASE 数据库名                /*要备份的数据库名*/
    TO 备份设备, …                      /*指出备份设备*/
    [WITH 选项]
```

说明:

(1) 备份设备:指定备份操作时要使用的逻辑或物理备份设备。格式如下:

```
逻辑名 | DISK | TAPE='物理路径'
```

可以是已经创建的备份设备的逻辑名或临时备份设备的物理名。

(2)WITH 子句用于附加一些选项:

```
[BLOCKSIZE=块大小]                      /*块大小*/
[DESCRIPTION='描述文本']
[DIFFERENTIAL]
[EXPIREDATE=日期                        /*备份集到期和允许被重写的日期*/
| RETAINDAYS=天数]
[PASSWORD=密码]
[FORMAT | NOFORMAT]
[INIT | NOINIT]                         /*指定是覆盖还是追加*/
```

```
[NOSKIP | SKIP]
[MEDIADESCRIPTION='介质描述文本']
[MEDIANAME=介质名]
[MEDIAPASSWORD=介质密码]
[NAME=备份集名]
[STATS [=百分比]]
[[,] COPY_ONLY]
```

对这些选项说明如下:

- BLOCKSIZE 选项:用字节数指定物理块的大小。通常,无须使用该选项,因为 BACKUP 语句会自动选择适合磁盘或磁带设备的块大小。
- DESCRIPTION 选项:指定描述备份集的自由格式文本。
- DIFFERENTIAL 选项:指定数据库备份或文件备份应该只包含上次完全备份后更改的数据库或文件部分。该选项用于差异备份。
- EXPIREDATE 或 RETAINDAYS 选项:EXPIREDATE 选项指定备份集到期和允许被重写的日期。RETAINDAYS 选项指定必须经过多少天才可以重写该备份集。
- PASSWORD 选项:为备份集设置密码,它是一个字符串。如果为备份集设置了密码,必须提供这个密码才能对该备份集执行恢复操作。
- FORMAT 或 NOFORMAT 选项:FORMAT 选项指定格式化介质。格式化可以覆盖备份设备上的所有内容,并且将介质集拆分开来。默认为 NOFORMAT。

注意:带 FORMAT 选项的备份若指定了错误的备份设备,将破坏该设备上的所有内容,所以建议谨慎使用 FORMAT 选项。

- INIT 或 NOINIT 选项:NOINIT 选项指定追加备份集到已有备份设备的数据之后,它是备份的默认方式。INIT 选项则指定备份为覆盖式的。
- SKIP 与 NOSKIP 选项:若使用 SKIP,禁用备份集的过期和名称检查,这些检查一般由 BACKUP 语句执行,以防止覆盖备份集。若使用 NOSKIP,则 BACKUP 语句在覆盖介质上的所有备份集之前先检查它们的过期日期。默认为 NOSKIP。
- MEDIADESCRIPTION:指定描述介质集的自由格式文本说明,最多为 255 个字符。
- MEDIANAME 选项:备份介质集的名称。介质集是指用来保存一个或多个备份集的备份设备的集合,它可以是一个备份设备,也可是多个备份设备。如果多设备介质集中的备份设备是磁盘设备,那么每个备份设备实际上就是一个文件;如果多设备介质集中的备份设备是磁带设备,那么每个备份设备实际上是由一个或多个磁带组成的。
- MEDIAPASSWORD 选项:用于为介质集设置密码。
- NAME 选项:指定备份集的名称。若没有指定备份集的名称,它将为空。
- STATS 选项:报告到下一个间隔阈值时的完成百分比。
- COPY_ONLY 选项:指定此备份不影响正常的备份序列。

以下是一些使用 BACKUP 语句进行完全数据库备份的例子。

【例 1.9.1】 使用逻辑名 MYDEV1 创建一个命名备份设备,并将 xsbook 数据库完全备份到该设备。

T-SQL 语句如下：

```
USE master
EXEC sp_addumpdevice 'DISK', 'dev1', 'e:\data\mydev1.bak'
BACKUP DATABASE xsbook TO dev1
```

本例的执行结果如图 1.9.1 所示。

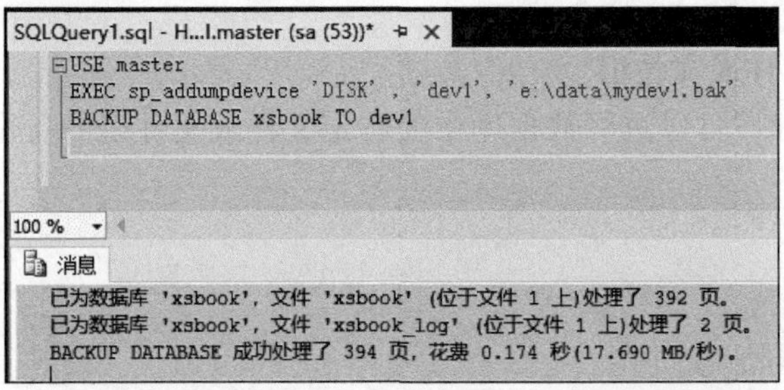

图 1.9.1　使用 BACKUP 语句进行完全数据库备份

以下 T-SQL 语句将数据库 xsbook 完全备份到备份设备 dev1，并覆盖该设备上原有的内容：

```
BACKUP DATABASE xsbook TO dev1 WITH INIT
```

以下 T-SQL 语句将数据库 xsbook 备份到备份设备 dev1 上，执行追加的完全备份，该设备上原有的备份内容都被保留：

```
BACKUP DATABASE xsbook TO dev1 WITH NOINIT
```

2. 差异备份

对于需频繁修改的数据库，进行差异备份可以缩短备份和恢复的时间。注意，只有当已经执行了完全备份后才能执行差异备份。进行差异备份时，SQL Server 将备份从最近的完全备份后数据库发生了变化的部分。

进行差异备份的 BACKUP 语句的语法格式如下：

```
BACKUP DATABASE 数据库名
    READ_WRITE_FILEGROUPS
    [, FILEGROUP=文件组的逻辑名称, …]
    TO 备份设备, …
    [WITH DIFFERENTIAL]
    /*其余选项与完全备份相同*/
```

说明：DIFFERENTIAL 选项是表示差异备份的关键字。READ_WRITE_FILEGROUPS 选项指定在差异备份中备份所有读写文件组。FILEGROUP 选项用于指定只读文件组或变量的逻辑名，其值等于要包含在差异备份中的只读文件组的逻辑名。

在执行差异备份时应注意以下两点：

（1）若在上次完全备份后，数据库的某行被修改了，则执行差异备份只保存在完全备份后改动的值。

（2）为使差异备份设备与完全备份设备能区分开来，应使用不同的设备名。

以下 T-SQL 语句创建临时备份设备并在其上进行差异备份：

```
BACKUP DATABASE xsbook TO
    DISK='e:\data\xsbook_dif.bak' WITH DIFFERENTIAL
```

3. 备份数据库文件或文件组

当数据库非常大时，可以进行数据库中的特定文件或文件组的备份。语法格式如下：

```
BACKUP DATABASE 数据库名
    文件或文件组名，…                    /*指定文件或文件组名*/
    TO 备份设备，…
    [WITH DIFFERENTIAL]
    /*其余选项与完全备份相同*/
```

其中：

```
文件或文件组::=
    FILE=文件名
    | FILEGROUP=文件组名
```

"FILE＝文件名"用于给一个或多个包含在数据库备份中的文件命名。"FILEGROUP＝文件组名"用于给一个或多个包含在数据库备份中的文件组命名。

注意：必须先通过 BACKUP LOG 语句将事务日志单独备份，才能进行数据库文件或文件组备份。

进行数据库文件或文件组备份时，要注意以下几点：

（1）必须指定文件或文件组的逻辑名。

（2）必须执行事务日志备份，以确保恢复后的文件或文件组与数据库的其他部分的一致性。

（3）应轮流备份数据库中的文件或文件组，以使数据库中的所有文件或文件组都定期得到备份。

【例 1.9.2】 设 test 数据库文件如图 1.9.2 所示。

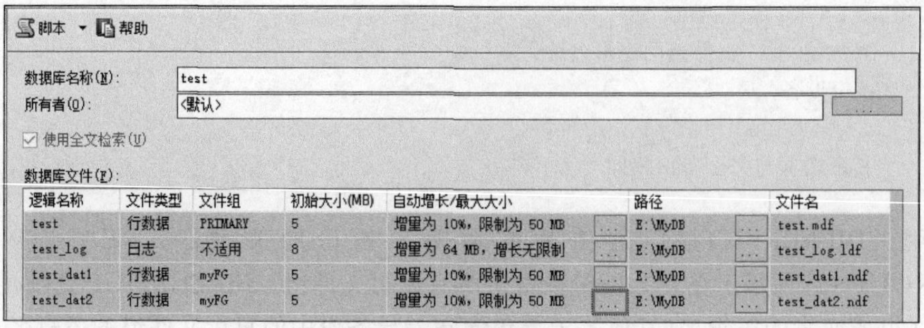

图 1.9.2   test 数据库文件

test_dat1 和 test_dat2 是行数据文件,事务日志存储在文件 test_log 中。对其文件 dbase1 进行备份,假设备份设备 dbase1backup 和 dbasebackuplog 已存在。以下是完成上述要求的 T-SQL 语句:

```
USE master
EXEC sp_addumpdevice 'DISK' , 'dev2', 'e:\data\mydev2.bak'
BACKUP DATABASE test
    FILE='test' TO dev2
BACKUP DATABASE test
    FILEGROUP='myFG' TO dev2
```

4. 事务日志备份

事务日志备份用于记录上一次数据库备份或事务日志备份后数据库所作出的改变。事务日志备份需在一次完全备份后进行,这样才能将事务日志文件与数据库备份一起用于恢复。当进行事务日志备份时,系统进行下列操作:

(1) 对事务日志中从上一次成功备份结束位置开始到当前事务日志的结尾处的内容进行备份。

(2) 标识事务日志中活动部分的开始,所谓事务日志的活动部分指从最近的检查点或最早的打开位置开始至事务日志的结尾处。

进行事务日志备份使用 BACKUP LOG 语句。语法格式如下:

```
BACKUP LOG 数据库名
    TO 备份设备, …
    [WITH
        NORECOVERY | STANDBY=撤销文件名
        | NO_TRUNCATE]
        /*其余选项与完全备份相同*/
```

BACKUP LOG 语句只备份事务日志,其备份的事务日志内容是从上一次成功执行了事务日志备份之后到当前事务日志的末尾。

- NO_TRUNCATE 选项:若数据库被损坏,则应使用 NO_TRUNCATE 选项备份数据库。使用该选项可以备份最近的所有数据库活动,SQL Server 将保存整个事务日志。

- NORECOVERY 选项:该选项将备份数据追加到事务日志文件尾部,不覆盖原有的数据。

- STANDBY 选项:该选项将备份数据追加到事务日志文件尾部,并使数据库处于只读或备用模式。其中撤销文件名指定容纳回滚(rollback)更改的存储。如果指定的撤销文件不存在,SQL Server 将创建该文件;如果该文件已存在,则 SQL Server 将重写它。

【例 1.9.3】 创建命名备份设备 xsbookLOGBK,并备份 xsbook 数据库的事务日志。以下是完成该要求的 T-SQL 语句:

```
EXEC sp_addumpdevice 'DISK' , 'devlog1' , 'e:\data\mydevlog1.bak'
BACKUP LOG xsbook TO devlog1
```

9.2.3　使用界面方式备份数据库

除了使用 BACKUP 语句进行备份外,还可以使用对象资源管理器进行备份操作。

以备份 xsbook 数据库为例,使用界面方式进行备份的步骤如下:

(1) 启动 SQL Server Management Studio,在对象资源管理器中选择"管理",右击该项,在弹出的快捷菜单上选择"备份"命令。

(2) 在打开的"备份数据库"对话框中选择要备份的数据库名,如 xsbook;在"备份类型"栏选择备份的类型为"完整"(只有先进行完整备份后才会出现其他的备份类型);在"备份组件"栏选择"数据库";在选定了要备份的数据库之后,可以在"名称"文本框中填写备份集的名称,在"说明"文本框中填写备份的描述;若系统未安装磁带机,则介质类型默认为磁盘,所以"备份到"不必选择。

(3) 选择了数据库之后,对话框最下方的"目标"列表框中会列出与 xsbook 数据库相关的备份设备。可以单击"添加"按钮,在弹出的"选择备份目标"对话框中选择其他备份目标(即命名备份设备的名称或临时备份设备的位置),有两个选项:"文件名"和"备份设备"。选择"备份设备"选项,在下拉列表框中选择需要的备份设备,单击"确定"按钮。当然,也可以选择"文件名"选项,然后选择备份设备的物理文件进行备份,如图 1.9.3 所示。

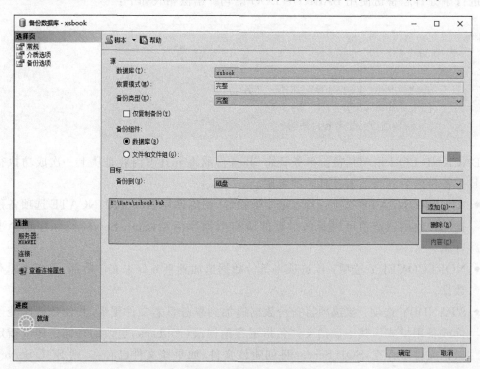

图 1.9.3　"备份数据库- xsbook"窗口

单击"确定"按钮,执行备份操作。备份操作完成后,将出现提示对话框。

在对象资源管理器中进行备份时,也可以将数据库备份到多个备份介质,只需在选择备份介质时,多次使用"添加"按钮进行选择,指定多个备份介质。然后单击窗口左边的"备份选项"选择页,选择"备份到新媒体集并清除所有现有备份集"复选框,单击"确定"按钮即可。

9.3　恢复

恢复是与备份相对应的操作,其主要目的是在系统出现异常情况(如由于硬件失败、系统软件瘫痪或误操作而丢失了重要数据等)时将数据库恢复到某个正常的状态。还可以通过备份与恢复将数据库从一个服务器移动或复制到另一个服务器。

9.3.1　使用命令方式恢复数据库

SQL Server 在进行数据库恢复时,将自动执行下列操作,以确保数据库迅速而完整地还原:

(1) 进行安全检查。安全检查是系统的内部机制,是数据库恢复时的必要操作,它可以防止由于误操作而使用不完整的信息或其他数据库备份覆盖现有的数据库。

当出现以下几种情况时,系统将不能恢复数据库:

- 使用与被恢复的数据库名称不同的数据库名去恢复数据库。
- 服务器上的数据库文件组与备份的数据库文件组不同。
- 需恢复的数据库名或文件名与备份的数据库名或文件名不同。例如,要将 northwind 数据库恢复到名为 accounting 的数据库中,而 accounting 数据库已经存在,那么 SQL Server 将拒绝此恢复过程。

(2) 重建数据库。当从完整备份中恢复数据库时,SQL Server 将重建数据库文件,并把重建的数据库文件置于备份数据库时这些文件所在的位置。所有数据库对象都将自动重建,用户无须重建数据库的结构。

在 SQL Server 中,恢复数据库的语句是 RESTORE。

1. 恢复数据库前的准备

在进行数据库恢复之前,RESTORE 语句要校验有关备份集或备份介质的信息,其目的是确保数据库备份介质是有效的。SQL Server 可以查看所有数据库备份介质的信息。

启动 SQL Server Management Studio,在对象资源管理器中展开"服务器对象",在其中的"备份设备"下选择要查看的备份介质,右击该备份介质,在弹出的快捷菜单中选择"属性"命令。

在打开的"备份设备"窗口中单击"介质内容"选择页,如图 1.9.4 所示,将显示所选备份介质的有关信息,例如备份介质所在的服务器名、备份数据库名、备份类型、备份日期、到期日及大小等信息。

2. 使用 RESTORE 语句进行数据库恢复

使用 RESTORE 语句可以从 BACKUP 命令所做的备份恢复数据库,包括恢复整个数据库、恢复数据库的部分内容、恢复特定的文件或文件组和恢复事务日志。

1) 恢复整个数据库

当存储数据库的物理介质被破坏,或整个数据库被删除或被破坏时,就要恢复整个数据

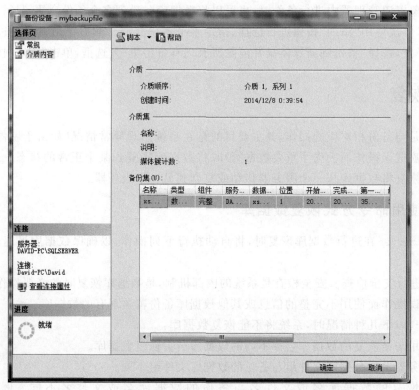

图 1.9.4　查看备份介质的内容并显示备份介质的信息

库。恢复整个数据库时,SQL Server 系统将重新创建数据库及与数据库相关的所有文件,并将文件存放在原来的位置。

语法格式如下:

```
RESTORE DATABASE 数据库名                /* 指定被恢复的目标数据库 */
[FROM 备份设备, …]                       /* 指定备份设备 */
[MOVE '逻辑名' TO '文件名', …]
[WITH
    [RECOVERY | NORECOVERY | STANDBY=备份文件名]
    |, 选项, …
```

其中:

```
选项::=
[REPLACE]
[RESTART]
[RESTRICTED_USER]
[FILE=备份集号]
[PASSWORD=密码]
[MEDIANAME=介质名]
[MEDIAPASSWORD=介质密码]
```

```
[BLOCKSIZE=块大小]
[BUFFERCOUNT=I/O缓冲区数]
[MAXTRANSFERSIZE=最大传输单元]
[CHECKSUM | NO_CHECKSUM]
[STOP_ON_ERROR | CONTINUE_AFTER_ERROR]
[STATS[=百分比]]
```

说明：

（1）FROM 子句：指定用于恢复的备份设备。如果省略 FROM 子句，则必须在 WITH 子句中指定 NORECOVERY、RECOVERY 或 STANDBY。

（2）MOVE…TO 子句：SQL Server 能够记忆原文件备份时的存储位置，因此，如果备份了来自 C 盘的文件，恢复时 SQL Server 会将其恢复到 C 盘。如果希望将来自 C 盘的备份文件恢复到 D 盘或其他地方，就要使用 MOVE…TO 子句，该选项指定将逻辑名代表的备份数据移动到文件名代表的恢复位置。

（3）RECOVERY | NORECOVERY | STANDBY：RECOVERY 指示还原操作回滚任何未提交的事务。NORECOVERY 指示还原操作不回滚任何未提交的事务。STANDBY 指定一个允许撤销恢复效果的备用文件。默认为 RECOVERY。

（4）部分选项如下：

- REPLACE：如果已经存在相同名称的数据库，该选项指定在恢复时备份的数据库会覆盖现有的数据库。
- RESTART：指定重新启动被中断的还原操作。
- RESTRICTED_USER：限制只有 db_owner、dbcreator 或 sysadmin 角色的成员才能访问恢复的数据库。
- FILE=备份集号：标识要还原的备份集。例如，FILE=1 指示备份媒体中的第一个备份集，FILE=2 指示备份第二个备份集。未指定时，默认为 1。
- BUFFERCOUNT：指定用于还原操作的 I/O 缓冲区数，可以指定任何正整数。
- MAXTRANSFERSIZE：指定要在备份介质和 SQL Server 之间使用的最大传输单元（以字节为单位）。

其他选项与 BACKUP 语句中的选项类似。

【例 1.9.4】 使用 RESTORE 语句从已存在的命名备份设备 xsbk 中恢复整个数据库 xsbook。

恢复步骤如下：

（1）创建备份设备 xsbk：

```
USE master
GO
EXEC sp_addumpdevice 'disk', 'xsbk',
    'e:\data\xsbk.bak'
```

（2）使用 BACKUP 语句对 xsbook 数据库进行完全备份：

```
BACKUP DATABASE xsbook
    TO xsbk
```

(3) 在恢复数据库之前,用户可以对 xsbook 数据库做一些修改,例如删除其中一个表,以便确认是否恢复了数据库。

(4) 恢复数据库的命令如下:

```
RESTORE DATABASE xsbook
    FROM xsbk
    WITH FILE=1, REPLACE
```

说明:

(1) 对 xsbook 数据库进行备份前,需要关闭 xsbook 数据库。在 SQL Serve Management Studio 中选择其他数据库作为当前数据库,xsbook 数据库就会关闭。

(2) BACKUP 语句执行成功后,用户可查看数据库是否恢复。

注意:在恢复前需要打开备份设备的属性页,查看数据库备份在备份设备中的位置。如果备份的位置为 2,WITH 子句中的 FILE 选项值就要设为 2。

2) 恢复数据库的部分内容

应用程序或用户的误操作(如无效更新或误删表格等)往往影响到数据库的某些相对独立的部分(如表)。在这些情况下,SQL Server 提供了将数据库的部分内容还原到另一个位置的机制(随后就可以将其复制回原始数据库)。

语法格式如下:

```
RESTORE DATABASE 数据库名
    文件或文件组, …                    /* 指定需恢复的逻辑文件或文件组的名称 */
    [FROM 备份设备, …]
    WITH
    PARTIAL, NORECOVERY
    [, 选项, …]
```

说明:恢复数据库部分内容时,在 WITH 关键字的后面要加上 PARTIAL 关键字。其他选项与恢复整个数据库的语句中的选项相同。

3) 恢复特定的文件或文件组

若某个或某些文件被破坏或被删除,可以从文件或文件组备份中恢复,而不必进行整个数据库的恢复。

语法格式如下:

```
RESTORE DATABASE 数据库名
    文件或文件组, …
    [FROM 备份设备, …]
    WITH
        [RECOVERY | NORECOVERY]
```

```
    [, 选项, …]
  , …
```

4) 利用事务日志备份恢复数据库

使用事务日志备份,可将数据库恢复到指定的时间点。

语法格式如下:

```
RESTORE LOG 数据库名
    文件或文件组, …
    [FROM 备份设备, …]
    [WITH
        [RECOVERY | NORECOVERY | STANDBY=备份文件]
        [, 选项  , …]
    , …
```

利用事务日志备份恢复数据库必须在完全数据库恢复以后进行。例如,以下操作先从备份介质 dev1 对数据库 xsbook 进行完全恢复,再进行事务日志备份恢复。

(1) 备份:

```
EXEC sp_addumpdevice 'DISK', 'tdev1', 'e:\data\tdev1.bak'
EXEC sp_addumpdevice 'DISK', 'tdevlog1', 'e:\data\tdevlog1.bak'
BACKUP DATABASE xsbook TO tdev1
BACKUP DATABASE xsbook TO tdevlog1
```

(2) 恢复:

```
drop database xsbook
GO
RESTORE DATABASE xsbook
    FROM tdev1
    WITH NORECOVERY
GO
RESTORE LOG xsbook
    FROM tdevlog1
GO
```

5) 利用快照恢复数据库

可以使用 RESTORE 语句将数据库恢复到创建数据库快照时的状态。此时恢复的数据库会覆盖原来的数据库。

语法格式如下:

```
RESTORE DATABASE 数据库名
    FROM DATABASE_SNAPSHOT=数据库快照名
```

9.3.2 使用界面方式恢复数据库

使用界面方式恢复数据库的主要过程如下：

（1）启动 SQL Server Management Studio，在对象资源管理器中展开"数据库"，选择需要恢复的数据库 xsbook，右击该数据库，在弹出的快捷菜单中选择"任务"→"还原"→"数据库"命令，如图 1.9.5 所示。

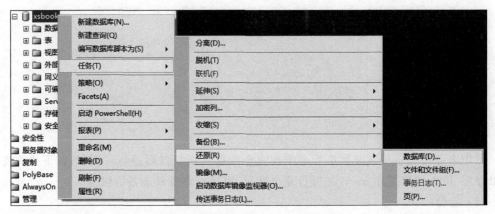

图 1.9.5 选择"任务"→"还原"→"数据库"命令

出现"还原数据库 - xsbook"窗口，如图 1.9.6 所示。

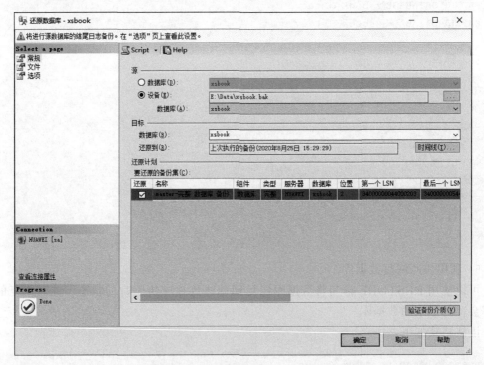

图 1.9.6 "还原数据库-xsbook"窗口

（2）选中"源"栏的"设备"单选按钮，单击其右侧的 ▢▢▢ 按钮，在打开的"指定备份源"对话框中选择备份介质类型为"备份设备",单击"添加"按钮,在打开的"选择备份设备"对话框中选择备份设备,单击"确定"按钮,返回"指定备份源"对话框,再单击"确定"按钮,返回"还原数据库‐xsbook"窗口。

当然,也可以在"指定备份源"对话框中选择备份介质为"文件",然后手动选择备份设备的物理名。

(3) 选择完备份设备后,"还原数据库‐xsbook"对话框的"要还原的备份集"列表中会列出可以还原的备份集,选择相应的复选框即可。

(4) 选择"选项"选择页,在对话框右边选择"覆盖现有数据库"复选框,单击"确定"按钮,系统就开始执行恢复并显示恢复进度。

恢复过程结束后,将出现一个提示完成的对话框,单击"确定"按钮,退出图形向导界面。这时,数据库就已经恢复了。

如果需要还原的数据库在当前数据库中不存在,则可以在对象资源管理器中选择"数据库",右击该项,在弹出的快捷菜单中选择"还原数据库"命令,在弹出的"还原数据库"对话框中进行相应的还原操作。

如果要恢复特定的文件或文件组,则可以选择"任务"→"还原"→"文件或文件组"命令,此后的操作与还原数据库类似,这里不再重复。

9.4　附加数据库

SQL Server 数据库还可以通过直接复制数据库的逻辑文件和日志文件的方法进行备份。当数据库发生异常、数据库中的数据丢失时,就可以使用已经备份的数据库文件恢复数据库。这种方法称为附加数据库。通过附加数据库的方法还可以将从数据库一个服务器转移到另一个服务器。

在复制数据库文件时,一定要先通过 SQL Server 配置管理器停止 SQL Server 服务,否则将无法复制。

假设 JSCJ 数据库的数据文件和日志文件都保存在 E 盘根目录下,通过附加数据库的方法将 JSCJ 数据库导入本地服务器的具体步骤如下:

(1) 启动 SQL Server Management Studio,在对象资源管理器中右击"数据库",在弹出的快捷菜单中选择"附加"命令,打开"附加数据库"对话框,单击"添加"按钮,在弹出的对话框中选择要导入的数据库文件 JSCJ.mdf。

(2) 单击"确定"按钮,返回"附加数据库"对话框。此时"附加数据库"对话框中就列出了要附加的数据库的数据文件和日志文件的信息。确认后单击"确定"按钮开始附加 JSCJ 数据库。附加成功后,会在"数据库"列表中看到 JSCJ 数据库。

注意:如果当前数据库中存在与要附加的数据库同名的数据库,附加操作将失败。数据库附加完成后,附加时选择的文件就是数据库的文件,不可以随意删除或修改。

CHAPTER 第 **10** 章
其他概念

本章主要讨论事务、锁定、SQL Server 自动化管理和 SQL Server 服务等概念。

10.1 事务

到目前为止,都假设数据库只有一个用户在使用,但是实际情况往往是多个用户共享数据库。多个用户可能在同一时刻访问或修改同一部分数据,这样可能导致数据库中的数据不一致,这时就需要用到事务。

10.1.1 事务与 ACID 属性

事务在 SQL Server 中相当于一个执行单元,它由一系列 T-SQL 语句组成。这个单元中的各个 T-SQL 语句是互相依赖的,并且单元作为一个整体是不可分割的。如果单元中的一个语句不能完成,整个单元就会回滚(撤销),所有受该语句影响的数据都将返回事务开始以前的状态。因此,只有事务中的所有语句都成功地执行,才能说这个事务被成功地执行。

在现实生活中,事务就在我们周围——银行交易、股票交易、网上购物、库存品控制等。在所有这些例子中,事务的成功取决于这些相互依赖的行为是否能够被成功地执行,是否互相协调。其中的任何一个行为失败,都将取消整个事务,而使系统返回事务处理以前的状态。

用一个简单的例子来帮助理解事务: 向公司添加一名新的员工,如图 1.10.1 所示。这里的过程由 3 个基本步骤组成: 在员工数据库中为员工创建一个记录;为员工分配部门;设置员工的工资。如果这 3 步中的任何一步失败,如为新员工分配的员工 ID 已经被其他人使用或者输入工资系统的值太大,系统就必须撤销在失败之前所有的变化,删除所有不完整记录的踪迹,避免以后出现不一致和计算失误。这 3 个任务构成了一个事务。任何一个任务的失败都会导致整个事务被撤销,而使系统返回以前的状态。

在形式上,事务是由 ACID 属性标识的。ACID 是一个简称,每个事务的处理都必须满足 ACID 原则,即原子性(Atomicity)、一致性(Consistency)、隔离性(Isolation)和持久

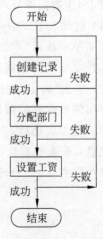

图 10.1 添加员工事务流程

性(Durability)。

1. 原子性

原子性意味着每个事务都必须被认为是一个不可分割的单元。假设一个事务由两个或者多个任务组，其中的每个任务都必须成功，才能认为事务是成功的；如果事务失败，系统将会返回事务开始前的状态。

在添加员工的例子中，原子性是指：如果没有创建员工的部门和工资记录，就不可能向员工数据库添加员工。

原子的执行是一个或者全部发生或者什么也没有发生的命题。在一个原子操作中，如果事务中的任何一个任务失败，前面执行的任务都将返回，以保证数据的整体性没有受到影响。这在一些关键系统中尤为重要，现实世界的应用系统(如金融系统)执行数据输入或更新，必须保证不出现数据丢失或数据错误，以保证数据安全性。

2. 一致性

不管事务是成功完成还是中途失败，当事务使系统中的所有数据处于一致的状态时就认为事务具有一致性。参照前面的例子，一致性是指：如果从系统中删除了一个的记录，则所有和该员工相关的数据，包括工资数据和组的成员资格也要被删除。

3. 隔离性

隔离性是指每个事务在它自己的空间发生，和其他发生在同一系统中的事务隔离，而且事务的结果只有在它完全被执行时才能看到。即使在这样的一个系统中同时发生了多个事务，隔离性原则也会保证某个特定事务在完全完成之前，其结果是看不见的。

当系统支持多个同时存在的用户和连接时，隔离性就尤其重要。如果系统不遵循这个基本规则，就可能导致大量数据的破坏，各个事务自身空间的完整性很快被其他冲突事务所侵犯。

4. 持久性

持久性意味着一旦事务执行成功，在系统中产生的所有变化将是永久的。即使系统崩溃，一个提交的事务仍然存在。当一个事务完成，数据库的日志已经被更新时，持久性就开始发生作用了。大多数 RDBMS 产品通过保存所有行为的日志来保证数据的持久性，这些行为是指在数据库中以任何方法更改数据。数据库日志记录了所有对于表的更新、查询、报表等。

10.1.2　多用户使用问题

当多个用户对数据库进行并发访问时，可能会导致丢失更新、脏读、不可重复读和幻读等问题。

- 丢失更新(lost update)。指当两个或多个事务选择同一行，然后基于最初选定的值更新该行时，由于每个事务都不知道其他事务的存在，因此最后的更新将重写由其他事务所做的更新，这将导致数据丢失。
- 脏读(dirty read)。指一个事务正在访问数据，而其他事务正在更新该数据，但尚未提交，此时就会发生脏读问题，即一个事务读取的数据是"脏"(不正确的)数据，它可能会引起错误。
- 不可重复读(unrepeatable read)。当一个事务多次访问同一行且每次读取的数据不同时,会发生此问题。不可重复读与脏读有相似之处,因为该事务也正在读取其他事务正在更改的数据。当一个事务访问数据时,其他事务也正在访问该数据并对其进行修改,因此就发生了由于其他事务对数据的修改而导致一个事务两次读到的数据不一样的情况,这就是不可重复读。

- 幻读(phantom read)。当一个事务对某行执行插入或删除操作,而该行属于某个事务正在读取的范围时,就会发生幻读问题。一个事务第一次读的行已不复存在于第二次读或后续读的范围中,因为该行已被其他事务删除。同样,由于其他事务对行的插入操作,一个事务的第二次读或后续读的一行已不存在于上次读的范围中。

10.1.3　事务处理

SQL Server 中的事务可以分为两类:系统提供的事务和用户定义的事务。

在执行某些 T-SQL 语句时,一个语句就构成了一个事务,这些语句包括 ALTER、CREATE、DELETE、DROP、FETCH、GRANT、INSERT、OPEN、REVOKE、SELECT、UPDATE、TRUNCATE。相应的事务就是系统提供的事务。

例如,执行以下创建表的语句:

```
CREATE TABLE xxx
(
    f1 int          NOT NULL,
    f2 char(10)     NOT NULL,
    f3 varchar(30)  NULL
)
```

以上语句本身构成一个事务:它要么建立包含 3 列的表结构;要么对数据库没有任何影响,而不会建立包含一列或两列的表结构。

在实际应用中,大量使用的是用户定义的事务。这类事务主要有以下几个操作。

1. 开始事务

在 SQL Server 中,显式地开始一个事务可以使用 BEGIN TRANSACTION 语句。语法格式如下:

```
BEGIN TRAN | TRANSACTION
[
    事务名 | @事务变量名
    [WITH MARK ['描述']]
]
```

说明:

(1) TRAN 是 TRANSACTION 的缩写形式。

(2) 事务名是分配给事务的名称,必须遵循标识符规则,且字符数不能大于 32。

(3) @事务变量名是用户定义的、含有有效事务名称的变量名称。

(4) WITH MARK[描述]指定在日志中标记事务。描述是说明该标记的字符串。如果使用了 WITH MARK,则必须指定事务名。

2. 结束事务

COMMIT TRANSACTION 语句是提交事务语句,它将事务开始以来所执行的所有数据都修改为数据库的永久部分,也标志一个事务的结束。语法格式如下:

```
COMMIT TRAN | TRANSACTION
    [事务名 | @事务变量名]]
```

标志一个事务的结束也可以使用 COMMIT WORK 语句。语法格式如下:

```
COMMIT [WORK]
```

此语句的功能与 COMMIT TRANSACTION 相同,但 COMMIT TRANSACTION 以用户定义的事务名称为参数,COMMIT WORK 则不带参数。

3. 撤销事务

若要结束一个事务,可以使用 ROLLBACK TRANSACTION 语句。它使得事务回滚到起点,撤销自最近一个 BEGIN TRANSACTION 语句以后对数据库的所有更改,同时也标志了一个事务的结束。语法格式如下:

```
ROLLBACK TRAN | TRANSACTION
    [事务名 | @事务变量名]
```

说明:事务名是为 BEGIN TRANSACTION 语句上的事务分配的名称;@事务变量名为用户定义的、含有有效事务名称的变量名称。

ROLLBACK TRANSACTION 语句不能在 COMMIT TRANSACTION 语句之后。

另外,一个 ROLLBACK WORK 语句也能撤销一个事务,其功能与 ROLLBACK TRANSACTION 语句一样,但 ROLLBACK TRANSACTION 语句以用户定义的事务名为参数。语法格式如下:

```
ROLLBACK [WORK][;]
```

4. 回滚事务

ROLLBACK TRANSACTION 语句除了能够撤销整个事务外,还可以使事务回滚到某个点,不过在此之前需要使用 SAVE TRANSACTION 语句设置一个保存点。

SAVE TRANSACTION 的语法格式如下:

```
SAVE TRAN | TRANSACTION
    保存点名 | @保存点变量名
```

说明:保存点名是分配给保存点的名称;@保存点变量名为包含有效保存点名称的用户定义变量的名称。

SAVE TRANSACTION 语句会向已命名的保存点回滚一个事务。如果设置了保存点后,当前事务对数据进行了更改,则这些更改会在回滚中被撤销。语法格式如下:

```
ROLLBACK TRAN | TRANSACTION
    [保存点名 | @保存点变量名]
```

说明：保存点名是 SAVE TRANSACTION 语句中的保存点名。在事务中允许有重复的保存点名，但指定保存点名的 ROLLBACK TRANSACTION 语句只将事务回滚到使用该名称的最近的 SAVE TRANSACTION 语句。

下面几个语句说明了有关事务的处理过程：

（1）BEGIN TRANSACTION mytran1

（2）UPDATE…

（3）DELETE…

（4）SAVE TRANSACTION S1

（5）DELETE…

（6）ROLLBACK TRANSACTION S1；

（7）INSERT…

（8）COMMIT TRANSACTION

说明：

（1）开始事务 mytran1。

（2）、（3）对数据进行了修改，但没有提交。

（4）设置保存点 s1。

（5）删除数据，但没有提交。

（6）事务回滚到保存点 S1，这时（5）所做修改被撤销了。

（7）添加数据。

（8）结束事务 mytran1，这时只有（2）、（3）、（7）对数据库做的修改被持久化。

【例 1.10.1】 先向 xsbook 数据库的 xs 表添加两行数据，然后开始一个事务，删除刚刚加入一行数据，重新插入一行数据，但借书量不同。观察运行结果。

T-SQL 语句如下：

```
BEGIN try
    USE xsbook
    INSERT INTO xs
        VALUES('191315', '孙瑞含', 0, '1995-05-11', '计算机', 12, NULL)
    INSERT INTO xs
        VALUES('191316', '胡新华', 1, '1996-06-27', '计算机', 8, NULL)
    SELECT * FROM xs WHERE 借书证号 LIKE '19%'
    BEGIN TRAN
    DELETE FROM xs WHERE 借书证号='191315'
    INSERT INTO xs
        VALUES('191316', '胡新华', 1, '1996-06-27', '计算机', 10, NULL)
    COMMIT
END try
BEGIN catch
    ROLLBACK TRAN
```

```
    SELECT ERROR_MESSAGE()
    SELECT * FROM xs WHERE 借书证号 LIKE '19%'
END catch
GO
```

事务运行结果如图 1.10.2 所示。

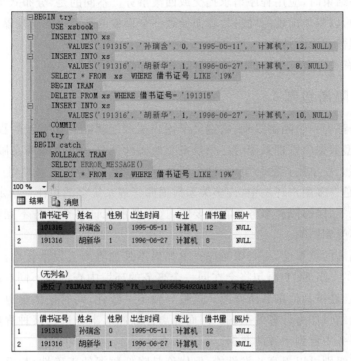

图 1.10.2　事务运行结果

说明：

（1）先向 xsbook 数据库的 xs 表添加两行数据记录，然后显示出两个记录。

（2）开始一个事务。

（3）先删除借书证号为 191315 的记录，没有出现错误。再插入一个借书证号为 191316 的记录，虽然借书量不同，但由于借书证号相同，而"借书证号"是 xs 表的主键，所以进入了 BEGIN catch…END catch 语句块。

（4）在 BEGIN catch…End catch 块中回滚了事务，随后显示出的记录与前面加入的记录相同，说明 DELETE 语句执行的删除记录操作也恢复了。

在 SQL Server 中，事务是可以嵌套的。例如，在 BEGIN TRANSACTION 语句之后还可以再使用 BEGIN TRANSACTION 语句在本事务中开始另一个事务。在 SQL Server 中有一个系统全局变量@@TRANCOUNT，这个系统全局变量用于报告当前等待处理的嵌套事务的数量。如果没有等待处理的事务，则这个变量值为 0。BEGIN TRANSACTION 语句将使@@TRANCOUNT 的值加 1。ROLLBACK TRANSACTION 语句将使@@TRANCOUNT 的值递减到 0，但 ROLLBACK TRANSACTION savepoint_name 语句不影响@@TRANCOUNT 的值。COMMIT TRANSACTION 和 COMMIT WORK 语句将使@@TRANCOUNT 的值减 1。

前面所提及的事务都是在一个服务器上的操作,还有一种称为分布式事务的用户定义事务。分布式事务跨越两个或多个服务器,通过事务管理器负责协调事务管理,以保证数据的完整性。SQL Server 中主要的事务管理器是微软分布式事务处理协调器(Microsoft Distributed Transaction Coordinator,MS DTC)。对于应用程序,管理分布式事务很像管理本地事务。事务结束时,应用程序请求提交或回滚事务。不同的是,分布式事务提交必须由事务管理器管理,以避免出现因网络故障而导致一个事务由某些资源管理器成功提交,但由另一些资源管理器回滚的情况。

限于篇幅,有关分布式事务的具体内容这里不详细讨论。

10.1.4　事务隔离级别

每一个事务都有一个隔离级别,它定义了用户彼此之间隔离和交互的程度。前面曾提到,事务型关系型数据库管理系统的一个最重要的属性就是它可以隔离在服务器上正在处理的不同的会话。在单用户的环境中,这个属性无关紧要,因为在任意时刻只有一个会话处于活动状态;但是在多用户环境中,许多关系数据库管理系统会话在任一给定时刻都是活动的。在这种情况下,能够隔离事务是很重要的,这样既能保证各个事务不互相影响,也能保证数据库性能不受到影响。

为了了解隔离的重要性,有必要考虑一下如果不强加隔离会发生什么。如果不对事务进行隔离,不同的 SELECT 语句将会在同一个事务的环境中查询到不同的结果,因为在此期间,数据往往已经被其他事务所修改。这将导致不一致性,同时结果集也变得不可靠,从而不能利用查询结果作为计算的基础。因而隔离性强制对事务进行某种程度的隔离,以保证应用程序在事务中看到一致的数据。

较低的隔离级别可以提高并发性能,但代价是降低数据的正确性;相反,较高的隔离级可以确保数据的正确性,但可能对并发产生负面影响。

在 SQL Server 中,可以使用 SET TRANSACTION ISOLATION LEVEL 语句设置事务的隔离级别。语法格式如下:

```
SET TRANSACTION ISOLATION LEVEL
    READ UNCOMMITTED
    | READ COMMITTED
    | REPEATABLE READ
    | SNAPSHOT
    | SERIALIZABLE
```

说明:SQL Server 提供了 5 种隔离级别,分别为未提交读(READ UNCOMMITTED)、提交读(READ COMMITTED)、可重复读(REPEATABLE READ)、快照(SNAPSHOT)和序列化(SERIALIZABLE)。

(1) 未提交读。该级别提供了事务之间最小限度的隔离,允许脏读,但不允许丢失更新。如果一个事务已经开始写数据,则另一个事务不允许同时进行写操作,但允许其他事务读取此数据。该隔离级别可以通过排他锁实现。

（2）提交读。该级别是 SQL Server 默认的隔离级别，处于该级别的事务可以看到其他事务添加的新记录，而且其他事务对现存记录做出的修改一旦被提交也可以看到。也就是说，这意味着在事务处理期间，如果其他事务修改了相应的表，那么同一个事务的多个 SELECT 语句可能返回不同的结果。该级别允许不可重复读，但不允许脏读。该级别可以通过共享锁和排他锁实现。

（3）可重复读。该级别的事务禁止不可重复读和脏读，但是有时可能出现幻读。读取数据的事务将会禁止写事务（但允许读事务），写事务则禁止任何其他事务。

（4）快照。该级别的事务只能识别在其开始之前提交的数据修改。在当前事务中执行的语句将看不到在当前事务开始以后由其他事务所做的数据修改。其效果就像事务中的语句获得了已提交数据的快照一样，因为该数据在事务开始时就存在。必须在每个数据库中将 ALLOW_SNAPSHOT_ISOLATION 选项设置为 ON，才能开始一个该级别的事务。设置的方法如下：

```
ALTER DATABASE 数据库名
    SET ALLOW_SNAPSHOT_ISOLATION ON
```

（5）序列化。该级别是事务的最高隔离级别，提供严格的事务隔离。它要求事务序列化执行，即事务只能一个接着一个地执行，不能并发执行。

隔离级别越高，越能保证数据的完整性和一致性，但是对并发性能的影响也越大。对于大多数应用程序，可以优先考虑把数据库的隔离级别设为提交读，它能够避免脏读，而且具有较好的并发性能。

下面就 xsbook 数据库的隔离级别设置做一个简单示范。在 SQL Server Management Studio 中打开两个查询分析器窗口。在第一个窗口中执行以下 T-SQL 语句，更新图书表 book 中的信息：

```
USE xsbook
GO
BEGIN TRANSACTION
UPDATE book SET 书名='Java 实用教程' WHERE ISBN='978-7-111-21382-6'
```

由于代码中并没有执行 COMMIT 语句，所以数据变动操作实际上还没有最终完成。接下来，在另一个窗口中执行以下 T-SQL 语句查询 book 表中的数据：

```
SELECT * FROM book
```

结果窗口中将不显示任何查询结果，窗口底部提示"正在执行查询…"。出现这种情况的原因是 xsbook 数据库的默认隔离级别是提交读，若一个事务更新了数据，但事务尚未结束，这时就会发生脏读的情况。

在第一个窗口中使用 ROLLBACK 语句回滚以上操作。这时使用 SET 语句设置事务的隔离级别为未提交读：

```
SETTRANSACTION ISOLATION LEVEL READ UNCOMMITTED
```

这时再重新执行修改和查询的操作，就能够查询到事务正在修改的数据行，因为未提交读隔离级别允许脏读。

10.2　锁定

当多个用户对数据库进行并发访问时，为了确保事务完整性和数据库的一致性，需要使用锁，它是实现数据库并发控制的主要手段。锁可以防止用户读取正在由其他用户更改的数据，并可以防止多个用户同时更改相同数据。如果不使用锁，则数据库中的数据可能在逻辑上不正确，并且对数据的查询可能会产生意想不到的结果。具体地说，锁可以防止丢失更新、脏读、不可重复读和幻读。

当两个事务分别锁定某个资源，而又分别等待对方释放其锁定的资源时，就会发生死锁。

10.2.1　锁定粒度

在 SQL Server 中，可被锁定的资源从小到大分别是行、页、扩展盘区、表和数据库，被锁定的资源单位称为锁定粒度。可见，上述 5 种资源单位的锁定粒度是由小到大排列的。锁定粒度不同，系统的开销将不同，并且锁定粒度与数据库访问并发度是一对矛盾。锁定粒度大，系统开销小，但并发度会降低；锁定粒度小，系统开销大，但并发度可提高。

10.2.2　锁模式

SQL Server 使用不同的锁模式锁定资源，这些锁模式确定了并发事务访问资源的方式。共有 7 种锁模式，分别是排他（exclusive）、共享（shared）、更新（update）、意向（intent）、键范围（key-range）、架构（schema）和大容量更新（bulk update）。

（1）排他锁。这种锁可以防止并发事务对资源进行访问。其他事务不能读取或修改排他锁锁定的数据。

（2）共享锁。这种锁允许并发事务读取一个资源。当一个资源上存在共享锁时，其他任何事务都不能修改数据。一旦读取数据完毕，资源上的共享锁便立即释放，除非将事务隔离级别设置为可重复读或更高级别，或者在事务生存周期内用锁定提示保留共享锁。

（3）更新锁。这种锁可以防止通常形式的死锁。一般更新模式由一个事务组成，此事务读取记录，获取资源（页或行）的共享锁，然后修改行，此操作要求锁转换为排他锁。如果两个事务获得了资源上的共享锁，然后试图同时更新数据，则其中的一个事务将尝试把共享锁转换为排他锁。从共享锁到排他锁的转换必须等待一段时间，因为一个事务的排他锁与其他事务的共享锁不兼容，这就是锁等待；另一个事务试图获取排他锁以进行更新。由于两个事务都要转换为排他锁，并且每个事务都等待另一个事务释放共享锁，因此会发生死锁，这就是潜在的死锁问题。

为避免这种情况的发生，可使用更新锁。一次只允许有一个事务可获得资源的更新锁。如果该事务要修改锁定的资源，则更新锁将转换为排他锁；否则为共享锁。

（4）意向锁。这种锁表示 SQL Server 需要在层次结构中的某些底层资源（如表中的页或行）上获取共享锁或排他锁。例如，放置在表级的共享意向锁表示事务打算在表中的页或行上放置共享锁。在表级设置意向锁可防止另一个事务随后在包含那一页的表上获取排他锁。意向锁可以提高性能,因为 SQL Server 仅在表级检查意向锁来确定事务是否可以安全地获取该表上的锁,而无须检查表中的每行或每页上的锁以确定事务是否可以锁定整个表。

意向锁包括意向共享(intent shared)锁、意向排他(intent exclusive)锁以及意向排他共享(intent exclusive shared)锁。

- 意向共享锁:通过在各资源上放置共享锁,表明事务的意向是读取层次结构中的部分底层资源。
- 意向排他锁:通过在各资源上放置排他锁,表明事务的意向是修改层次结构中的部分底层资源。
- 意向排他共享锁:通过在各资源上放置意向排他锁,表明事务的意向是读取层次结构中的全部底层资源并修改部分底层资源。

(5) 键范围锁。这种锁用于序列化的事务隔离级别,可以保护由 T-SQL 语句读取的记录集合中隐含的行范围。键范围锁可以防止幻读,还可以防止对事务访问的记录集进行幻插入或幻删除。

(6) 架构锁。执行表的数据定义语言(DDL)操作(如增加列或删除表)时使用架构修改锁。当编译查询时,使用架构稳定性锁。架构稳定性锁不阻塞任何事务锁,包括排他锁。因此在编译查询时,其他事务(包括在表上有排他锁的事务)都能继续运行,但不能在表上执行 DDL 操作。

(7) 大容量更新锁。当将数据大容量复制到表,且指定了 TABLOCK 提示或者使用 sp _tableoption 设置了 table lock on bulk 选项时,将使用大容量更新锁。大容量更新锁允许进程将数据并发地大容量复制到同一个表,同时可防止其他不进行大容量复制数据操作的进程访问该表。

10.3 自动化管理

SQL Server 提供了使任务自动化的内部功能。本节主要介绍 SQL Server 中任务自动化的基础知识,如作业、警报、操作员等。

数据库的自动化管理实际上是指对预先能够预测到的服务器事件或必须按时执行的管理任务,根据已经制订好的计划做出必要的处理。通过数据库自动化管理,可以处理一些日常的事务和事件,减轻数据库管理员的负担;当服务器发生异常时,通过自动化管理可以自动发出通知,以便让管理员及时获得信息,并做出处理。例如,如果希望在每个工作日下班后备份公司的所有服务器,就可以使该任务自动执行,将备份安排在每星期一到星期五的 22:00 之后运行,如果备份出现问题将自动发出通知。

在 SQL Server 中要进行自动化管理,需要按以下步骤进行操作:

(1) 确定哪些管理任务或服务器事件定期执行,以及这些任务或事件是否可以通过编程方式进行管理。

(2) 使用自动化管理工具定义一组作业、计划、警报和操作员。

(3) 运行已定义的 SQL Server 代理作业。

SQL Server 自动化管理能够实现以下几种事务和事件的管理:

（1）任何 T-SQL 语法中的语句。

（2）操作系统命令。

（3）VBScript 或 JavaScript 之类的脚本语言。

（4）复制任务。

（5）数据库创建和备份。

（6）索引重建。

（7）报表生成。

10.3.1 SQL Server 代理

要实现 SQL Server 数据库自动化管理，首先必须启动并正确配置 SQL Server 代理。SQL Server 代理是一种 Windows 服务，它执行安排的管理任务，即作业。SQL Server 代理运行作业、监视 SQL Server 并处理警报。

在安装 SQL Server 时，SQL Server 代理服务默认是禁用的。要执行管理任务，首先必须启动 SQL Server 代理服务。可以在 SQL Server 配置管理器或 SQL Server Management Studio 的资源管理器中启动 SQL Server 代理服务。

SQL Server 代理服务启动以后，需要正确配置 SQL Server 代理。SQL Server 代理的配置信息主要保存在系统数据库 msdb 的表中，使用 SQL Server 用户对象来存储代理的身份验证信息。在 SQL Server 中，必须将 SQL Server 代理配置为使用 sysadmin 固定服务器角色成员的账户，才能使用其功能。该账户必须拥有以下 Windows 权限：

- 调整进程的内存配额。
- 以操作系统方式操作。
- 跳过遍历检查。
- 作为批处理作业登录。
- 作为服务登录。
- 替换进程级记号。

如果需要验证账户是否已经设置了所需的 Windows 权限，请参考有关 Windows 文档。

通常情况下，为 SQL Server 代理选择的账户都是为此目的创建的域账户，并且有严格控制的访问权限。使用域账户不是必需的，但是如果使用本地计算机上的账户，那么 SQL Server 代理就没有权限访问其他计算机上的资源。SQL Server 需要访问其他计算机的情况很常见，例如，当它在另一台计算机上的某个位置创建数据库备份和存储文件时。

SQL Server 代理服务可以使用 Windows 身份验证或 SQL Server 身份验证连接到 SQL Server 本地实例，但是无论选择哪种身份验证，账户都必须是 sysadmin 固定服务器角色的成员。

10.3.2 操作员

SQL Server 代理服务支持通过操作员通知管理员的功能。操作员是在完成作业或出现警报时可以接收电子通知的人员或组的别名。操作员主要有两个属性：操作员名称和联系信息。

每一个操作员都必须具有唯一的名称。操作员的联系信息决定了通知操作员的方式。

10.3.3　作业

在 SQL Server 中，可以使用 SQL Server 代理作业来自动执行日常管理任务并反复运行它们，从而提高管理效率。作业是一系列由 SQL Server 代理按顺序执行的指定操作。作业可以执行一系列活动，包括运行 T-SQL 脚本、命令行应用程序、Microsoft ActiveX 脚本、Integration Services 包、Analysis Services 命令、查询或复制任务。作业可以运行重复任务或可计划的任务，它们可以通过生成警报来自动通知用户作业状态，从而极大地简化了 SQL Server 管理。作业可以手动运行，也可以配置为根据计划或响应警报来运行。

创建作业时，可以给作业添加成功、失败或完成时接收通知的操作员。当作业结束时，操作员就可以收到作业的输出结果。

10.3.4　警报

对事件的自动响应称为警报。SQL Server 允许创建警报来解决潜在的错误问题。用户可以针对一个或多个事件定义警报，指定 SQL Server 代理如何响应发生的这些事件。

事件由 SQL Server 生成并输入到 Windows 应用程序日志中。SQL Server 代理读取应用程序日志，并将写入的事件与定义的警报比较。当 SQL Server 代理找到匹配项时，它将发出自动响应事件的警报。除了监视 SQL Server 事件以外，SQL Server 代理还监视性能条件和 Windows Management Instrumentation（WMI）事件。

在定义警报时，需要指定警报的名称、触发警报的事件或性能条件、SQL Server 代理响应事件或性能条件所执行的操作。每个警报都响应一种特定的事件，事件类型可以是 SQL Server 事件、SQL Server 性能条件或 WMI 事件。事件类型决定了用于响应具体事件的参数，所以警报根据事件类型可以分为事件警报、性能警报和 WMI 警报。

10.3.5　数据库邮件

数据库邮件（database mail）是从 SQL Server 数据库引擎中发送电子邮件的企业解决方案。通过使用数据库邮件，数据库应用程序可以向用户发送电子邮件。邮件中可以包含查询结果，还可以包含来自网络中任何资源的文件。数据库邮件主要使用简单邮件传输协议（Simple Mail Transfer Protocol，SMTP）服务器（而不是 SQL Mail 所要求的 MAPI 账号）来发送电子邮件。

在默认情况下，数据库邮件处于非活动状态。要使用数据库邮件，必须使用数据库邮件配置向导、sp_configure 存储过程或者基于策略的外围应用配置功能显式地启用数据库邮件。

可以在 SQL Server 代理中创建从 SQL Server 数据库引擎接收电子邮件的操作员，在要执行的作业或警报中指定以电子邮件形式通知该操作员。随后，在作业执行完成或警报激活时，SQL Server 数据库引擎将发送电子邮件到操作员的邮箱中。

10.3.6　维护计划向导

对于企业级数据库的管理操作，如数据库的备份、优化等一些需要经常执行的操作，虽然可以使用作业来完成，但是必须为每个数据库都创建作业，这样会使工作变得很烦琐。

SQL Server 提供了维护计划向导来解决这类问题。

维护计划向导用于创建 SQL Server 代理可定期运行的维护计划。维护计划向导有助于用户设置核心维护任务,从而确保数据库运行正常、定期进行备份并确保数据库的一致性。维护计划向导可创建一个或多个 SQL Server 代理作业,代理作业可对多服务器环境中的本地服务器或目标服务器执行这些任务。若要创建或管理维护计划,用户必须是 sysadmin 固定服务器角色的成员。

维护计划创建完成后,可以在"管理"的"维护计划"节点下看到新创建的维护计划——"管理数据库"。右击该维护计划,在弹出的快捷菜单中选择"修改"命令,可以在打开的"管理数据库(设计)"对话框中进行修改;选择"查看历史记录"命令,可以查看维护计划最后执行的工作任务;选择"执行"命令,可以执行该维护计划。

第2部分 实 验

　　读者通过本书第 1 部分可以对 SQL Server 的基础知识有系统的了解,但缺乏系统的上机训练。本书部分通过布置具体任务的方式,对与第 1 部分知识有关的操作进行系统的上机训练,并安排了相应的扩展训练,以提高读者对 SQL Server 数据库技术的掌握程度。

　　各实验的基础训练部分将使用 xsbook 数据库,扩展训练部分将使用 yggl 数据库。

本实验需要读者动手练习创建数据库和修改数据库属性。

1. 基础训练

(1) 参照例 1.3.2,在 SQL Server Management Studio 中创建 test1 数据库。

(2) 参照例 1.3.3,以命令方式创建 test2 数据库。

(3) 参照例 1.3.7～例 1.3.10,使用 T-SQL 语句修改 test2 数据库的属性。

(4) 参照例 1.3.13,使用 T-SQL 语句创建 test2 数据库的快照。

(5) 删除 test1 和 test2 数据库。若 test2 数据库不能删除,请查找原因。

2. 扩展训练

创建用于企业管理的员工管理数据库,数据库名为 yggl。

yggl 数据库的逻辑文件初始大小为 10MB,最大大小为 50MB,数据库按 5％的百分比自动增长。日志文件初始大小为 2MB,最大可增长到 5MB,按 1MB 的大小增长。

数据库的逻辑文件名和物理文件名均采用默认值。事务日志的逻辑文件名和物理文件名也均采用默认值。要求分别使用对象资源管理器和 T-SQL 语句完成数据库的创建工作。

实验 2
数据库表

在 SQL Server 中创建数据库的基础上创建表,然后对表数据进行增删改操作。

1. 基础训练

(1) 参照例 1.3.14,在 SQL Server Management Studio 中创建 xsbook 数据库,创建学生表 xs,数据库文件存放在用户指定目录中。

(2) 参照例 1.3.15,以命令方式创建学生表 xs1。

(3) 参照例 1.3.16,以命令方式创建图书表 book。

(4) 参照例 1.3.17~例 1.3.19,对表结构进行修改。

(5) 参照例 1.3.20,创建和使用分区表。

(6) 参照例 1.3.21,通过 SQL Server Management Studio 对 xs 表进行记录的插入、修改和删除。

(7) 参照例 1.3.22~例 1.3.28,通过命令对 xs 和 xs1 表进行记录的插入、修改和删除。

(8) 按照表 1.3.2~表 1.3.4 给出的表结构和记录要求,准备好 xsbook 图书管理数据库的学生表(xs)、图书表(book)和借阅表(jy)的数据记录。

2. 扩展训练

(1) 在创建好的数据库 yggl 中创建数据表。

考虑到数据库 yggl 要求包含员工的信息、部门信息以及员工的薪水信息,数据库 yggl 应包含下列 3 个表:Employees(员工自然信息)表、Departments(部门信息)表和 Salary(员工薪水信息)表。各表的结构分别如表 2.2.1、表 2.2.2 和表 2.2.3 所示。

表 2.2.1 Employees 表结构

列　名	数据类型	长　度	是否可空	说　明
EmployeeID	定长字符串型(char)	6	×	员工编号,主键
Name	定长字符串型(char)	10	×	姓名
Education	定长字符串型(char)	4	×	学历
Birthday	日期型(date)	系统默认	×	出生日期
Sex	位型(bit)	系统默认	×	性别,默认值为 1
WorkYear	整数型(tinyint)	系统默认	√	工作时间
Address	不定长字符串型(varchar)	40	√	地址

列　　名	数　据　类　型	长　度	是否可空	说　　明
PhoneNumber	定长字符串型（char）	12	√	电话号码
DepartmentID	定长字符串型（char）	3	×	员工部门号，外键

表 2.2.2　Departments 表结构

列　　名	数　据　类　型	长　度	是否可空	说　　明
DepartmentID	定长字符串型（char）	3	×	部门编号，主键
DepartmentName	定长字符串型（char）	20	×	部门名
Note	不定长字符串（varchar）	100	√	备注

表 2.2.3　Salary 表结构

列　　名	数　据　类　型	长　度	是否可空	说　　明
EmployeeID	定长字符串型（char）	6	×	员工编号，主键
InCome	浮点型（float）	系统默认	×	收入
OutCome	浮点型（float）	系统默认	×	支出

要求分别使用对象资源管理器和 T-SQL 语句完成数据表的创建工作。

（2）在创建好的表中插入数据。

数据样本如表 2.2.4、表 2.2.5 和表 2.2.6 所示。

表 2.2.4　Employees 表数据样本

编　号	姓　名	学历	出生日期	性别	工作时间	住　　　址	电　话	部门号
000001	王林	大专	1966-01-23	1	8	中山路 32-1-508	83355668	2
010008	伍容华	本科	1976-03-28	1	3	北京东路 100-2	83321321	1
020010	王向容	硕士	1982-12-09	1	2	四牌楼 10-0-108	83792361	1
020018	李丽	大专	1960-07-30	0	6	中山东路 102-2	83413301	1
102201	刘明	本科	1972-10-18	1	3	虎踞路 100-2	83606608	5
102208	朱俊	硕士	1965-09-28	1	2	牌楼巷 5-3-106	84708817	5
108991	钟敏	硕士	1979-08-10	0	4	中山路 10-3-105	83346722	3
111006	张石兵	本科	1974-10-01	1	1	解放路 34-1-203	84563418	5
210678	林涛	大专	1977-04-02	1	2	中山北路 24-35	83467336	3
302566	李玉珉	本科	1968-09-20	1	3	热河路 209-3	58765991	4
308759	叶凡	本科	1978-11-18	1	2	北京西路 3-7-52	83308901	4
504209	陈林琳	大专	1969-09-03	0	5	汉中路 120-4-12	84468158	4

表 2.2.5 Departments 表数据样本

部 门 号	部 门 名 称	备 注	部 门 号	部 门 名 称	备 注
1	财务部	NULL	4	研发部	NULL
2	人力资源部	NULL	5	市场部	NULL
3	经理办公室	NULL			

表 2.2.6 Salary 表数据样本

编 号	收 入	支 出	编 号	收 入	支 出
000001	2100.80	123.09	108991	3259.98	281.52
010008	1582.62	88.03	020010	2860.00	198.00
102201	2569.88	185.65	020018	2347.68	180.00
111006	1987.01	79.58	308759	2531.98	199.08
504209	2066.15	108.00	210678	2240.00	121.00
302566	2980.70	210.20	102208	1980.00	100.00

要求分别使用界面方式和命令方式完成插入数据的任务。

实验 3
数据库查询和视图

本实验对 SELECT 语句、视图和游标的使用进行综合训练。

1. 基础训练

(1) 参照例 1.4.1～例 1.4.64，练习数据库查询的方法。

(2) 参照例 1.4.65～例 1.4.78，练习视图的创建和使用方法。

(3) 参照例 1.4.79、例 1.4.80，练习游标的创建和使用方法。

2. 扩展训练

(1) SELECT 语句的基本使用。

完成以下任务：

① 用 SELECT 语句查询 Departments 表和 Salary 表中所有的数据信息。

② 查询 EmployeeID 为 000001 的员工的住址和电话。

③ 查询 Employees 表中女员工的住址和电话，使用 AS 子句将结果中两列的标题分别指定为"住址""电话"。

④ 查询 Employees 表中员工的姓名和性别，要求 Sex 值为 1 时显示为"男"，为 0 时显示为"女"。

⑤ 计算每个员工的实际收入。

⑥ 获得员工总数。

⑦ 查询财务部员工的最高和最低实际收入(实际收入＝收入－支出)。

⑧ 找出所有姓王的员工的部门号。

⑨ 找出所有住址中含有"中山"的员工的编号及部门号。

⑩ 找出所有在部门 1 或 2 工作的员工的编号。

⑪ 找出所有收入为 2000～3000 元的员工的编号。

⑫ 使用 INTO 子句，根据 Salary 表创建"收入在 1500 元以上的员工"表，包括"编号"和"收入"两列。

(2) 子查询。

完成以下任务：

① 查询在财务部工作的员工的情况。

② 查询财务部年龄不低于研发部员工年龄的员工的姓名。

③ 查询比所有财务部的员工收入都高的员工的姓名。

（3）多表查询。

完成以下任务：

① 查询每个员工的情况及其薪水的情况。

② 使用内连接的方法查询姓名为"王林"的员工所在的部门。

③ 查询财务部收入在 2000 元以上的员工的姓名及其薪水详情。

④ 查询研发部在 1976 年以前出生的员工的姓名及其薪水详情。

（4）聚合函数。

完成以下任务：

① 求财务部员工的平均收入。

② 求财务部员工的平均实际收入。

③ 统计财务部收入在 2500 元以上的员工人数。

（5）视图。

完成以下任务：

① 创建 yggl 数据库上的视图 Ds_view，视图包含 Departments 表的全部列。

② 创建 yggl 数据库上的视图 Employees_view，视图中包含"编号""姓名"和"实际收入"3 列。

③ 从视图 Ds_view 中查询部门号为 3 的部门名称。

④ 从视图 Employees_view 中查询姓名为"王林"的员工的实际收入。

⑤ 向视图 Ds_view 中插入一行数据："6，广告部，广告业务"。

实验 4

T-SQL 编程

本实验训练基本 T-SQL 语句、SQL Server 系统内置函数及 T-SQL 编程方法,执行程序并观察结果。

1. 基础训练

(1) 参照例 1.5.1,练习用户自定义数据类型的使用。

(2) 参照例 1.5.2～例 1.5.8,练习变量的定义、赋值和查询。

(3) 参照例 1.5.9～例 1.5.15,练习运算符和表达式的使用。

(4) 参照例 1.5.16～例 1.5.22,练习流程控制语句的使用。

(5) 参照例 1.5.23～例 1.5.33,练习系统内置函数的使用。

(6) 参照例 1.5.34～例 1.5.40,练习用户自定义函数的使用。

2. 扩展训练

(1) 自定义数据类型。

对于 yggl 数据库中的数据库表结构,自定义数据类型 ID_type,用于描述员工编号,属性为 char(6),不允许有空值。要求分别使用界面方式和命令方式完成。

在 yggl 数据库中创建 Employees3 表,表结构与 Employees 表类似,只是 EmployeeID 列使用的数据类型为用户自定义数据类型 ID_type。

(2) 变量。

完成以下任务:

① 定义一个变量,用于获取编号为 102201 的员工的电话号码。

② 定义一个变量,用于描述 yggl 数据库的 Salary 表中 000001 号员工的实际收入,然后查询该变量。

(3) 运算符和表达式。

① 使用算术运算符-查询员工的实际收入。

② 使用比较运算符>查询 Employees 表中工作时间大于 5 年的员工信息。

(4) 流程控制语句。

完成以下任务:

① 判断 Employees 表中是否存在编号为 111006 的员工。如果存在,则显示该员工的信息;否则显示"查无此人"。

② 判断姓名为"王林"的员工的实际收入是否高于 3000 元。如果是,则显示其收入;否则显示"收入不高于 3000 元"。

③ 假设变量 X 的初始值为 0。每次加 1,直至 X 变为 5。

④ 使用 CASE 语句对 Employees 表按部门进行分类。

(5) 系统内置函数。

完成以下任务:

① 求一个数的绝对值。

② 使用 RAND 函数产生一个 0~1 的随机值。

③ 求财务部员工的总人数。

④ 使用 ASCII 函数返回字符表达式所代表的字符串最左端字符的 ASCII 码值。

⑤ 获得当前的日期和时间。

(6) 用户自定义函数。

完成以下任务:

① 定义 CHECK_ID 函数,实现如下功能:对于一个给定的 DepartmentID 值,查询该值在 Departments 表中是否存在。若存在,则返回 0;否则返回 -1。

② 写一段 T-SQL 程序调用上述函数。当向 Employees 表插入一行记录时,首先调用函数 CHECK_ID 检索该记录的 DepartmentID 值在 Departments 表的 DepartmentID 字段中是否存在。若存在,则将该记录插入 Employees 表。

索引和数据完整性

本实验对索引的创建及数据完整性的实现进行综合训练。

1. 基础训练

(1) 参照例 1.6.1~例 1.6.5,练习创建索引的方法。

(2) 参照例 1.6.6~例 1.6.18,练习实现数据完整性的方法。

2. 扩展训练

(1) 创建索引。

完成以下任务:

① 对 yggl 数据库的 Employees 表的 DepartmentID 列建立索引。

② 对 Employees 表的 Name 列和 Address 列建立复合索引。

③ 对 Departments 表的 DepartmentName 列建立唯一非聚集索引。

④ 使用 DROP INDEX 语句删除 Employees 表的索引 depart_ind。

要求分别使用界面方式和命令方式完成。

(2) 实现数据完整性。

完成以下任务:

① 创建 Employees5 表,包含 EmployeeID、Name、Sex 和 Education 列。将 Name 设为主键,作为 Name 列的约束。对 EmployeeID 列进行 UNIQUE 约束,并作为表的约束。

② 删除上面创建的 UNIQUE 约束。

③ 创建 Employees6 表,只考虑"学号"和"出生日期"两列。出生日期必须晚于 1980 年 1 月 1 日。

④ 创建 student 表,只考虑"号码"和"性别"两列。性别包含男和女。

⑤ 创建 Salary2 表,结构与 Salary 表相同,但 Salary2 表不允许 OutCome 列大于 INCOME 列。

⑥ 对 yggl 数据库中的 Employees 表进行修改,为其增加 DepartmentID 列的 CHECK 约束,规定 DepartmentID 大于 1 且小于 5。完成后测试该 CHECK 约束的有效性。

实验 **6**
存储过程和触发器

本实验通过大量的上机训练让读者掌握存储过程和触发器这两种数据库对象在实际编程中的应用。

1. 基础训练

(1) 参照例 1.7.1～例 1.7.9,练习创建、执行和删除存储过程的方法。

(2) 参照例 1.7.10～例 1.7.19,练习创建 DML 触发器和 DDL 触发器的方法。

2. 扩展训练

(1) 存储过程。

完成以下任务:

① 创建存储过程,使用 Employees 表中的员工人数初始化一个局部变量,并调用这个存储过程。

② 创建存储过程,比较两个员工的实际收入。若前者比后者高,就输出 0;否则输出 1。

③ 创建添加员工记录的存储过程 EmployeeAdd。

④ 创建存储过程,要求当一个员工的工作时间大于 6 年时将其转到经理办公室工作。

⑤ 创建存储过程,根据每个员工的学历将收入提高 300～500 元。其中,本科以下提高 300 元,本科提高 400 元,硕博士提高 500 元。

(2) 触发器。

对于 yggl 数据库,Employees 表的 DepartmentID 列与 Departments 表的 DepartmentID 列应满足以下参照完整性规则:

① 向 Employees 表添加记录时,该记录的 DepartmentID 字段值在 Departments 表中应存在。

② 修改 Departments 表的 DepartmentID 字段值时,Employees 表中的对应字段值也应修改。

③ 删除 Departments 表中的记录时,该记录的 DepartmentID 字段值在 Employees 表中对应的记录也应删除。

在此通过触发器实现上述参照完整性规则:

① 向 Employees 表插入或修改一个记录时,通过触发器检查记录的 DepartmentID 值在 Departments 表中是否存在。若不存在,则取消插入或修改操作。

② 修改 Departments 表 DepartmentID 字段值时,通过触发器实现该字段在 Employees 表中的对应值的修改。

　　③ 创建触发器,删除 Departments 表中记录的同时删除该记录 DepartmentID 字段值在 Employees 表中对应的记录。

　　④ 创建 INSTEAD OF 触发器,当向 Salary 表中插入记录时,先检查该记录的 EmployeeID 字段值在 Employees 表中是否存在。如果存在,则执行插入操作;否则提示"员工号不存在"。

　　⑤ 创建 DDL 触发器,当删除 yggl 数据库的一个表时,提示"不能删除表",并回滚删除表的操作。

实验 **7**
数据库安全管理

本实验通过大量的上机训练让读者掌握数据库安全管理的方法。

1. 基础训练

(1) 参照例 1.8.1～例 1.8.6,练习创建数据库登录名的方法。

(2) 参照例 1.8.7～例 1.8.9,练习创建数据库角色的方法。

(3) 参照例 1.8.10 和例 1.8.11,练习对数据库权限的管理。

(4) 参照例 1.8.12,练习数据库架构的创建方法和应用。

2. 扩展训练

(1) 管理用户。

完成以下任务:

① 分别使用界面方式和命令方式创建 Windows 登录名 zheng。使用 zheng 登录 Windows,然后启动 SQL Server Management Studio,以 Windows 身份验证模式连接看看与以系统管理员身份登录时有什么不同。

② 分别使用界面方式和命令方式创建 SQL 登录名 yan。

③ 使用登录名 yan 创建数据库用户 yan,默认架构为 dbo。

(2) 管理数据库角色。

完成以下任务:

① 使用界面方式将 yan 添加为固定数据库角色 db_owner 的成员。

② 分别使用界面方式和命令方式创建自定义数据库角色 myrole,并将 yan 添加为其成员。

(3) 管理权限。

完成以下任务:

① 分别以界面方式和命令方式授予数据库用户 yan 在 yggl 数据库上的 CREATE TABLE 权限。

② 分别以界面方式和命令方式授予数据库用户 yan 在 Employees 表上的 SELECT、DELETE 权限。

③ 创建数据库架构 yg_test,其所有者为用户 yan。接着授予用户 wei 对架构 yg_test 进行查询、添加的权限。

④ 以命令方式拒绝用户 yan 在 Departments 表上的 DELETE 和 UPDATE 权限。

⑤ 以命令方式撤销用户 yan 在 Salary 表上的 SELECT、DELETE 权限。

实验 **8**
数据库备份与恢复

本实验通过练习，让读者掌握在 SQL Server 中使用界面方式和命令方式进行数据库备份和恢复方法。

1. 基础训练

（1）参照例 1.9.1～例 1.9.3，练习创建备份设备并对数据库进行备份的方法。

（2）参照例 1.9.4，练习恢复数据库的方法。

2. 扩展训练

（1）数据库备份。

完成以下任务：

① 使用逻辑名 cpYGbak 创建一个命名备份设备，并将 yggl 数据库完全备份到该设备。要求分别使用界面方式和命令方式完成。

② 将 yggl 数据库完全备份到 test 设备，并覆盖该设备上原有的内容。

③ 创建命名备份设备 ygGLlogbak，并备份 yggl 数据库的事务日志。

④ 使用差异备份方法将 yggl 数据库备份到 cpYGbak 设备。

（2）数据库恢复。

在 yggl 数据库中进行数据修改，并使用 cpYGbak 设备中的数据库备份来恢复 yggl 数据库。要求分别使用界面方式和命令方式完成。

本实验通过练习，让读者掌握在 SQL Server 中进行事务编程的方法。

1. 基础训练

参照例 1.10.1，练习事务编程的方法。

2. 扩展训练

(1) 在 yggl 数据库中，增加离职员工表(HisEmployees)，该表在 Employees 表的结构基础上增加"离职数据"和"离职原因"字段。

(2) 创建一个存储过程，用于将指定员工记录由员工自然信息表(Employees)移入离职员工表(HisEmployees)。将员工编号作为该存储过程的输入参数。

(3) 通过事务实现 Employees 表和 HisEmployees 表记录的一致性，即在 Employees 表中删除指定记录后，该记录在 HisEmployees 表中一定存在。

第 3 部分　综合应用

实习 0

创建实习数据库

0.1　创建数据库及表

数据库名称：xscj。

本部分的各实习用到 3 个表：学生表、课程表和成绩表，结构分别如下。

(1) 学生表(xs)，其结构如表 3.0.1 所示。

表 3.0.1　学生表(xs)结构

项目名	列名	数据类型	是否可空	说明
姓名	XM	char(8)	×	主键
性别	XB	bit	√	
出生时间	CSSJ	date	√	
已修课程数	KCS	int(2)	√	
备注	BZ	varchar(255)	√	
照片	ZP	image	√	

(2) 课程表(kc)，其结构如表 3.0.2 所示。

表 3.0.2　课程表(kc)结构

项目名	列名	数据类型	是否可空	说明
课程名	KCM	char(20)	×	主键
学时	XS	int(2)		
学分	XF	int(1)		

(3) 成绩表(cj)，其结构如表 3.0.3 所示。

表 3.0.3　成绩表(cj)结构

项目名	列名	数据类型	是否可空	说明
姓名	XM	char(8)	×	主键
课程名	KCM	char(20)	×	主键
成绩	CJ	int(2)		$0 <= CJ <= 100$

创建表的操作步骤参考前面有关章节。

创建后在 Navicat Premium 中展开"表"目录,右击新建的表,在弹出的快捷菜单中选择"设计表"命令,可查看表中各列的数据类型等属性。这里给出各表的列属性视图,如图 3.0.1 所示。

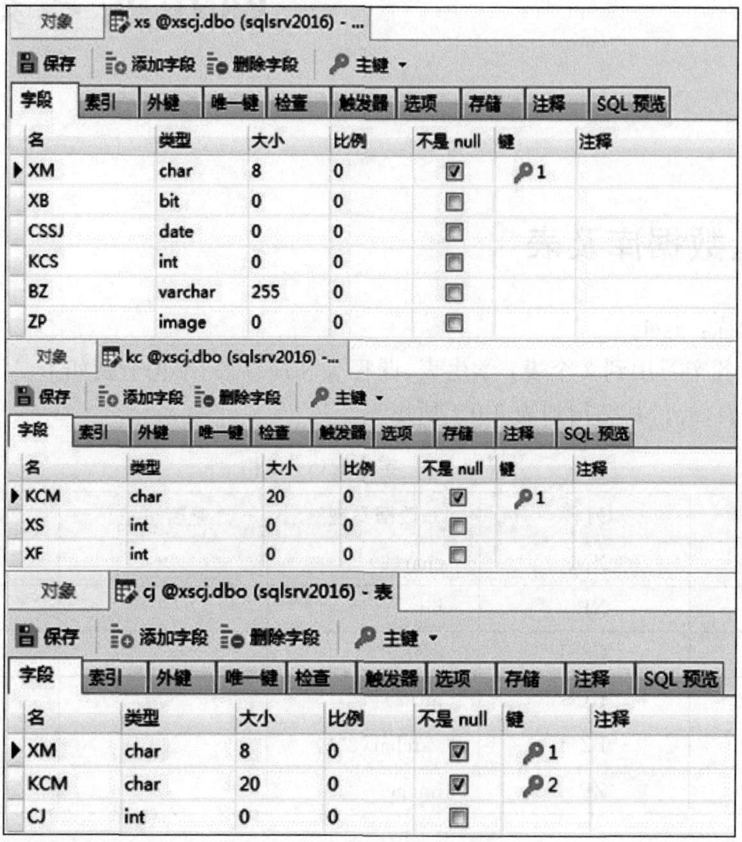

图 3.0.1　各表的列属性视图

读者可对照图 3.0.1 检查自己创建的表的列属性设置是否正确。

0.2　创建触发器

本节要创建两个触发器。创建触发器的操作步骤见本书对应章节。这里仅给出创建触发器所用的 T-SQL 语句。

1. 触发器 cj_insert_kcs

触发器 cj_insert_kcs 的作用是:在成绩表(cj)中插入一条记录的同时,在学生表(xs)中对应的学生记录的已修课程数(KCS)字段加 1。

创建 cj_insert_kcs 触发器的 T-SQL 语句如下:

```
CREATE TRIGGER cj_insert_kcs
    ON cj AFTER INSERT
    AS
        BEGIN
            DECLARE @name char(8)
            SELECT @name=XM FROM inserted
            UPDATE xs SET KCS=KCS+1 WHERE XM=@name
        END
```

2. 触发器 cj_delete_kcs

触发器 cj_delete_kcs 的作用是：在成绩表（cj）中删除一条记录，则将学生表（xs）中对应的学生记录的已修课程数（KCS）字段减 1。

创建触发器 cj_delete_kcs 的 T-SQL 语句如下：

```
CREATE TRIGGER cj_delete_kcs
    ON cj AFTER DELETE
    AS
        BEGIN
            DECLARE @name char(8)
            SELECT @name=XM FROM deleted
            UPDATE xs SET KCS=KCS-1 WHERE XM=@name
        END
```

0.3 创建完整性参照关系

本实习使用的数据库的完整性包括以下两点：

（1）在成绩表（cj）中插入一条记录时，如果学生表（xs）中没有与该记录中的姓名对应的学生，则不插入这条记录。

（2）在学生表（xs）中删除某学生的记录时，如果该学生在成绩表（cj）中有成绩记录，则无法删除该记录。

创建完整性参照关系的操作步骤如下。

第 1 步：在“连接”栏，展开 sqlsrv2016→xscj→“表”→cj，右击该表，在弹出的快捷菜单中选择“设计表”命令，在打开的 cj 表设计窗口中切换到“外键”选项卡，单击工具栏中的 ▣添加外键 按钮，添加名为 FK_CJ_XS 的外键，如图 3.0.2 所示。

第 2 步：设置该外键的“字段”为 XM，“参考数据库”为 dbo，“参考表”为 xs，如图 3.0.2 所示。

第 3 步：单击图 3.0.2 中外键“参考字段”右边的▣按钮，在弹出的对话框中选择参考字段名为 XM。

第 4 步：设置该外键的“删除时”和“更新时”属性都为 NO ACTION。单击工具栏中的▣按钮保存设置。

至此，完整性参照关系创建完成，读者可通过在主表（xs）和从表（cj）中插入、删除数据

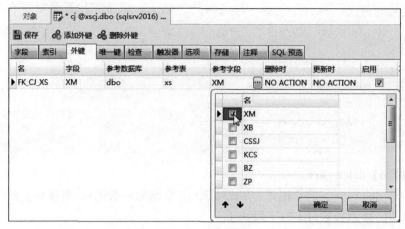

图 3.0.2　添加外键

来验证它们之间的参照关系是否起作用。

0.4　创建存储过程

单击 Navicat Premium 工具栏上的 按钮,再单击其左下方的 新建查询 按钮,打开查询编辑器窗口,在其中输入要创建的存储过程代码。

本节要创建的存储过程如下。

存储过程名:cj_proc。

参数:@name。

实现功能:更新 xmcj_view 视图。

xmcj_view 视图用于暂存查询成绩表(cj)得到的某个学生的成绩单,查询条件为 XM=@name,返回字段为"课程名"和"成绩"。

创建存储过程的代码如下:

```
CREATE PROCEDURE cj_proc @name char (8)
    AS
        BEGIN
            BEGIN
                DELETE FROM xmcj_view
            END
            BEGIN
                INSERT INTO xmcj_view
                    SELECT KCM, CJ FROM cj
                        WHERE XM=@name
            END
        END
```

代码输入完成后,单击 ▷运行 按钮,若执行成功,则表明存储过程创建完成。

实习 **1**

PHP 7/SQL Server 2016 应用系统实例

本实习的内容是实现基于 PHP 7 脚本语言实现的学生成绩管理系统,Web 服务器使用 Apache 2.4,后台数据库为 SQL Server 2016。

实习 1

1.1 PHP 开发平台搭建

这里只列出主要内容,详细内容请扫描二维码并阅读网络文档。

PHP 开发
平台搭建

1.1.1 创建 PHP 环境

1. 操作系统准备

由于 PHP 环境需要使用 Windows 操作系统 80 号端口,为防止该端口为系统中的其他 进程占用,必须预先对操作系统进行设置。

2. 安装 Apache 服务

(1) 获取 Apache 软件包。Apache 是开源软件,可以免费获得。首先访问 Apache 官网 下载页:http://httpd.apache.org/download.cgi,下载名为 httpd-2.4.41-o111c-x64-vc15-r2. zip 的安装包文件。

(2) 定义 Apache 服务根目录。将安装包解压至 C:\Program Files\Php\Apache24 目 录下。进入其下的\conf 子目录,找到 Apache 的配置文件 httpd.conf,用 Windows 记事本 打开,在其中添加以下语句:

```
Define SRVROOT "C:/Program Files/Php/Apache24"
```

定义 Apache 服务根目录(如图 3.1.1 所示)。

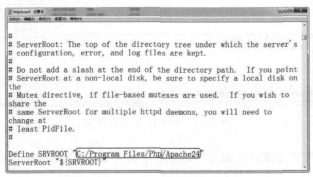

图 3.1.1　定义 Apache 服务根目录

（3）将 Apache 服务安装到本机。进入 Windows 命令行，输入以下命令安装 Apache 服务（如图 3.1.2 所示）。

```
httpd.exe -k install -n apache
```

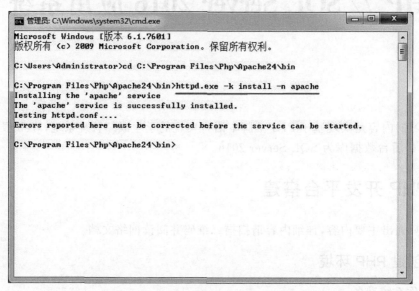

图 3.1.2　安装 Apache 服务

（4）启 动 Apache。进 入 C: \ Program Files \ Php \ Apache24 \ bin，双击其中的 ApacheMonitor.exe，在桌面任务栏右下角出现 图标。图标内的三角形为绿色时表示 Apache 服务正在运行，为红色时表示 Apache 服务停止。

双击该图标，会弹出 Apache 服务管理器，如图 3.1.3 所示。分别单击其上的 Start、Stop 和 Restart 按钮可分别启动、停止和重启 Apache 服务。

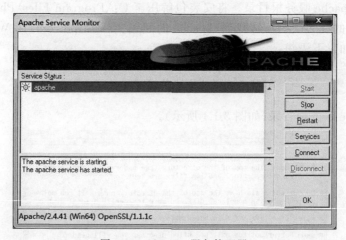

图 3.1.3　Apache 服务管理器

至此，Apache 安装完成。在浏览器地址栏中输入 http://localhost 或 http://127.0.0.1

后按回车键。如果安装成功，会出现如图 3.1.4 所示的页面。

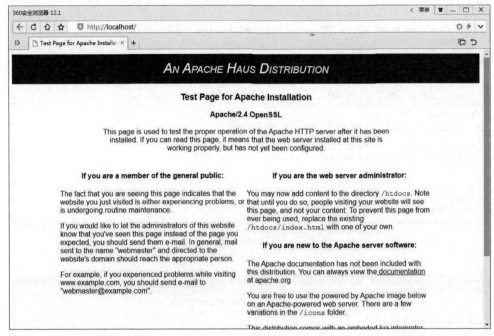

图 3.1.4　Apache 安装成功

3. 安装 PHP 7

Windows 专用的 PHP 官方下载地址为 https://windows.php.net/download/。本书选择的版本为 PHP 7.0.30，下载的文件名为 php-7.0.30-Win32-VC14-x64.zip，将其解压至 C:\Program Files\Php\php7 目录下。

(1) 指定 PHP 扩展库目录。进入 C:\Program Files\Php\php7 目录，找到一个名为 php.ini-production 的文件，将其复制一份放在原目录下并重命名为 php.ini（作为 PHP 的配置文件使用）。用 Windows 记事本打开 php.ini，在其中指定 PHP 扩展库目录（如图 3.1.5 所示）：

```
extension_dir="C:/Program Files/Php/php7"
On windows:
extension_dir="C:/Program Files/Php/php7/ext"
```

(2) 开放 PHP 扩展库。在 php.ini 文件中，开放以下 PHP 基本扩展库（即去掉行前原有的分号，如图 3.1.6 所示）：

```
extension=php_curl.dll
extension=php_gd2.dll
extension=php_mbstring.dll
extension=php_mysqli.dll
extension=php_pdo_mysql.dll
```

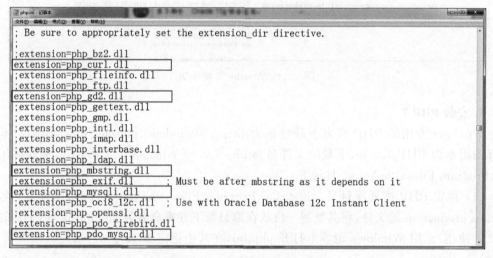

图 3.1.5　指定 PHP 扩展库目录

图 3.1.6　开放 PHP 基本扩展库

（3）设定 PHP 默认字符集编码。PHP 默认字符集编码为 UTF-8,但这种编码对于中文网页会在浏览器中显示乱码。为使 PHP 网页更好地支持中文,建议将字符集编码改为 GB2312。在 php.ini 文件中修改该项设置,如图 3.1.7 所示。

4. Apache 整合 PHP

进入 C:\Program Files\Php\Apache2.4\conf 目录,打开 Apache 配置文件 httpd.conf,在其中添加如下配置(如图 3.1.8 所示)。

```
LoadModule php7_module "C:/Program Files/Php/php7/php7apache2_4.dll"
AddType application/x-httpd-php .php .html .htm
PHPIniDir "C:/Program Files/Php/php7/"
```

```
; By default, PHP will output a media type using the Content-Type header. To
; disable this, simply set it to be empty.
;
; PHP's built-in default media type is set to text/html.
; http://php.net/default-mimetype
default_mimetype = "text/html"

; PHP's default character set is set to UTF-8.
; http://php.net/default-charset
default_charset = "GB2312"

; PHP internal character encoding is set to empty.
; If empty, default_charset is used.
; http://php.net/internal-encoding
;internal_encoding =

; PHP input character encoding is set to empty.
; If empty, default_charset is used.
; http://php.net/input-encoding
;input_encoding =
```

图 3.1.7　设定 PHP 默认字符集编码

```
#LoadModule unique_id_module modules/mod_unique_id.so
#LoadModule userdir_module modules/mod_userdir.so
#LoadModule usertrack_module modules/mod_usertrack.so
#LoadModule version_module modules/mod_version.so
#LoadModule vhost_alias_module modules/mod_vhost_alias.so
#LoadModule watchdog_module modules/mod_watchdog.so
#LoadModule xml2enc_module modules/mod_xml2enc.so
LoadModule php7_module "C:/Program Files/Php/php7/php7apache2_4.dll"
AddType application/x-httpd-php .php .html .htm
PHPIniDir "C:/Program Files/Php/php7/"

<IfModule unixd_module>
#
# If you wish httpd to run as a different user or group, you must run
# httpd as root initially and it will switch.
#
# User/Group: The name (or #number) of the user/group to run httpd as.
# It is usually good practice to create a dedicated user and group for
# running httpd, as with most system services.
#
```

图 3.1.8　Apache 2.4 整合 PHP 7 的配置

将 PHP 中的 libssh2.dll 放入 C:\Program Files\Php\Apache2.4\bin 目录。

配置完成后，重启 Apache 服务管理器，其下方的状态栏会显示“Apache/2.4.41 (Win64) OpenSSL/1.1.1c PHP/7.0.30”，如图 3.1.9 所示，这说明 Apache 服务已支持 PHP。

1.1.2　Eclipse 安装与配置

1. 安装 JDK

Eclipse 需要 JRE 的支持，而 JRE 包含在 JDK 中，所以先要安装 JDK。

(1) 下载 JDK。可以从 Oracle 官网下载最新版本的 JDK，网址为 https://www.oracle.com/technetwork/java/javase/downloads/index.html，选择适合自己操作系统的 JDK。本

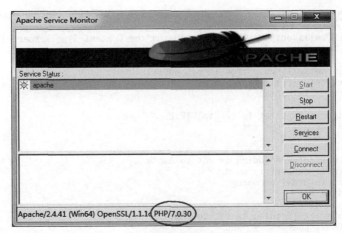

图 3.1.9   Apache 服务已支持 PHP

书下载版本是 JDK12,文件名为 jdk-12.0.2_windows-x64_bin.exe,文件的大小为 158MB (Oracle 公司经常会发布 JDK 的更新版本,建议读者下载最新版)。

(2) 安装 JDK。导航到浏览器下载安装文件的位置,并双击该文件,启动安装向导。单击"下一步"按钮,指定安装路径。在 Windows 中,JDK 安装程序的默认路径为 C:\ Program Files\Java\。要更改安装路径,可单击"更改"按钮。本书将 JDK 安装到默认路径。

按照安装向导的指引操作,直到安装完毕,显示安装完成对话框,单击"关闭"按钮,结束安装。

2. 安装 Eclipse

目前 Eclipse 官方只提供安装器的下载,地址为 https://www.eclipse.org/downloads/,下载的文件名为 eclipse-inst-win64.exe。

在安装时必须确保计算机处于联网状态,然后执行 eclipse-inst-win64.exe,选择要安装的 Eclipse IDE 类型,这里选择 Eclipse IDE for PHP Developers(即 PHP 版)。在安装全过程中要始终确保联网,以实时下载安装所需的文件。

单击 INSTALL 按钮开始安装。安装过程中会出现确认相应的许可协议条款的对话框,直接单击 Accept、Select All 和 Accept Selected 等按钮即可。安装完后,单击 LAUNCH 按钮启动 Eclipse 并设置工作区。

3. 更改工作区

Apache 服务器默认的网页路径为 C:\Program Files\Php\Apache24\htdocs。为开发运行程序方便起见,将 Eclipse 的工作区也更改为与此路径一致。

选择主菜单 File→Switch Workspace→Other 命令,在弹出的对话框中单击 Workspace 文本框右侧的 Browse 按钮,选取新的工作区,这里设为 C:\Program Files\Php\Apache24\ htdocs。单击 Launch 按钮重启 Eclipse。

重启 Eclipse 后,首先出现 Eclipse 欢迎页。关闭欢迎页,即可进入 Eclipse 开发环境主界面,如图 3.1.10 所示。

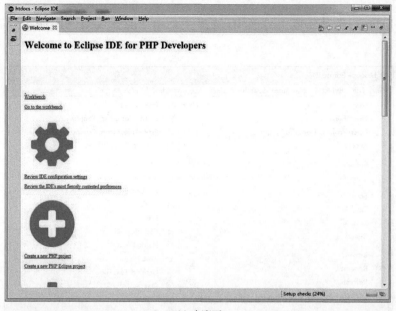

(a) 欢迎页

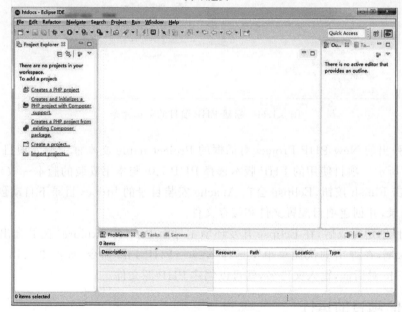

(b) 开发环境主界面

图 3.1.10   Eclipse 欢迎页及开发环境主界面

1.2   PHP 开发入门

1.2.1   PHP 项目的创建

Eclipse 以项目(project)的形式集中管理 PHP 源程序。创建 PHP 项目的操作步骤

如下:

(1) 在 Eclipse 开发环境主界面中,选择主菜单 File→New→PHP Project 命令,如图 3.1.11 所示。

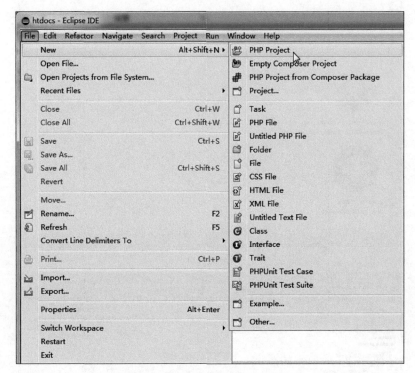

图 3.1.11　新建 PHP 项目的菜单命令

(2) 在弹出的 New PHP Project 对话框的 Project name 文本框中输入项目名称 xscj,如图 3.1.12 所示。项目使用的 PHP 版本选择 PHP 7.0(与本书安装的版本一致)。

(3) 单击 Finish 按钮,Eclipse 会在 Apache 安装目录的 htdocs 目录下自动创建一个名为 xscj 的目录,并创建项目配置文件和缓存文件。

(4) 项目创建完成后,在 Eclipse 开发环境主界面 Project Explorer 区域会出现 xscj 项目树,右击 xscj,在弹出的快捷菜单中选择 New→PHP File 命令,如图 3.1.13 所示,弹出 New PHP File 对话框,输入文件名,就可以创建 PHP 源文件。

1.2.2　PHP 项目的运行

Eclipse 默认创建的 PHP 文件名为 newfile.php,在其中输入以下代码:

```php
< ?php
    phpinfo();
?>
```

然后修改 PHP 的配置文件 php.ini,在其中找到如下一句:

```
short_open_tag=Off
```

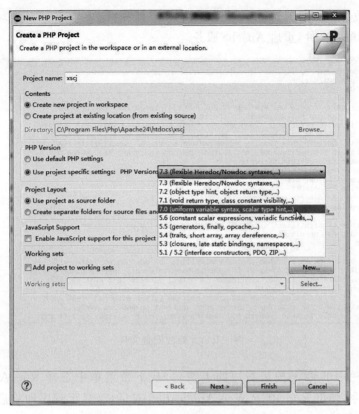

图 3.1.12　New PHP Project 对话框

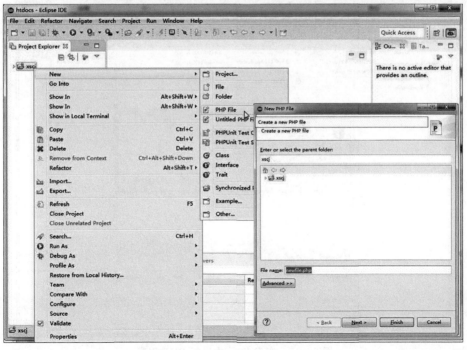

图 3.1.13　新建 PHP 源文件

将这里的 Off 改为 On,如图 3.1.14 所示,以使 PHP 能支持＜??＞和＜％％＞标记方式。确认修改后,保存配置文件,重启 Apache 服务。

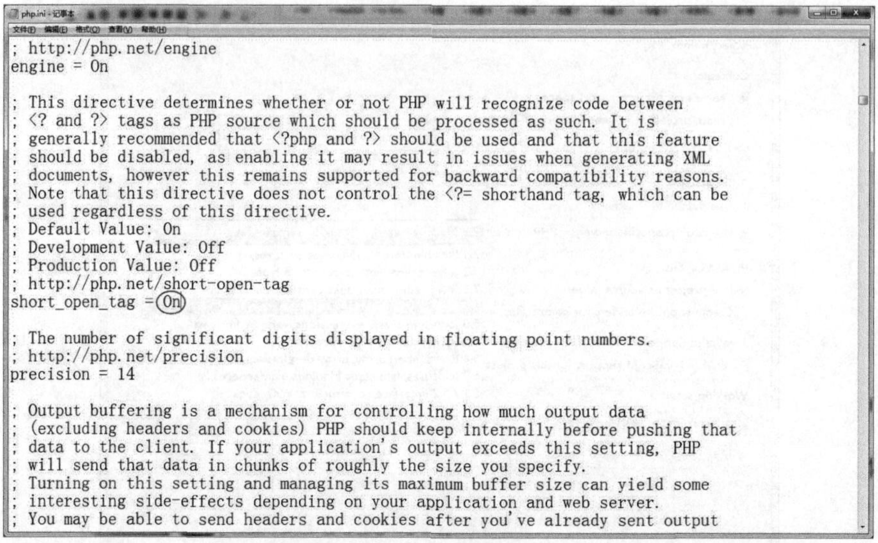

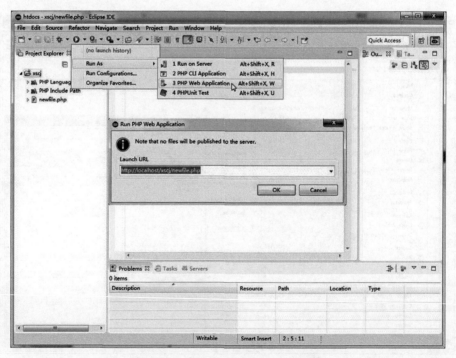

图 3.1.14 修改配置文件

单击工具栏中的▶️▾按钮右边的下箭头,从下拉菜单中选择 Run As→PHP Web Application 命令,弹出 Run PHP Web Application 对话框,显示程序即将启动的 URL 地址,如图 3.1.15 所示。

图 3.1.15 在 Eclipse 中运行 PHP 程序

单击 OK 按钮确认后,在 Eclipse 开发环境主界面中央的主工作区就会显示 PHP 版本信息页,如图 3.1.16 所示。

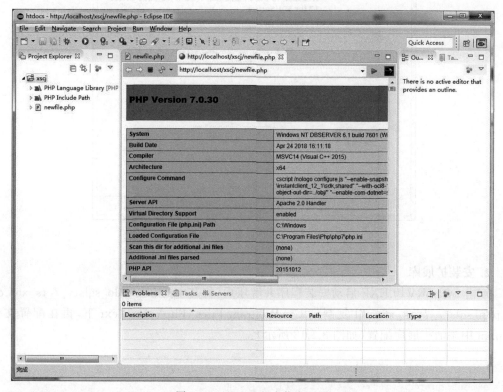

图 3.1.16 PHP 版本信息页面

除了使用 Eclipse 在 IDE 中运行 PHP 程序外,还可以直接在浏览器中运行 PHP 程序。打开浏览器,输入 http://localhost/xscj/newfile.php 后按回车键,浏览器中也显示出一模一样的 PHP 版本信息页。

1.2.3 PHP 连接 SQL Server

PHP 可采用两种方式连接 SQL Server 2016 数据库:

(1) 使用原生 sqlsrv 接口。

(2) 通过 PDO 通用接口。

本节将在程序中演示这两种访问方式,但在此之前,必须安装 PHP 的 SQL Server 驱动程序,这个驱动程序是由微软公司提供的。从微软公司官网下载 SQL Server 的 ODBC 驱动程序安装包 msodbcsql.msi 以及 PHP 的 SQL Server 2016 扩展库 SQLSRV40.EXE。

1. 安装 ODBC 驱动程序

双击 msodbcsql.msi 启动 ODBC 驱动程序安装向导,如图 3.1.17 所示。

单击 Next 按钮,跟着安装向导的步骤往下操作即可,每一步均采用默认设置,具体过程略。

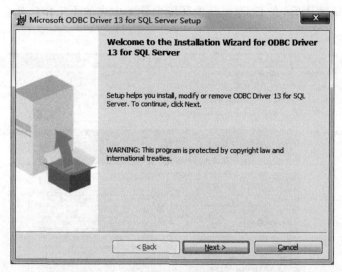

图 3.1.17 ODBC 驱动程序安装向导

2. 安装扩展库

双击 SQLSRV40.EXE 启动安装程序并解压后,将其中的 php_pdo_sqlsrv_7_ts_x64.dll
和 php_sqlsrv_7_ts_x64.dll 复制到 C:\Program Files\Php\php7\ext 下,再在配置文件
php.ini 中添加扩展库配置(如图 3.1.18 所示):

```
extension=php_pdo_sqlsrv_7_ts_x64.dll
extension=php_sqlsrv_7_ts_x64.dll
```

```
;extension=php_pdo_firebird.dll
extension=php_pdo_mysql.dll
;extension=php_pdo_oci.dll
;extension=php_pdo_odbc.dll
;extension=php_pdo_pgsql.dll
;extension=php_pdo_sqlite.dll
;extension=php_pgsql.dll
;extension=php_shmop.dll
extension=php_pdo_sqlsrv_7_ts_x64.dll
extension=php_sqlsrv_7_ts_x64.dll

; The MIBS data available in the PHP distribution must be installed.
; See http://www.php.net/manual/en/snmp.installation.php
;extension=php_snmp.dll

;extension=php_soap.dll
;extension=php_sockets.dll
;extension=php_sqlite3.dll
```

图 3.1.18 添加扩展库配置

完成扩展库的安装和配置后重启 Apache,再次运行测试页 newfile.php,在其上看到
图 3.1.19中圈出的内容,就表示 ODBC 驱动程序安装成功了。

新建 fun.php 源文件,在其中编写用于连接数据库的代码:

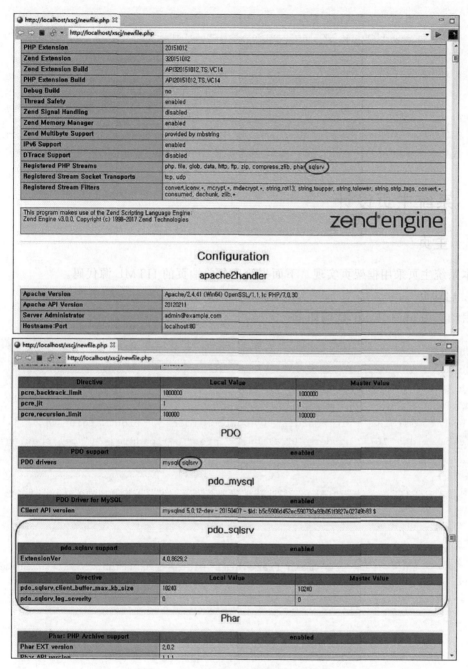

图 3.1.19　ODBC 驱动程序安装成功

```php
< ?php
  try {
      //用原生 sqlsrv 接口连接数据库
      $myConstr=array("Database"=>"xscj", "UID"=>"sa", "PWD"=>"123456");
      $myCon=sqlsrv_connect("DELL", $myConstr);
```

```
        //用 PDO 方式连接数据库
        $myCon_PDO=new PDO("sqlsrv:Server=DELL;Database=xscj", "sa", "123456");
                                        //创建 SQL Server 2016 的 PDO 对象
    } catch (Exception $e) {
        echo "数据库连接失败！异常信息如下：".$e->getMessage();
                                        //若失败则输出异常提示信息
    }
?>
```

1.3 系统主页设计

1.3.1 主页

本系统主页采用框架页实现。下面先给出各前端页的 HTML 源代码。

1. 启动页

启动页为 index.html，代码如下：

```
<html>
<head>
    <title>学生成绩管理系统</title>
</head>
<body topMargin="0" leftMargin="0" bottomMargin="0" rightMargin="0">
<table width="675" border="0" align="center" cellpadding="0" cellspacing="0"
style="width: 778px; ">
    <tr>
        <td><img src="images/学生成绩管理系统.gif" width="790" height="97">
            </td>
    </tr>
    <tr>
        <td><iframe src="main_frame.html" width="790" height="313"></iframe>
            </td>
    </tr>
    <tr>
        <td><img src="images/底端图片.gif" width="790" height="32"></td>
    </tr>
</table>
</body>
</html>
```

启动页分上、中、下 3 部分，其中上、下两部分都只是一张图片，中间部分为一个框架页（加粗的代码为源文件名），运行时在框架页中加载具体的导航页和相应的功能页面。

2. 框架页

框架页为 main_frame.html，代码如下：

```
<html>
<head>
    <meta http-equiv="Content-type" content="text/html; charset=GB2312"/>
    <title>学生成绩管理系统</title>
</head>
< frameset cols="217, * ">
    < frame frameborder=0 src="http://localhost/xscj/main.php" name="frmleft"
      scrolling="no" noresize>
    < frame frameborder=0 src="body.html" name="frmmain" scrolling="no"
      noresize>
    </frameset>
</html>
```

其中,加粗的 http://localhost/xscj/main.php 就是系统导航页的启动 URL。导航页装载后位于框架页的左区。

框架页的右区则用于显示各个功能页面,初始默认为 body.html,代码如下:

```
<html>
<head>
    <title>内容网页</title>
</head>
<body topMargin="0" leftMargin="0" bottomMargin="0" rightMargin="0">
    <img src="images/主页.gif" width="678" height="500">
</body>
</html>
```

这只是一个填充了背景图片的空白页。在运行时,系统会根据用户的操作,在框架页的右区中动态加载不同功能的 PHP 页面来替换该页。

在项目根目录下创建 images 目录,在其中放入主页用到的 3 幅图片:"学生成绩管理系统.gif""底端图片.gif"和"主页.gif"。

1.3.2　功能导航

本系统的导航页上有两个按钮,单击后可以分别进入"学生管理"和"成绩管理"两个不同功能的页面,如图 3.1.20 所示。

实现功能导航页的源文件是 main.php,代码如下:

```
<html>
<head>
    <title>功能选择</title>
</head>
<body bgcolor="D9DFAA">
```

```
<table bgcolor="D9DFAA" width="200" height="85">
    <tr>
        <td align="center">
         <input type="button" value="学生管理" onclick=parent.frmmain.
          location="studentManage.php">
        </td>
    </tr>
    <tr>
        <td align="center">
         <input type="button" value="成绩管理" onclick=parent.frmmain.
          location="scoreManage.php">
        </td>
    </tr>
</table>
</body>
</html>
```

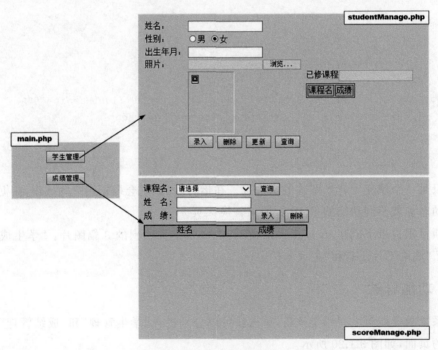

图 3.1.20　导航页面

其中,加粗的部分是两个导航按钮分别要定位到的 PHP 源文件:studentManage.php 实现"学生管理"功能页面,scoreManage.php 实现"成绩管理"功能页面。它们的具体实现将在后面给出。

打开浏览器,在地址栏中输入 http://localhost/xscj/index.html,显示图 3.1.21 所示的页面。

图 3.1.21　"学生成绩管理系统"主页

1.4　学生管理

1.4.1　页面设计

"学生管理"功能页面如图 3.1.22 所示。

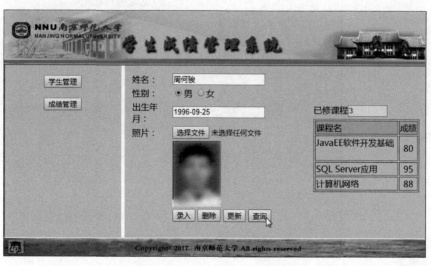

图 3.1.22　"学生管理"功能页面

"学生管理"功能页面的实现思路如下：

（1）页面表单提交给 studentAction.php，由该 PHP 脚本执行对数据库中学生信息的操作。

（2）后台程序对数据库操作的结果通过会话（SESSION）返回前端，在页面表单中显示学生的各项信息。

（3）页面初始加载的时候就用 PHP 脚本执行 cj_proc 存储过程，将其生成的 xmcj_view 视图中的学生成绩信息以表格（<table>…</table>）的形式输出到页面显示。

（4）在 img 控件的 src 属性中访问 showpicture.php 以显示学生照片。

"学生管理"功能页面对应的源文件 studentManage.php 代码如下：

```php
<?php
    session_start();                           //启动会话
?>
<html>
<head>
    <title>学生管理</title>
</head>
<body bgcolor="D9DFAA">
<?php
    //接收会话传回的变量值以便在页面显示
    $XM=$_SESSION['XM'];                        //姓名
    $XB=$_SESSION['XB'];                        //性别
    $CSSJ=$_SESSION['CSSJ'];                    //出生时间
    $KCS=$_SESSION['KCS'];                      //已修课程数
    $StuName=$_SESSION['StuName'];             //姓名变量,用于查找和显示照片
?>
<form method="post" action="studentAction.php" enctype="multipart/form-data"
>                                              //见说明(1)
    <table>
        <tr>
            <td>
                <table>
                    <tr>
                        <td>姓名: </td><td><input type="text" name="xm"
                               value="<?php echo @$XM;?>"/></td>
                    </tr>
                    <tr>
                        <td>性别: </td>
                        <?php
                            if(@$XB==1) {         //变量值 1 表示"男"
                                ?>
                                <td>
                                  <input type="radio" name="xb" value="1"
                                    checked="checked">男
                                  <input type="radio" name="xb" value="0">女
                                </td>
                        <?php
                            } else {              //变量值 0 表示女
                                ?>
```

```
                <td>
                    <input type="radio" name="xb" value="1">男
                    <input type="radio" name="xb" value="0"
                     checked="checked">女
                </td>
              <?php
               }
          ?>
        </tr>
        <tr>
           <td>出生年月: </td><td><input type="text" name="cssj"
                       value="<?php echo @$CSSJ;?>"/></td>
        </tr>
        <tr>
           <td>照片: </td><td><input name="photo" type="file">
                    </td>
        </tr>
        <tr>
           <td></td>
           <td>
           <?php
                echo "<img src='showpicture.php?studentname=
                $StuName&time=".time()."'width=90 height=120 />";
                                                        //见说明(2)
           ?>
           </td>
        </tr>
        <tr>
           <td></td>
           <td>
             <input name="btn" type="submit" value="录入">
             <input name="btn" type="submit" value="删除">
             <input name="btn" type="submit" value="更新">
             <input name="btn" type="submit" value="查询">
           </td>
        </tr>
      </table>
  </td>
  <td>
    <table>
       <tr>
          <td>已修课程<input type="text" name="kcs" size="6"
            value="<?php echo @$KCS;?>" disabled/></td>
       </tr>
```

```
            <tr>
                <td align="left">
                <?php
                    include "fun.php";                          //见说明(3)
                    $cj_sql="EXEC cj_proc '$StuName'";
                                                //执行存储过程(采用 PDO 接口)
                    $result=$myCon_PDO->query(iconv('GB2312', 'UTF-8',
                      $cj_sql));
                    $xmcj_sql="SELECT * FROM xmcj_view";      //见说明(4)
                    $cj_rs=sqlsrv_query($myCon, $xmcj_sql);
                    //输出表格
                    echo "<table border=1>";
                    echo "<tr bgcolor=#CCCCC0>";
                    echo "<td>课程名</td><td align=center>成绩</td></tr>";
                    //获取成绩结果集
                    while(list($KCM, $CJ)=sqlsrv_fetch_array($cj_rs)){
                        echo "<tr><td>$KCM </td>
                        <td align=center>$CJ</td></tr>";         //见说明(5)
                    }
                    echo "</table>";
                ?>
                </td>
            </tr>
        </table>
        </td>
    </tr>
    </table>
</form>
</body>
</html>
```

说明：

（1）<form method="post" action="studentAction.php" enctype="multipart/form-data">：用户在"姓名"栏输入学生姓名后单击"查询"按钮，就可以将数据提交到 studentAction.php 页，studentAction.php 查询 SQL Server 数据库，获取该学生的信息，通过会话回传给 studentManage.php 后就显示在页面表单中。

（2）echo "<img src='showpicture.php? studentname=$StuName&time=".time()."' width=90 height=120 />"：使用 img 控件调用 showpicture.php 来显示照片，studentname 用于保存当前学生姓名值，time 函数用于产生一个时间戳，防止服务器重复读取缓存中的内容。

showpicture.php 文件通过接收学生姓名值查找并显示该学生的照片，它的代码如下：

```php
<?php
    header('Content-type: image/jpg');              //输出 HTTP 头信息
    require "fun.php";                              //包含连接数据库的 PHP 文件
    //以 GET 方法从 studentManage.php 页面 img 控件的 src 属性中获取学生姓名值
    $StuXm=$_GET['studentname'];
    $sql="SELECT ZP FROM xs WHERE XM='$StuXm'";     //根据姓名查找照片
    $result=sqlsrv_query($myCon, $sql);             //执行查询(使用原生 sqlsrv 接口)
    $image=sqlsrv_fetch_array($result);             //获取照片数据
    //使用 base64_decode 函数解码并返回输出照片
    echo base64_decode($image['ZP']);
?>
```

因本程序在插入照片时先通过 PHP 的 base64_encode() 函数将图片文件编码后存入 SQL Server 数据库,故在显示照片时要在 showpicture.php 文件中使用 base64_decode() 函数将数据解码后才能显示。如果不是图片类型的数据且不是通过 base64_encode() 函数编码而保存的,在显示时就不需要使用 base64_decode() 函数解码。

(3) include "fun.php": 也可写成 require "fun.php",这里的 fun.php 也就是 1.2.3 节创建的用于连接 SQL Server 的 PHP 源文件。在本项目的程序中,凡是需要连接 SQL Server 的地方都使用这个文件,利用其中的连接对象 $myCon 或 $myCon_PDO,这么做简化了编程,也便于对数据库连接进行统一设定和管理。

(4) $xmcj_sql="SELECT * FROM xmcj_view": 从 xmcj_view 视图中查询学生成绩信息,xmcj_view 视图的内容是在程序运行时由 cj_proc 存储过程动态生成的。在数据库应用中广泛使用存储过程封装一系列需要频繁执行变更的通用 T-SQL 语句序列,可极大地减小程序语句与后台数据库交互的频率,提高速度,同时也可增强程序的可靠性。

(5) echo "\<tr\>\<td\>$KC \</td\>\<td align=center\>$CJ\</td\>\</tr\>": 在表格中显示课程名和成绩信息。

1.4.2　功能实现

本系统的"学生管理"模块由 studentAction.php 实现。该页以 POST 方式接收从 studentManage.php 页提交的表单数据,对学生信息进行增、删、改、查等各种操作,同时将操作后的更新数据保存在会话中,传回前端加以显示。

源文件 studentAction.php 的代码如下:

```php
<?php
    include "fun.php";                              //包含连接数据库的 PHP 文件
    include "studentManage.php";                    //包含前端界面的 PHP 页
    $StudentName=@$_POST['xm'];                     //姓名
    $Sex=@$_POST['xb'];                             //性别
    $Birthday=@$_POST['cssj'];                      //出生时间
    $tmp_file=@$_FILES["photo"]["tmp_name"];        //文件上传后在服务器端存储的临时文件
    $handle=@fopen($tmp_file,'rb');                 //打开文件
```

```
$Picture=@base64_encode(fread($handle, filesize($tmp_file)));
                                        //读取上传的照片数据并编码
$s_sql="SELECT XM, KCS FROM xs WHERE XM='$StudentName'";
                                        //查找姓名、已修课程数信息
$s_result=sqlsrv_query($myCon, $s_sql);    //执行查询(使用原生 sqlsrv 接口)

/* 以下为各学生管理操作按钮的功能代码 */
/* 录入功能 */
if(@$_POST["btn"]=='录入') {                //单击"录入"按钮
    if($s_result->rowCount() !=0)            //要录入的学生姓名已经存在时提示
        echo "<script>alert('该学生已经存在! ');location.href=
            'studentManage.php';</script>";
        else {                                //不存在才可录入
            $insert_sql="INSERT INTO xs VALUES('$StudentName', $Sex,
                '$Birthday', 0, NULL, NULL)";
            $insert_result=sqlsrv_query($myCon, $insert_sql) or die('录入
                失败! ');
            if(sqlsrv_rows_affected($insert_result) >0) {
                                                //返回值大于 0 表示插入成功
                if($tmp_file) {                //上传了照片的情况
                    $mySql="UPDATE xs SET ZP=CONVERT(varbinary(MAX),
                        '$Picture') WHERE XM='$StudentName'";
                    sqlsrv_query($myCon, $mySql);
                                                //更新照片数据(使用原生 sqlsrv 接口)
                }
                $_SESSION['StuName']=$StudentName;        //将姓名值存入会话
                echo "<script>alert('录入成功! ');location.href=
                    'studentManage.php';</script>";
            }
        }
}

/* 删除功能 */
if(@$_POST["btn"]=='删除') {                //单击"删除"按钮
    if($s_result->rowCount()==0)            //要删除的学生姓名不存在时提示
        echo "<script>alert('该学生不存在! ');location.href=
            'studentManage.php';</script>";
        else {                                //处理姓名存在的情况
        list($XM, $KCS)=$s_result->fetch(PDO::FETCH_NUM);    //PDO 获取数据
        if($KCS !=0)                        //学生有修课记录时提示
            echo "<script>alert('该生有修课记录,不能删! ');location.href=
                'studentManage.php';</script>";
            else {                            //可以删除
            $del_sql="DELETE FROM xs WHERE XM='$StudentName'";
```

```
            $del_affected=sqlsrv_query($myCon, $del_sql);
                                        //执行删除操作(使用原生 sqlsrv 接口)
            if(sqlsrv_rows_affected($del_affected)>0) {
                                        //返回值大于 0 表示操作成功
            $_SESSION['StuName']='';  //将会话中的姓名变量置空
            echo "<script>alert('删除成功! ');location.href=
                'studentManage.php';</script>";
            }
        }
    }
}

/* 更新功能 */
if(@$_POST["btn"]=='更新'){                //单击"更新"
    $_SESSION['StuName']=$StudentName;    //将用户输入的姓名用会话保存
        $update_sql="UPDATE xs SET XM='$StudentName', XB=$Sex, CSSJ=
            '$Birthday'WHERE XM='".$_SESSION['StuName']."'";
        $update_affected=sqlsrv_query($myCon, $update_sql);
                                        //执行更新操作(使用原生 sqlsrv 接口)
        if(sqlsrv_rows_affected($update_affected) >0) {
                                        //返回值大于 0 表示操作成功
            if($tmp_file){                //上传了新照片要更新
                $mySql="UPDATE xs SET ZP=CONVERT(varbinary(MAX), '$Picture')
                WHERE XM='$StudentName'";
                sqlsrv_query($myCon, $mySql);
            }
        echo "<script>alert('更新成功! ');location.href='studentManage.php';
            </script>";
    }
    else
        echo "<script>alert('更新失败,请检查输入信息! ');location.href=
            'studentManage.php';</script>";
}

/* 查询功能 */
if(@$_POST["btn"]=='查询') {                //单击"查询"按钮
    $mySql="SELECT XM, XB, CONVERT(char(20),CSSJ,20) AS CSSJ, KCS FROM xs
    WHERE XM='$StudentName'";             //查询学生信息
    $myRs=sqlsrv_query($myCon, $mySql);   //执行查询(使用原生 sqlsrv 接口)
    $myDr=sqlsrv_fetch_array($myRs);
    if($myDr) {
        $_SESSION['XM']=$myDr['XM'];       //姓名
        $_SESSION['XB']=$myDr['XB'];       //性别
        $_SESSION['CSSJ']=$myDr['CSSJ'];  //出生时间
```

```
        $_SESSION['KCS']=$myDr['KCS'];                    //已修课程数
        $_SESSION['StuName']=$StudentName;
        echo "<script>location.href='studentManage.php';</script>";
    }
  }
?>
```

1.5　成绩管理

1.5.1　页面设计

"成绩管理"功能页面如图 3.1.23 所示。

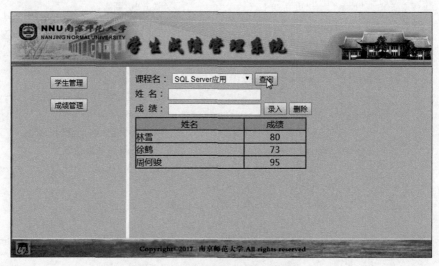

图 3.1.23　"成绩管理"功能页面

实现思路如下：

（1）该页面使用 PHP 脚本，在初始时就从课程表中查询出所有课程的名称并将其加载到"课程名"下拉列表中，以方便用户选择操作，运行时的效果如图 3.1.24 所示。

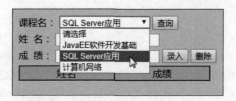

图 3.1.24　"课程名"下拉列表

（2）用 JavaScript 脚本将用户当前选中项保存在 Cookie 中，以保证在页面刷新后"课程名"下拉列表中仍然保持用户选中的课程名称。

"成绩管理"功能页面由源文件 scoreManage.php 实现，代码如下：

```html
<html>
<head>
    <title>成绩管理</title>
</head>
<body bgcolor="D9DFAA">
<form method="post">
<table>
    <tr>
        <td>
            课程名:
            <!--以下 JavaScript 代码是为了保证在页面刷新后下拉列表中仍然保持选中项
            -->
            <script type="text/javascript">
            function setCookie(name, value) {
                var exp=new Date();
                exp.setTime(exp.getTime()+24 * 60 * 60 * 1000);
                document.cookie=name+"="+escape(value)+";expires="+exp.
                  toGMTString();
            }
            function getCookie(name) {
                var regExp=new RegExp("(^| )"+name+"=([^;] * )(;|$)");
                var arr=document.cookie.match(regExp);
                if(arr==null) {
                    return null;
                }
                return unescape(arr[2]);
            }
            </script>
            <select name="kcm" id="select_1" onclick="setCookie('select_1',
              this.selectedIndex)">
                <?php
                    echo "<option>请选择</option>";
                        require 'fun.php';          //包含连接数据库的 PHP 文件
                        $kcm_sql="SELECT DISTINCT(KCM) FROM kc";
                                                    //查找所有的课程名
                        $kcm_result=sqlsrv_query($myCon, $kcm_sql);
                                            //执行查询(使用原生 sqlsrv 接口)
                    //输出课程名到下拉框中
                    while(list($KCM)=sqlsrv_fetch_array($kcm_result)) {
                        echo "<option value=$KCM>$KCM</option>";
                                            //添加到下拉列表中
                    }
                ?>
            </select>
            <script type="text/javascript">
```

```
                    var selectedIndex=getCookie("select_1");
                    if(selectedIndex !=null) {
                        document.getElementById("select_1").selectedIndex=
                            selectedIndex;
                    }
            </script>
        </td>
        <td><input name="btn" type="submit" value="查询"></td>
    </tr>
    <tr>
        <td>
            姓名:
            <input type="text" name="xm" size="5"> 
            成绩:
            <input type="text" name="cj" size="2">
        </td>
        <td>
            <input name="btn" type="submit" value="录入">
            <input name="btn" type="submit" value="删除">
        </td>
    </tr>
    <tr>
        <td align="left">
            <table border=1>
                <tr bgcolor=#CCCCC0>
                    <td align="center">姓名</td>
                    <td>成绩</td>
                </tr>
                <?php
                    include "fun.php";                  //包含连接数据库的 PHP 文件
                    if(@$_POST["btn"]=='查询') {        //单击"查询"按钮
                        $CourseName=$_POST['kcm'];      //获取用户选择的课程名
                        $cj_sql="SELECT XM, CJ FROM cj WHERE KCM='$CourseName'";
                                                        //查找该课程对应的成绩单
                        $cj_result=sqlsrv_query($myCon, $cj_sql);
                                                        //执行查询
                        while(list($XM, $CJ)=sqlsrv_fetch_array($cj_result)) {
                                                        //获取查询结果集
                        //在表格中显示姓名和成绩信息
                            echo "<tr><td>$XM </td><td align=center>$CJ
                            </td></tr>";
                        }
                    }
                ?>
```

```
            </table>
        </td>
        <td></td>
    </tr>
</table>
</form>
</body>
</html>
```

1.5.2　功能实现

本系统的"成绩管理"模块主要实现对成绩表(cj)中学生成绩数据的录入和删除操作,其功能实现的代码也写在源文件 scoreManage.php 中(紧接着 1.5.1 节页面 HTML 代码之后写),具体如下:

```php
<?php
    $CourseName=$_POST['kcm'];                  //获取提交的课程名
    $StudentName=$_POST['xm'];                  //获取提交的姓名
    $Score=$_POST['cj'];                        //获取提交的成绩
    $cj_sql="SELECT * FROM cj WHERE KCM='$CourseName'AND XM='$StudentName'";
                                                //先查询该学生该门课的成绩
    $result=$myCon_PDO->query(iconv('GB2312', 'UTF-8', $cj_sql));    //执行查询

/*以下为各成绩管理操作按钮的功能代码*/
/*录入功能*/
if(@$_POST["btn"]=='录入') {                     //单击"录入"按钮
    if($result->rowCount() !=0)                 //见说明(1)
        echo "<script>alert('该记录已经存在! ');location.href='scoreManage.
          php';</script>";
    else {                                      //不存在才可以添加
        $insert_sql="INSERT INTO cj(XM, KCM, CJ) VALUES('$StudentName',
          '$CourseName', '$Score')";
                                                //添加新记录
        $insert_result=$myCon_PDO->query(iconv('GB2312', 'UTF-8', $insert_sql));
                                                //执行操作
        if($insert_result->rowCount() !=0)      //返回值不为 0 表示操作成功
            echo "<script>alert('添加成功! ');location.href='scoreManage.php';
              </script>";
        else
            echo "<script>alert('添加失败,请确保有此学生! ');location.href=
              'scoreManage.php';</script>";
    }
}
```

```
/* 删除功能 */
if(@$_POST["btn"]=='删除') {                          //单击"删除"按钮
    if($result->rowCount() !=0) {                    //见说明(2)
        $delete_sql="DELETE FROM cj WHERE XM='$StudentName'AND KCM='
          $CourseName'";                             //删除该记录
        $del_affected=$myCon_PDO->exec(iconv('GB2312', 'UTF-8', $delete_sql ));
                                                     //执行操作
        if($del_affected)                            //返回值不为 0 表示操作成功
            echo "<script>alert('删除成功! ');location.href='scoreManage.php';
              </script>";
        else
            echo "<script>alert('删除失败,请检查操作权限!');location.href=
              'scoreManage.php';</script>";
    } else                                           //不存在该记录,无法删除
        echo "<script>alert('该记录不存在! ');location.href='scoreManage.php';
          </script>";
}
?>
```

说明:

(1) if($ result->rowCount() !=0):查询结果不为空,表示该成绩记录已经存在,不可重复录入。

(2) if($ result->rowCount() !=0):查询结果不为空,表示该成绩记录已经存在,可删除。

至此,基于 Windows 平台 PHP 7/SQL Server 2016 的学生成绩管理系统开发完成了,读者还可以根据需要自行扩展其他功能。

实习 **2**

JavaEE 7/ SQL Server 2016
应用系统实例

本实习基于 JavaEE 7(Struts 2.3)实现学生成绩管理系统,Web 服务器使用 Tomcat 9.0,后台数据库为 SQL Server 2016。

实习 2

2.1 JavaEE 开发平台搭建

这里只列出主要内容,详细内容请扫描二维码并阅读网络文档。

JavaEE 开发
平台搭建

2.1.1 安装软件

1. 安装 JDK 8

本实习使用的 JDK 版本是 JDK 8 Update 121,安装文件为 jdk-8u121-windows-i586.exe,双击该文件启动安装向导。

按照安装向导的步骤操作。JDK 默认安装到 C:\Program Files\Java\jdk1.8.0_121 目录。接下来设置环境变量,以便系统找到并使用此 JDK。

(1)打开"环境变量"对话框。

右击桌面上的"计算机"图标,在弹出的快捷菜单中选择"属性"命令,在弹出的控制面板主页中单击"高级系统设置"链接项,在弹出的"系统属性"对话框中单击"环境变量"按钮,弹出"环境变量"对话框。

(2)新建系统变量 JAVA_HOME。

在"系统变量"列表下单击"新建"按钮,弹出"新建系统变量"对话框。在"变量名"文本框中输入 JAVA_HOME,在"变量值"文本框中输入 JDK 安装路径 C:\Program Files\Java\jdk1.8.0_121,如图 3.2.1(a)所示,单击"确定"按钮。

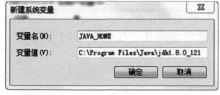

(a) 新建JAVA_HOME   (b) 编辑Path变量

图 3.2.1 设置环境变量

（3）设置系统变量 Path。

在"系统变量"列表中找到名为 Path 的变量，单击"编辑"按钮，弹出"编辑系统变量"对话框。在"变量值"文本框中加入路径％JAVA_HOME％\bin，如图 3.2.1(b)所示，单击"确定"按钮。

选择任务栏中的"开始"→"运行"，输入 cmd 后按回车键，在命令行中输入 java -version 命令，如果环境变量设置成功，就会出现 Java 版本信息，如图 3.2.2 所示。

图 3.2.2　Java 版本信息

2. 安装 Tomcat 9

本实习采用 Tomcat 9 作为承载 JavaEE 应用的服务器，可在其官网 http://tomcat.apache.org/下载。其中，Core 下的 Windows Service Installer 是一个安装版软件。

下载安装文件 apache-tomcat-9.0.0.M17.exe。双击该文件启动安装向导，安装过程均采用默认选项，此处不再详细说明。

Tomcat 安装完成后会自行启动。打开浏览器，在地址栏中输入 http://localhost:8080 进行测试，若显示图 3.2.3 所示的页面，就表明 Tomcat 安装成功。

3. 安装 MyEclipse 2017

MyEclipse 企业级工作平台（MyEclipse Enterprise Workbench，简称 MyEclipse）是一个功能强大的 JavaEE 集成开发环境。MyEclipse 的中文官网是 https://www.myeclipsecn.com/。本实习使用 MyEclipse 2017，从官网下载安装文件 myeclipse-2017-ci-1-offline-installer-windows.exe。双击该文件，启动安装向导。按照安装向导的指引往下操作，安装过程从略。

2.1.2　环境整合

1. 配置 MyEclipse 2017 使用的 JRE

在 MyEclipse 2017 中内嵌了 Java 编译器，但是为了使用前面安装的 JDK，需要对

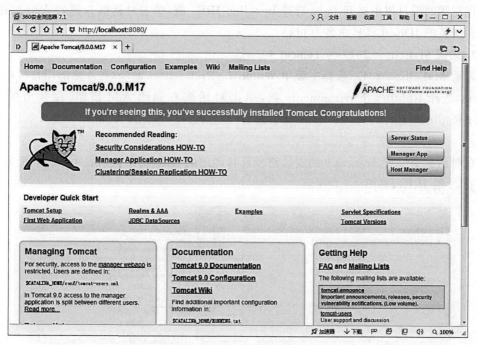

图 3.2.3　Tomcat 9 安装成功

MyEclipse 2017 进行手动配置。启动 MyEclipse 2017,选择主菜单 Window→Preferences 命令,出现图 3.2.4 所示的 Preferences 窗口。

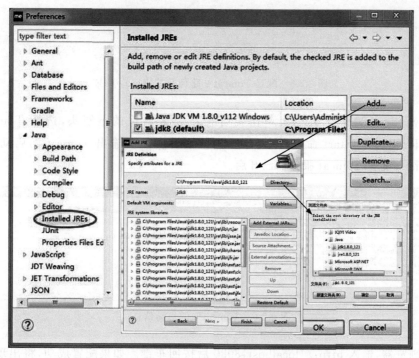

图 3.2.4　Preferences 窗口

在左侧的项目树中展开 Java,选择 Installed JREs 项,单击对话框右侧的 Add 按钮,添加前面安装的 JDK 并将其命名为 jdk8。

2. 集成 MyEclipse 2017 与 Tomcat 9

启动 MyEclipse 2017,选择主菜单 Window→Preferences 命令,在左侧的项目树中展开 Servers,选择 Runtime Environments 项,单击对话框右侧的 Add 按钮,在弹出的 New Server Runtime Environment 对话框中选择 Tomcat→Apache Tomcat v9.0,单击 Next 按钮。

在对话框中设置 Tomcat 9 的安装路径及其使用的 JRE(从下拉列表中选择前面设置的名为 jdk8 的 JRE),如图 3.2.5 所示。

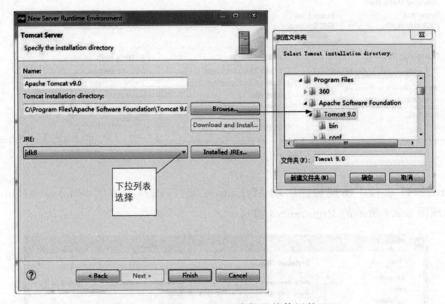

图 3.2.5 配置 Tomcat 9 路径及其使用的 JRE

在 MyEclipse 2017 工具栏上单击复合按钮 右边的下箭头,选择 Tomcat v9.0 Server at localhost→Start 命令,主界面下方控制台区就会输出 Tomcat 的启动信息,如图 3.2.6 所示,说明 Tomcat 服务器已开启。

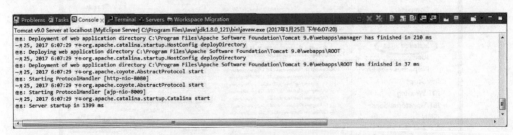

图 3.2.6 Tomcat 9 的启动信息

打开浏览器,输入 http://localhost:8080 后按回车键。如果配置成功,将出现图 3.2.3 所示的 Tomcat 9 首页,表示 MyEclipse 2017 已经与 Tomcat 9 紧密集成了。

至此,一个以 MyEclipse 2017 为核心的 JavaEE 应用开发平台搭建成功。

2.2　创建 Struts 2 项目

2.2.1　创建 JavaEE 项目

启动 MyEclipse 2017,选择主菜单 File→New→Web Project 命令,出现图 3.2.7 所示的对话框,在 Project Name(项目名)文本框中输入 xscj,在 JavaEE version 下拉列表中选择 JavaEE 7 - Web 3.1,其余保持默认设置。

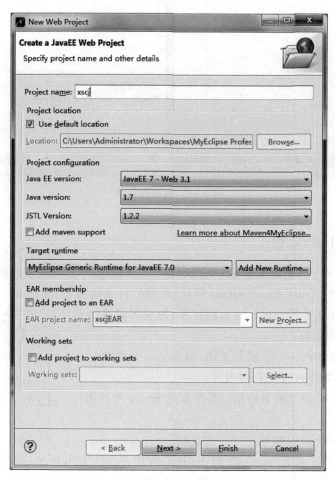

图 3.2.7　创建 JavaEE 项目

在 Web Module 页中勾选 Generate web.xml deployment descriptor(自动生成项目的 web.xml 配置文件)复选框。单击 Next 按钮,在 Configure Project Libraries 页中勾选 JavaEE 7.0 Generic Library,同时取消选择 JSTL 1.2.2 Library 复选框,如图 3.2.8 所示。

设置完成后,单击 Finish 按钮,MyEclipse 会自动生成一个新的 JavaEE 项目。

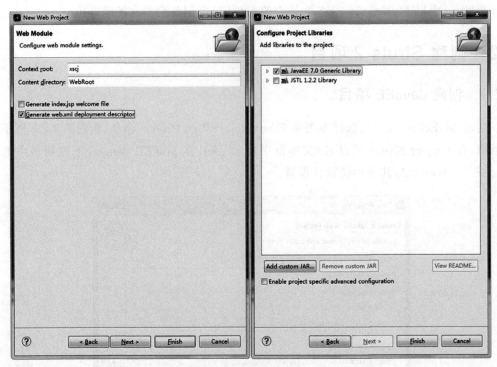

图 3.2.8　新项目设置

2.2.2　加载 Struts 2 包

登录 http://struts.apache.org/,下载 Struts 2 完整版,本实习使用的版本是 Struts 2.3.
20。将下载的文件 struts-2.3.20-all.zip 解压,得到的目录如图 3.2.9 所示。其中:

- apps:包含基于 Struts 2 的示例应用,对学习者来说是
  非常有用的资料。
- docs:包含 Struts 2 的相关文档,如 Struts 2 的快速入
  门、Struts 2 的 API 文档等内容。

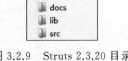

- lib:包含 Struts 2 框架的核心类库以及 Struts 2 的第三　图 3.2.9　Struts 2.3.20 目录
  方插件类库。
- src:包含 Struts 2 框架的全部源代码。

在大多数情况下,使用 Struts 2 的 JavaEE 应用并不需要用到 Struts 2 的全部特性,开
发 JavaEE 程序一般只需用到 Struts 2 的 lib 下的 9 个 jar 包,分为以下两类:

(1) 传统 Struts 2 的 5 个基本类库:

- struts2-core-2.3.20.jar。
- xwork-core-2.3.20.jar。
- ognl-3.0.6.jar。
- commons-logging-1.1.3.jar。
- freemarker-2.3.19.jar。

（2）附加的 4 个库：

- commons-io-2.2.jar。
- commons-lang3-3.2.jar。
- javassist-3.11.0.GA.jar。
- commons-fileupload-1.3.1.jar。

将它们复制到项目的\WebRoot\WEB-INF\lib 目录下。右击项目名，在弹出的快捷菜单中选择 Refresh 命令刷新即可。

接下来，在 WebRoot/WEB-INF 目录下配置 web.xml 文件，内容如下：

```xml
<?xml version="1.0" encoding="UTF-8"?>
<web-app xmlns:xsi="http://www.w3.org/2001/XMLSchema-instance"
xmlns="http://xmlns.jcp.org/xml/ns/javaee"
xsi:schemaLocation="http://xmlns.jcp.org/xml/ns/javaee
http://xmlns.jcp.org/xml/ns/javaee/web-app_3_1.xsd"
id="WebApp_ID" version="3.1">
    <display-name>xscj</display-name>
    <filter>
        <filter-name>struts2</filter-name>
    <filter-class>org.apache.struts2.dispatcher.ng.filter.
    StrutsPrepareAndExecuteFilter</filter-class>
    <init-param>
      <param-name>actionPackages</param-name>
      <param-value>com.mycompany.myapp.actions</param-value>
    </init-param>
    </filter>
    <filter-mapping>
    <filter-name>struts2</filter-name>
    <url-pattern>/*</url-pattern>
    </filter-mapping>
    <welcome-file-list>
     <welcome-file>main.jsp</welcome-file>
    </welcome-file-list>
</web-app>
```

2.2.3　连接 SQL Server 2016

1. 加载 JDBC 驱动包

加载 JDBC 驱动包的操作与 2.2.2 节加载 Struts 2 包一样。从网上下载 SQL Server 2016 的 JDBC 驱动包 sqljdbc4.jar，将其复制到项目的\WebRoot\WEB-INF\lib 目录下。右击项目名，在弹出的快捷菜单中选择"刷新"命令。当然，也可以将 SQL Server 2016 的 JDBC 驱动包与 Struts 2 的 9 个 jar 包一次性加载到项目中。

2. 编写 JDBC 驱动类

接下来编写用于连接 SQL Server 的 Java 类（JDBC 驱动类）。在项目的 src 目录下建

立 org.easybooks.xscj.jdbc 包,其下创建 MySqlConn.java,代码如下:

```
package org.easybooks.xscj.jdbc;
import java.sql.*;
public class MySqlConn {
    public static Connection conns;        //连接对象(定义为 public static 以便程序随
时获取和使用该连接)
    static {
        try {
            /*加载并注册 SQL Server 的 JDBC 驱动包*/
            Class.forName("com.microsoft.sqlserver.jdbc.SQLServerDriver");
            /*创建到 SQL Server 的连接*/
            conns DriverManager.getConnection("jdbc:sqlserver://localhost:
                1433;databaseName=xscj", "sa", "123456");
        }catch(Exception e) {
            e.printStackTrace();
        }
    }
}
```

3. 构造值对象

为了能用 Java 面向对象的方式访问 SQL Server,要预先创建“学生”“课程”和“成绩”的值对象,它们都位于 src 目录下的 org.easybooks.xscj.vo 包中。

1)“学生”值对象

用 Student.java 构建“学生”值对象,代码如下:

```
package org.easybooks.xscj.vo;
import java.util.*;
public class Student implements java.io.Serializable {
    private String xm;                         //姓名
    private String xb;                         //性别
    private Date cssj;                         //出生时间
    private int kcs;                           //课程数
    private String bz;                         //备注
    private byte[] zp;                         //照片(字节数组)
    public Student() { }                       //构造方法
    /*各属性的 get 和 set 方法*/
    /*xm(姓名)属性*/
    public String getXm() {                    //get 方法
        return this.xm;
    }
    public void setXm(String xm) {             //set 方法
        this.xm=xm;
    }
    //其余属性的 get 和 set 方法与上面类似
    ...
}
```

　　Java 值对象是为实现对数据库面向对象的持久化访问而构造的,它有固定的格式,包括属性声明、构造方法以及各个属性的 get 和 set 方法,其实质就是一个 JavaBean。值对象的属性成员变量一般要与数据库表的字段一一对应,以便将 Java 对象操作映射为对数据库中的表的操作。各属性的 get 和 set 方法的形式类似,为节省篇幅,这里省略,详见本书配套电子资源中提供的完整源代码。

　　2)"课程"值对象

　　用 Course.java 构建"课程"值对象,代码如下:

```
package org.easybooks.xscj.vo;
public class Course implements java.io.Serializable {
    private String kcm;                //课程名
    private int xs;                    //学时
    private int xf;                    //学分
    public Course() { }                //构造方法
    /* 各属性的 get 和 set 方法 */
    ...
}
```

　　3)"成绩"值对象

　　用 Score.java 构建"成绩"的值对象,代码如下:

```
package org.easybooks.xscj.vo;
public class Score implements java.io.Serializable {
    private String xm;                 //姓名
    private String kcm;                //课程名
    private int cj;                    //成绩
    public Score() { }                 //构造方法
    /* 各属性的 get 和 set 方法 */
    ...
}
```

2.3　系统主页设计

2.3.1　主页

　　本系统主页采用框架页实现。下面先给出各前端页的 HTML 源代码。

1. 启动页

　　启动页为 index.html,代码如下:

```
<html>
<head>
    <title>学生成绩管理系统</title>
</head>
```

```
<body topMargin="0" leftMargin="0" bottomMargin="0" rightMargin="0">
    <table width="675" border="0" align="center" cellpadding="0"
      cellspacing="0" style="width: 778px; ">
        <tr>
            <td><img src="images/学生成绩管理系统.gif" width="790"
              height="97"></td>
        </tr>
        <tr>
            <td><iframe src="main_frame.html" width="790"
              height="313"></iframe></td>
        </tr>
        <tr>
            <td><img src="images/底端图片.gif" width="790" height="32"></td>
        </tr>
    </table>
</body>
</html>
```

启动页分上、中、下 3 部分,其中上、下两部分都只是一张图片,中间部分为一个框架页
(加粗的代码为源文件名),运行时在框架页中加载具体的导航页和相应的功能页面。

2. 框架页

框架页为 main_frame.html,代码如下:

```
<html>
<head>
    <meta http-equiv="Content-type" content="text/html; charset=GB2312"/>
    <title>学生成绩管理系统</title>
</head>
<frameset cols="217, * ">
    <frame frameborder=0 src="http://localhost:8080/xscj" name="frmleft"
      scrolling="no" noresize>
    <frame frameborder=0 src="body.html" name="frmmain" scrolling="no"
      noresize>
</frameset>
</html>
```

其中,加粗的 http://localhost:8080/xscj 默认装载的是系统导航页 main.jsp(因为前
面在 web.xml 文件中已配置了<welcome-file-list>元素的<welcome-file>)。导航页装
载后位于框架页的左区。

框架页的右区则用于显示各个功能页面,初始默认为 body.html,代码如下:

```
<html>
<head>
    <title>内容网页</title>
```

```
</head>
<body topMargin="0" leftMargin="0" bottomMargin="0" rightMargin="0">
    <img src="images/主页.gif" width="678" height="500">
</body>
</html>
```

这只是一个填充了背景图片的空白页。在运行时,系统会根据用户的操作,在框架页的右区中动态加载不同功能的 JSP 页面来替换该页。

在项目\WebRoot 目录下创建 images 目录,在其中放入主页用到的 3 张图片:"学生成绩管理系统.gif""底端图片.gif"和"主页.gif"。右击项目名,在弹出的快捷菜单中选择 Refresh 命令刷新。

2.3.2　功能导航

本系统的导航页上有两个按钮,单击后可分别进入"学生管理"和"成绩管理"两个不同功能的页面,如图 3.2.10 所示。

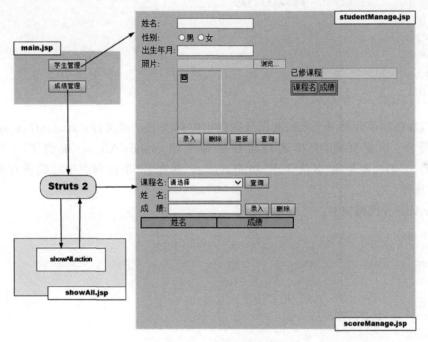

图 3.2.10　导航页面

其中,"成绩管理"功能页面需要预先加载"课程名"下拉列表,这通过 showAll.jsp 页面上的一个 Action(showAll)来实现。当单击"成绩管理"按钮时会触发这个 Action,在 Struts 2 的控制下调用相应的程序模块来实现加载功能,完成后再由 Struts 2 控制页面跳转到"成绩管理"功能页面(scoreManage.jsp)。

源文件 main.jsp 实现导航页面,代码如下:

```
<%@ page language="java" pageEncoding="gb2312"%>
<html>
<head>
    <title>功能选择</title>
</head>
<body bgcolor="D9DFAA">
<table bgcolor="D9DFAA" width="200" height="85">
    <tr>
        <td align="center">
            <input type="button" value="学生管理" onclick="parent.frmmain.
            location='studentManage.jsp'">
        </td>
    </tr>
    <tr>
        <td align="center">
            <input type="button" value="成绩管理" onclick="parent.frmmain.
            location='showAll.jsp'">
        </td>
    </tr>
</table>
</body>
</html>
```

其中，加粗的部分是两个导航按钮分别要定位到的 JSP 源文件：studentManage.jsp 实现"学生管理"功能页面（具体实现将在后面给出），showAll.jsp 提供了一个 Action（showAll），它的功能是向"成绩管理"功能页面的"课程名"下拉列表中加载所有课程的名称供用户选择。

showAll.jsp 代码如下：

```
<%@ page language="java" pageEncoding="utf-8"%>
<%@ taglib prefix="s" uri="/struts-tags" %>
<html>
<head>
    <title>加载课程</title>
</head>
<body bgcolor="D9DFAA">
    <s:action name="showAll" executeResult="true"/>
</body>
</html>
```

打开浏览器，在地址栏中输入 http://localhost:8080/xscj/index.html，显示图 3.2.11 所示的页面。

在 src 目录下创建 struts.xml 文件，它是 Struts 2 的核心配置文件，负责管理各 Action 控制器到 JSP 页的跳转。配置文件如下：

图 3.2.11 "学生成绩管理系统"主页

```xml
<?xml version="1.0" encoding="utf-8"?>
<!DOCTYPE struts PUBLIC
        "-//Apache Software Foundation//DTD Struts Configuration 2.0//EN"
        "http://struts.apache.org/dtds/struts-2.0.dtd">
<struts>
    <package name="default" extends="struts-default">
        <!--加载课程名 -->
        <action name="showAll" class="org.easybooks.xscj.action.ScoreAction"
          method="showAll">
            <result name="result">/scoreManage.jsp</result>
        </action>
    </package>
    <constant name="struts.multipart.saveDir" value="/tmp"></constant>
    <constant name="struts.enable.DynamicMethodInvocation" value="true" />
</struts>
```

配置文件中定义了 name 为 showAll 的 Action。当客户端发出 showAll.actionURL 请求时，Struts 2 会根据 class 属性调用相应的 Action 类（这里是 org.easybooks.xscj.action 包中的 ScoreAction 类）。method 属性指定该类中有一个 showAll 方法。将常量 struts.enable.DynamicMethodInvocation 的值设为 true，Struts 2 就会自动调用此方法来处理用户的请求，处理完后，该方法返回 result 字符串，请求被转发到 scoreManage.jsp 页（即"成绩管理"功能页面）。

2.4 学生管理

2.4.1 页面设计

"学生管理"功能页面如图 3.2.12 所示。

图 3.2.12 "学生管理"功能页面

"学生管理"功能页面由源文件 studentManage.jsp 实现,代码如下:

```
<%@ page language="java" pageEncoding="utf-8"%>
<%@ taglib prefix="s" uri="/struts-tags" %>
<html>
<head>
    <title>学生管理</title>
</head>
<body bgcolor="D9DFAA">
<s:set name="student" value="#request.student"/>
<s:form name="frm" method="post" enctype="multipart/form-data">
    <table>
        <tr>
            <td>
                <table>
                    <tr>
                        <td>姓名:</td><td><input type="text" name="xm"
                            value="<s:property value="#student.xm"/>"/></td>
                    </tr>
                    <tr>
                        <td><s:radio list="{'男','女'}" label="性别"
                            name="student.xb" value="#student.xb"/></td>
```

```
    </tr>
    <tr>
        <td>出生年月:</td><td><input type="text"
          name="student.cssj" value="<s: date
          name="#student.cssj" format="yyyy-MM-dd"/>"/></td>
    </tr>
    <tr>
        <s:file name="photo" accept="image/*" label="照片"
          onchange="document. all['image'].src=this.value;"/>
    </tr>
    <tr>
        <td></td>
        <td><img src="getImage.action?xm=<s:property
          value="#student.xm"/>" width="90" height="120"/></td>
    </tr>
    <tr>
        <td></td>
        <td>
            <input name="btn1" type="button" value="录入"
              onclick="add()">
            <input name="btn2" type="button" value="删除"
              onclick="del()">
            <input name="btn3" type="button" value="更新"
              onclick="upd()">
            <input name="btn4" type="button" value="查询"
              onclick="que()">
        </td>
    </tr>
</table>
</td>
<td>
    <table>
        <tr>
            <td>已修课程<input type="text" name="student.kcs"
              value="<s:property value="#student.kcs"/>"
              disabled/></td>
        </tr>
        <tr>
            <td align="left">
                <table border=1>
                    <tr bgcolor=#CCCCC0>
                        <td>课程名</td>
                        <td align=center>成绩</td>
                    </tr>
```

```
                                    <s:iterator value="#request.scoreList" id="sco">
                                    <tr>
                                        <td><s:property value="#sco.kcm"/> </td>
                                        <td align="center"><s:property
                                            value="#sco.cj"/></td>
                                    </tr>
                                    </s:iterator>
                                </table>
                            </td>
                        </tr>
                    </table>
                </td>
            </tr>
        </table>
        <s:property value="msg"/>
    </s:form>
    </body>
    </html>
    <script type="text/javascript">
    function add() {                              //add 方法录入学生信息
        document.frm.action="addStu.action";      //触发名为 addStu 的 Action
        document.frm.submit();
    }
    function del() {                              //del 方法删除学生信息
        document.frm.action="delStu.action";      //触发名为 delStu 的 Action
        document.frm.submit();
    }
    function upd() {                              //upd 方法更新学生信息
        document.frm.action="updStu.action";      //触发名为 updStu 的 Action
        document.frm.submit();
    }
    function que() {                              //que 方法查询学生信息
        document.frm.action="queStu.action";      //触发名为 queStu 的 Action
        document.frm.submit();
    }
    </script>
```

这里，在紧接着网页 HTML 源代码之后定义了一段 JavaScript 脚本代码，当用户单击页面上不同的按钮时会调用不同的 JavaScript 函数，这些函数分别触发其对应的 Action（加粗的内容）的功能。页面上的控制器 getImage.action 用于实时加载当前学生的照片，其实现代码在 StudentAction 类的 getImage 方法中（在 2.4.2 节中给出）。

2.4.2　功能实现

1. 实现控制器

本系统的"学生管理"模块将对学生信息的增、删、改、查诸操作功能都统一集中在控制器 StudentAction 类中实现,其源文件 StudentAction.java 位于 src 目录下的 org.easybooks.xscj.action 包中,代码如下:

```
package org.easybooks.xscj.action;          //Action 所在的包
/* 导入所需的类和包 */
import java.sql.*;
import java.util.*;
import org.apache.struts2.ServletActionContext;
import org.easybooks.xscj.jdbc.*;
import org.easybooks.xscj.vo.*;
import com.opensymphony.xwork2.*;
import java.io.*;
import javax.servlet.ServletOutputStream;
import javax.servlet.http.HttpServletResponse;
public class StudentAction extends ActionSupport {
    /* StudentAction 的属性声明 */
    private String xm;                       //姓名
    private String msg;                      //页面操作的消息提示文字
    private Student student;                  //学生对象
    private Score score;                      //成绩对象
    private File photo;                       //照片
    /* addStu() 方法实现录入学生信息的功能 */
    public String addStu() throws Exception {
        //先检查 xs 表中是否已经有该学生的记录
        String sql="SELECT * FROM xs WHERE XM='"+getXm()+"'";
                                             //getXm 方法获取 xm 属性值(页面提交)
        Statement stmt=MySqlConn.conns.createStatement();
                                             //获取静态连接,创建 SQL 语句对象
        ResultSet rs=stmt.executeQuery(sql);  //执行查询,返回结果集
        if(rs.next()) {                       //如果结果集不为空表示该学生记录已经存在
            setMsg("该学生已经存在!");
            return "result";
        }
        StudentJdbc studentJ=new StudentJdbc();  //创建 JDBC 业务逻辑对象
        Student stu=new Student();              //创建"学生"值对象
        /* 通过"学生"值对象收集表单数据 */
        stu.setXm(getXm());
        stu.setXb(student.getXb());
        stu.setCssj(student.getCssj());
        stu.setKcs(student.getKcs());
```

```
    stu.setBz(student.getBz());
    if(this.getPhoto() !=null) {               //有照片上传的情况
        FileInputStream fis=new FileInputStream(this.getPhoto());
                                                //创建文件输入流,用于读取照片内容
        byte[] buffer=new byte[fis.available()];
                                        //创建字节类型的数组,用于存放照片的二进制数据
        fis.read(buffer);                       //将照片内容读入到字节数组中
        stu.setZp(buffer);                      //为值对象设置 zp(照片)属性值
    }
    if(studentJ.addStudent(stu) !=null) {   //传给业务逻辑类以执行添加操作
        setMsg("添加成功!");
        Map request=(Map)ActionContext.getContext().get("request");
                                                //获取上下文请求对象
        request.put("student", stu);
                                    //将新加入的学生信息放到请求中以便在页面上回显
    }else
        setMsg("添加失败,请检查输入信息!");
    return "result";
}
/* getImage()方法实现获取和显示当前学生的照片的功能 */
public String getImage() throws Exception {
    HttpServletResponse response=ServletActionContext.getResponse();
                                                //创建 Servlet 响应对象
    StudentJdbc studentJ=new StudentJdbc();     //创建 JDBC 业务逻辑对象
    student=new Student();                      //创建"学生"值对象
    student.setXm(getXm());                     //用值对象获取学生姓名
    byte[] img=studentJ.getStudentZp(student);
                                                //通过业务逻辑对象获取学生的照片
    response.setContentType("image/jpeg");      //设置响应的内容类型
    ServletOutputStream os=response.getOutputStream();
                                                //Servlet 获取输出流
    if(img !=null && img.length !=0) {          //如果存在照片数据
        for(int i=0; i <img.length; i++) {
            os.write(img[i]);                   //将照片数据写入输出流中
        }
        os.flush();
    }
    return NONE;
}
/* delStu()方法实现删除学生信息的功能 */
public String delStu() throws Exception {
    //先检查 xs 表中是否存在该学生的记录
    boolean exist=false;                        //验证存在标识
    String sql="SELECT * FROM xs WHERE XM='"+getXm()+"'";
```

```
                                              //查询 SQL 语句
    Statement stmt=MySqlConn.conns.createStatement();
                                              //获取静态连接,创建 SQL 语句对象
    ResultSet rs=stmt.executeQuery(sql);      //执行查询,返回结果集
    if(rs.next()) {                           //结果集不为空表示存在该学生
        exist=true;
    }
    if(exist) {                               //如果存在即可执行删除操作
        StudentJdbc studentJ=new StudentJdbc();   //创建 JDBC 业务逻辑对象
        Student stu=new Student();            //创建"学生"值对象
        stu.setXm(getXm());                   //通过值对象获取要删除的学生姓名
        if(studentJ.delStudent(stu) !=null) {  //传给业务逻辑类以执行删除操作
            setMsg("删除成功!");
        }else
            setMsg("删除失败,请检查操作权限!");
    }else {
        setMsg("该学生不存在!");
    }
    return "result";
}
/* queStu 方法实现查询学生信息功能 */
public String queStu() throws Exception {
    //先检查 xs 表中是否存在该学生的记录
    boolean exist=false;                      //验证存在标识
    String sql="SELECT * FROM xs WHERE XM='"+getXm()+"'";
                                              //查询 SQL 语句
    Statement stmt=MySqlConn.conns.createStatement();
                                              //获取静态连接,创建 SQL 语句对象
    ResultSet rs=stmt.executeQuery(sql);      //执行查询,返回结果集
    if(rs.next()) {                           //结果集不为空表示存在该学生
        exist=true;
    }
    if(exist) {                               //存在即在表单中显示该学生信息
        StudentJdbc studentJ=new StudentJdbc();   //创建 JDBC 业务逻辑对象
        Student stu=new Student();            //创建"学生"值对象
        stu.setXm(getXm());                   //通过值对象获取要查找的学生姓名
        if(studentJ.showStudent(stu) !=null) { //传给业务逻辑类以执行查询操作
            setMsg("查找成功!");
            Map request= (Map)ActionContext.getContext().get("request");
            request.put("student", stu);
                            //将查到的学生信息放到请求中,以便在页面上显示
            /* 以下为进一步查询该学生的成绩,页面生成成绩单 */
            ScoreJdbc scoreJ=new ScoreJdbc();
                            //该业务逻辑对象专门处理与成绩有关的 JDBC 操作
```

```
                    Score sco=new Score();      //创建"成绩"值对象
                    sco.setXm(getXm());          //通过值对象获取要查询成绩的学生姓名
                    List<Score>scoList=scoreJ.showScore(sco);
                                                 //查询该学生所有课程的成绩,存入列表
                    request.put("scoreList", scoList);
                                                 //将查到的成绩记录放到请求中,以便在页面上显示
              }else
                    setMsg("查找失败,请检查操作权限!");
        }else
              setMsg("该学生不存在!");
        return "result";
    }
    /* updStu()方法实现更新学生信息的功能 */
    public String updStu() throws Exception {
        StudentJdbc studentJ=new StudentJdbc();      //创建 JDBC 业务逻辑对象
        Student stu=new Student();                   //创建"学生"值对象
        /* 通过"学生"值对象收集表单数据 */
        stu.setXm(getXm());
        stu.setXb(student.getXb());
        stu.setCssj(student.getCssj());
        stu.setKcs(student.getKcs());
        stu.setBz(student.getBz());
        if(this.getPhoto() !=null) {                 //有照片上传的情况
            FileInputStream fis=new FileInputStream(this.getPhoto());
                                    //创建文件输入流,用于读取照片内容
            byte[] buffer=new byte[fis.available()];
                                    //创建字节类型的数组,用于存放照片的二进制数据
            fis.read(buffer);        //将照片数据读入到字节数组中
            stu.setZp(buffer);       //用值对象收集照片数据
        }
        if(studentJ.updateStudent(stu) !=null) {     //传给业务逻辑类以执行更新操作
            setMsg("更新成功!");
            Map request=(Map)ActionContext.getContext().get("request");
            request.put("student", stu);
                                    //将更新后的新信息放到请求中,以便在页面上回显
        }else
            setMsg("更新失败,请检查输入信息!");
        return "result";
    }
    /* 以下为 StudentAction 各属性的 get 和 set 方法 */
    ...
}
```

2. 实现业务逻辑类

业务逻辑类中的方法直接与 JDBC 接口打交道,以实现对 SQL Server 的操作。业务逻辑类位于 org.easybooks.xscj.jdbc 包下。本实习中操作学生信息的业务逻辑类都写在 StudentJdbc.java 中,代码如下:

```java
package org.easybooks.xscj.jdbc;                    //业务逻辑类所在的包
/*导入所需的类和包*/
import java.sql.*;
import org.easybooks.xscj.vo.*;
public class StudentJdbc {
    private PreparedStatement psmt=null;            //预处理 SQL 语句对象
    private ResultSet rs=null;                      //结果集对象
    /*录入学生信息*/
    public Student addStudent(Student student) {
        String sql="INSERT INTO xs(XM, XB, CSSJ, KCS, BZ, ZP) VALUES(?,?,?,?,?,?)";
                                                    //录入操作的 SQL 语句
        try {
            psmt=MySqlConn.conns.prepareStatement(sql);    //预编译语句
            /*下面开始收集数据参数*/
            psmt.setString(1, student.getXm());            //姓名
            psmt.setString(2, student.getXb());            //性别
            psmt.setTimestamp(3, new Timestamp(student.getCssj().getTime()));
                                                           //出生时间
            psmt.setInt(4, student.getKcs());              //已修课程数
            psmt.setString(5, student.getBz());            //备注
            psmt.setBytes(6, student.getZp());             //照片
            psmt.execute();                                //执行语句
        }catch(Exception e) {
            e.printStackTrace();
        }
        return student;                //返回"学生"值对象给 Action(即 StudentAction)
    }
    /*获取某个学生的照片*/
    public byte[] getStudentZp(Student student) {
        String sql="SELECT ZP FROM xs WHERE XM='"+student.getXm()+"'";
                                       //该 SQL 语句从值对象中获取学生姓名
        try {
            psmt=MySqlConn.conns.prepareStatement(sql);
                                                  //获取静态连接,预编译语句
            rs=psmt.executeQuery();           //执行语句,返回获得的学生照片
            if(rs.next()) {                   //不为空表示有照片
                student.setZp(rs.getBytes("ZP"));    //值对象获取照片数据
            }
        }catch(Exception e) {
```

```
                e.printStackTrace();
            }
        return student.getZp();          //通过值对象返回照片数据
    }
/*删除学生信息*/
public Student delStudent(Student student) {
    String sql="DELETE FROM xs WHERE XM='"+student.getXm()+"'";
                                    //SQL 语句从值对象中获取要删除的学生姓名
        try {
            psmt=MySqlConn.conns.prepareStatement(sql);
                                    //预编译语句
            psmt.execute();          //执行删除操作
        }catch(Exception e) {
            e.printStackTrace();
        }
        return student;              //返回值对象
    }
/*查询学生信息*/
public Student showStudent(Student student) {
    String sql="SELECT * FROM xs WHERE XM='"+student.getXm()+"'";
                                    //SQL 语句从值对象中获取要查找的学生姓名
        try {
            psmt=MySqlConn.conns.prepareStatement(sql);
                                //预编译语句
            rs=psmt.executeQuery();  //执行语句,返回查询的学生信息
            if(rs.next()) {          //返回结果集不为空
                //用"学生"值对象保存查到的学生各项信息
                student.setXb(rs.getString("XB"));          //性别
                student.setCssj(rs.getDate("CSSJ"));        //出生时间
                student.setKcs(rs.getInt("KCS"));           //已修课程数
                student.setZp(rs.getBytes("ZP"));           //照片
            }
        }catch(Exception e) {
            e.printStackTrace();
        }
        return student;                  //返回"学生"值对象给 Action(即 StudentAction)
    }
/*更新学生信息*/
public Student updateStudent(Student student) {
    String sql="UPDATE xs SET XM=?, XB=?, CSSJ=?, KCS=?, BZ=?, ZP=?
        WHERE XM='"+student.getXm()+"'";                   //更新操作的 SQL 语句
        try {
            psmt=MySqlConn.conns.prepareStatement(sql);    //预编译语句
            /*下面开始收集数据参数*/
```

```
        psmt.setString(1, student.getXm());           //姓名
        psmt.setString(2, student.getXb());           //性别
        psmt.setTimestamp(3, new Timestamp(student.getCssj().getTime()));
                                                      //出生时间
        psmt.setInt(4, student.getKcs());             //已修课程数
        psmt.setString(5, student.getBz());           //备注
        psmt.setBytes(6, student.getZp());            //照片
        psmt.execute();                               //执行语句
    }catch(Exception e) {
        e.printStackTrace();
    }
    return student;                                   //返回值对象给 Action
    }
}
```

3. 配置 struts.xml

在 struts.xml 中加入如下代码：

```
<!--录入学生信息 -->
<action name="addStu" class="org.easybooks.xscj.action.StudentAction"
method="addStu">
    <result name="result">/studentManage.jsp</result>
</action>
<!--获取学生照片 -->
<action name="getImage" class="org.easybooks.xscj.action.StudentAction"
method="getImage"/>
<!--删除学生信息 -->
<action name="delStu" class="org.easybooks.xscj.action.StudentAction"
method="delStu">
    <result name="result">/studentManage.jsp</result>
</action>
<!--查询学生信息 -->
<action name="queStu" class="org.easybooks.xscj.action.StudentAction"
method="queStu">
    <result name="result">/studentManage.jsp</result>
</action>
<!--更新学生信息 -->
<action name="updStu" class="org.easybooks.xscj.action.StudentAction"
method="updStu">
    <result name="result">/studentManage.jsp</result>
</action>
```

2.5   成绩管理

2.5.1   页面设计

"成绩管理"功能页面如图 3.2.13 所示。

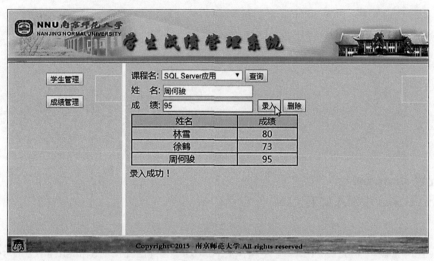

图 3.2.13   "成绩管理"功能页面

"成绩管理"功能页面由源文件 scoreManage.jsp 实现,代码如下:

```
<%@page language="java" pageEncoding="utf-8"%>
<%@taglib prefix="s" uri="/struts-tags" %>
<html>
<head>
    <title>成绩管理</title>
</head>
<body bgcolor="D9DFAA">
<s:set name="student" value="#request.student"/>
<s:form name="frm" method="post" enctype="multipart/form-data">
    <table>
        <tr>
            <td>
                课程名:
                <!--以下 JavaScript 代码是为了保证在页面刷新后,下拉列表中仍然保持选
                    中项 -->
                <script type="text/javascript">
                function setCookie(name, value) {
                    var exp=new Date();
                    exp.setTime(exp.getTime()+24 * 60 * 60 * 1000);
```

```
        document.cookie=name+"="+escape(value)+";expires="+exp.
          toGMTString();
    }
    function getCookie(name) {
        var regExp=new RegExp("(^| )"+name+"=([^;]*)(;|$)");
        var arr=document.cookie.match(regExp);
        if(arr==null) {
            return null;
        }
        return unescape(arr[2]);
    }
    </script>
    <select name="score.kcm" id="select_1" onclick="setCookie
      ('select_1',this.selectedIndex)">
        <option selected="selected">请选择</option>
        <s:iterator id="cou" value="#request.courseList">
            <option value="<s:property value="#cou.kcm"/>">
                <s:property value="#cou.kcm"/>
            </option>
        </s:iterator>
    </select>
    <script type="text/javascript">
        var selectedIndex=getCookie("select_1");
        if(selectedIndex !=null) {
            document.getElementById("select_1").selectedIndex=
                selectedIndex;
        }
    </script>
    <input name="btn1" type="button" value="查询" onclick="que()">
  </td>
</tr>
<tr>
  <td>
      姓     名:
      <input type="text" name="xm" size="19">
  </td>
</tr>
<tr>
  <td>
      成     绩:
      <input type="text" name="cj" size="19">
       <input name="btn2" type="button" value="录入"
        onclick="add()">
      <input name="btn3" type="button" value="删除" onclick="del()">
```

```
                    </td>
                </tr>
                <tr>
                    <td align="left" width="400">
                        <table border=1 cellpadding="0" cellspacing="0" width="310">
                            <tr bgcolor=#CCCCC0>
                                <td align="center">姓名</td>
                                <td align="center">成绩</td>
                            </tr>
                            <s:iterator value="#request.kcscoreList" id="kcsco">
                            <tr>
                                <td align="center"><s:property value="#kcsco.xm"/>
                                     </td>
                                <td align="center"><s:property value="#kcsco.cj"/></td>
                            </tr>
                            </s:iterator>
                        </table>
                    </td>
                </tr>
            </table>
            <s:property value="msg"/>
        </s:form>
    </body>
</html>
<script type="text/javascript">
function que() {                          //que 方法查询某门课的成绩
    document.frm.action="queSco.action";  //触发名为 queSco 的 Action
    document.frm.submit();
}
function add() {                          //add 方法录入学生成绩
    document.frm.action="addSco.action";  //触发名为 addSco 的 Action
    document.frm.submit();
}
function del() {                          //del 方法删除学生成绩
    document.frm.action="delSco.action";  //触发名为 delSco 的 Action
    document.frm.submit();
}
</script>
```

这里同样用 JavaScript 脚本函数实现在同一个页面上多个按钮分别触发不同 Action 的功能。

2.5.2　功能实现

1. 实现控制器

本系统的"成绩管理"模块将对成绩记录的查询、录入和删除操作功能都统一集中在控制器 ScoreAction 类中实现,其源文件 ScoreAction.java 位于 src 目录下的 org.easybooks.xscj.action 包中,代码如下:

```java
package org.easybooks.xscj.action;                    //Action 所在的包
/*导入所需的类和包*/
import java.util.*;
import java.sql.*;
import org.easybooks.xscj.jdbc.*;
import org.easybooks.xscj.vo.*;
import com.opensymphony.xwork2.*;
public class ScoreAction extends ActionSupport {
    /* ScoreAction 的属性声明*/
    private String xm;                                //姓名
    private int cj;                                   //成绩
    private String msg;                               //页面操作的消息提示文字
    private Score score;                              //成绩对象
    /*showAll 方法实现预加载信息(课程名)的功能*/
    public String showAll() {
        Map request=(Map)ActionContext.getContext().get("request");
        request.put("courseList", allCou());
                                        //将查到的课程名放到请求中,以便在页面上加载
        return "result";
    }
    /* queSco 方法实现查询某门课成绩的功能*/
    public String queSco() {
        Map request=(Map)ActionContext.getContext().get("request");
        request.put("kcscoreList", curSco());    //将查到的成绩记录放到 Map 容器中
        return "result";
    }
    /*addSco 方法实现录入成绩的功能*/
    public String addSco() throws Exception {
        //先检查 cj 表中是否已有该学生该门课成绩的记录
        String sql="SELECT * FROM cj WHERE XM='"+getXm()+"'AND KCM='"+
        score.getKcm()+"'";                          //查询的 SQL 语句
        Statement stmt=MySqlConn.conns.createStatement();
                                        //获取静态连接,创建 SQL 语句对象
        ResultSet rs=stmt.executeQuery(sql);         //执行查询
        if(rs.next()) {                              //返回结果不为空表示记录存在
            setMsg("该记录已经存在!");
            return "reject";                         //拒绝录入,回到初始页
```

```
    }
    ScoreJdbc scoreJ=new ScoreJdbc();                //创建 JDBC 业务逻辑对象
    Score sco=new Score();                           //创建"成绩"值对象
    /*用"成绩"值对象存储和传递录入的内容*/
    sco.setXm(getXm());
    sco.setKcm(score.getKcm());
    sco.setCj(getCj());
    if(scoreJ.addScore(sco) !=null) {                //传给业务逻辑类以执行录入操作
        setMsg("录入成功!");
    }else
        setMsg("录入失败,请确保有此学生!");
    /*实时加载显示操作结果*/
    Map request=(Map)ActionContext.getContext().get("request");
    request.put("courseList", allCou());
    request.put("kcscoreList", curSco());
    return "result";
}
/*delSco 方法实现删除成绩的功能*/
public String delSco() throws Exception {
    //先检查 cj 表中是否存在该学生该门课的成绩记录
    String sql="SELECT * FROM cj WHERE XM='"+getXm()+"'AND KCM='"+
        score.getKcm()+"'";                          //查询的 SQL 语句
    Statement stmt=MySqlConn.conns.createStatement();
                                                     //获取静态连接,创建 SQL 语句对象
    ResultSet rs=stmt.executeQuery(sql);             //执行查询
    if(!rs.next()) {                                 //返回结果集为空表示记录不存在,无法删除
        setMsg("该记录不存在!");
        return "reject";                             //拒绝删除操作,回初始页
    }
    //记录存在即可执行删除操作
    ScoreJdbc scoreJ=new ScoreJdbc();                //创建 JDBC 业务逻辑对象
    Score sco=new Score();                           //创建"成绩"值对象
    sco.setXm(getXm());
    sco.setKcm(score.getKcm());
    if(scoreJ.delScore(sco) !=null) {                //传给业务逻辑类以执行删除操作
        setMsg("删除成功!");
    }else
        setMsg("删除失败,请检查操作权限!");
    /*实时加载显示操作结果*/
    Map request=(Map)ActionContext.getContext().get("request");
    request.put("courseList", allCou());
    request.put("kcscoreList", curSco());
    return "result";
}
```

```
    /* 加载课程名列表(用于刷新页面) */
    public List allCou() {
        ScoreJdbc scoreJ=new ScoreJdbc();
        List<Course>couList=scoreJ.showCourse();        //查询所有课程信息
        return couList;                                  //返回课程名列表
    }
    /* 加载当前课的成绩表(用于刷新页面) */
    public List curSco() {
        ScoreJdbc scoreJ=new ScoreJdbc();                //创建 JDBC 业务逻辑对象
        Score kcsco=new Score();                         //创建"成绩"值对象
        kcsco.setKcm(score.getKcm());                    //用值对象传递课程名
        List<Score>kcscoList=scoreJ.queScore(kcsco);
                                                         //查询符合条件的成绩记录,存入成绩表
        return kcscoList;                                //返回成绩表
    }
    /* 以下为 ScoreAction 各属性的 get 和 set 方法(略) */
    ...
}
```

2. 实现业务逻辑

本系统中操作成绩记录的业务逻辑都写在 ScoreJdbc.java 中,代码如下:

```
package org.easybooks.xscj.jdbc;                         //业务逻辑类所在的包
/* 导入所需的类和包 */
import java.sql.*;
import java.util.*;
import org.easybooks.xscj.vo.*;
public class ScoreJdbc {
    private PreparedStatement psmt=null;                 //预处理 SQL 语句对象
    private ResultSet rs=null;                           //结果集对象
    /* 查询某学生的成绩 */
    public List showScore(Score score) {
        CallableStatement stmt=null;                     //可调用 SQL 语句对象
        try {
            stmt=MySqlConn.conns.prepareCall("{EXEC cj_proc(?)}");
                                                         //调用 cj_proc 存储过程
            stmt.setString(1, score.getXm());            //输入存储过程参数
            stmt.executeUpdate();                        //执行存储过程
        }catch(Exception e) {
            e.printStackTrace();
        }
        //视图已生成
        String sql="SELECT * FROM xmcj_view";
        //创建一个 ArrayList 容器,将从视图中查询的学生成绩记录存放在该容器中
```

```
        List scoreList=new ArrayList();
        try {
            psmt=MySqlConn.conns.prepareStatement(sql);
            rs=psmt.executeQuery();             //执行语句,返回查询的学生成绩
            //读取 ResultSet 中的数据,放入 ArrayList 中
            while(rs.next()) {
                Score kcscore=new Score();
                //用"成绩"值对象存储查询结果
                kcscore.setKcm(rs.getString("KCM"));
                kcscore.setCj(rs.getInt("CJ"));
                scoreList.add(kcscore);         //将 kcscore 对象放入 ArrayList 中
            }
        }catch(Exception e) {
            e.printStackTrace();
        }
        return scoreList;                       //返回成绩列表
    }
    /*查询所有课程*/
    public List showCourse() {
        String sql="SELECT * FROM kc";          //从 kc 表中查询所有课程名
        List courseList=new ArrayList();        //用于存放课程名的列表
        try {
            psmt=MySqlConn.conns.prepareStatement(sql);
            rs=psmt.executeQuery();             //执行查询
            /*读出所有课程名放入 courseList 中*/
            while(rs.next()) {
                Course course=new Course();     //创建"课程"值对象
                course.setKcm(rs.getString("KCM"));     //用值对象存储课程名
                courseList.add(course);         //将课程信息加入 ArrayList 中
            }
        }catch(Exception e) {
            e.printStackTrace();
        }
        return courseList;                      //返回课程名列表
    }
    /*查询某门课的成绩*/
    public List queScore(Score score) {
        String sql="SELECT * FROM cj WHERE KCM='"+score.getKcm()+"'";
        //创建一个 ArrayList 容器,将从 cj 表中查询的成绩记录存放在该容器中
        List kcscoreList=new ArrayList();
        try {
            psmt=MySqlConn.conns.prepareStatement(sql);
            rs=psmt.executeQuery();             //执行语句,返回查询的成绩信息
            //读取 ResultSet 中的数据,放入 ArrayList 中
```

```
            while(rs.next()) {
                Score kcscore=new Score();
                //用"成绩"值对象存储查询结果
                kcscore.setXm(rs.getString("XM"));
                kcscore.setKcm(rs.getString("KCM"));
                kcscore.setCj(rs.getInt("CJ"));
                kcscoreList.add(kcscore);        //将 kcscore 对象放入 ArrayList 中
            }
        }catch(Exception e) {
            e.printStackTrace();
        }
        return kcscoreList;                      //返回成绩列表
    }
    /*录入成绩*/
    public Score addScore(Score score) {
        String sql="INSERT INTO cj(XM, KCM, CJ) VALUES(?,?,?)";
                                                 //录入成绩的 SQL 语句
        try {
            psmt=MySqlConn.conns.prepareStatement(sql);   //预编译语句
            psmt.setString(1, score.getXm());             //姓名
            psmt.setString(2, score.getKcm());            //课程名
            psmt.setInt(3, score.getCj());                //成绩
            psmt.execute();                               //执行录入操作
        }catch(Exception e) {
            e.printStackTrace();
        }
        return score;
    }
    /*删除成绩*/
    public Score delScore(Score score) {
        String sql="DELETE FROM cj WHERE XM='"+score.getXm()+"'AND KCM='"+
            score.getKcm()+"'";                           //删除成绩的 SQL 语句
        try {
            psmt=MySqlConn.conns.prepareStatement(sql);   //预编译语句
            psmt.execute();                               //执行删除操作
        }catch(Exception e) {
            e.printStackTrace();
        }
        return score;
    }
}
```

3. 配置 struts.xml

在 struts.xml 中加入以下代码：

```
<!--查询某门课成绩 -->
<action name="queSco" class="org.easybooks.xscj.action.ScoreAction"
method="queSco">
    <result name="result">/showAll.jsp</result>
</action>
<!--录入成绩 -->
<action name="addSco" class="org.easybooks.xscj.action.ScoreAction"
method="addSco">
    <result name="result">/scoreManage.jsp</result>
    <result name="reject">/showAll.jsp</result>
</action>
<!--删除成绩 -->
<action name="delSco" class="org.easybooks.xscj.action.ScoreAction"
method="delSco">
    <result name="result">/scoreManage.jsp</result>
    <result name="reject">/showAll.jsp</result>
</action>
```

至此,基于 JavaEE 7(Struts 2) /SQL Server 2016 的学生成绩管理系统开发完成了,读者还可以根据需要自行扩展其他功能。

实习 **3**

Python 3.7/ SQL Server 2016
应用系统实例

本系统是基于 Python 3.7 及其 GUI 库 Tkinter 实现的学生成绩管理系统,通过 Python 的 pymssql 驱动库访问后台的 SQL Server 数据库。

3.1 Python 环境和驱动库安装

3.1.1 安装 Python 环境

1. 安装 Python 3.7

1) 下载 Python 安装文件

在 Python 官方网站 https://www.python.org/downloads/windows/获取对应的 Python 安装文件,Windows 要求选择 Windows 7 以上 64 位操作系统版本,在浏览器访问 Python 官网,在下载列表中选择 Windows 平台 64 位安装包(Python-XYZ.msi 文件,XYZ 为版本号),下载的安装文件名为 python-3.7.0-amd64.exe。

2) 安装 Python

双击下载的安装文件,启动 Python 安装向导,如图 3.3.1 所示。

图 3.3.1 Python 安装向导

勾选下面两个复选框(其中 Add Python 3.7 to PATH 表示把 Python 安装目录加入 Windows 环境变量路径 Path 中)。在 Install Now 下方,系统显示默认的安装目录。单击 Install New,系统进入 Python 安装过程。安装成功后,在 Windows 开始菜单中就会出现 Python 3.7 程序组,如图 3.3.2 所示。

图 3.3.2　Python 3.7 程序组

3) 设置环境变量

如果在安装 Python 时没有选择将 Python 安装目录加入 Windows 环境变量 PATH 中,则需要在命令提示框中添加 Python 安装目录到 PATH 环境变量中:

```
path %path%; <Python 安装目录>
```

也可以右击"我的电脑",在弹出的快捷菜单中选择"属性"命令,在打开的"属性"对话框中选择"高级"选项卡,单击"环境变量"按钮,打开"环境变量"对话框。在"Administrator 的用户变量"下选择"变量"列的 PATH,单击"编辑"按钮,打开"编辑用户变量"对话框。将 Python 安装目录加入 PATH 环境变量中,如图 3.3.3 所示。

2. 安装 PyCharm

PyCharm 是由 JetBrains 公司打造的一款 Python IDE,是目前比较流行的 Python 程序开发环境。本实习就使用它来开发 Python 程序。

(1) 在 PyCharm 主页 http://www.jetbrains.com/pycharm/下载 PyCharm Community Edition(社区版,是免费开源的版本),文件名为 pycharm-community-2018.1.4.exe。

(2) 双击 pycharm-community-2018.1.4.exe,启动 PyCharm Community Edition 安装向导,如图 3.3.4 所示。

(3) 单击 Next 按钮,进入安装路径选择界面,如图 3.3.5 所示。

单击 Browse 按钮,可以改变系统默认的 PyCharm 安装目录。

图 3.3.3　在 PATH 中加入 Python 安装目录

图 3.3.4　PyCharm Community Edition 安装向导

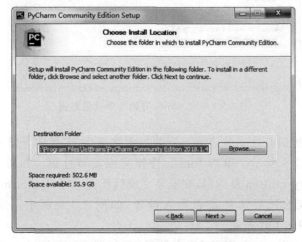

图 3.3.5　选择 PyCharm 安装路径

（4）单击 Next 按钮，进入安装选项界面，如图 3.3.6 所示。

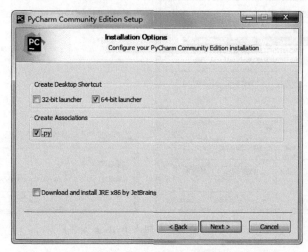

图 3.3.6　安装选项界面

这里勾选 64-bit launcher 和.py 复选框，指定在桌面创建 64 位程序快捷方式，并与.py 文件关联。

（5）单击 Next 按钮，进入 Windows 开始菜单设置界面，可以输入新的程序组文件夹名，如图 3.3.7 所示。

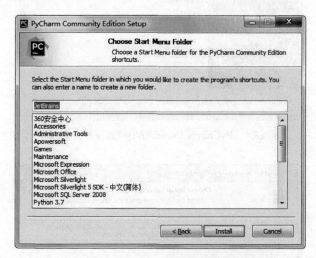

图 3.3.7　Windows 开始菜单设置界面

（6）单击 Next 按钮开始安装进程。安装过程结束后，安装向导显示 PyCharm 安装完成并可运行，如图 3.3.8 所示。单击 Finish 按钮完成安装过程。如果在此界面选中 Run PyCharm Community Edition 复选框，则安装完成后就会运行 PyCharm。

（7）在安装完成前还要选择是否导入设置，如图 3.3.9 所示。选择 Do not import settings 单选按钮，单击 OK 按钮。

（8）系统进入 PyCharm 自定义 UI 主题界面，如图 3.3.10 所示。用户可以单击 Skip Remaining and Set Defaults 按钮跳过这一步，或者选择 IntelliJ 项设置开发环境的主题。

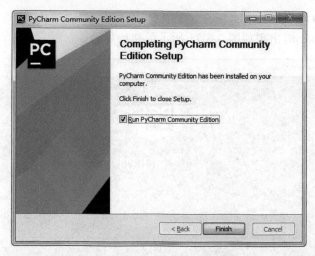

图 3.3.8　PyCharm 安装完成界面

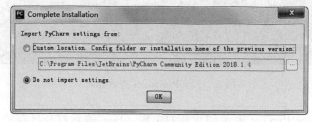

图 3.3.9　选择是否导入设置

图 3.3.10　PyCharm 自定义 UI 主题界面

3. 创建 PyCharm 工程

（1）启动 PyCharm，出现如图 3.3.11 所示的初始界面。

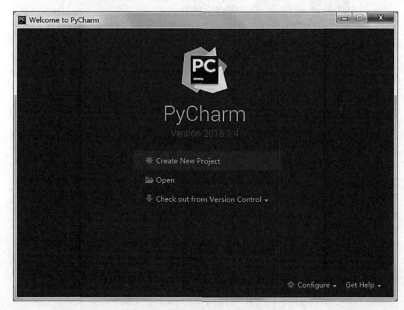

图 3.3.11 PyCharm 初始界面

其中，Create New Project 表示创建新的工程，Open 表示打开已有的工程。

工程是 Python 组织文件的工具，必须先创建工程，然后在工程下建立 Python 源程序文件。一般来说，用 Python 解决一个应用问题，需要很多文件（例如菜单、窗口、图片、多个 Python 文件等）配合才能完成，这些文件要通过工程组织起来。

（2）单击 Create New Project，打开新建工程对话框，如图 3.3.12 所示。

图 3.3.12 新建工程对话框

在这里指定当前创建的工程存放的目录。不同的工程存放在不同目录下,用户可根据自己的情况选择。例如,修改当前创建的工程的目录为 C:\Users\Administrator\PycharmProjects\LovePython,单击 Create 按钮,出现如图 3.3.13 所示的 PyCharm 欢迎对话框。

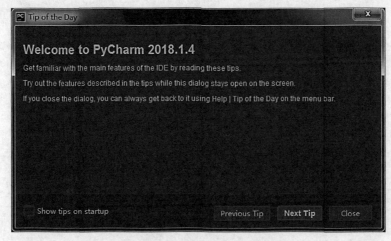

图 3.3.13　PyCharm 欢迎对话框

(3) 单击 Close 按钮。PyCharm 进入当前创建的工程的开发环境,如图 3.3.14 所示。

图 3.3.14　当前创建的工程的开发环境

(4) 该界面背景颜色太深(这是因为在图 3.3.10 跳过了 UI 主题设置),需要进行调整。选择 File→Settings 命令,打开 Settings 对话框。在左侧选择 Appearance & Behavior 项下的 Appearance 项,设置界面外观,如图 3.3.15 所示。

在 Theme(主题)下拉列表中选择 IntelliJ 项后单击 OK 按钮,界面背景颜色就变成了

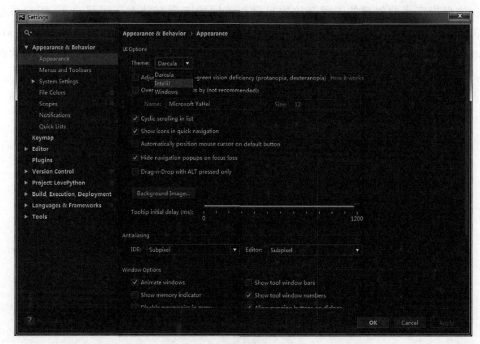

图 3.3.15 设置界面外观

浅灰色和白色。

3.1.2 安装 SQL Server 2016 驱动库

学生成绩管理系统需要访问后台的 SQL Server 2016 数据库,而 Python 本身并不自带操作数据库的模块,而是全由第三方提供,需要单独安装才可使用。本系统使用的是 pymssql 驱动库,要从 Python 的非官方包下载网址 https://www.lfd.uci.edu/~gohlke/pythonlibs/♯pymssql 获得,安装包文件名为 pymssql-2.1.4.dev5-cp37-cp37m-win_amd64.whl,存放在一个特定目录下,通过 Windows 命令行安装,如图 3.3.16 所示。

图 3.3.16 安装 pymssql 库

安装成功后,为使开发工具 PyCharm 能识别这个驱动库,必须进行配置。启动 PyCharm,选择主菜单 File→Settings 命令,打开 Settings 对话框。在 Project Interpreter 选项页右边选择本地的 Python 安装路径,然后单击 OK 按钮即可,如图 3.3.17 所示。

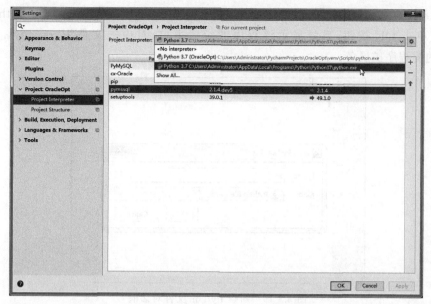

图 3.3.17 配置 pymssql 驱动库路径

这样配置之后,就可以在编程时使用 PyCharm 了。

3.2 开发前的准备工作

3.2.1 创建 Python 源文件

在已创建的工程(工程目录为 C:\Users\Administrator\PycharmProjects\LovePython)下创建 Python 源程序文件的步骤如下:

(1) 选择 LovePython 工程名,右击该项,在弹出的快捷菜单中选择 New→Python File 命令,如图 3.3.18 所示。

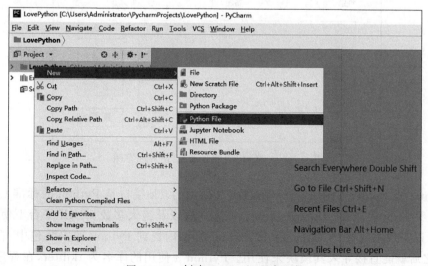

图 3.3.18 创建 Python 源程序文件

（2）系统显示新建 Python 文件对话框，如图 3.3.19 所示。输入 xscj 作为 Python 源文件名称。单击 OK 按钮，系统显示该程序的编辑窗口，对应的文件为 xscj.py，.py 就是 Python 的源程序扩展名。

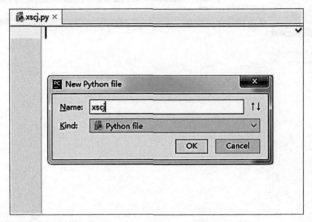

图 3.3.19　新建 Python 文件对话框

接下来就可以在 xscj.py 的编辑窗口中编写 Python 程序了。

3.2.2　系统界面设计

本实习使用 Tkinter 来制作学生成绩管理系统的界面，界面草图如图 3.3.20 所示。

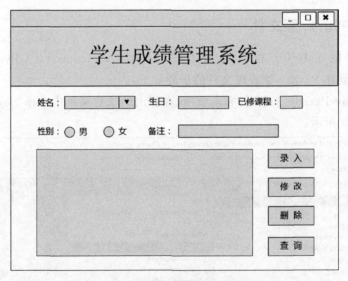

图 3.3.20　"学生成绩管理系统"界面草图

　　Tkinter 是 Python 的图形用户界面库，其使用的 Tk 接口是 Python 的标准 GUI 工具包接口。Tkinter 可以在 Windows、Linux、Mac OS 以及绝大多数 UNIX 平台下使用，其新版本还可以实现本地窗口风格。由于 Tkinter 早已内置到 Python 的安装包中，在安装好 Python 之后就能直接导入其模块来使用。Python 3 使用的库名为 tkinter，在程序中的导入语句如下：

```
from tkinter import *                    #导入 Tkinter 模块的所有内容
```

这样导入后就可以快速地创建带图形界面的桌面应用程序，十分方便。

3.3　Python 程序开发

3.3.1　实现思路

利用 Python 开发本系统的思路如下：

（1）与 C♯、Visual Basic.NET、Qt 等专业的 GUI 桌面开发语言不同，Tkinter 并无集成的界面设计器，故无法使用拖曳控件的方式来设计程序界面，界面设计布局的代码只能与程序功能实现的代码写在一起，位于同一个源文件（xscj.py）中。

（2）通过 PhotoImage 方法载入界面顶部"学生成绩管理系统"LOGO 图片。

（3）用 pymssql.connect 方法连接 SQL Server 数据库，返回连接对象。

（4）界面表单上各控件对应的变量 v_name、v_sex、v_birth、v_course、v_note、v_list 集中放在前面定义。

（5）界面上各控件均采用 grid 方法进行布局。

（6）程序中一共定义了以下 5 个功能方法（用 def 声明）：

- init：初始化，从 xs 表中查询出所有学生姓名，加载到"姓名"栏下拉列表中。
- ins_student：录入新生信息，完成后 tkinter.messagebox.showinfo 方法提示录入成功，调用 init 方法重新初始化。
- upt_student：修改学生信息，完成后 tkinter.messagebox.showinfo 方法提示修改成功，调用 init 方法重新初始化。
- del_student：删除学生信息，完成后 tkinter.messagebox.showinfo 方法提示删除成功，调用 init 方法重新初始化。
- que_student：查询学生信息，若"姓名"栏（对应 v_name 变量）选择为空，默认查询并显示所有学生信息；若"姓名"栏选中了某个姓名，则只显示该姓名的学生记录。用表单上各控件的 set 方法置各栏学生信息项的内容。

（7）用 Listbox 控件实现学生信息的列表显示，通过 itemconfig 方法设定表头背景色，通过 insert 方法写入记录，以空格格式化记录的显示样式。

（8）界面上"录入""修改""删除""查询"按钮的 command 属性绑定各自对应的功能方法，程序启动时首先执行一次 init 方法初始化界面。

3.3.2　功能代码

本项目仅有一个源文件，就是 xscj.py，代码如下：

```
from tkinter import *
    import tkinter.ttk                   #见说明(1)
    import tkinter.messagebox            #用于消息框功能
```

```
import pymssql                                          #导入 SQL Server 驱动库
master=Tk()                                             #见说明(2)
master.title('学生信息管理系统')
master.geometry("550x450")
mainlogo=PhotoImage(file="D:\Python\student.gif")     #载入界面主题背景图资源
mylabel=Label(master, image=mainlogo, compound=TOP)   #见说明(3)
mylabel.grid(row=0, column=0, columnspan=7, padx=20)  #见说明(4)
#连接 SQL Server 数据库
conn=pymssql.connect(host='DELL', user='sa', password='123456',
    database='xscj')                                   #见说明(5)
cur=conn.cursor()
#定义程序中要用到的各个变量
v_name=StringVar()                                     #姓名
v_sex=IntVar()                                         #性别
v_birth=StringVar()                                    #生日
v_course=IntVar()                                      #已修课程
v_note=StringVar()                                     #备注
v_list=StringVar()
                                                       #与学生信息列表框关联
#表单"姓名"栏
Label(master, text='姓名: ').grid(row=1, column=0, padx=20)
cb=tkinter.ttk.Combobox(master, width=10, textvariable=v_name)
cb.grid(row=1, column=1, columnspan=2, padx=5, pady=15)
#表单"生日"栏
Label(master, text='生日: ').grid(row=1, column=3, sticky=W)
Entry(master, width=10, textvariable=v_birth).grid(row=1, column=4,
    padx=10, pady=15)
#表单"已修课程"栏
Label(master, text='已修课程: ').grid(row=1, column=5, sticky=W)
Entry(master, width=5, textvariable=v_course).grid(row=1, column=6,
    padx=10, pady=15)
#表单"性别"栏
Label(master, text='性别: ').grid(row=2, column=0, padx=20)
Radiobutton(master, text='男', variable=v_sex, value=1).grid(row=2,
    column=1)
Radiobutton(master, text='女', variable=v_sex, value=0).grid(row=2,
    column=2)
#表单"备注"栏
Label(master, text='备注: ').grid(row=2, column=3, sticky=W)
Entry(master, textvariable=v_note).grid(row=2, column=4, columnspan=2,
    padx=10, pady=15)
#学生信息列表控件
lb=Listbox(master, width=50, listvariable=v_list)
lb.grid(row=3, column=0, rowspan=4, columnspan=5, sticky=W, padx=20, pady=15)
                                                       #见说明(6)
```

```
    v_list.set('.........姓名.........生日.........已修课程.........')
                                                #模拟数据网格的表头标题
lb.itemconfig(0, bg='YellowGreen')              #设定列表框标题的背景色
def init():                             #初始化函数(用于加载数据库中所有学生的姓名)
    cur.execute('SELECT DISTINCT(XM) FROM xs')
    row=cur.fetchall()
    cb["values"]=row
    que_student()
def ins_student():                              #"录入学生信息"功能函数
    cur.execute("INSERT INTO xs VALUES('"+v_name.get()+"',
      "+str(v_sex.get())+", '"+v_birth.get()+"',"+str(v_course.get())+",
      '"+v_note.get()+"',null)")
    conn.commit()
    tkinter.messagebox.showinfo('提示', v_name.get()+'的信息录入成功！')
    v_name.set('')
    init()                                      #见说明(7)
def upt_student():                              #"修改学生信息"功能函数
    cur.execute("UPDATE xs SET XB="+str(v_sex.get())+", CSSJ='"+v_birth.
      get()+"', KCS="+str(v_course.get())+", BZ='"+v_note.get()+"'WHERE
      XM='"+v_name.get()+"'")
    conn.commit()
    tkinter.messagebox.showinfo('提示', v_name.get()+'的信息修改成功！')
    v_name.set('')
    init()                                      #见说明(7)
def del_student():                              #"删除学生信息"功能函数
    cur.execute("DELETE FROM xs WHERE XM='"+v_name.get()+"'")
    conn.commit()
    tkinter.messagebox.showinfo('提示', v_name.get()+'的信息已经删除！')
    v_name.set('')
    init()                                      #见说明(7)
def que_student():                              #"查询学生信息"功能函数
    if v_name.get()=='':                #若不选择指定姓名,则默认查询所有学生信息
        cur.execute('SELECT CONVERT(nvarchar(8), XM), XB, CSSJ, KCS, BZ?FROM
          xs')
    else:
        cur.execute("SELECT CONVERT(nvarchar(8), XM), XB, CSSJ, KCS,
          BZ FROM xs WHERE XM='"+v_name.get()+"'")
    row=cur.fetchall()
    lb.delete(1, END)                           #先要将列表中原来旧的记录清除
    if cur.rowcount !=0:
        for i in range(cur.rowcount):
            lb.insert(END, ' '+row[i][0]+' '+str(row[i][2]).split('')[0]+' '
              +str(row[i][3])+'  ')
```

```
            if cur.rowcount==1:                 #如果查询的是一个学生的信息,则要更新表单
                v_name.set(row[0][0])           #姓名
                if row[0][1]==1:                 #性别
                    v_sex.set(1)
                else:
                    v_sex.set(0)
                v_birth.set(row[0][2])          #生日
                v_course.set(row[0][3])         #已修课程
                v_note.set(row[0][4])           #备注
            else:                                #表单中默认显示的内容
                v_name.set('')
                v_sex.set(1)
                v_birth.set('1970-01-01 00:00:00')
                v_course.set(0)
                v_note.set('')
    Button(master, text='录　入', width=10, command=ins_student).grid(row=3,
        column=5, columnspan=2, sticky=W, padx=10, pady=5)
    Button(master, text='修　改', width=10, command=upt_student).grid(row=4,
        column=5, columnspan=2, sticky=W, padx=10, pady=5)
    Button(master, text='删　除', width=10, command=del_student).grid(row=5,
        column=5, columnspan=2, sticky=W, padx=10, pady=5)
    Button(master, text='查　询', width=10, command=que_student).grid(row=6,
        column=5, columnspan=2, sticky=W, padx=10, pady=5)
    init()
    mainloop()
```

说明:

(1) import tkinter.ttk:引入 Tkinter 中的 ttk 组件。这里引入 ttk 是为了使用下拉列表控件显示学生姓名。ttk 是 Python 对其自身 GUI 的一个扩充,使用 ttk 以后的组件同 Windows 操作系统的外观一致性更高。ttk 的很多组件与 Tkinter 标准控件是相同的,在这种情况下,ttk 将覆盖 Tkinter 原来的组件,代之以 ttk 的新特性。

(2) master=Tk():Tkinter 使用 Tk 接口创建 GUI 程序的主窗口界面,调用方法为

```
窗口对象名=Tk()
```

这样就建好了一个默认的主窗口。如果还需要定制主窗口的其他属性,可以调用窗口对象的方法,例如:

```
窗口对象名.title(标题名)                              #设置窗口标题
窗口对象名.geometry(宽×高+偏移量)                     #设置窗口尺寸
```

在定义好程序主窗口后,就可以向其中加入其他组件。

(3) mylabel=Label(master,image=mainlogo,compound=TOP):这里设置标签的 compound 属性值为 TOP,表示将主题图片置于界面顶部。

（4）mylabel.grid（row＝0，column＝0，columnspan＝7，padx＝20）：columnspan 是 grid 方法的一个重要参数，作用是设定控件横向跨越的列数，即控件占据的宽度。这里设置图片标签框架的 columnspan 值为 7（横跨 7 列），使主题图片占满整个界面的顶部空间。

（5）conn＝pymssql.connect（host＝'DELL'，user＝'sa'，password＝'123456'，database＝'xscj'）：在本例中，笔者的 SQL Server 安装在局域网中另一台计算机上，计算机名称为 DELL。如果 SQL Server 与 Python 环境在同一台计算机上，则这里的 host（主机）参数值就是 localhost 或 127.0.0.1，表示访问的是本地数据库。

（6）lb.grid（row＝3，column＝0，rowspan＝4，columnspan＝5，sticky＝W，padx＝20，pady＝15）：rowspan 也是 grid 方法的参数，作用与 columnspan 类似，但设定的是控件纵向跨越的行数，即控件占据的高度。本例设置学生信息列表框占据界面上的 4 行 5 列（rowspan＝4，columnspan＝5），为其留出左下方比较大的一片区域，看起来很美观。在实际应用中，通过灵活使用 rowspan 与 columnspan，就能制作出复杂多变的图形界面来。

（7）init：在每次对数据库记录进行了录入、修改或删除之类的更新操作后，都要执行 init 方法，以重新加载并显示数据库中的全体学生信息，这是为了保证界面显示与后台数据库的实际状态同步。

3.3.3　运行效果

右击 xscj.py，在弹出的快捷菜单中选择 Run 'xscj'命令，运行 Python 程序，效果如图 3.3.21 所示。用户可以通过界面录入、修改学生信息，也可以删除和查询特定学生的信息。

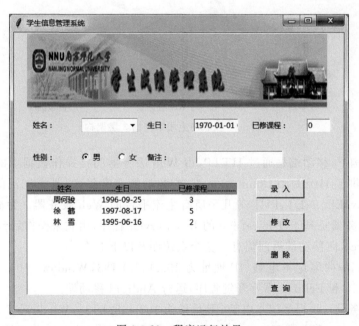

图 3.3.21　程序运行效果

至此，基于 Python 3.7/SQL Server 2016 的学生成绩管理系统开发完成，读者还可以根据需要自行扩展其他的功能。

Android Studio 3.5/SQL Server 2016
应用系统实例

实习 4

本系统用 Android Studio 3.5 开发移动端、Java Servlet 和 Tomcat 9.0 作为 Web 服务器,移动端 Android 程序通过 HTTP 与 Web 服务器交互,访问后台的 SQL Server 数据库。

4.1 环境搭建

4.1.1 基本原理

当前实际的互联网应用系统大多采用移动端—Web 服务器—后台数据库 3 层架构方式,如图 3.4.1 所示。这种架构既能保证安全性,又能提高系统的性能和可用性。

移动端   Web服务器   后台数据库

图 3.4.1　互联网应用系统的 3 层架构

在这种架构下,移动端是通过 HTTP,由 Web 服务器间接操作数据库的。Android 为 HTTP 编程提供了 HttpURLConnection 类,它的功能非常强大,具有广泛的通用性,可用它连接 Java/JavaEE、.NET、PHP 等几乎所有主流平台的 Web 服务器。为简单起见,本实习所用 Web 服务器是基于 Tomcat 9.0 的 Java Servlet 程序,由它来操作后台数据库服务器上的 SQL Server,向移动端返回信息。整个系统涉及以下 3 方。

- 移动端:华硕笔记本电脑(IP 地址为 192.168.0.183,Windows 10)。安装 Android Studio 3.5 和 Eclipse,需要开发程序,运行 Android 移动端。
- Web 服务器:联想笔记本电脑(IP 地址为 192.168.0.138,Windows 7 64 位),主机名为 DBServer,其上有 Tomcat 9.0 和 JDK。部署开发好的 Java Servlet 服务器程序。
- DB 服务器:联想台式机(IP 地址为 192.168.0.117,Windows 10),主机名为 DELL,其上有 SQL Server 2016 数据库。

系统的工作流程如图 3.4.2 所示。

图 3.4.2　系统的工作流程

这里,使用 JSON 格式在 Web 服务器与移动端之间传输数据,这也是目前绝大多数互联网应用的实际情况。

4.1.2　开发工具安装

在本系统中,移动端程序开发需要 Android Studio,服务器端程序开发需要 Eclipse,而这些工具的运行又离不开 JDK,服务器端程序的运行还需要以 Tomcat 为载体,所以整个系统所需的开发工具种类比较庞杂,在环境配置上就要花费不少的时间和精力。不过,只要按照下面介绍的步骤进行就可以了。

这里只列出主要步骤,详细内容请扫描二维码并阅读网络文档。

（1）安装 JDK。

（2）安装 Android Studio。

（3）安装 Eclipse。

（4）安装 Tomcat。

（5）配置 Eclipse 环境中的 Tomcat。

4.2　Web 应用开发和部署

4.2.1　创建动态 Web 项目

服务器端的 Web 程序用 Java Servlet 实现,在 Eclipse IDE 环境下开发,选择主菜单 File→New→Dynamic Web Project 命令,出现如图 3.4.3 所示的对话框,将项目命名为 MyServlet。

单击 Next 按钮,在 Web Module 界面勾选 Generate web.xml deployment descriptor 复选框,如图 3.4.4 所示。

单击 Finish 按钮,完成项目创建。在 Eclipse 开发环境左侧的树状视图中,可看到该项目的组成结构,这个运行在 Web 服务器端的程序负责接收 Android 程序发来的请求,根据 Android 程序的要求操作后台 SQL Server 数据库,故离不开 JDBC 驱动包,这里使用的是 jtds-1.3.1.jar。又由于 Web 服务程序是以 JSON 格式向移动端返回数据的,故还需要用到 JSON 相关的包,这些包可以从网络下载获得,一共是 6 个.jar 包,如下:

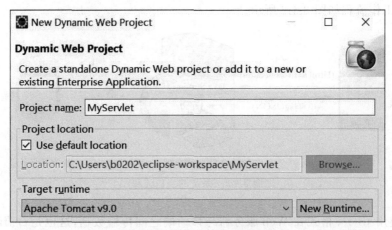

图 3.4.3　创建动态 Web 项目

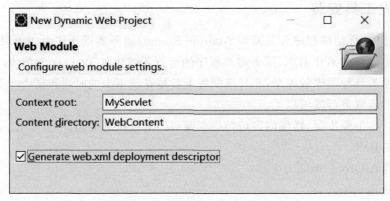

图 3.4.4　自动生成 web.xml 文件

- commons-beanutils-1.8.0.jar。
- commons-collections-3.2.1.jar。
- commons-lang-2.5.jar。
- commons-logging-1.1.1.jar。
- ezmorph-1.0.6.jar。
- json-lib-2.3.jar。

将它们连同数据库驱动包 jtds-1.3.1.jar 一起复制到项目的 lib 目录下,再直接刷新即可。最终形成的项目目录如图 3.4.5 所示。

4.2.2　编写 Servlet 程序

现在 Eclipse IDE 已经支持在 src 目录下直接创建 Servlet 源文件模板,自动生成 Servlet 的代码框架,即可运行 Servlet 程序,无须再配置 web.xml。在 src 下创建包 org. easybooks.myservlet,右击此包,在弹出的快捷菜单中选择 New→Servlet 命令,在弹出的对话框中输入 Servlet 类名,在后面的步骤中根据需要配置 Servlet 的具体属性(都使用默认设置),如图 3.4.6 所示。

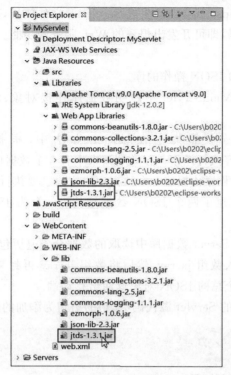

图 3.4.5   项目目录

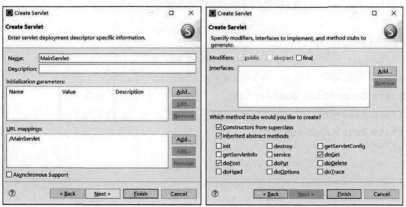

图 3.4.6   创建 Servlet

单击 Finish 按钮,Eclipse 就会自动生成 Servlet 源文件模板,其中的代码框架都已经给出了,只需加入自己的代码,即可开发出想要的 Web 服务器功能。

实现思路:

(1) 导入 I/O、SQL 和 JSON 操作的库。

(2) 在主 Servlet 类 MainServlet 中声明数据库连接对象、SQL 语句对象和结果集对象。

(3) 主要功能代码全部集中在 doGet 方法中,根据移动端发来的请求 HttpServletRequest 的内容执行操作。移动端请求中有 3 个数据项(在请求的 URL 地址后携带,以 & 分隔),Servlet 程序依据这 3 个数据项决定自己要执行的具体功能。

(4) 本程序中一共创建了两个 JSON 数据结构:一个为 JSON 对象 jobj,另一个为 JSON 数组 jarray。

(5) 程序从后台 SQL Server 数据库中读取的数据会先遍历包装为一个个临时的 JSON 对象(即 jstu),将它们存入数组 jarray,然后将数组 jarray 再封装到一个总的 JSON 对象 jobj(即 list)中,最后将这个总的 JSON 对象返回给移动端。

下面给出本应用使用的 Servlet 源代码(加粗的语句为添加的内容):

```
package org.easybooks.myservlet;

import java.io.IOException;
import javax.servlet.ServletException;
import javax.servlet.annotation.WebServlet;
import javax.servlet.http.HttpServlet;
import javax.servlet.http.HttpServletRequest;
import javax.servlet.http.HttpServletResponse;
import java.io.*;                           //I/O 操作的库
import java.sql.*;                          //SQL 操作的库
import net.sf.json.*;                       //JSON 操作的库


/*
 * Servlet implementation class MainServlet
 */
@WebServlet("/MainServlet")
public class MainServlet extends HttpServlet {
    private static final long serialVersionUID=1L;
    private Connection conn=null;           //数据库连接对象
    private Statement stmt=null;            //SQL 语句对象
    private ResultSet rs=null;              //结果集对象

    /*
     * @see HttpServlet#HttpServlet()
     */
    public MainServlet() {
```

```
        super();
        //TODO Auto-generated constructor stub
}


/*
 * @see HttpServlet#doGet(HttpServletRequest request, HttpServletResponse
 * response)
 */
protected void doGet (HttpServletRequest request, HttpServletResponse
response) throws ServletException, IOException {
    //TODO Auto-generated method stub
    response.setCharacterEncoding("utf-8");
                                        //必须有一这句,否则中文显示为"???"
    response.setContentType("application/json");
                                        //设置以 JSON 格式向移动端返回数据
    //创建 JSON 数据结构
    JSONObject jobj=new JSONObject();       //创建 JSON 对象
    JSONArray jarray=new JSONArray();       //创建 JSON 数组对象
    //访问 SQL Server 数据库读取内容
        try {
            Class.forName("net.sourceforge.jtds.jdbc.Driver");
                                        //加载 SQL Server 驱动类
            conn=DriverManager.getConnection("jdbc:jtds:sqlserver://
              DELL:1433/xscj", "sa", "123456");       //获取到 SQL Server 的连接
            stmt=conn.createStatement();
            //解析移动端请求中的数据项
            String data=request.getParameter("data");       //见说明(1)
            String nm=request.getParameter("nm");       //见说明(2)
            String opt=request.getParameter("opt");       //见说明(3)
            if(!(data==null||data.length() <=0)) {
                if(opt.equals("upt")) {                 //修改学生信息
                    String sql="UPDATE xs SET BZ='"+data+"'WHERE XM='"+nm+"'";
                    stmt.executeUpdate(sql);
                }
                if(opt.equals("del")) {                 //删除学生信息
                    String sql="DELETE FROM xs WHERE XM='"+nm+"'";
                    stmt.executeUpdate(sql);
                }
            }
            if(opt !=null && opt.equals("que") && !(data==null||data.
              length() <=0))
                rs=stmt.executeQuery("SELECT * FROM xs WHERE XM='"+data+"'");
                                //查询某个学生的信息记录
            else
```

```
                          rs=stmt.executeQuery("SELECT * FROM xs");          //见说明(4)
                int i=0;
                while(rs.next()) {                               //遍历查询结果
                    JSONObject jstu=new JSONObject();
                                              //临时 JSON 对象,存储结果集中的一条记录
                    jstu.put("name", rs.getString("XM").toString().trim());
                                                         //姓名
                    jstu.put("birth", rs.getDate("CSSJ").toString());        //生日
                    jstu.put("note", rs.getString("BZ")==null ? " " :
                        rs.getString("BZ"));         //备注
                    jarray.add(i, jstu);            //将单个 JSON 对象添加到数组中
                    i++;
                }
                jobj.put("list", jarray);         //将 JSON 数组再封装到 JSON 对象中
        } catch (ClassNotFoundException e) {
            jobj.put("err", e.getMessage());
        } catch (SQLException e) {
            jobj.put("err", e.getMessage());
        } finally {
            try {
                if(rs !=null) {
                    rs.close();                 //关闭 ResultSet 对象
                    rs=null;
                }
                if(stmt !=null) {
                    stmt.close();               //关闭 Statement 对象
                    stmt=null;
                }
                if(conn !=null) {
                    conn.close();               //关闭 Connection 对象
                    conn=null;
                }
            } catch (SQLException e) {
                jobj.put("err", e.getMessage());
            }
        }
    PrintWriter return_to_client=response.getWriter();
    return_to_client.println(jobj);            //将 JSON 对象返回移动端
    return_to_client.flush();
    return_to_client.close();
}
```

```
    /*
     * @ see HttpServlet # doPost(HttpServletRequest request, HttpServletResponse
    response) * /
    protected void doPost(HttpServletRequest request, HttpServletResponse
    response) throws ServletException, IOException {
        //TODO Auto-generated method stub
        doGet(request, response);
    }
}
```

说明：

（1）String data＝request.getParameter("data")：data 是要修改的数据项内容（如备注），也可表示要查询的学生姓名。

（2）String nm＝request.getParameter("nm")：nm 是要操作（如修改、删除）的学生姓名。

（3）String opt＝request.getParameter("opt")：opt 表示要执行的操作类型，有 upt（修改）、del（删除）和 que（查询）3 个选项。

服务器程序根据以上 3 个数据项的取值知道移动端要求它执行的具体操作。例如：

```
data='考上研究生'&nm='周何骏'&opt='upt'
```

表示将数据库中姓名为"周何骏"的学生的备注信息修改为"考上研究生"。

（4）rs＝stmt.executeQuery("SELECT ＊ FROM xs")：如果用户发来空信息（未输入任何内容），则直接读取返回数据库中所有学生的信息。

4.2.3　打包和部署 Web 项目

1. 项目打包

将编写完成的 Servlet 程序打包成 WAR 文件。用 Eclipse 对项目打包的基本操作为：右击项目 MyServlet，在弹出的快捷菜单中选择 Export→WAR File 命令，从弹出的对话框中选择 WAR 文件的存放路径，如图 3.4.7 所示，单击 Finish 按钮即可。

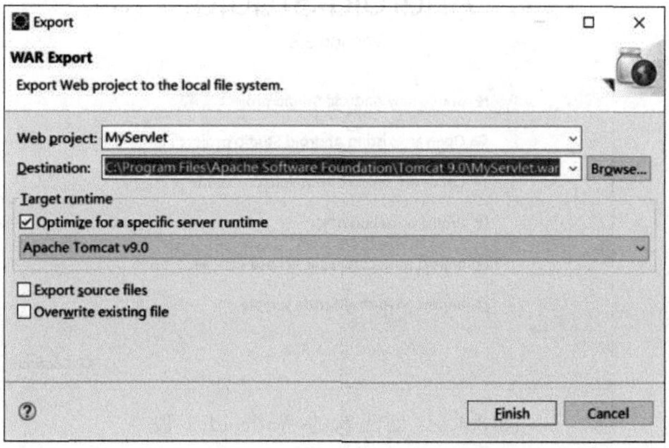

图 3.4.7　项目打包

接下来部署 Web 项目。将打包形成的 WAR 文件直接复制到 Web 服务器上的 Tomcat(注意,不是本地 Eclipse 开发环境中的 Tomcat)的 webapps 目录下。

2. 测试 Web 服务器

打包和部署完成,启动 Web 服务器上的 Tomcat,可先在客户端用浏览器访问 http://192.168.0.138:8080/MyServlet/MainServlet,测试 Web 服务器环境。如果出现图 3.4.8 所示的页面,上面以 JSON 格式字符串显示 SQL Server 数据库中存储的学生信息记录,就表示已经搭建成功了。

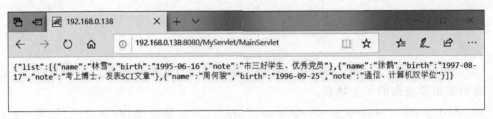

图 3.4.8　测试 Web 服务器

4.3　移动端 Android 程序开发

开发部署好 Web 服务器端程序后,接下来继续开发移动端的 Android 程序。

4.3.1　创建 Android 工程

在 Android Studio 环境中创建 Android 工程的,步骤如下。

(1) 启动 Android Studio 后出现图 3.4.9 所示的窗口,单击 Start a new Android Studio project 创建新的 Android 工程。

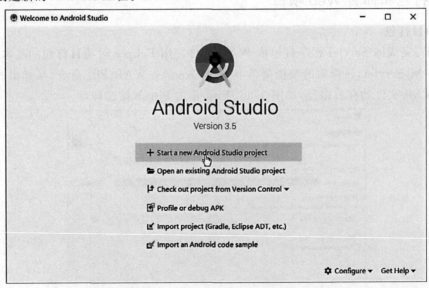

图 3.4.9　创建新的 Android 工程

（2）在 Choose your project 页选择 Basic Activity（基本 Activity 类型），如图 3.4.10 所示，单击 Next 按钮进入下一步。

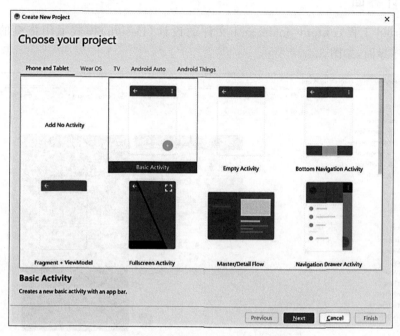

图 3.4.10　选择 Basic Activity 类型

（3）在 Configure your project 页面填写应用程序名等相关的信息，在这里输入程序名 xscj，如图 3.4.11 所示。填写完毕后单击 Finish 按钮。

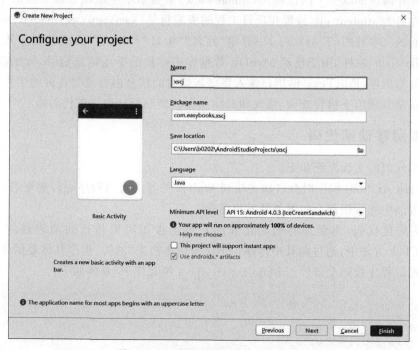

图 3.4.11　填写应用程序名称等信息

稍等片刻,系统显示开发界面,Android 工程创建成功。

4.3.2 设计界面

在 Android 工程 content_main.xml 文件的设计(Design)模式下用拖曳的方式设计 Android 程序界面,如图 3.4.12 所示。

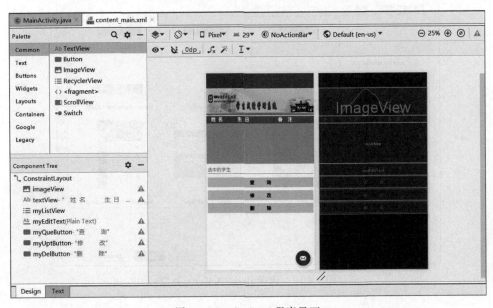

图 3.4.12 Android 程序界面

这里在界面顶部以一个图像视图(ImageView)来显示学生成绩管理系统的主题图片, 该图片文件名为 student.gif,放置在项目工程的资源目录\xscj\app\src\main\res\drawable 下。在下面的文本视图(TextView)中显示"姓名""生日"和"备注"列表标题。其下是一个 列表框(ListView)控件,用于显示 MySQL 数据库中存放的学生信息记录,背景设为绿色。 列表框下的编辑框(EditText)供用户输入要更新修改的信息内容或要查询的学生姓名。底 部的 3 个按钮分别用于执行查询、修改和删除操作。界面设计的详细代码略。

4.3.3 编写移动端代码

移动端代码的实现思路如下:

(1) 启动 Android 程序时会自动连接到 Web 服务器。而当程序运行起来后,任何时刻 用户单击界面中的按钮都会向服务器发出请求。

(2) 为简化代码,本例中将初始化和用户单击按钮时要执行的功能封装于同一个 onSubmitClick 方法中,通过向其中传递一个字符串参数来"通知"程序具体要做什么。

移动端的程序代码全部位于 MainActivity.java 源文件中,具体如下:

```
package com.easybooks.xscj;
...
//导入 Android 内置的 JSON 库
```

```java
import org.json.JSONArray;
import org.json.JSONException;
import org.json.JSONObject;


public class MainActivity extends AppCompatActivity implements AdapterView.
OnItemClickListener {
    private ListView myListView;              //列表框(显示 SQL Server 数据库的学生信息)
    private List<String>list;                 //存储学生信息的 List 结构,与列表框绑定
    private ArrayAdapter<String>adapter;      //Array 适配器,用来给列表框绑定数据源
    private EditText myEditText;              //编辑框(供用户输入更新的信息内容)
    private HttpURLConnection conn=null;
                                              //HTTP 连接对象(Android 与服务器交互的工具)
    private InputStream stream=null;          //输入流(存放获取的响应内容)
    private Button myQueButton;               //"查询"按钮
    private Button myUptButton;               //"修改"按钮
    private Button myDelButton;               //"删除"按钮
    private String cname;                     //当前选中的学生姓名(通过列表项确定)

    @Override
    protected void onCreate(Bundle savedInstanceState) {
        super.onCreate(savedInstanceState);
        setContentView(R.layout.activity_main);
        myListView=findViewById(R.id.myListView);
        myListView.setOnItemClickListener(this);           //绑定列表项单击事件监听
        list=new ArrayList<>();              //创建 List 结构
        adapter=new ArrayAdapter<String>(this, R.layout.support_simple_
          spinner_dropdown_item, list);
                                              //创建数据适配器
        myEditText=findViewById(R.id.myEditText);
        myQueButton=findViewById(R.id.myQueButton);
        myQueButton.setOnClickListener(new View.OnClickListener() {
            @Override
            public void onClick(View view) {
                onSubmitClick("que");    //单击"查询"按钮时执行
            }
        });
        myUptButton=findViewById(R.id.myUptButton);
        myUptButton.setOnClickListener(new View.OnClickListener() {
            @Override
            public void onClick(View view) {
                onSubmitClick("upt");                //单击"修改"按钮时执行
            }
        });
        myDelButton=findViewById(R.id.myDelButton);
```

```
        myDelButton.setOnClickListener(new View.OnClickListener() {
            @Override
            public void onClick(View view) {
                onSubmitClick("del");   //单击"删除"按钮时执行
            }
        });
        connToWeb();                        //见说明(1)
...
}
...
//连接到 Web 服务器的方法
public void connToWeb() {
    new Thread(new Runnable() {       //连接服务器是耗时的操作,必须放入子线程
        @Override
        public void run() {
            try {
                URL url=new URL("http://192.168.0.138:8080/MyServlet/
                    MainServlet");
                                        //Web 端 Servlet 地址
                conn=(HttpURLConnection) url.openConnection();
                                        //获取 HTTP 连接对象
                conn.setRequestMethod("GET");
                                        //请求方式为 GET(即从指定的资源请求数据)
                conn.setConnectTimeout(3000);   //连接超时时间
                conn.setReadTimeout(9000);      //读取数据超时时间
                conn.connect();                 //开始连接 Web 服务器
                stream=conn.getInputStream();   //获取服务器的响应(输入)流
                refresh_UI(stream);
            } catch (Exception e) {
            } finally {
                try {
                    if(stream !=null) {
                        stream.close();         //关闭输入流
                        stream=null;
                    }
                    conn.disconnect();          //断开连接
                    conn=null;
                } catch (Exception e) {
                }
            }
        }
    }).start();
}

public void refresh_UI(InputStream in) {        //见说明(2)
```

```
        BufferedReader bufReader=null;
        try {
            bufReader=new BufferedReader(new InputStreamReader(in));
                                    //输入流数据放入读取缓存
            StringBuilder builder=new StringBuilder();
            String str="";
            while((str=bufReader.readLine()) !=null) {
                builder.append(str);        //从缓存对象中读取数据,拼接为字符串
            }
            Message msg=Message.obtain();
            msg.what=1000;
            msg.obj=builder.toString();     //通过 Message 传递给主线程
            myHandler.sendMessage(msg);     //通过 Handler 发送
        } catch (IOException e) {
        } finally {
            try {
                if(bufReader !=null) {
                    bufReader.close();       //关闭读取缓存
                    bufReader=null;
                }
            } catch (IOException e) {
            }
        }
    }


    private Handler myHandler=new Handler() {
        public void handleMessage(Message message) {
            try {
                JSONObject jObj=new JSONObject(message.obj.toString());
                                        //获取返回消息中的 JSON 对象
                JSONArray jArray=jObj.getJSONArray("list");
                                        //取出 JSON 对象中封装的 JSON 数组
                list.clear();
                for (int i=0; i <jArray.length(); i++) {     //遍历,逐条解析学生信息
                    JSONObject jStu=jArray.getJSONObject(i);
                                            //当前学生信息存储在临时 JSON 对象中
                    String name=jStu.getString("name");    //姓名
                    String birth=jStu.getString("birth");  //生日
                    String note=jStu.getString("note");    //备注
                    if(name.length()==3)            //分两种情形是为了列表能对齐显示
                        list.add(name+"        "+birth+"        "+note);
                    else
                        list.add(name+"            "+birth+"            "+note);
                }
```

```
                myListView.setAdapter(adapter);
                                        //将界面列表框与适配器(数据源)绑定
        } catch (JSONException e) {
            myEditText.setText(e.getMessage());
        }
    }
};

@Override                                //用户选择列表项时触发
public void onItemClick(AdapterView<?>adapterView, View view, int pos, long
  id) {
    myEditText.setText(list.get(pos).split("      ")[2]);
                                        //备注信息显示在编辑框中
    cname=list.get(pos).split("      ")[0];    //获取当前选中的学生姓名
}

public void onSubmitClick(final String opt) {    //见说明(3)
    new Thread(new Runnable() {
        @Override
        public void run() {
            try {
                URL url=new URL("http://192.168.0.138:8080/MyServlet/
                    MainServlet?data="+myEditText.getText().toString()+
                    "&nm="+cname+"&opt="+opt);    //请求URL中要携带参数
                conn=(HttpURLConnection) url.openConnection();
                conn.setRequestMethod("GET");
                conn.setConnectTimeout(3000);
                conn.setReadTimeout(9000);
                conn.connect();
                stream=conn.getInputStream();
                refresh_UI(stream);
            } catch (Exception e) {
            } finally {
                try {
                    if(stream !=null) {
                        stream.close();
                        stream=null;
                    }
                    conn.disconnect();
                    conn=null;
                } catch (Exception e) {
                }
            }
```

```
        }
    }).start();
  }
}
```

说明：

（1）connToWeb()：启动 Android 程序时默认执行该自定义方法连接到 Web 服务器，该方法的请求 URL 中不带任何参数，服务器默认查询后台 SQL Server 数据库中所有的学生信息，并将结果包装到 JSON 对象中，返回给移动端显示。

（2）public void refresh_UI(InputStream in)：将移动端解析其获取的输入流及刷新前端 UI 的 Message-Handler 操作都封装在该方法中，是为了避免代码冗余。

（3）public void onSubmitClick(final String opt)：当用户从移动端程序界面上选择学生记录或输入了内容并单击相应的提交按钮后，程序执行的就是该方法，它的实现代码与 connToWeb 方法几乎一样，唯一的不同在于其请求 URL 后携带了参数，服务器正是根据这些参数获知移动端用户要求的具体操作类型、操作对象和操作的数据内容的。

编写完 Android 主程序代码后，不要忘记在工程的 AndroidManifest. xml 中添加 android：usesClearextTraffic＝true（允许 HTTP 明文传输）及＜uses-permission android：name＝ android. permission. INTERNET/＞（打开互联网访问权限）这两行，修改后的 AndroidMa 如下：

```
<?xml version="1.0" encoding="utf-8"?>
<manifest xmlns:android="http://schemas.android.com/apk/res/android"
    package="com.easybooks.xscj">

    <application
        android:allowBackup="true"
        android:icon="@mipmap/ic_launcher"
        android:label="@string/app_name"
        android:roundIcon="@mipmap/ic_launcher_round"
        android:supportsRtl="true"
        android:usesCleartextTraffic="true"            //允许 HTTP 明文传输
        android:theme="@style/AppTheme">
        <activity
        ...
        </activity>
    </application>
    <uses-permission android:name="android.permission.INTERNET"/>
                                                       //打开互联网访问权限
</manifest>
```

4.3.4　运行效果

移动端程序运行效果如图 3.4.13 所示。用户可以通过前端 App 界面查询、修改或删除后台 SQL Server 数据库中的学生信息。

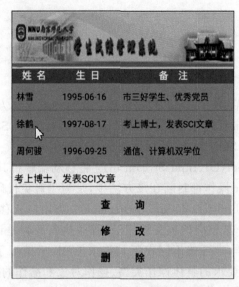

图 3.4.13　移动端 App 程序运行效果

至此,基于 Android Studio 3.5 和 SQL Server 2016 的学生成绩管理系统开发完成,读者还可以根据需要自行扩展其他的功能。

实习 5

Visual C♯ 2015/SQL Server 2016 应用系统实例

本实习以 Visual Studio 2015 作为开发环境,采用 C♯语言实现 C/S 模式的 Windows 桌面图形界面的学生成绩管理系统,后台为 SQL Server 2016 数据库。

5.1 ADO.NET 架构原理

ASP.NET 提供了 ADO.NET 技术,它提供了面向对象的数据库视图,封装了许多数据库属性和关系,隐藏了数据库访问的细节。ASP.NET 应用程序可以在完全不知道这些细节的情况下连接到各种数据源,并检索、操作和更新数据。图 3.5.1 为 ADO.NET 组成架构。

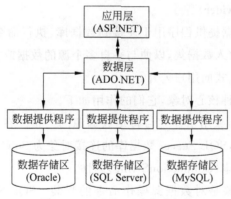

图 3.5.1　ADO.NET 组成架构

在 ADO.NET 中,数据提供程序与数据集是两个非常重要而又相互关联的核心组件。它们之间的关系如图 3.5.2 所示,左边是数据提供程序的类对象结构,右边是数据集的类对象结构。

1. 数据集

数据集(DataSet)相当于内存中暂存的数据库,不仅可以包括多张表,还可以包括表之间的关系和约束。ADO.NET 允许将不同类型的表复制到同一个数据集中,甚至还允许将表与 XML 文档组合到一起协同操作。

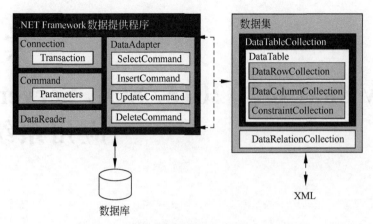

图 3.5.2　数据提供程序与数据集之间的关系

一个数据集由 DataTableCollection（数据表集合）和 DataRelationCollection（数据关系集合）两部分组成。DataTableCollection 包含该数据集中的所有 DataTable（数据表）对象，DataTable 类在 System.Data 命名空间中定义，表示内存驻留数据的单个表。每个 DataTable 对象都包含一个由 DataColumnCollection 表示的数据列集合以及由 ConstraintCollection 表示的约束集合，这两个集合共同定义了数据表的架构。此外，DataTable 对象还包含一个由 DataRowCollection 表示的数据行集合，其中包含数据表中的数据。DataRelationCollection 则包含该数据集中存在的所有表与表之间的关系。

2. 数据提供程序（Provider）

.NET Framework 数据提供程序用于连接到数据库、执行命令和检索。可以使用它直接处理检索结果，或将其放入数据集，以便与来自多个源的数据或在层之间进行远程处理的数据组合在一起，以特殊方式向用户公开。

数据提供程序包含 4 种核心对象，它们的作用如下。

（1）Connection。该对象用于建立与特定数据源的连接。在进行数据库操作之前，首先要建立对数据库的连接，SQL Server 数据库的连接对象为 SqlConnection 类，其中包含了建立连接所需的连接字符串（ConnectionString）属性。

（2）Command。该对象是对数据源操作命令的封装。SQL Server 的.NET Framework 数据提供程序包括一个 SqlCommand 对象，其中 Parameters 属性给出了 SQL 命令参数集合。

（3）DataReader。该对象用于实现对特定数据源中的数据进行高速、只读、只向前的访问。SQL Server 的.NET Framework 数据提供程序包括一个 SqlDataReader 对象。

（4）DataAdapter。该对象利用 Connection 对象连接数据源，使用 Command 对象规定的操作（SelectCommand、InsertCommand、UpdateCommand 或 DeleteCommand）从数据源中检索出数据送往数据集，或者将数据集中经过编辑后的数据送回数据源。

5.2　创建 Visual C# 项目

5.2.1　Visual C♯ 项目的建立

启动 Visual Studio 2015,在菜单栏中选择"文件"→"新建"→"项目"命令,打开图 3.5.3 所示的"新建项目"对话框。

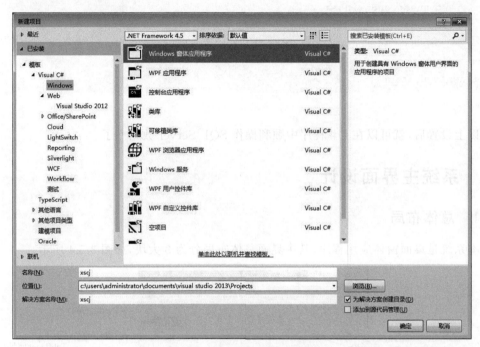

图 3.5.3　创建 Visual C♯ 项目

在窗口左侧"已安装"树状列表中展开"模板"→"Visual C♯"类型节点,选中 "Windows"子节点,在窗口中间区域选中"Windows 窗体应用程序"项,在下方"名称"栏中输入项目名"xscj",单击"确定"按钮即可。

5.2.2　Visual Studio 2015 连接 SQL Server 2016

Visual Studio 的.NET 环境自带 SQL Server 2016 的驱动库,只须在程序开头导入命名空间:

```
using System.Data.SqlClient;
```

在编程时即可编写连接、访问 SQL Server 数据库的代码。

为了方便在程序中创建数据库连接,通常还需要在项目配置文件中设置数据库连接字符串。在"解决方案资源管理器"中展开项目 xscj 的树状目录,双击打开配置文件 App. config,在其中配置<connectionStrings>节点,利用键/值对存储连接字符串,具体如下:

```
<?xml version="1.0" encoding="utf-8"?>
<configuration>
    <configSections>
    </configSections>
    <connectionStrings>
        <add name="ConnectionString" connectionString="server=DELL;
        database=xscj;uid=sa;pwd=123456" />
    </connectionStrings>
    <startup>
        <supportedRuntime version="v4.0" sku=".NETFramework,Version=v4.5.2"/>
    </startup>
</configuration>
```

以上设置后,就可以在 C♯ 程序中顺利操作 SQL Server 数据库了。

5.3 系统主界面设计

5.3.1 总体布局

本系统是桌面窗体应用程序,其主界面总体布局分为 3 大块,如图 3.5.4 所示。

图 3.5.4 学生成绩管理系统主界面总体布局

从图 3.5.4 可见,整个主界面分上、中、下 3 部分。其中,上、下两部分都只是一个 PictureBox(图片框);中间部分为一个 TabControl 控件,它可作为容器使用,包含多个可切换的 TabPage(选项页)。在上部 PictureBox 中加载图片"学生成绩管理系统.gif";在下部 PictureBox 中加载"底端图片.gif";设置 TabControl 控件的 TabPages 属性,在"TabPage 集合编辑器"对话框中添加两个选项页(tabPage1 和 tabPage2),将它们的 Text 属性分别设为"学生管理"和"成绩管理",运行程序时可通过单击相应的选项页标签在这两个选项页之间切换。

5.3.2　详细设计

下面通过从工具箱中拖曳控件的方式分别设计"学生管理"和"成绩管理"这两个选项页的界面。

1. "学生管理"选项页

"学生管理"选项页的界面设计如图 3.5.5 所示。

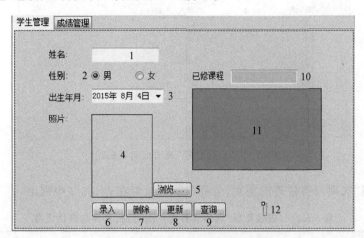

图 3.5.5　"学生管理"选项页的界面设计

为便于说明,这里对图 3.5.5 中的关键控件都进行了编号,各控件的类别、名称与属性设置在表 3.5.1 中列出。

表 3.5.1　"学生管理"选项页各控件的类别、名称与属性设置

编号	类　别	名　称	属 性 设 置
1	TextBox	tBxXm	Text 值清空
2	RadioButton	rBtnMale、rBtnFemale	两者的 Text 属性分别设为"男""女"
3	DateTimePicker	dTPCssj	
4	PictureBox	pBxZp	
5	Button	btnLoadPic	Text 属性设为"浏览…"
6	Button	btnIns	Text 属性设为"录入"
7	Button	btnDel	Text 属性设为"删除"
8	Button	btnUpd	Text 属性设为"更新"
9	Button	btnQue	Text 属性设为"查询"
10	TextBox	tBxKcs	BackColor 属性设为 LightGray
11	DataGridView	dGVKcCj	AutoSizeColumnsMode 属性设为 DisplayedCells
12	Label	lblMsg1	Text 值清空

2. **"成绩管理"选项页**

"成绩管理"选项页的界面设计如图 3.5.6 所示。

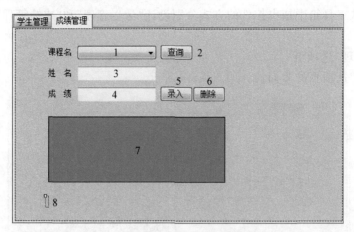

图 3.5.6 "成绩管理"选项页的界面设计

"成绩管理"选项页各控件的类别、名称与属性设置在表 3.5.2 中列出。

表 3.5.2 "成绩管理"选项页各控件的类别、名称与属性设置

编号	类 别	名 称	属 性 设 置
1	ComboBox	cBxKcm	DropDownStyle 属性设为 DropDownList
2	Button	btnQueCj	Text 属性设为"查询"
3	TextBox	tBxName	Text 值清空
4	TextBox	tBxCj	Text 值清空
5	Button	btnInsCj	Text 属性设为"录入"
6	Button	btnDelCj	Text 属性设为"删除"
7	DataGridView	dGVXmCj	AutoSizeColumnsMode 属性设为 Fill
8	Label	lblMsg2	Text 值清空

5.4 学生管理

5.4.1 程序主体结构

本实习的全部程序代码都位于 Form1.cs 源文件中。双击界面上的按钮,就会自动打开该文件的编辑窗,并定位到相应按钮事件过程的编辑区,用户只须编写过程代码即可实现特定的功能。

为使读者形成总体印象,这里先给出 Form1.cs 中代码的主体结构(加粗的语句是需要用户自己添加的):

```
using System;
...
/* 为使程序能够访问 SQL Server 数据库,要使用以下命名空间 */
using System.Configuration;                    //见说明(1)
using System.IO;                               //见说明(2)
using System.Data.SqlClient;                   //见说明(3)


namespace xscj
{
    public partial class Form1 : Form
    {
        protected string connStr=ConfigurationManager.ConnectionStrings
          ["ConnectionString"].ConnectionString;
                                          //见说明(4)

        protected string filename="";         //存储照片的文件名
        public Form1()
        {
            InitializeComponent();
        }

        private void Form1_Load(object sender, EventArgs e)
        {
            ...                               //窗体加载初始化的内容
        }
        ...                                   //其他事件过程和用户自定义的方法

    }
}
```

说明:

(1) using System.Configuration:System.Configuration 是.NET Framework 用于系统配置信息操作的库,其中的 ConfigurationManager 类提供对客户端应用程序配置文件的访问功能。

(2) using System.IO:程序中以 FileStream(文件流)类实现对学生照片的读取,这个类在 System.IO 库中,故必须使用 System.IO 命名空间。

(3) using System.Data.SqlClient:System.Data.SqlClient 就是 SQL Server 的.NET Framework 驱动库,其中包含了 ADO.NET 数据提供程序访问 SQL Server 数据库的所有核心对象类,是实现对 SQL Server 数据库操作的关键驱动库。

(4) protected string connStr＝ConfigurationManager.ConnectionStrings["ConnectionString"]. ConnectionString:用于获取 SQL Server 数据库的连接字符串。连接字符串位于项目的 App.config 文件中,见 5.2.2 节的配置。

5.4.2 功能实现

"学生管理"选项页的运行效果如图 3.5.7 所示。只要双击"学生管理"选项页界面上的各个按钮控件,编写相应的事件过程方法,即可实现对学生信息的录入、删除、更新和查询功能。下面给出每个功能按钮的事件过程代码,介绍各个功能的具体实现。

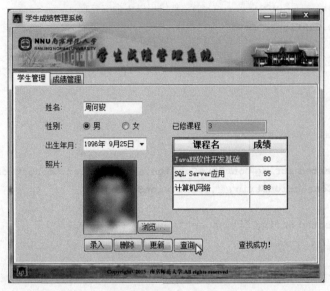

图 3.5.7 "学生管理"选项页的运行效果

1. 录入学生信息

录入功能的实现思路如下:

(1) 录入学生信息时,可能暂时还没有学生的照片,因此要分两种情况(由全局变量 filename 是否为空来判断),即设置带照片插入与不带照片插入两个 SQL 语句,根据实际情况决定执行哪一个 SQL 语句。

(2) 如果执行的是带照片插入的 SQL 语句,将照片字段作为一个参数(@Photo)写在 SQL 语句中,在用 FileStream 读取了照片数据后,创建一个 SqlParameter 参数对象存储照片参数,然后通过命令对象 SqlCommand 的 Parameters.Add 方法将照片参数添加到命令中。

双击 录入 按钮,编写其事件过程代码:

```
private void btnIns_Click(object sender, EventArgs e)
{
    SqlConnection conn=new SqlConnection(connStr);    //创建 SQL Server 连接
    string msqlStr;
    string xm=tBxXm.Text;
    int xb=1;
    if(!rBtnMale.Checked)
    xb=0;
    string cssj=dTPCssj.Value.ToString();
    if(filename !="")                                 //如果选择了照片
    {
        msqlStr="INSERT INTO xs VALUES('"+xm+"', "+xb+", '"+cssj+"', 0, NULL,
            @Photo)";                                 //设置 SQL 语句(带照片插入)
```

```
    }
    else
    {                                                        //如果没选择照片
        msqlStr="INSERT INTO xs VALUES('"+xm+"', "+xb+", '"+cssj+"', 0, NULL,
            NULL)";                                          //设置 SQL 语句(不带照片插入)
    }
    SqlCommand cmd=new SqlCommand(msqlStr, conn);     //创建命令对象
    if(filename !="")                                    //将照片参数添加到命令中
    {
        pBxZp.Image.Dispose();
        pBxZp.Image=null;
        FileStream fs=new FileStream(filename, FileMode.Open);   //创建文件流对象
        byte[] data=new byte[fs.Length];                 //创建字节数组
        fs.Read(data, 0, (int)fs.Length);                //打开 Read 方法
        SqlParameter mpar=new SqlParameter("@Photo", SqlDbType.Image);
                                                         //为命令创建参数
        mpar.SqlDbType=SqlDbType.VarBinary;              //设定参数类型
        mpar.Value=data;                                 //为参数赋值
        cmd.Parameters.Add(mpar);                        //添加参数
        filename="";
    }
    try
    {
        conn.Open();                                     //打开连接
        cmd.ExecuteNonQuery();                           //执行 SQL 语句
        this.btnQue_Click(null, null);                   //查询后回显该生信息
        lblMsg1.Text="添加成功!";
    }
    catch
    {
        lblMsg1.Text="添加失败,请检查输入信息!";
    }
    finally
    {
        conn.Close();                                    //关闭连接
    }
}
```

录入学生信息时如果有学生的照片,还要提供让用户浏览和选择照片并上传的功能。
双击 浏览... 按钮,编写其事件过程代码:

```
private void btnLoadPic_Click(object sender, EventArgs e)
{
    OpenFileDialog opfDlg=new OpenFileDialog();     //打开文件对话框
    opfDlg.InitialDirectory=Environment.GetFolderPath(Environment.SpecialFolder.
        Personal);
```

```
opfDlg.Filter="JPEG图片|*.jpg|GIF图片|*.gif|全部文件|*.*";
                                        //过滤显示图片文件的类型
if(opfDlg.ShowDialog(this)==DialogResult.OK)
{
    filename=opfDlg.FileName;               //获取照片的文件名
    pBxZp.Image=Image.FromFile(filename);   //将所选照片显示在图片框中
}
}
```

2. 删除学生信息

双击 删除 按钮,编写其事件过程代码:

```
private void btnDel_Click(object sender, EventArgs e)
{
    SqlConnection conn=new SqlConnection(connStr);       //创建 SQL Server 连接
    string msqlStr="DELETE FROM xs WHERE XM='"+tBxXm.Text.Trim()+"'";
                                                         //设置删除的 SQL 语句
    SqlCommand cmd=new SqlCommand(msqlStr, conn);        //新建命令对象
    try
    {
        conn.Open();                                     //打开连接
        int a=cmd.ExecuteNonQuery();                     //执行 SQL 语句
        if(a==1)                                         //返回值为 1 表示操作成功
        {
            this.btnQue_Click(null, null);
            lblMsg1.Text="删除成功!";
        }
        else
        {
            lblMsg1.Text="该学生不存在!";
        }
    }
    catch
    {
        lblMsg1.Text="删除失败,请检查操作权限!";
    }
    finally
    {
        conn.Close();                                    //关闭连接
    }
}
```

3. 更新学生信息

更新功能的实现思路如下:

(1) 由于用户可在界面表单上修改学生的一个或多个信息项,因此执行更新操作的

SQL 语句不是固定的,而必须根据用户提交表单时修改内容的实际情况动态地拼接生成。

(2) 如果用户更换了照片,同样要将照片参数(@Photo)写在 SQL 语句中,以 FileStream 读取并添加至命令对象中。

双击 更新 按钮,编写其事件过程代码:

```csharp
private void btnUpd_Click(object sender, EventArgs e)
{
    SqlConnection conn=new SqlConnection(connStr);          //创建 SQL Server 连接
    string msqlStr="UPDATE xs SET";
    msqlStr+=" CSSJ='"+dTPCssj.Value+"',";                  //修改了"出生时间"项
    if(filename !="")
    {
        msqlStr+=" ZP=@Photo,";                             //更换了照片
    }
    if(rBtnMale.Checked)                                    //修改了"性别"项
        msqlStr+="XB=1";
    else
        msqlStr+="XB=0";
    msqlStr+=" WHERE XM='"+tBxXm.Text.Trim()+"'";           //拼接更新的 SQL 语句
    SqlCommand cmd=new SqlCommand(msqlStr, conn);           //新建命令对象
    /* 读取新照片 */
    if(filename !="")
    {
        pBxZp.Image.Dispose();
        pBxZp.Image=null;
        FileStream fs=new FileStream(filename, FileMode.Open);       //创建文件流
        byte[] data=new byte[fs.Length];
        fs.Read(data, 0, (int)fs.Length);                  //读照片数据
        SqlParameter mpar=new SqlParameter("@Photo", SqlDbType.Image);
                                                            //为命令创建参数
        mpar.SqlDbType=SqlDbType.VarBinary;
        mpar.Value=data;                                   //为参数赋值
        cmd.Parameters.Add(mpar);                          //添加参数
        filename="";
    }
    try
    {
        conn.Open();                                       //打开连接
        cmd.ExecuteNonQuery();                             //执行 SQL 语句
        this.btnQue_Click(null, null);                     //查询后返回学生信息
        lblMsg1.Text="更新成功!";
    }
    catch
    {
```

```
        lblMsg1.Text="更新失败,请检查输入信息!";
    }
    finally
    {
        conn.Close();                                    //关闭连接
    }
}
```

4. 查询学生信息

查询功能的实现思路如下:

(1) 要查询的学生信息包括两方面:学生基本信息(来自 xs 表)和学生各门课程的成绩(来自 cj 表)。基本信息直接通过查询 xs 表获得,而成绩则通过 xmcj_view 视图间接获得。

(2) 以 SqlDataReader 读取学生各项基本信息,如果其中包含了照片,则以 MemoryStream(内存流)存放照片数据,通过 FromStream 方法创建一个 Image 对象,然后将其显示在界面上的图片框中。

(3) xmcj_view 视图中的成绩信息通过执行 cj_proc 存储过程产生,将 xmcj_view 视图的内容与界面上的 dGVKcCj(网格数据源)绑定,动态更新。

双击 [查询] 按钮,编写其事件过程代码:

```
private void btnQue_Click(object sender, EventArgs e)
{
    SqlConnection conn=new SqlConnection(connStr);       //创建 SQL Server 连接
    string msqlStrSelect="SELECT XM, XB, CSSJ, KCS, ZP FROM xs WHERE XM='"+
        tBxXm.Text.Trim()+"'";                           //设置查询的 SQL 语句
    string msqlStrView="SELECT KCM AS 课程名, CJ AS 成绩 FROM xmcj_view";
                                                         //查询视图的 SQL 语句

    try
    {
        /*查询学生基本信息*/
        conn.Open();                                     //打开连接
        SqlCommand myCommand=new SqlCommand(msqlStrSelect, conn);
        //创建 DataReader 对象以读取学生信息
        SqlDataReader reader=myCommand.ExecuteReader();
        if(reader.Read())                                //读取数据不为空
        {
            /*将查询到的学生信息赋值给界面上的各表单控件并显示*/
            tBxXm.Text=reader["XM"].ToString();          //姓名
            string sex=reader["XB"].ToString();          //性别
            if(sex=="1")
                rBtnMale.Checked=true;
            else
                rBtnFemale.Checked=true;
            string birthday=reader["CSSJ"].ToString();   //出生时间
```

```
        dTPCssj.Value=DateTime.Parse(birthday);
        tBxKcs.Text=reader["KCS"].ToString();        //课程数
        //读取照片
        if(pBxZp.Image !=null)
            pBxZp.Image.Dispose();
        if(!reader["ZP"].Equals(DBNull.Value))
        {
            byte[] data=(byte[])reader["ZP"];
            MemoryStream ms=new MemoryStream(data);
            pBxZp.Image=Image.FromStream(ms);        //照片
            ms.Close();
        }
        lblMsg1.Text="查找成功!";
    }
    else
    {
        lblMsg1.Text="该学生不存在!";
        tBxXm.Text="";
        rBtnMale.Checked=true;
        dTPCssj.Value=DateTime.Now;
        pBxZp.Image=null;
        tBxKcs.Text="";
        dGVKcCj.DataSource=null;
        return;
    }
    reader.Close();
    /*执行存储过程*/
    SqlCommand proCommand=new SqlCommand();          //创建命令对象
    /*设置命令的各参数*/
    proCommand.Connection=conn;                      //所用的数据连接
    proCommand.CommandType=CommandType.StoredProcedure;
                                                     //命令类型为存储过程
    proCommand.CommandText="cj_proc";                //存储过程名
    SqlParameter MsqlXm=proCommand.Parameters.Add("name", SqlDbType.
      VarChar, 8);                                   //添加存储过程的参数
    MsqlXm.Direction=ParameterDirection.Input;       //参数类型为输入参数
    MsqlXm.Value=tBxXm.Text.Trim();
    proCommand.ExecuteNonQuery();                    //执行命令,生成视图
    /*访问视图*/
    SqlDataAdapter mda=new SqlDataAdapter(msqlStrView, conn);
    DataSet ds=new DataSet();
    mda.Fill(ds, "XMCJ_VIEW");                        //将视图数据载入数据集
    dGVKcCj.DataSource=ds.Tables["XMCJ_VIEW"].DefaultView; //动态绑定数据源
}
```

```
        catch
        {
            lblMsg1.Text="查找失败,请检查操作权限!";
        }
        finally
        {
            conn.Close();                              //关闭连接
        }
    }
```

5.5 成绩管理

5.5.1 课程名加载

切换到"成绩管理"选项页,界面初始显示时,要向"课程名"下拉列表中预先加载所有的课程名,如图 3.5.8 所示,这个功能是在窗体初始化加载的 Form1_Load 方法中实现的。

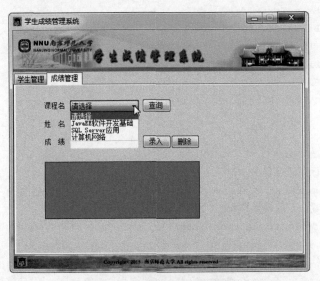

图 3.5.8　预先加载所有的课程名

该功能的实现思路如下:

加载窗体时,查询出 kc 表里所有的课程名,通过 SqlDataAdapter 载入 DataSet(数据集),然后利用 for 循环执行 Items.Add 方法将课程名逐一添加到下拉列表中。

Form1_Load 方法的代码如下:

```
private void Form1_Load(object sender, EventArgs e)
{
    SqlConnection conn=new SqlConnection(connStr);       //创建 SQL Server 连接
    try
    {
```

```
        conn.Open();                           //打开连接
        //初始加载所有课程名
        string msqlStr="SELECT KCM FROM kc"; //设置查询 SQL 语句
        SqlDataAdapter mda=new SqlDataAdapter(msqlStr, conn);
        DataSet ds=new DataSet();
        mda.Fill(ds, "KCM");                   //载入数据集
        cBxKcm.Items.Add("请选择");
        for (int i=0; i<ds.Tables["KCM"].Rows.Count; i++)
                                               //利用循环将课程名添加到下拉列表中
        {
            cBxKcm.Items.Add(ds.Tables["KCM"].Rows[i][0].ToString());
        }
        cBxKcm.SelectedIndex=0;                //初始默认显示"请选择"提示
    }
    catch (Exception ex)
    {
        MessageBox.Show("数据库连接失败！错误信息: \r\n"+ex.ToString(), "错误",
          MessageBoxButtons.OK, MessageBoxIcon.Error);
        return;
    }
    finally
    {
        conn.Close();                          //关闭连接
    }
}
```

完成以上代码后，就可以在"成绩管理"选项页的界面初始显示时自动加载数据库中已有课程名的列表。

5.5.2　功能实现

"成绩管理"选项页的运行效果如图 3.5.9 所示。

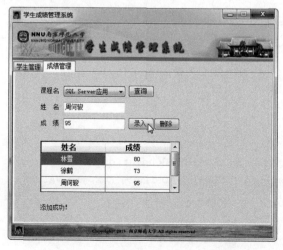

图 3.5.9　"成绩管理"选项页的运行效果

1. 查询成绩

双击 查询 按钮,编写其事件过程代码:

```
private void btnQueCj_Click(object sender, EventArgs e)
{
    SqlConnection conn=new SqlConnection(connStr);   //创建 SQL Server 连接
    string msqlStr="SELECT XM AS 姓名, CJ AS 成绩 FROM cj WHERE KCM='"+cBxKcm.
      Text+"'";                                            //设置查询 SQL 语句
    try
    {
        conn.Open();                                       //打开连接
        SqlDataAdapter mda=new SqlDataAdapter(msqlStr, conn);
        DataSet ds=new DataSet();
        mda.Fill(ds, "KCCJ");                              //将查询到的数据载入数据集
        dGVXmCj.DataSource=ds.Tables["KCCJ"].DefaultView;  //绑定界面上的网格数据源
    }
    catch
    {
        lblMsg2.Text="查找数据出错!";
    }
    finally
    {
        conn.Close();                                      //关闭连接
    }
}
```

2. 录入成绩

双击 录入 按钮,编写其事件过程代码:

```
private void btnInsCj_Click(object sender, EventArgs e)
{
    //先查询是否已有该成绩记录,以避免重复录入
    if(SearchScore(cBxKcm.Text.ToString(), tBxName.Text.Trim()))
    {
        lblMsg2.Text="该记录已经存在!";
        return;
    }
    else
    {
        SqlConnection conn=new SqlConnection(connStr);     //创建 SQL Server 连接
        String msqlStr="INSERT INTO cj(XM, KCM, CJ) VALUES('"+tBxName.Text.
          Trim()+"','"+cBxKcm.Text.ToString()+"',"+tBxCj.Text.Trim()+")";
                                                           //设置插入的 SQL 语句
        try
```

```
    {
        conn.Open();                                    //打开连接
        SqlCommand cmd=new SqlCommand(msqlStr, conn);   //创建命令对象
          if(cmd.ExecuteNonQuery() >0)       //命令执行返回值大于 0 表示操作成功
            {
            lblMsg2.Text="添加成功!";
            tBxName.Text="";
            tBxCj.Text="";
            this.btnQueCj_Click(null, null);      //查询后返回成绩表信息
            }
        else
            lblMsg2.Text="添加失败,请确保有此学生!";
    }
    catch
    {
        lblMsg2.Text="操作数据出错!";
    }
    finally
    {
        conn.Close();                           //关闭连接
    }
  }
}
```

上面的代码中用 SearchScore 方法预先判断是否已有该成绩记录。该方法是用户自定义的方法,也在 Form1.cs 源文件中,代码如下:

```
/* 自定义方法用于判断数据库中是否已有该成绩记录,决定是否执行进一步操作 */
protected bool SearchScore(string kc, string xm)
{
    bool exist=false;                                   //记录存在标识
    SqlConnection conn=new SqlConnection(connStr);  //创建 SQL Server 连接
    string msqlStr="SELECT * FROM cj WHERE KCM='"+kc+"'AND XM='"+xm+"'";
                                                        //设置查询的 SQL 语句
    conn.Open();                                        //打开连接
    SqlCommand cmd=new SqlCommand(msqlStr, conn);   //创建命令对象
    SqlDataReader reader=cmd.ExecuteReader();       //读取数据
    if(reader.Read())                                   //读取不为空表示存在该记录
        exist=true;
    conn.Close();                                       //关闭连接
    return exist;                                       //返回记录存在标识
}
```

3. 删除成绩

双击 <u>删除</u> 按钮,编写其事件过程代码:

```
private void btnDelCj_Click(object sender, EventArgs e)
{
    //先查询是否有该成绩记录,如果有才能删除
    if(SearchScore(cBxKcm.Text.ToString(), tBxName.Text.Trim()))
    {
        SqlConnection conn=new SqlConnection(connStr);   //创建 SQL Server 连接
        String msqlStr="DELETE FROM cj WHERE XM='"+tBxName.Text+"'AND KCM='"+
          cBxKcm.Text+"'";                                //设置删除的 SQL 语句
        try
        {
            conn.Open();                                   //打开连接
            SqlCommand cmd=new SqlCommand(msqlStr, conn);
            if(cmd.ExecuteNonQuery() >0)          //命令执行返回值大于 0 表示操作成功
            {
                lblMsg2.Text="删除成功!";
                tBxName.Text="";
                this.btnQueCj_Click(null, null);       //查询后返回成绩表信息
            }
            else
                lblMsg2.Text="删除失败,请检查操作权限!";
        }
        catch
        {
            lblMsg2.Text="操作数据出错!";
        }
        finally
        {
            conn.Close();                              //关闭连接
        }
    }
    else
        lblMsg2.Text="该记录不存在!";
}
```

至此,基于 Visual C♯ 2015 和 SQL Server 2016 的学生成绩管理系统开发完成,读者还可以根据需要自行扩展其他功能。

实习 **6**
ASP.NET 4/SQL Server 2016
应用系统实例

本实习基于以 ASP.NET 4(Visual Studio) 作为开发环境,采用 C♯编程语言实现 B/S 模式的"学生成绩管理系统"。后台为 SQL Server 2016 数据库。

ADO.NET 架构原理参考实习 5 的 5.1 节的有关内容。

实习 6

6.1 创建 ASP.NET 项目

6.1.1 ASP.NET 项目的建立

启动 Visual Studio,在菜单栏选择"文件"→"新建"→"项目"命令,打开如图 3.6.1 所示的"新建项目"对话框。在对话框左侧"已安装的模板"树状目录中展开 Visual C♯节点,选中 Web 子节点,在对话框中间区域选中"ASP.NET 空 Web 应用程序"项,在下方"名称"文本框中输入项目名称 xscj,单击"确定"按钮即可创建一个 ASP.NET 项目。

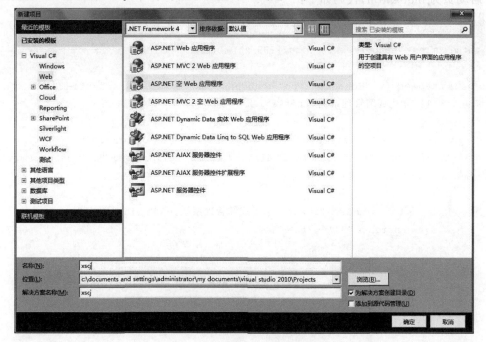

图 3.6.1 创建 ASP.NET 项目

6.1.2 ASP.NET 4 连接 SQL Server 2016

双击打开项目中的配置文件 Web.config,在其中配置＜connectionStrings＞节点,利用
键/值对存储数据库连接字符串,具体如下:

```
<?xml version="1.0" encoding="utf-8"?>
...
<configuration>
    <connectionStrings>
    ...
    <add name="ConnectionString" connectionString="server=DELL;
      database=xscj;uid=sa;pwd=123456" />
    </connectionStrings>
</configuration>
```

这样,在编程时只需导入命名空间 System.Data.SqlClient 即可编写连接、访问 SQL
Server 数据库的代码。

6.2 系统主页设计

6.2.1 主页

本系统主页采用框架页实现。下面先给出各前端页的 HTML 源代码。

1. 启动页

启动页为 index.htm,代码如下:

```
<!DOCTYPE html>
<html xmlns="http://www.w3.org/1999/xhtml">
<head>
<meta http-equiv="Content-Type" content="text/html; charset=utf-8"/>
    <title>学生成绩管理系统</title>
</head>
<body topmargin="0" leftmargin="0" bottommargin="0" rightmargin="0">
    <table width="675" border="0" align="center" cellpadding="0" cellspacing="0"
    style="width: 778px; ">
      <tr>
        <td><img src="images/学生成绩管理系统.gif" width="790"
          height="97"></td>
      </tr>
      <tr>
        <td><iframe src="main_frame.htm" width="790" height="313">
          </iframe></td>
      </tr>
      <tr>
```

```
                <td><img src="images/底端图片.gif" width="790" height="32"></td>
        </tr>
    </table>
</body>
</html>
```

该页面分上、中、下 3 部分，其中上、下两部分都只是一张图片，中间部分为一个框架页（加粗的部分为源文件名），运行时在框架页中加载具体的导航页和相应的功能页面。

2. 框架页

框架页为 main_frame.htm，代码如下：

```
<!DOCTYPE html>
<html xmlns="http://www.w3.org/1999/xhtml">
<head>
<meta http-equiv="Content-Type" content="text/html; charset=utf-8"/>
    <title>学生成绩管理系统</title>
</head>
<frameset cols="217, * ">
    <frame frameborder=0 src="http://localhost:52317/main.aspx"
      name="frmleft" scrolling="no" noresize>
    <frame frameborder=0 src="body.htm"
      name="frmmain" scrolling="no" noresize>
</frameset>
</html>
```

其中，加粗的部分 http://localhost:52317/main.aspx 默认装载的是系统导航页 main.aspx，该 URL 中的端口号由 Visual Studio 启动页面时随机分配，用户只要保证分配的端口号与程序代码中的一致，即可成功装载页面。页面装载后位于框架页左区。

框架页右区则用于显示各个功能页面，初始默认为 body.htm，代码如下：

```
<!DOCTYPE html>
<html xmlns="http://www.w3.org/1999/xhtml">
<head>
<meta http-equiv="Content-Type" content="text/html; charset=utf-8"/>
    <title>内容网页</title>
</head>
<body topmargin="0" leftmargin="0" bottommargin="0" rightmargin="0">
    <img src="images/主页.gif" width="678" height="500">
</body>
</html>
```

这只是一个填充了背景图片的空白页。在运行时，系统会根据用户操作，在框架页右区中动态加载不同功能的 ASP 页面来替换该页。

在项目树状目录下添加文件夹 images，其中放入用到的 3 张图片："学生成绩管理系统.gif""底端图片.gif"和"主页.gif"。

6.2.2 功能导航

本系统的导航页上有两个按钮，单击后可以分别进入"学生管理"和"成绩管理"两个不同功能的页面，如图 3.6.2 所示。

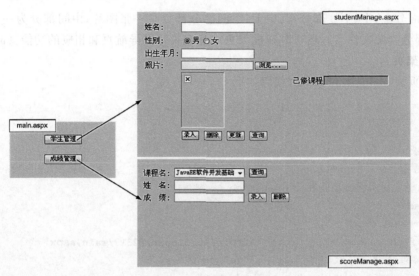

图 3.6.2 功能导航

下面先来创建导航页。

在解决方案资源管理器中，右击项目 xscj，在弹出的快捷菜单中选择"添加"→"新建项"命令，弹出如图 3.6.3 所示的"添加新项"对话框。

图 3.6.3 "添加新项"对话框

在对话框中间区域选中"Web 窗体",在下方"名称"文本框中输入 main.aspx,单击"添加"按钮,在项目中创建一个 ASP 文件(后面创建 ASP 源文件也采用同样的操作方式,不再赘述)。

在项目的树状目录中双击 main.aspx,单击中央设计区左下角的 回源 图标,编辑其页面源代码:

```
<%@ Page Language="C#" AutoEventWireup="true" CodeBehind="main.aspx.cs"
Inherits="xscj.main" %>
<!DOCTYPE html>
<html xmlns="http://www.w3.org/1999/xhtml">
<head id="Head1" runat="server">
<meta http-equiv="Content-Type" content="text/html; charset=utf-8"/>
    <title>功能选择</title>
</head>
<body bgcolor="D9DFAA">
    <form id="form1" runat="server">
    <table bgcolor="D9DFAA" width="200" height="85">
      <tr>
          <td align="center"><asp:Button ID="btnStuMgr" runat="server"
            Text="学生管理" /></td>
      </tr>
      <tr>
          <td align="center"><asp:Button ID="btnScoMgr" runat="server"
            Text="成绩管理" /></td>
      </tr>
    </table>
    </form>
</body>
</html>
```

单击设计区左下角的 回设计 图标,可看到导航页的效果。分别双击其上的 学生管理 和 成绩管理 按钮,进入过程代码编辑区,输入实现功能导航的代码(加粗的语句需要用户自己编写),代码如下:

```
using System;
...
namespace xscj
{
    public partial class main : System.Web.UI.Page
    {
        ...
        protected void btnStuMgr_Click(object sender, EventArgs e)
        {
            Response.Write("<script>parent.frmmain.location='studentManage.
              aspx'</script>");                //定位到"学生管理"功能页面
        }
```

```
protected void btnScoMgr_Click(object sender, EventArgs e)
{
    Response.Write("<script>parent.frmmain.location='scoreManage.
    aspx'</script>");                    //定位到"成绩管理"功能页面
}
}
}
```

选中项目树状目录中的 index.htm 项,右击该项,在弹出的快捷菜单中选择"在浏览器中查看"命令即可启动项目,系统自动打开浏览器,显示如图 3.6.4 所示的页面。

图 3.6.4 "学生成绩管理系统"主页

6.3 学生管理

6.3.1 页面设计

创建并设计"学生管理"功能页面,文件名为 studentManage.aspx。该功能页面设计如图 3.6.5 所示。

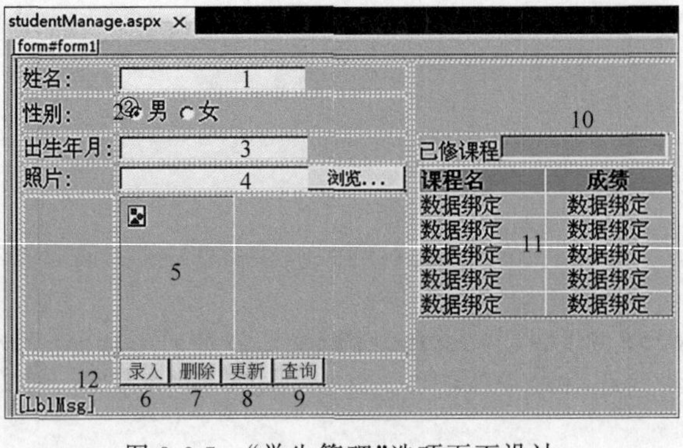

图 3.6.5 "学生管理"选项页面设计

为便于说明,这里对图 3.6.5 中的关键控件都进行了编号。各控件的类别、名称及作用在表 3.6.1 中列出。

表 3.6.1　"学生管理"功能页面控件的类别、名称及作用

编号	类　别	名　称	作　用
1	TextBox	xm	输入(显示)姓名
2	RadioButtonList	xb	选择(显示)性别
3	TextBox	cssj	输入(显示)出生年月
4	FileUpload	photo	选择照片上传
5	Image	Image1	显示学生照片
6	Button	btnIns	录入学生信息
7	Button	btnDel	删除学生信息
8	Button	btnUpd	更新学生信息
9	Button	btnQue	查询学生信息
10	TextBox	kcs	显示学生已修课程数(只读)
11	GridView	StuGdV	显示学生已修课程的成绩单
12	Label	LblMsg	页面操作信息提示

6.3.2　功能实现

1. 基本操作功能

设计好页面 studentManage.aspx 后,双击其上各功能按钮,进入相应的代码编辑区编写功能代码。本系统的"学生管理"模块包括对学生信息的录入、删除、更新、查询等基本操作,其程序代码集中在项目的 studentManage.aspx.cs 源文件中,具体如下:

```
using System;
...
/*为使程序能访问 SQL Sserver 数据库,要导入命名空间*/
using System.Data;
using System.Configuration;
using System.IO;
using System.Data.SqlClient;
namespace xscj
{
    public partial class studentManage : System.Web.UI.Page
    {
        /*获取 SQL Server 数据库连接字符串(位于项目 Web.config 文件中)*/
        protected string connStr=ConfigurationManager.ConnectionStrings
        ["ConnectionString"].ConnectionString;
```

```
protected void Page_Load(object sender, EventArgs e)
{

}
/*以下为各操作按钮的过程代码*/
/*录入学生信息*/
protected void btnIns_Click(object sender, EventArgs e)
{
    string msqlStr;
    SqlConnection conn=new SqlConnection(connStr);  //创建SQL Server连接
    if(!string.IsNullOrEmpty(photo.FileName))         //如果选择了照片
    {
        msqlStr="INSERT INTO xs VALUES('"+xm.Text.Trim()+"', '"+xb.
            SelectedValue+"', '"+cssj.Text.Trim()+"', 0, NULL, @Photo)";
                                            //设置SQL语句(带照片插入)
    }
    else
    {                                       //如果没有选择照片
        msqlStr="INSERT INTO xs VALUES('"+xm.Text.Trim()+"', '"+xb.
            SelectedValue+"', '"+cssj.Text.Trim()+"', 0, NULL, NULL)";
                                            //设置SQL语句(不带照片插入)
    }
    SqlCommand cmd=new SqlCommand(msqlStr, conn);  //新建操作数据库的命令对象
    /*为命令添加参数*/
    if(!string.IsNullOrEmpty(photo.FileName))
    {
        //如果选择了照片则加入参数@Photo
        SqlParameter mpar=new SqlParameter("@Photo", SqlDbType.Image);
        mpar.SqlDbType=SqlDbType.VarBinary;     //这里选择VarBinary类型
        mpar.Value=photo.FileBytes;             //为参数赋值
        cmd.Parameters.Add(mpar);               //添加参数
    }
    try
    {
        conn.Open();                            //打开数据库连接
        cmd.ExecuteNonQuery();                  //执行SQL语句
        this.btnQue_Click(null, null);          //查询后返回学生信息
        LblMsg.Text="添加成功!";
    }
    catch
    {
        LblMsg.Text="添加失败,请检查输入信息!";
    }
    finally
```

```
        {
            conn.Close();                           //关闭数据库连接
        }
    }


/* 删除学生功能 */
protected void btnDel_Click(object sender, EventArgs e)
{
    SqlConnection conn=new SqlConnection(connStr);  //创建 SQL Server 连接
    string msqlStr="DELETE FROM xs WHERE XM='"+xm.Text.Trim()+"'";
                                                //设置删除学生信息的 SQL 语句
    SqlCommand cmd=new SqlCommand(msqlStr, conn);
                                                //新建操作数据库的命令对象
    try
    {
        conn.Open();                            //打开数据库连接
        int a=cmd.ExecuteNonQuery();            //执行 SQL 语句
        if(a==1)                                //返回值为 1 表示操作成功
        {
            this.btnQue_Click(null, null);
            LblMsg.Text="删除成功!";
        }
        else
        {
            LblMsg.Text="该学生不存在!";
        }
    }
    catch
    {
        LblMsg.Text="删除失败,请检查操作权限!";
    }
    finally
    {
        conn.Close();                           //关闭数据库连接
    }
}


/* 更新学生功能 */
protected void btnUpd_Click(object sender, EventArgs e)
{
    SqlConnection conn=new SqlConnection(connStr);  //创建 SQL Server 连接
    //设置修改学生信息的 SQL 语句
    string msqlStr="UPDATE xs SET";
    if(cssj.Text.Trim() !="")                   //如果出生年月有输入
```

```
    {
        msqlStr+=" CSSJ='"+cssj.Text.Trim()+"',"; //则更新"出生年月"字段
    }
    if(!string.IsNullOrEmpty(photo.FileName))        //如果选择了照片
    {
        msqlStr+=" ZP=@Photo,";                      //则更新"照片"字段
    }
    msqlStr+="XB='"+xb.SelectedValue+"'";            //获取"性别"选项值
    msqlStr+=" WHERE XM='"+xm.Text.Trim()+"'";
    SqlCommand cmd=new SqlCommand(msqlStr, conn); //新建操作数据库的命令对象
    if(!string.IsNullOrEmpty(photo.FileName))
    {
        //如果选择了照片则要加入参数@Photo
        SqlParameter mpar=new SqlParameter("@Photo", SqlDbType.Image);
        mpar.SqlDbType=SqlDbType.VarBinary;          //这里选择 VarBinary 类型
        mpar.Value=photo.FileBytes;                  //为参数赋值
        cmd.Parameters.Add(mpar);                    //添加参数
    }
    try
    {
        conn.Open();                                 //打开数据库连接
        cmd.ExecuteNonQuery();                       //执行 SQL 语句
        this.btnQue_Click(null, null);               //查询后返回学生信息
        LblMsg.Text="更新成功!";
    }
    catch
    {
        LblMsg.Text="更新失败,请检查输入信息!";
    }
    finally
    {
        conn.Close();                                //关闭数据库连接
    }
}

/*查询学生功能*/
protected void btnQue_Click(object sender, EventArgs e)
{
    SqlConnection conn=new SqlConnection(connStr); //创建 SQL Server 连接
    string msqlStrSelect="SELECT XM, XB, CSSJ, KCS, ZP FROM xs WHERE
        XM='"+xm.Text.Trim()+"'";                   //查询学生基本信息的 SQL 语句
    string msqlStrView="SELECT KCM, CJ FROM xmcj_view";
                                                     //查询视图的 SQL 语句
    try
```

```
    {
        /*查询学生基本信息*/
        conn.Open();                                    //打开数据库连接
        SqlCommand myCommand=new SqlCommand(msqlStrSelect, conn);
        //创建 DataReader 对象以读取学生信息
        SqlDataReader reader=myCommand.ExecuteReader();
        if(reader.Read())                               //如果读取数据不为空
        {
            /*则将查询到的学生信息赋予页面上的各表单控件进行显示*/
            xm.Text=reader["XM"].ToString();                //姓名
            xb.SelectedValue=reader["XB"].ToString();       //性别
            cssj.Text=DateTime.Parse(reader["CSSJ"].ToString()).
                ToString("yyyy-MM-dd");                     //出生时间
            kcs.Text=reader["KCS"].ToString();              //已修课程数
            Image1.ImageUrl="Pic.aspx?id="+xm.Text.Trim();//照片
            LblMsg.Text="查找成功!";
        }
        else
        {
            LblMsg.Text="该学生不存在!";
            xm.Text="";
            xb.SelectedValue="男";
            cssj.Text="";
            Image1.ImageUrl=null;
            kcs.Text="";
            StuGdV.DataSource=null;
            return;
        }
        reader.Close();
        /*执行存储过程*/
        SqlCommand proCommand=new SqlCommand();  //创建 SQL 命令对象
        //设置 SQL 命令各参数
        proCommand.Connection=conn;                     //所用的数据连接
        proCommand.CommandType=CommandType.StoredProcedure;
                                                //命令类型为存储过程
        proCommand.CommandText="cj_proc";       //存储过程名
        SqlParameter MsqlXm=proCommand.Parameters.Add("name",
          SqlDbType.VarChar, 8);
        //添加存储过程的参数
        MsqlXm.Direction=ParameterDirection.Input;  //参数类型为输入参数
        MsqlXm.Value=xm.Text.Trim();
        proCommand.ExecuteNonQuery();                   //执行命令,生成视图
        /*访问视图*/
        SqlDataAdapter mda=new SqlDataAdapter(msqlStrView, conn);
```

```
                    DataSet ds=new DataSet();
                    mda.Fill(ds, "XMCJ_VIEW");                        //将视图数据载入数据集
                    StuGdV.DataSource=ds;                            //动态设置数据源
                    StuGdV.DataBind();                               //绑定数据源
                }
                catch (Exception ex)
                {
                    LblMsg.Text="查找失败,请检查操作权限!"+ex.ToString();
                }
                finally
                {
                    conn.Close();                                   //关闭数据库连接
                }
            }
        }
}
```

2. 照片读取和显示

学生信息中可能包含照片,为此需要专门编写一个页面,根据学生姓名从数据库中找出该学生的照片并显示在页面上。

在项目中新建 Pic.aspx 页面,打开 Pic.aspx.cs 文件,添加显示学生照片的代码,具体如下:

```
using System;
...
/*添加命名空间*/
using System.Configuration;
using System.IO;
using System.Data.SqlClient;

namespace xscj
{
    public partial class Pic : System.Web.UI.Page
    {
        protected void Page_Load(object sender, EventArgs e)
        {
            if(!Page.IsPostBack)            //判断是否为第一次加载页面
            {
                byte[] picData;            //以字节数组的方式存储获取的照片数据
                string id=Request.QueryString["id"];        //获取传入的参数
                if(!CheckParameter(id, out picData))         //参数验证
                {
                    Response.Write("<script>alert('没有可以显示的照片。')
                        </script>");
```

```
        }
        else
        {
            Response.ContentType="application/octet-stream";
                                            //设置页面的输出类型
            Response.BinaryWrite(picData);      //以二进制输出照片数据
            Response.End();                     //清空缓冲,停止页面执行
        }
    }
}

private bool CheckParameter(string id, out byte[] picData)
{
    picData=null;
    if(string.IsNullOrEmpty(id))                //判断传入参数是否为空
    {
        return false;
    }
    /*从配置文件中获取连接字符串,此字符串可以由数据源控件自动生成*/
    string connStr=ConfigurationManager.ConnectionStrings
      ["ConnectionString"].ConnectionString;
    SqlConnection conn=new SqlConnection(connStr); //创建 SQL Server 连接
    string query=string.Format("SELECT ZP FROM xs WHERE XM='{0}'", id);
    SqlCommand cmd=new SqlCommand(query, conn);    //新建数据库命令对象
    try
    {
        conn.Open();                            //打开数据库连接
        object data=cmd.ExecuteScalar();        //根据参数获取数据
        if(Convert.IsDBNull(data) || data==null)
                                    //如果照片字段为空或者无返回值
        {
            return false;
        }
        else
        {
            picData=(byte[])data;       //将照片数据存储在字节数组中返回
            return true;
        }
    }
    finally
    {
        conn.Close();                       //关闭数据库连接
    }
}
}
}
```

当要在其他页面的 Image 控件上显示照片时，可以直接把 Image 控件的 ImageUrl 属性绑定到此页面，如，本系统的程序代码中就用如下语句显示对应姓名的学生照片：

```
Image1.ImageUrl="Pic.aspx?id="+xm.Text.Trim();
```

"学生管理"功能页面的运行效果如图 3.6.6 所示。

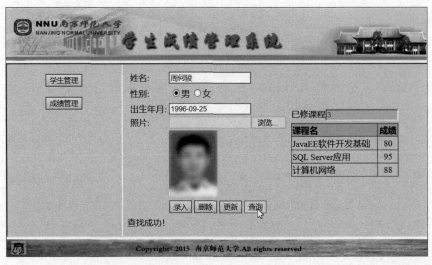

图 3.6.6 "学生管理"功能页面的运行效果

6.4 成绩管理

6.4.1 页面设计

创建并设计"成绩管理"功能页面，文件名为 scoreManage.aspx。该功能页面设计如图 3.6.7 所示。

图 3.6.7 "成绩管理"功能页面设计

该功能页面各控件的类别、名称及作用在表 3.6.2 中列出。

表 3.6.2 "成绩管理"功能页面各控件的类别、名称及作用

编 号	类 别	名 称	作 用
1	DropDownList	kcm	加载所有课程名供用户选择
2	Button	btnQueCj	查询某门课程的成绩
3	TextBox	xm	输入姓名
4	TextBox	cj	输入成绩
5	Button	btnInsCj	录入成绩
6	Button	btnDelCj	删除成绩
7	GridView	ScoGdV	显示某门课程的成绩表
8	Label	LblMsg	页面操作信息提示

6.4.2 功能实现

1. 课程名加载

"成绩管理"功能页面初始显示时,要向"课程名"下拉列表中预先加载课程表(kc)中所有的课程名,效果如图 3.6.8 所示。这通过为下拉列表 DropDownList 控件配置数据源实现。

图 3.6.8 预先加载所有的课程名

具体操作步骤如下:

(1) 切换到 scoreManage.aspx 页的设计模式,选中其上的 DropDownList 控件,单击其右上角的 ▶ 按钮,选择"新建数据源"命令,打开如图 3.6.9 所示的"数据源配置向导"对话框,选中"数据库"图标。

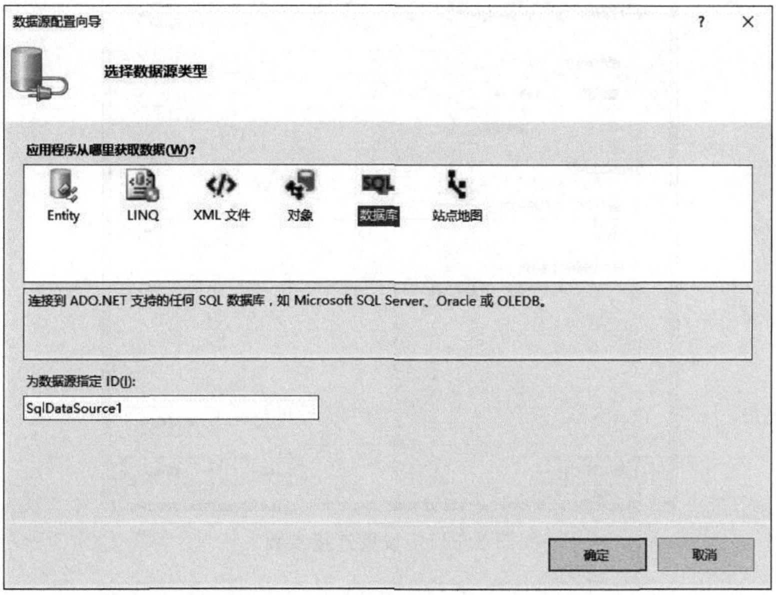

图 3.6.9 "数据源配置向导"对话框

（2）单击"确定"按钮，弹出如图 3.6.10 所示的"选择数据源"对话框，在"数据源"列表框中选择 Microsoft SQL Server，单击"继续"按钮，在如图 3.6.11 所示的"添加连接"对话框中设置连接参数。

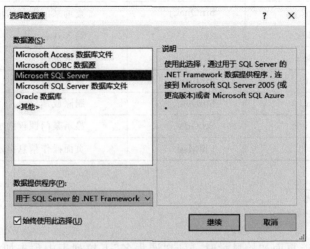

图 3.6.10 "选择数据源"对话框

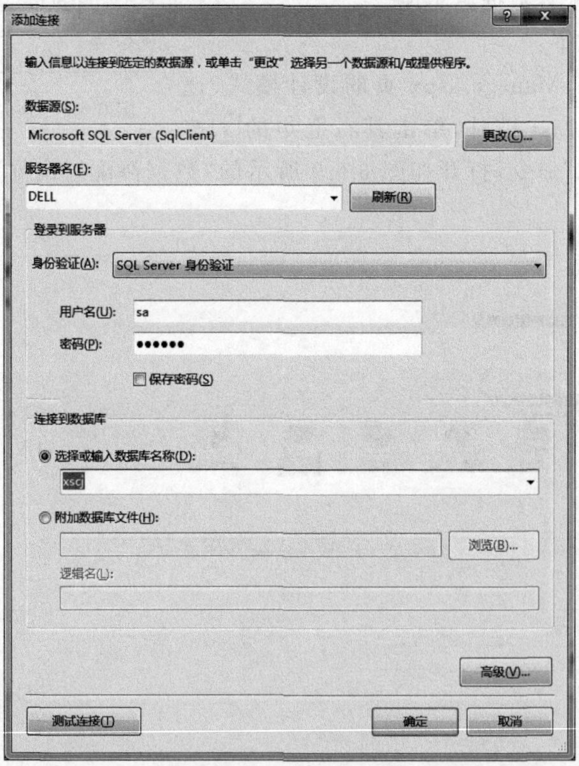

图 3.6.11 设置连接参数

（3）在如图 3.6.12 所示的"配置数据源"对话框中，选择刚刚添加的连接，单击"下一步"按钮，按着向导的提示继续操作。

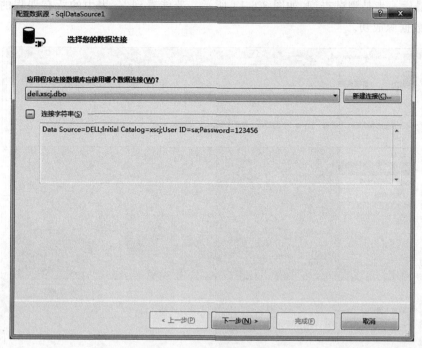

图 3.6.12 选择数据连接

（4）在如图 3.6.13 所示的"配置 Select 语句"对话框中，选中"指定来自表或视图的列"单选按钮，在"名称"下拉列表框中选择 kc，在"列"列表框中选择 KCM（课程名）。

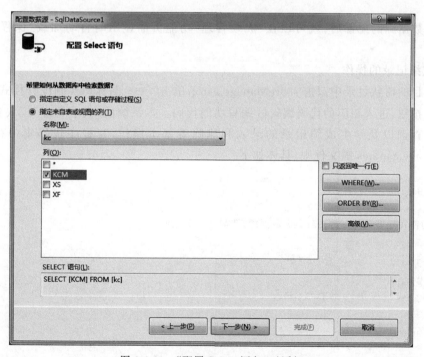

图 3.6.13 "配置 Select 语句"对话框

（5）最后一步是测试查询,如图 3.6.14 所示。若能看到 kc 表中的所有课程的名称,就说明配置数据源成功。

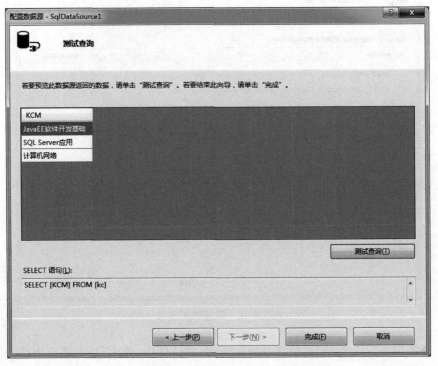

图 3.6.14 "测试查询"对话框

完成数据源的配置后,就可以在"成绩管理"功能页面显示时自动加载"课程名"下拉列表。

2. 成绩记录的操作

在项目的树状目录中双击 scoreManage.aspx,单击 设计 图标切换到设计模式,双击其上各功能按钮,进入相应的代码编辑区编写功能代码。本系统的"成绩管理"模块包括对课程成绩的查询以及学生成绩记录的录入和删除等基本操作,其程序代码集中在项目的 scoreManage.aspx.cs 源文件中,具体如下:

```csharp
using System;
...
/* 为使程序能访问 SQL Server 数据库,要导入命名空间 */
using System.Data;
using System.Configuration;
using System.IO;
using System.Data.SqlClient;


namespace xscj
{
    public partial class scoreManage : System.Web.UI.Page
```

```
{
    /*获取数据库连接字符串(位于项目 Web.config 文件中) */
    protected string connStr=ConfigurationManager.ConnectionStrings
      ["ConnectionString"].ConnectionString;
    protected void Page_Load(object sender, EventArgs e)
    {

    }

    /*以下为各操作按钮的过程代码*/
    /*查询某课程成绩*/
    protected void btnQueCj_Click(object sender, EventArgs e)
    {
        SqlConnection conn=new SqlConnection(connStr);  //创建 SQL Server 连接
        string msqlStr="SELECT XM, CJ FROM cj WHERE KCM='"+kcm.
          SelectedValue+"'";                 //设置查询 SQL 语句
        try
        {
            conn.Open();                     //打开数据库连接
            SqlDataAdapter mda=new SqlDataAdapter(msqlStr, conn);
            DataSet ds=new DataSet();
            mda.Fill(ds, "KCCJ");            //将查询的数据载入数据集
            ScoGdV.DataSource=ds;            //动态设置数据源
            ScoGdV.DataBind();               //绑定数据源
        }
        catch
        {
            LblMsg.Text="查找数据出错!";
        }
        finally
        {
            conn.Close();                    //关闭数据连接
        }
    }

    /*录入学生成绩*/
    protected void btnInsCj_Click(object sender, EventArgs e)
    {
        /*先查询是否已有该成绩记录,以避免重复录入*/
        if(SearchScore(kcm.SelectedValue, xm.Text.Trim()))
        {
            LblMsg.Text="该记录已经存在!";
            return;
        }
```

```
            else
        {
            SqlConnection conn=new SqlConnection(connStr);
                                                //创建 SQL Server 连接
            String msqlStr="INSERT INTO cj(XM, KCM, CJ) VALUES('"+xm.Text.
                Trim()+"','"+kcm.SelectedValue+"',"+cj.Text.Trim()+")";
                                                //设置插入成绩的 SQL 语句
            try
            {
                conn.Open();                    //打开数据库连接
                SqlCommand cmd=new SqlCommand(msqlStr, conn);
                                                //新建操作数据库命令对象
                if(cmd.ExecuteNonQuery() >0)    //命令执行返回值大于 0 表示操作成功
                {
                    LblMsg.Text="添加成功!";
                    xm.Text="";
                    cj.Text="";
                    this.btnQueCj_Click(null, null);    //查询后返回成绩表信息
                }
                else
                    LblMsg.Text="添加失败,请确保有此学生!";
            }
            catch
            {
                LblMsg.Text="操作数据出错!";
            }
            finally
            {
                conn.Close();                   //关闭数据库连接
            }
        }
    }

    /*删除成绩功能*/
    protected void btnDelCj_Click(object sender, EventArgs e)
    {
        /*先查询是否有该成绩记录,若有才能删除*/
        if(SearchScore(kcm.SelectedValue, xm.Text.Trim()))
        {
            SqlConnection conn=new SqlConnection(connStr);
                                                //创建 SQL Server 连接
            String msqlStr="DELETE FROM cj WHERE XM='"+xm.Text+"'AND
                KCM='"+kcm.SelectedValue+"'";   //设置删除成绩的 SQL 语句
            try
```

```
            {
                conn.Open();                          //打开数据库连接
                SqlCommand cmd=new SqlCommand(msqlStr, conn);
                if(cmd.ExecuteNonQuery() >0)   //命令执行返回值大于 0 表示操作成功
                {
                    LblMsg.Text="删除成功!";
                    xm.Text="";
                    this.btnQueCj_Click(null, null);//查询后返回成绩表信息
                }
                else
                    LblMsg.Text="删除失败,请检查操作权限!";
            }
            catch
            {
                LblMsg.Text="操作数据出错!";
            }
            finally
            {
                conn.Close();                         //关闭数据库连接
            }
        }
        else
            LblMsg.Text="该记录不存在!";
    }


    /*自定义方法用于查询数据库已有的成绩记录,决定是否执行进一步的操作*/
    protected bool SearchScore(string kc, string xm)
    {
        bool exist=false;                           //记录存在标识
        SqlConnection conn=new SqlConnection(connStr); //创建 SQL Server 连接
        string msqlStr="SELECT * FROM cj WHERE KCM='"+kc+"'AND XM='"+xm+"'";
                                                    //查询 SQL 语句
        conn.Open();                                //打开数据库连接
        SqlCommand cmd=new SqlCommand(msqlStr, conn); //新建操作数据库命令对象
        SqlDataReader reader=cmd.ExecuteReader();   //读取数据
        if(reader.Read())                           //读取不为空表示存在该记录
            exist=true;
        conn.Close();                               //关闭连接
        return exist;                               //返回存在标识
    }
}
}
```

"成绩管理"功能页面的运行效果如图 3.6.15 所示。

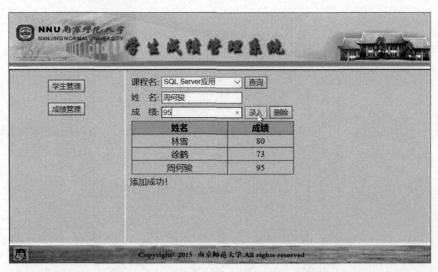

图 3.6.15 "成绩管理"功能页面的运行效果

至此,基于 ASP.NET 4 和 SQL Server 2016 的学生成绩管理系统开发完成,读者还可以根据需要自行扩展其他功能。

图书资源支持

感谢您一直以来对清华版图书的支持和爱护。为了配合本书的使用,本书提供配套的资源,有需求的读者请扫描下方的"书圈"微信公众号二维码,在图书专区下载,也可以拨打电话或发送电子邮件咨询。

如果您在使用本书的过程中遇到了什么问题,或者有相关图书出版计划,也请您发邮件告诉我们,以便我们更好地为您服务。

我们的联系方式:

地　　址:北京市海淀区双清路学研大厦 A 座 714

邮　　编:100084

电　　话:010-83470236　010-83470237

客服邮箱:2301891038@qq.com

QQ:2301891038(请写明您的单位和姓名)

资源下载:关注公众号"书圈"下载配套资源。

资源下载、样书申请

书圈

获取最新书目

观看课程直播